U0127794

猪带绦虫囊尾蚴的发育生物学

Developmental Biology of *Cysticerci cellulosae*

李庆章 等　著

科 学 出 版 社
北 京

内 容 简 介

针对目前猪带绦虫囊尾蚴病防治过程中存在的基础理论研究薄弱、早期治疗效果不佳等实际问题，本书着重介绍了猪带绦虫六钩蚴的发育生物学、猪带绦虫囊尾蚴的发育生物学、猪带绦虫囊尾蚴的药效生物学等最新研究成果，从寄生虫生物化学方面深入揭示了猪带绦虫囊尾蚴发育过程中的物质代谢和能量代谢规律、苯并咪唑氨基甲酸酯类药物的作用靶点和作用机理，为筛选有效抗囊药物以及为药物治疗、新药开发及临床应用提供了重要的理论和实验依据。

本书的读者对象为人兽共患疾病特别是人兽共患寄生虫病的基础研究人员和临床工作人员、卫生防疫和兽医卫生防疫的工作人员、医科大学基础医学和农业大学基础兽医学教学和教学辅助人员，本书也可作为相关学科有关研究领域广大研究生和本科生的参考用书。

图书在版编目(CIP)数据

猪带绦虫囊尾蚴的发育生物学/李庆章等著. —北京：科学出版社，2008

ISBN 978-7-03-020068-6

Ⅰ. 猪… Ⅱ. 李 Ⅲ. ①猪带绦虫-发育生物学②囊尾蚴-发育生物学 Ⅳ. Q959.156

中国版本图书馆 CIP 数据核字(2007)第 169957 号

责任编辑：李秀伟 王 静 甄文全/责任校对：陈玉凤
责任印制：钱玉芬/封面设计：福瑞来书装

科学出版社 出版
北京东黄城根北街 16 号
邮政编码：100717
http://www.sciencep.com

双青印刷厂 印刷

科学出版社发行 各地新华书店经销

*

2008 年 1 月第 一 版 开本：A5（890×1240）
2008 年 1 月第一次印刷 印张：9 7/8 插页：32
印数：1—1 500 字数：359 000

定价：58.00 元（含光盘）

著 者 名 单

李庆章　东北农业大学　博士　教授

郝艳红　美国密苏里大学（哥伦比亚校区）

博士　教授

高学军　东北农业大学　博士　教授

刘永杰　南京农业大学　博士　副教授

高文学　上海交通大学　博士　副研究员

序

看到30余万字的《猪带绦虫囊尾蚴的发育生物学》的完成，作为一名寄生虫学的老工作者，心中有无尽的感慨和喜悦。记得此书研究内容作为黑龙江省“九五”科学技术计划重大项目立项之时，我就参与了项目的论证、参与项目的3位博士的毕业论文答辩会以及研究成果的专家鉴定会。除此之外，我还与吉林农业大学的兽医寄生虫学家刘德惠教授为该项目积极寻觅猪带绦虫虫卵，我们都为此项研究倾注了极大的心血。日月荏苒，转瞬已过8年，实际研究内容较原计划研究内容有了很多补充和完善，尤其是国家自然科学基金的支持，使猪带绦虫囊尾蚴能量代谢规律和苯并咪唑氨基甲酸酯类抗囊药物作用机理的研究更加深入。在《猪带绦虫囊尾蚴的发育生物学》付梓之际，我想特别提出此项研究的以下特点：

（一）研究工作劳顿。凡参与过猪带绦虫囊尾蚴病研究的人都知道，此项工作十分艰苦，为保证研究效果，所有事情都要亲历亲为。从寻找虫源到人工感染、从动物饲养到动物宰杀，从校外取样到校内检测，而与之相伴的只有疲劳与汗水。

（二）研究工作细致。天然宿主猪人工感染猪带绦虫虫卵后，猪的剖检是一项极其浩繁而又细致的工作，一头猪剖检完后，所有内脏和肌肉都变成了2～3mm^3的肉屑，由此可见一斑。

（三）研究工作深入。研究发现人工感染后30日的猪即可见到猪带绦虫囊尾蚴，为彻底搞清猪带绦虫囊尾蚴的确切肉眼可见时间，将原有计划的宰杀时点提前，直至确定猪带绦虫囊尾蚴最早可见时间为人工感染后19日。

（四）研究工作创新。值得提出的重要的原始创新成果有：①系统研究了猪带绦虫囊尾蚴发育生物学，丰富了寄生虫学知识宝库；②实现了天然中间宿主猪口服猪带绦虫虫卵后100%感染，建立了猪的实验动物模型；③成功确定了猪带绦虫囊尾蚴最早可视出现时间为人工感染后的第19日，使之与猪带绦虫六钩蚴体外培养至16日的结果紧密衔接，为深入研究猪带绦虫囊尾蚴发育生物学提供了重要数据；④明确划分了猪带绦虫囊尾蚴未成熟期和成熟期的发育时限，明确了猪带绦虫虫卵人工感染后60日为猪带绦虫囊尾蚴未成熟期和成熟期两个发育时期的分界点；⑤揭示了苯并咪唑氨基甲酸酯类抗囊药物作用靶点及其效应机制，奠定了此类抗囊新药研制与开发的理论基础；⑥筛选出了对未成熟期和成熟期猪带绦虫囊尾蚴均有杀灭作用，特别是对未成熟期猪带绦虫囊尾蚴杀灭效果显著的抗囊药奥芬达唑（oxfendazole，OFZ），其毒性较低、使用简便、适宜剂量一次口服即可收到较为理想效果。

以上是具有自有知识产权的原创性研究成果，相信后续研究一定会大大减少猪体猪带绦虫囊尾蚴病对养猪业的严重危害和导致的损失，更希望这些研究成果能为人体囊尾蚴病尤其是脑猪囊尾蚴病患者带来新的福音。

是为之序。

哈尔滨医科大学寄生虫学教研室教授
卫生部寄生虫病专家咨询委员会委员　徐之杰

2007年3月25日

前 言

猪带绦虫囊尾蚴病（cysticercosis cellulose），简称猪囊尾蚴病，又称猪囊虫病，是一种危害十分严重的人兽共患寄生虫病。它不仅严重影响养猪业和肉品加工业的发展，造成经济损失，还给人类健康和生命安全带来重大威胁，后果十分严重。

猪囊尾蚴病在世界各地均有分布，以发展中国家较为多见，尤其在中非、南非、南亚、南美等地更为严重。在我国，东北、华北、西北、西南等地发生率较高。据统计，我国现有囊尾蚴病猪 1 000 万头，每年因此造成的直接经济损失高达 20 亿元。猪囊尾蚴病不仅造成国民经济的巨大损失，而且给人民健康带来严重危害。目前，全国约有 600 万人患有猪囊尾蚴病，其祸源就是猪带绦虫囊尾蚴（*Cysticerci cellulosae*，简称猪囊尾蚴）。

猪囊尾蚴病的防治工作虽然已进行了 20 多年，但仍处于“百业待举”阶段，猪囊尾蚴病发病率继续呈现上升趋势。迄今尚未找到对处于发育各个时期的猪囊尾蚴均为有效、安全、疗程短的防治药物，也没有找到能够预防猪囊尾蚴病的有效疫苗。事实证明，由于猪囊尾蚴的生长发育特点，药物治疗仍然是一个无法回避且十分重要的选择。猪囊尾蚴病的化学治疗有了很大进展，有关药物不断更新，如吡喹酮、阿苯达唑及一些中药制剂等已表明具有较好疗效，但也存在着明显缺憾。这些药物对侵入机体的早期幼虫治疗无效，且副作用较大，因此亟待选择或研发新型对猪囊尾蚴发育各个时期均有效的药物、改进药物的应用方法是摆在科研人员面前的一项重要课题。目前治疗猪囊尾蚴病的药物如阿苯达唑，仅对成熟期囊尾蚴有效，而对未成熟期猪囊尾蚴无效，导致需要反复多次治疗、疗程长而复杂、治愈率不高。阿苯达唑对未成熟期猪囊尾蚴无抑制和杀灭作用，说明未成熟期猪囊尾蚴的代谢与成熟期猪囊尾蚴的代谢存在显著差异，有其独特的代谢过程。如果应用基础研究跟不上，那么必然直接影响猪囊尾蚴病防治技术的提高。阿苯达唑等苯并咪唑氨基甲酸酯类药物是首选的抗囊药物，但由于对与抗囊药物作用机理密切相关的猪囊尾蚴生化代谢研究很少，致使一直未能明确抗囊药物发挥药效的分子机理，制约了此类药物的应用和相关新药的开发。为解决猪囊尾蚴病治疗上的巨大缺憾，必须搞清未成熟期猪囊尾蚴的代谢特点，以此作为药物治疗的依据，研究对未成熟期猪囊尾蚴有效的药物，进一步寻找对囊尾蚴各时期均为有效、安全、疗程短的防治药物。

鉴于目前有关猪囊尾蚴的应用基础研究严重不足，特别是机理等方面的研究报道甚少，本课题组以猪囊尾蚴为研究对象，采用 DNA 片段化原位末段标记技术，结合光学显微镜、电子显微镜技术定性定量检测猪囊尾蚴正常发育过程中以及使用药物后宿主淋巴细胞、宿主正常组织细胞以及猪囊尾蚴细胞凋亡与坏死，检测体内外不同发育时期、不同处理情况下的猪囊尾蚴生化代谢指标，系统地测定体内发育过程中和体内、体外培养条件下及抗囊药物作用下猪囊尾蚴代谢的有关物质含量和酶活性的变化，揭示猪囊尾蚴的发育生物学规律、物质代谢和能量代谢规律，以及猪囊尾蚴病不同药物治疗的效应机理及苯并咪唑氨基甲酸酯类药物的作用机理，为筛选有效抗囊药物以及为药物治疗、新药开发及临床应用提供重要的理论和实验依据。猪囊尾蚴可能成为研究寄生蠕虫的重要实验模型，而有关药物则可能成为研究寄生蠕虫生物化学与分子生物学的重要研究工具。

《猪带绦虫囊尾蚴的发育生物学》是东北农业大学多学科交叉协作研究工作的集体成果，是生物化学与分子生物学、基础兽医学（家畜解剖学、组织学与胚胎学，动物生理学与动物生物化学，兽医药理学与毒理学，兽医病理学）、预防兽医学（家畜寄生虫学与寄生虫病学）、影像医学等学科研究人员、博士研究生、硕士研究生和其他研究工作者的有关猪囊尾蚴基础研究辛勤劳作的结晶，有许多新知识和新发现贡献给这个伟大的时代。特别是研究工作将猪带绦虫六钩蚴体外成功培养至 16 日，发现猪带绦虫卵感染后 19 日即有幼年期囊尾蚴出现，为猪带绦虫囊尾蚴发育生物学研究的连续性奠定了重要的基础。以猪带绦虫六钩蚴（或猪带绦虫卵）和猪带绦虫囊尾蚴发育生物学研究为基础，在超微形态学、膜分子生物学、物质代谢、能量代谢水平系统进行了抗囊药物选择和药物作用机理研究，成功筛选并确定了对未成熟期猪带绦虫囊尾蚴和成熟期猪带绦虫囊尾蚴均有杀灭作用的新型抗囊药物。

在文稿完成之时，看着这些令人瞩目的原始创新性研究成果，回想共同杀猪取样时的汗水淋漓和又有新的发现时欢欣鼓舞的情景又一幕幕呈现在大家面前。在专著付梓之际，特别感谢哈尔滨医科大学寄生虫与寄生虫病学家徐之杰教授、吉林农业大学兽医寄生虫与寄生虫病学家刘德惠教授在实验全过程所给予的悉心指导和帮助，特别感谢东北农业大学兽医寄生虫与寄生虫病学家周源昌教授在立项研究之初所给予的醍醐灌顶般的学术建议和实验过程中所表现出的提携后人的大师之风，同时对国家自然科学基金委员会生命科学部和黑龙江省科学技术厅农业处所给予的资助一并表示深深的感谢。文稿校对修订还得到了东北农业大学赵锋博士以及崔英俊、张莉、吕英、林叶、刘营等老师的大力协助，在此一并表示感谢。

编　者

2007年6月15日

目　录

1 绪 论

寄生虫学（parasitology）是寄生虫病学（parasitosis）的重要生物学基础。在寄生虫学中，基础寄生虫学又是应用寄生虫学的重要发展前提。加强基础寄生虫学方面的研究，深入探索寄生虫特别是人兽共患寄生虫病寄生虫的生命特点和生长、生活规律，对于正确认识、有效防治人兽共患寄生虫病，发展动物农业，保护人类健康，提高人和动物的生活质量和生命质量，具有重要的社会公共卫生学意义。

1.1 分子寄生虫学的发展简史

第二次世界大战期间，原虫病、蠕虫病人数激增，引起公众和医学家对寄生虫病的高度重视，寄生虫生物化学初步开展，促进了抗寄生虫药物的筛选。20 世纪 60 年代，某些寄生虫中间代谢包括代谢酶、旁路代谢、代谢的调节、膜的转移、氧在代谢中的作用等进一步开展，阐明了一批抗寄生虫药物的作用机理，使分子寄生虫学（molecular parasitology）初露端倪。分子寄生虫学是运用生物化学、分子生物学、遗传学、免疫学、细胞学等理论和技术，从分子水平研究病原寄生虫与宿主、环境的相互关系，阐明寄生虫生长、发育、繁殖、致病和传播规律的科学。20 世纪 70 年代，由于生物化学与生物物理学新技术和新方法在寄生虫研究领域的广泛应用，寄生虫的中间代谢、酶学、生物能量学、细胞膜的结构与功能研究愈加深入。20 世纪 80 年代，由于寄生虫分子生物学、分子免疫学的发展，使得寄生虫学进入了一个全新的分子寄生虫学时代。20 世纪 90 年代，寄生虫病疫苗的研究进入了前所未有的兴盛时期。20 世纪 90 年代中期开始，先后开展了寄生虫基因组学和蛋白质组学的研究。2002 年，恶性疟原虫基因组全序列公开发表，成为分子寄生虫学史上的又一个新的里程碑。

Vega（2003）在马达加斯加和墨西哥的两个地区进行猪带绦虫的遗传群体结构和多样性通过随机放大多态 DNA 的研究，发现抑制群体的基因变异性和基因流动的效率很低。猪带绦虫的基因分化研究表明，不同的进化途径导致了猪囊尾蚴的不同组织寄生，使疾病的严重程度多样化。这也是免疫诊断方法和疫苗的发展困难所在。

世界卫生组织现已将寄生虫基因组计划更名为寄生虫功能基因组计划，分子寄生虫学进入崭新的后基因组时代。庞歌等（2007）综述了猪带绦虫基因组学研究进展。目前，一些在医学上影响重大的寄生虫基因组计划已得到顺利开展，有两种寄生虫的基因组全序列已测定完成并公开发表，另外有4种寄生虫的基因组序列测定已完成，基因组序列的汇编和注解正在进行中，还有13种寄生虫的基因组序列测定正在进行中，其中包括带科绦虫中细粒棘球绦虫和多房棘球绦虫的表达序列标签计划和猪带绦虫的基因组计划。猪带绦虫基因组计划由墨西哥国立自治大学重点实验室联盟发起，该计划分两个阶段实施。在第一阶段将要完成对猪带绦虫基因组基本指标的测定，这些指标包括基因组大小、染色体核型、基因密度等；在第二阶段基因组计划将会得到全方位开展。现已通过两种不同的方法对猪带绦虫基因组大小进行了测定，即细胞荧光光度术测定单个神经元细胞的细胞核和在3 000个已知的猪带绦虫基因组序列克隆的基础上对基因组编码和重复密度进行的概率估算，两种方法测得的猪带绦虫基因组大小分别为270Mb和251Mb。对目前所获得的猪带绦虫部分序列表达标签和基因克隆的鉴定结果表明，约有30%的猪带绦虫编码序列具有同源序列，其大部分高同源序列来自哺乳动物的基因，特别是人类的基因；另外，有1.5%猪带绦虫编码序列在人类基因中缺少同源序列，这为猪带绦虫及囊尾蚴病的药物治疗、诊断和疫苗的研究直接提供了候选基因。作为一种多细胞的真核后生动物，其大部分序列标签与基因的调控和信号转导密切相关，另外的一小部分序列标签与持家基因功能、新陈代谢、细胞分裂、细胞骨架、蛋白酶、空泡转运、激素调节和细胞外基质的活动相关。在猪带绦虫基因组计划之前，猪带绦虫线粒体全基因组核苷酸序列已测定完成。已知其序列全长为13 709bp，共包含36个基因，其中12个基因编码氧化磷酸化相关蛋白，2个基因编码核糖体RNA，22个基因编码tRNA。猪带绦虫线粒体DNA的基因组成和结构与其他带科绦虫相似，具有带科绦虫基因编码的一些共性，即蛋氨酸密码子为GUG、终止子密码为UAA，同时还具有扁形动物门寄生虫基因编码的一些共性，包括：①异亮氨酸的密码子为AUA；②天冬酰胺酸的密码子为AAA；③酪氨酸的密码子为UAA；④密码子AUA和AAA在线粒体基因中含量丰富。在已知猪带绦虫线粒体基因的基础上，对来自亚洲（包括中国、泰国、印度尼西亚和印度）、拉丁美洲（包括墨西哥、厄瓜多尔、玻利维亚、秘鲁和巴西）和非洲（包括坦桑尼亚、莫桑比克和喀麦隆）的猪带绦虫分离株进行的种系发育分析表明，猪带绦虫可分为两个基因型，即亚洲基因型和非洲（或美洲）基因型；利用RAPD、PCR-RFLP、SSCP等分子生物学手段对猪带绦虫墨西哥不同地方分离株的研究表明，猪带绦虫在地区、市区、村庄，甚至家族水平上存在基因差异，这将有助于猪带绦虫和囊尾蚴的系统进化和分子流行病学研究。猪带绦虫基因组及其功能基因组的研究将会为猪带绦虫囊尾蚴病和猪带绦虫病提供更加经济有效的诊断技术、疫苗和具有巨大潜在价值的药物靶位。同时，在基因组和蛋白质组基础之上，将会揭示出猪带绦虫独特生物学现象背后的一些特有的分子作用机制，这将会更加丰富现有的分子生物学知识，并为生物学技术的不断进步提供前进的动力。

宗瑞谦等（2004）从猪带绦虫囊尾蚴中提取总RNA，并分离出mRNA，采用定向克隆方法，将猪囊尾蚴cDNA片段重组入质粒表达载体pSPORT 1的*Not* Ⅰ和*Sal* Ⅰ双酶切位点之间，构建了猪囊尾蚴cDNA表达文库。通过库容量鉴定，所构建的表达文库的容量为2×10^6。经含有IPTG和Xgal的颜色选择平皿测定，其重组率为100%。

骆学农等（2007）获得了不同发育阶段基因联合表达的具有良好免疫保护性的重组抗原，为研制高效的猪囊虫基因工程疫苗奠定基础。他采用PCR扩增截去45W-4B基因的信号肽和C端17个疏水氨基酸序列，经*Bam*HⅠ和*Eco*RⅠ酶切后与表达载体pGEX-4T-1连接转化BL21感受态细胞，酶切及PCR扩增鉴定阳性克隆。测序正确的质粒经*Eco*RⅠ和*Not*Ⅰ酶切处理后与截去信号肽的18 ku基因连接，构建双基因融合表达载体pGEX-4BX/18。用IPTG诱导的表达产物，进行SDS-PAGE电泳、蛋白质印迹分析活性。分别用300μg重组GST-4BX、GST-4BX/18蛋白免疫猪，间接酶联免疫吸附测定（enzyme linked immunosorbent assay，ELISA）测定抗体水平。感染后90d剖检计算各组的减虫率，比较评价重组抗原的免疫保护性。研究结果表明4BX/18 ku在大肠杆菌中获得高效表达，表达产物为50ku的融合蛋白，并能被人猪带绦虫囊尾蚴病和感染初期的猪带绦虫囊尾蚴病阳性血清所识别。重组抗原免疫猪 45d 后抗体达到峰值，联合表达重组抗原的减虫率为 97%，GST-4BX 免疫组的减虫率为 95%。

分子寄生虫学研究的目标是不断发现新的有效方法防治寄生虫病特别是人兽共患寄生虫病。其中最为重要的是药物和疫苗，在目前和相当长的时期内，新型抗寄生虫药物的研发和应用，必将仍然是寄生虫病特别是某些人兽共患寄生虫病防治中一个无法回避且十分重要的选择。

分子寄生虫学今后的研究方向应该是：①寄生虫的代谢系统及其生物化学与遗传学机理，以及寄生虫在宿主免疫和宿主代谢环境得以生存的机理；②新型、安全、有效抗寄生虫药物、剂型的研制及使用方法优化；③抗寄生虫药物作用靶点、药物效应、抗药特性的判定（标准）及其分子机理；④寄生虫免疫的分子机理和有效疫苗；⑤寄生虫生长、发育、分化等相关关键因子的功能基因组学；⑥寄生虫表面抗原变异的遗传学及其合成、加工、转运的分子机理；⑦寄生虫病或寄生虫感染早期、超早期诊断的标识分子及其实际应用；⑧转基因寄生虫模型和寄生虫病动物模型。

1.2 猪囊尾蚴病的地域流行性

猪带绦虫囊尾蚴病又称猪囊虫病，是一种危害十分严重的人兽共患寄生虫病。不仅严重影响养猪业和肉品加工业的发展、造成经济损失，还给人类健康和生命安全带来重大威胁，后果十分严重。猪囊尾蚴病在世界各地均有分布，以发展中国家较为多见，尤其在中非、南非、南亚、南美等地更为严重。在我国，东北、华北、西北、西南等地发生率较高。据统计，我国现有囊尾蚴病猪 1 000 万头，每年因此造成的直接经济损失高达 20 亿元。猪囊尾蚴病不仅造成国民经济的巨大损失，而且给人民健康带来严重危害。目前，全国约有 600 万人患有猪囊尾蚴病，其祸源就是猪带绦虫囊尾蚴。

Sikasunge 等（2007）报道了赞比亚东西部一些省区农村猪囊尾蚴发病率，对 155 个村庄 788 个农户饲养的猪群进行了舌检和 ELISA 猪囊尾蚴循环抗原检测。检查的家庭中，饲养猪舌检感染率为 18.8%，ELISA 阳性率为 37.6%。

梁韶晖等（2004）报道了温州地区猪带绦虫和囊尾蚴病流行情况，运用流行病学方法、血清学和粪便检查对该地区猪带绦虫和囊尾蚴病进行调查。温州地区人群血清猪囊尾蚴抗体阳性率为0.61%，猪带绦虫病患病率为0.02%，猪囊尾蚴病患病率为0.09%。温州地区猪囊尾蚴病呈零星散发状态，且较多为输入性感染，但仍须重视猪带绦虫病和猪囊尾蚴病的防治工作。许正敏等（2004）报道了襄樊市1976～2003年生猪囊尾蚴感染情况调查结果：20世纪70～80年代，该市生猪饲养以农户散养为主，猪囊尾蚴感染率在1976～1980年的5年时间里呈上升趋势。1981年后猪体囊尾蚴感染率总体呈下降趋势，2003年降至0.046%，比1976年下降92.2%。

段绩辉（2005）报道了2001～2004年全国31个省（直辖市、自治区）猪囊尾蚴病血清学调查结果，阳性率为0.58%。以山西、福建、青海、宁夏、西藏为最高。以往的资料以农民为主，而该次调查职业分布的特点发生了变化，以半农半牧最高。卢学利等（2005）对哈尔滨市正阳楼肉类食品公司1994～2003年间屠宰生猪猪囊尾蚴的感染情况进行了统计学分析。结果表明，猪囊尾蚴的感染率和感染强度在逐年降低，感染率由1994年的0.63%下降到2003年的0.08%，检验部位猪囊尾蚴的感染数量逐年下降，囊尾蚴的体积变小。猪囊尾蚴在猪体内的分布也发生了一定程度的变化。符文英等（2005）报道了青海互助县生猪定点屠宰检疫的结果并进行了分析。从2003年4月到2004年10月，互助县威远镇生猪定点屠宰场共屠宰生猪14 486头，全面进行了检疫，检出猪囊尾蚴病猪35例（占0.242%），还检出个别棘球蚴、黄脂病猪。互助县本地源的屠宰生猪中检出的疫病主要有猪瘟、猪丹毒、猪囊尾蚴病，且三种疫病的检出率较低，总体检出率为2.8‰。这一结果表明，互助县猪疫病的防治工作成效明显。就猪囊尾蚴病而言，其感染率由1996年的2%（屠宰场刚建成运营时）下降到目前的0.242%，降幅为88%。

据云南省兽医防疫总站（2006）报道，云南省局部地区于2002～2004年间散发猪囊尾蚴病约800余例，经采取综合防治对策及宰前后的检疫与执行全国动物防疫标准化委员会制定的标准化技术，控制了当地猪病情。缪峰等（2005）调查分析了鲁北地区猪绦虫病与猪囊尾蚴病的流行情况。采用现场访问、粪便检查及血清学检测等方法对鲁北4市的5县区15个乡镇43个行政村的31 124人进行了调查。结果发现人群带绦虫病患病率为3.2/10^4，猪囊尾蚴病患病率为5.1/10^4，有较明显的职业分布特征。人群血清猪囊尾蚴特异性IgG_4抗体阳性率为1.38%，商品猪血清囊尾蚴抗体阳性率为0.38%。初步搞清了山东省重点疫区猪带绦虫病与猪囊尾蚴病的流行现状，并对该病的各流行环节做了分析，为该病的预防提供了参考信息。

何成伟等（2006）报道了青海湟中县2005年猪囊尾蚴病发病情况，检测猪血样180份，平均阳性1份，平均阳性率为0.5%。陈绍荣等（2007）报道云南省洱源县人体寄生虫总感染率为23.34%（772/3 308），其中坝区与山区人群感染率分别为19.55%（333/1 703）和27.35%（439/1 605）。共查出7种寄生虫，感染率分别为蛔虫15.75%、钩虫0.33%、鞭虫1.87%、绦虫（包括链状带绦虫和微小膜壳绦虫）3.72%、蛲虫0.18%、血吸虫1.51%。混合感染人数占总感染人数的8.94%（69/772）。旋毛虫病、猪囊尾蚴病和血吸虫病的血清阳性率分别为57.30%（2 103/3 670）、18.20%（668/3 670）、21.16%（958/3 662）。

1.3 猪囊尾蚴的基础研究现状

寄生蠕虫的基础研究资料，大量来自并集中于线虫和吸虫方面。发达国家猪带绦虫囊尾蚴病已经基本消灭，发展中国家则无力广泛支持种类众多的人兽共患病包括人兽共患寄生虫病研究，而呈现屡发不绝，有时甚至于肆虐猖獗的局面。

国内外关于猪带绦虫特别是猪带绦虫囊尾蚴的基础研究，几乎处于空白状态。不系统、不完整的一般性基础研究，又主要限于猪囊尾蚴的形态发育、组成分析、物质代谢、与宿主的相互作用等，疫苗免疫和结构基因组学研究也只是刚刚起步，成果寥寥无几。猪是猪囊尾蚴的天然中间宿主，人是终宿主，感染性虫卵的唯一来源是粪便传播。Gonzalez（2005）发现猪与猪之间也是猪囊尾蚴的传播途径，这就是猪囊尾蚴感染的不均一性原因，为猪囊尾蚴病的防治开辟了一个新的途径。

1.3.1 猪囊尾蚴囊液氨基酸组分研究

陈佩惠等（1990）应用氨基酸自动分析仪测定猪囊尾蚴囊液游离氨基酸的组分及含量，猪皮下肌肉及脑囊尾蚴囊液所测定的18种氨基酸中以丙氨酸含量最高，其次为甘氨酸、脯氨酸（皮下肌肉囊尾蚴囊液）和苏氨酸（脑囊尾蚴囊液）。不同部位囊尾蚴囊液所含的15种氨基酸中有12种含量存在显著差异，特别是苏氨酸、丝氨酸、丙氨酸、缬氨酸和酪氨酸差异非常显著。上述氨基酸的组成差异，可能与猪囊尾蚴存在宿主的寄生部位有关。

1.3.2 猪囊尾蚴物质代谢途径的研究

乳酸脱氢酶（lactate dehydrogenase，LDH）参与糖无氧分解过程的重要步骤，是蠕虫糖无氧分解途径的重要酶。陈佩惠等（1997）发现用药组的囊虫组织LDH活性升高，认为与琥珀酸脱氢酶（succinate dehydrogenase，SDH）活性减弱、糖的有氧代谢减弱而以无氧分解代偿的方式提供能量有关。

钙网蛋白（calreticulin）是一种广泛存在的与细胞内钙离子内环境稳定和蛋白质折叠有关的蛋白质，能够和 Ca^{2+} 结合。Mendlovic 等（2006）报道了猪带绦虫不同发育阶段钙网蛋白的表达差异，克隆表达了钙网蛋白的编码区，应用多克隆抗体对钙网蛋白进行定位标记，发现在从猪肌肉组织获得的猪囊尾蚴及猪囊尾蚴感染后获得的猪带绦虫中钙网蛋白主要定位在吸盘和小钩的外表皮细胞。在从人感染后获得的成熟节片中，观察到的阳性染色主要存在于精细胞、桑椹胚、子宫内膜、输精管中，在猪带绦虫的妊娠子宫，卵子和早期的胚胎显示了强阳性。但在胚胎发育过程中表达逐渐消失，在发育成熟的六钩蚴也缺乏表达。在精子形成过程中，表达也显示下调。但在精卵细胞中呈现高表达，在输精管中的精子则完全显出是阳性的。研究结果表示，钙网蛋白对猪带绦虫发育具有阶段调节作用，在其生殖细胞发育和胚胎发生上具有调节作用。

1.3.3 猪囊尾蚴与宿主间的相互作用

猪囊尾蚴与宿主的关系极为复杂。宿主被猪囊尾蚴感染后，产生一系列免疫效应。抗体、补体与免疫效应细胞协同作用将起到杀伤虫体、加速虫体钙化等保护性作用。猪囊尾蚴则以多种方式逃避宿主免疫系统的攻击，从而在宿主免疫条件下得以存活。从猪囊尾蚴曾经分离出一种称为后绦幼虫因子（metacestode factor，MF）的物质，其抑制宿主的细胞免疫和体液免疫（潘卫庆和汤林华，2004）。由猪囊尾蚴体壁细胞分泌的猪囊尾蚴抗原 B（antigen B，AgB），在寄生部位构建了一种对幼虫起保护作用的小环境，阻碍了宿主免疫系统免疫细胞和免疫分子与猪囊尾蚴的接触，使得猪囊尾蚴逃避宿主免疫系统的攻击。猪囊尾蚴周围由宿主组织产生的囊膜包围，而且猪囊尾蚴表面蛋白大部分与宿主骨骼肌组织的可溶性蛋白有一致的十二烷基硫酸钠—聚丙烯酰胺凝胶电泳（sodium dodecyl sulfate-polyacrylamide gel electrophoresis，SDS-PAGE）迁移率，表明猪囊尾蚴表面有宿主的蛋白质存在，起到伪装虫体的作用，从而阻断宿主免疫系统对猪囊尾蚴抗原的免疫识别和免疫作用。

Chaible（2005）研究发现当机体感染猪囊尾蚴时，中性粒细胞、嗜酸粒细胞和巨噬细胞交互发生作用。猪囊尾蚴的浸出物通过活性氧簇来侵害中性粒细胞，导致中性粒细胞 DNA 断裂从而失去吞噬能力，但中性粒细胞通过过氧化氢酶的抗氧化应激作用进行自我保护。

1.3.4　猪囊尾蚴疫苗免疫的研究进展

获得性免疫是宿主抗猪囊尾蚴免疫的主要方面，包括细胞免疫和体液免疫，起主导作用的是细胞免疫。猪囊尾蚴受宿主局部组织的物理与化学刺激引起猪囊尾蚴周围肉芽肿反应和包囊的形成。NO 是一种重要的免疫介质，具有许多生理功能，在抗寄生虫感染免疫方面发挥重要作用。淋巴因子是重要的免疫调控介质，具有多种生物活性。红细胞通过 C3b 清除免疫复合物的能力是白细胞的 500～1 000 倍，猪囊尾蚴发育过程中伴有红细胞系统黏附功能紊乱、红细胞受体活性受损，清除循环免疫复合物（circulating immune complex，CIC）的能力下降。

诸多学者已经研究了包括天然蛋白疫苗、重组蛋白疫苗、合成肽疫苗、核酸疫苗等多种猪囊尾蚴疫苗，取得了许多新的进展。猪带绦虫生活史各个时期（六钩蚴、囊尾蚴和成虫）的分离组分接种动物可使其获得不同程度的抗感染保护力，其中六钩蚴诱导的保护力最高。此外，猪囊尾蚴谷胱甘肽 S 转移酶（glutathione S-transferase，GST）有望成为良好的猪囊尾蚴候选疫苗（Vibanco-Perez et al.，2002）。国内学者1995年开始研制猪囊尾蚴基因工程疫苗，构建了猪带绦虫六钩蚴cDNA文库，将猪囊尾蚴保护性抗原 cC_1 全长 cDNA 插入质粒载体pcDNA3，形成重组质粒 p3-cC_1，该 cC_1DNA 疫苗能有效诱导仔猪的免疫保护反应，获得73%的保护率（唐雨德等，2001）。

景志忠等（2005）认为，猪囊尾蚴病是危害严重的人畜共患寄生虫病，其病原是复杂的真核生物，有猪带绦虫成虫、六钩蚴、囊尾蚴等多个发育阶段，在人猪之间循环感染寄生发育。目前国内外已在病原和宿主个体、细胞和分子水平上对猪囊尾蚴入侵与免疫、免疫与免疫逃避、免疫预防等方面进行了大量研究，初步明确了虫体的组成成分、结构形态以及发育形式与病原入侵和免疫的关系，为免疫预防控制，特别是分子免疫预防奠定了坚实的基础。但要完全控制和消灭该病，要走的路还需很长。

由感染猪带绦虫而引发的囊尾蚴病严重威胁着人类和家畜的健康，在社会上引起了高度重视。Sciutto（2002）成功研制出一种有效抑制囊尾蚴病的合成肽疫苗，并且在临床和实践都有很好的效果。这种合成肽疫苗转变了常规的抗原疫苗形式，改善了生产性价比。相应的肽类已经在许多动植物菌体中表达出来。Cruz-Revilla（2006）报道了用重组的或人工合成的异源抗原作为疫苗可以有效预防实验猪的猪带绦虫虫卵的感染，抗原由猪带绦虫的一种保护性多肽 KETcl 和布鲁氏菌（*Brucella* spp.）二氧四氢喋啶合成酶 BLS 嵌合而成。Sciutto 等（2007）报道了一种人工合成的3肽疫苗（S3Pvac）抗猪囊尾蚴病的研究进展，S3Pvac已被证实对自然感染具有有效的免疫预防作用，但在国际猪囊尾蚴病控制计划中降低其生产成本和优化其使用方法是十分必要的。

1.3.5 猪囊尾蚴病的分子诊断学进展

猪囊尾蚴水溶性或盐析粗抗原可用于诊断人的猪囊尾蚴病，但与绦虫和其他寄生虫有一定交叉反应。猪囊尾蚴尿素溶性抗原用于 ELISA 的阳性率为96.6%，适用于猪囊尾蚴病的诊断。

从已经得到的重组蛋白和重组肽来看，用于诊断时各有不同的敏感性和特异性。在抗体的检测方面，ELISA 已经广泛用于人体、猪体猪囊尾蚴病的诊断和流行病学调查。抗体检测只能证实体内是否曾经有过猪囊尾蚴感染，不能作为疾病的早期诊断，也不能作为疗效判定的指标。猪囊尾蚴抗原 C（antigen C，AgC）是虫体分泌物或代谢产物，其半衰期短，AgC 阳性表明有猪囊尾蚴近期感染或有活虫存在。核酸探针技术和 PCR 技术不仅可以广泛用于带绦虫虫种的鉴别和谱系的研究，也可用于寄生虫疾病的诊断（甘绍伯，2002）。

Almeida 等（2006）报道，猪带绦虫 DNA 在脑囊尾蚴病人脑脊液中存在，可以用来诊断，实验检出准确率为 96.7%（29/30 病例）。

杨宝珍和王利新（2006）利用杂交瘤技术制备抗猪囊尾蚴单克隆抗体，建立抑制性酶联免疫吸附法（I-ELISA）并应用于临床。他运用自提的猪囊尾蚴囊液与福氏不完全佐剂加干扰素混合免疫 Balb/c 小鼠，取小鼠脾淋巴细胞与 SP2/0 骨髓瘤细胞融合，反复筛选及克隆化。用低温无水乙醇沉淀法分离纯化单抗 IgG（腹水抗体效价 1∶3 200），用改良的过碘酸钠法制备辣根过氧化物酶标单抗，用 I-ELISA 检测患者脑脊液和血清中猪囊尾蚴特异性抗体。结果获得了 3 株稳定分泌抗猪囊尾蚴单克隆抗体的杂交瘤细胞株，单抗的免疫球蛋白亚类鉴定为 2 株 IgG_3 和 1 株 IgM。标记的 HRP-IgG 酶标单抗，经临床病例标本验证，确诊的脑囊尾蚴病患者脑脊液 63 例，抗体阳性 61 例，阳性率为 96.83%；血清标本 60 例，抗体阳性 53 例，阳性率为 88.33%；其他颅内感染性疾病患者脑脊液标本 240 例、血清标本 240 例，肝肺包虫病患者血清 10 例，正常脑脊液 25 例（阑尾炎手术腰麻患者），健康志愿者血清 32 例，检测结果均为阴性。该研究制备的 HRP-IgG 酶标单克隆抗体经临床应用，证实对脑囊尾蚴病有良好诊断价值。

江莉和蔡黎（2006）综述了猪囊尾蚴病免疫和诊断抗原的分子生物学研究进展，认为猪囊尾蚴特异性和保护性抗原的研究是猪带绦虫病、猪囊尾蚴病免疫和诊断的基础。天然抗原来源有限，限制了其应用，而重组抗原的应用可解决质量控制和抗原来源的问题。

总而言之，深入进行猪囊尾蚴与猪囊尾蚴病的基础研究，是人兽共患疾病防治和公共卫生事业发展的迫切需要，是人类生活质量和生命质量提高的自身要求。只要多方面参与，协同攻关，特别是人类医学和动物医学领域的密切合作，基础研究和应用研究的互相渗透，许多人兽共患疾病包括人兽共患寄生虫病就会一个个被攻克和征服，实现科学特别是医学科学为人类造福的现实愿望和远大理想。

小 结

寄生虫学是寄生虫病学的重要生物学基础，基础寄生虫学又是应用寄生虫学的重要发展前提。加强基础寄生虫学方面的研究，有效防治寄生虫病特别是人兽共患寄生虫病，具有极其重要的社会公共卫生学意义。分子寄生虫学研究的目标是不断发现新的、有效的方法防治寄生虫病特别是人兽共患寄生虫病。其中最为重要的是药物和疫苗，而猪囊尾蚴病有效防治疫苗的研制还需假以时日。在目前和相当长的时期内，新型抗寄生虫药物的研发和应用，必将仍然是寄生虫病特别是某些人兽共患寄生虫病防治中一个无法回避且十分重要的选择。国内外关于猪带绦虫特别是猪带绦虫囊尾蚴的基础研究，几乎处于空白状态。不系统、不完整的一般性基础研究，又主要限于猪囊尾蚴的形态发育、组成分析、物质代谢、与宿主的相互作用等，疫苗免疫和结构基因组学研究也只是刚刚起步，成果寥寥。人类医学和动物医学领域的密切合作，基础研究和应用研究的互相渗透，以及大量原始创新性研究成果的形成，必将成为猪带绦虫囊尾蚴病的克星，并从而为动物农业和猪带绦虫囊尾蚴病（特别是脑猪带绦虫囊尾蚴病）患者带来福祉。

参考文献

陈佩惠，郭建勋，王秀琴. 1997. 阿苯达唑对人体内猪囊尾蚴作用组织化学观察. 寄生虫与医学昆虫学报，4(1)：12～16

陈佩惠，杨连雪，钟维列. 1990. 猪囊虫囊液游离氨基酸组分的研究. 中国寄生虫学与寄生虫病杂志，8(1)：181～184

陈绍荣，杨忠，李远林等. 2007. 云南省洱源县人体重要寄生虫病调查，19(1)：64～67

符文英，张世彦，藏武红等. 2005. 互助县生猪定点屠宰检疫的结果及分析. 青海畜牧兽医杂志，25(2)：176

甘绍伯. 2002. 囊虫病. 北京：人民卫生出版社. 9～16

何成伟，田生花. 2006. 湟中县2005年主要畜禽疫病监测报告. 现代农业科技，126～127

江莉，蔡黎. 2006. 猪囊尾蚴病免疫和诊断抗原的分子生物学研究进展. 国际医学寄生虫病杂志. 7(33)：109～203

景志忠，才学鹏. 2004. 猪囊尾蚴病免疫原的分子生物学研究进展. 中国兽医科技，11(34)：35～44

景志忠，才学鹏. 2005. 猪囊尾蚴病病原入侵与免疫机理以及免疫预防研究进展. 动物医学

进展，26(6)：13～17

梁韶晖，潘长旺，易维平等. 2004. 温州地区人群猪带绦虫/囊虫病流行病学调查. 温洲医学院学报，34(3)：210～211

缪峰，刘新，傅兆义等. 2005. 鲁北地区绦/囊虫病流行因素调查分析. 实用预防医学，12(3)：560～562

卢学利，路义鑫，冯秀花等. 2005. 哈尔滨地区猪囊尾蚴感染情况调查. 动物医学进展，26(5)：113～115

骆学农，郑亚东，窦永喜等. 2007. 猪带绦虫不同阶段 45W-4BX 和 18kD 基因联合表达及保护性分析. 中国农业科学，2：385～390

潘卫庆，汤林华. 2004. 分子寄生虫学. 上海：上海科学技术出版社. 370～388

庞歌，刘长春，石团员. 2007，猪带绦虫基因组学研究进展. 上海畜牧兽医通讯，1：9

孙德军，刘凤英. 2004. 丙硫苯咪唑等药治疗猪囊尾蚴病效果. 养殖技术顾问，7：42

唐雨德，刘玉，顾志香等. 2001. 猪囊虫病基因工程疫苗的区域试验. 中国人兽共患病杂志，17(3)：62～64

许正敏，侯向进，曹正寅. 2006. 襄樊市 1976～2003 年生猪囊虫感染情况调查. 中国寄生虫病防治杂志，17(6)：368

杨宝珍，王利新. 2006. 抗猪囊虫单克隆抗体的制备及应用. 宁夏医学院附属医院，6(20)：170～172

杨国平. 2006. 猪旋毛虫与猪囊虫的防治. 云南农业. 6：23

云南省兽医防疫总站. 2006. 云南省猪囊尾蚴病的流行情况及防治对策. 中国兽医寄生虫病，1(14)：58～59

宗瑞谦，才学鹏，季建莉等. 2004. 猪囊尾蚴 cDNA 质粒表达文库的构建. 中国兽医科技，5(34)：11～13

Almeida C R，Ojopi E P，Nunes C M，et al. 2006. Taenia solium DNA is present in the cerebrospinal fluid of neurocysticercosis patients and can be used for diagnosis. Eur Arch Psychiatry Clin Neurosci，256(5)：307～310

Chaible L M，Alba-Loureiro T C，Maia A A，et al. 2005. Effect of Cysticercus cellulosae on neutrophil function and death. Vet Parasitol，127(2)：121～129

Cruz-Revilla C，Toledo A，Rosas G，et al. 2006. Effective protection against experimental Taenia solium tapeworm infection in hamsters by primo-infection and by vaccination with recombinant or synthetic heterologous antigens. J Parasitol，92(4)：864～867

Flisser A，Rodriguez-Canul R，Willingham A L 3rd. 2006. Control of the taeniosis/cysticercosis complex：future developments. Vet Parasitol，139(4)：283～292

Gonzalez A E，Lopez-Urbina T，Tsang BY，et al. 2005. Cysticercosis Working Group in Peru. Short report：secondary transmission in porcine cysticercosis：description and their potential implications for control sustainability. Am J Trop Med Hyg，73(3)：501～503

Mendlovic F，Carrillo-Farga J，Torres J，et al. 2006. Differential expression of calreticulin in developmental stages of Taenia solium. J Parasitol，92(4)：789～795

Sciutto E，Fragoso G，Manoutcharian K，et al. 2002. New approaches to improve a peptide vaccine against porcine Taenia solium cysticercosis. Arch Med Res，33(4)：371～378

Sciutto E，Rosas G，Hernandez M，et al. 2007. Improvement of the synthetic tri-peptide vaccine (S3Pvac) against porcine Taenia solium cysticercosis in search of a more effective，inexpensive and manageable vaccine. Vaccine，25(8)：1368～1378

Sikasunge C S，Phiri I K，Phiri A M，et al. 2007. Risk factors associated with porcine cysticercosis in selected districts of Eastern and Southern provinces of Zambia. Vet Parasitol，143(1)：59～66

Vega R，Pinero D，Ramanankandrasana B，et al. 2003. Population genetic structure of Taenia solium from Madagascar and Mexico：implications for clinical profile diversity and immunological technology. Int J Parasitol，33(13)：1479～1485

Vibanco-Perez N，Jimenez L，Mendoza-Hernandez G，et al. 2002. Characterization of a recombinant mu-class glutathione S-transferase from taenia sollium. Parasitol Research，88(5)：398～404

2 猪带绦虫六钩蚴的发育生物学

猪带绦虫卵存在于猪带绦虫（*Taenia solium*）成虫虫体末端的孕节内。孕节细长，其子宫较为发达，正中有纵形走向的子宫主干，向两侧伸出树枝状 7～13 个分支，每一个孕节内含有猪带绦虫卵30 000～50 000个。卵被有很薄的卵壳，虫卵自孕节破裂散出时卵壳即已脱落，故粪检时所见到的虫卵已是失去卵壳只带胚膜的猪带绦虫六钩蚴（oncosphere，O)，简称猪六钩蚴。

2.1 猪带绦虫六钩蚴的形态发育

2.1.1 猪带绦虫六钩蚴的体外培养

2.1.1.1 绦虫卵的采集

“驱绦丸”由黑龙江省“驱绦灭囊”办公室、哈尔滨医科大学寄生虫教研室、吉林农业大学囊虫病研究所提供。病人服用“驱绦丸”后，排出的新鲜、成熟孕节（经鉴定为猪带绦虫节片）作为供试虫卵。

将新鲜、成熟的孕节用无菌生理盐水洗净后，置于无菌0.01mol·L^{-1}、pH 7.4 的 PBS（内加 400U 庆大霉素）中作用 1h，将节片剪碎，150 目不锈钢筛网过滤，将卵洗到玻璃杯中，然后 3 000r·min^{-1}离心 5min，沉淀用 PBS 和 percoll（V∶V＝1∶2）混匀，3 000r·min^{-1}离心 60min，90%以上的卵沉淀下来，上层倒掉，沉淀用 PBS 洗 3 次，以除去 percoll。

2.1.1.2 六钩蚴的孵化

2.1.1.2.1 六钩蚴的两种孵化方法

(1) 酶法

离心后的虫卵将上清液倒去，虫卵上的液面保留 2～3ml，然后加入人工胃液，移入到培养皿中，在41℃下孵化15min，用无菌0.85%NaCl溶液冲洗3次，用滴管移入到组织培养瓶中，加入人工肠液后塞紧瓶塞，41℃下孵育15min。孵育后将组织培养瓶取出，在室温（20℃左右）下放置15min，并进行观察，将孵化的猪六钩蚴用无菌0.85% NaCl溶液冲洗2次，然后加入适量的0.01mol·L^{-1}PBS（pH 7.4）。

（2）次氯酸钠法

卵的悬浮液离心沉淀后，沉淀中加入0.5ml次氯酸钠溶液（用生理盐水配成0.5%溶液），混合物中再加入10ml生理盐水，1 000r·min^{-1}离心5min，沉淀用生理盐水洗3次。

2.1.1.2.2　孵化率和存活率的比较

取两张载玻片，分别加经上述2种方法处理的虫卵悬液各1滴，并覆上盖玻片，置显微镜下观察虫卵孵化情况，计算虫卵孵化率；另取虫卵悬液各1滴，再分别加1滴0.1%台盼蓝溶液，混匀，显微镜下观察，所有死亡的猪六钩蚴均被染成蓝色。计算猪六钩蚴的存活率，对比两种孵化方法在孵化率及存活率上的差别。

2.1.1.2.3　六钩蚴的密度梯度离心

取1ml新孵化、激活的六钩蚴悬液，加入5ml percoll溶液，3 000r·min^{-1}，4℃，离心30min，在percoll和盐水交界面处形成一薄层猪六钩蚴，没被孵化的卵及碎片聚集在管底，将交界面处样品仔细取出，用无菌生理盐水洗两次。

2.1.1.2.4　六钩蚴计数及结果判定

采用血细胞计数板计数并进行孵化结果判定。

猪带绦虫虫卵近似圆形，由厚而坚固的胚膜紧包着六钩蚴组成。本实验采用酶法和次氯酸钠（NaClO）法对猪带绦虫卵进行孵化，并采用台盼蓝法判断猪六钩蚴的死活，收到了很好效果。活的猪六钩蚴经台盼蓝染色后未着色；而死亡的猪六钩蚴体积胀大，经台盼蓝染色后成致密的深蓝色，内部结构无法辨认。将两种孵化方法的消化效果进行比较，见表2-1。

表 2-1 两种孵化方法的比较

Table 2-1 Comparison of two hatching methods

方法 Method	观察指标 Index observed				
	被检虫卵数 Numbers of eggs examined	孵化的六钩蚴数 Numbers of oncospheres hatched	六钩蚴的存活数 Numbers of viable oncospheres	虫卵孵化率/% Hatching rate of eggs/%	六钩蚴存活率/% Viability rate of oncospheres/%
酶法 Enzyme method	250	237	201	94.80	84.81
次氯酸钠法 NaClO method	250	241	218	96.40	88.98

由表 2-1 可知，酶法和 NaClO 法对虫卵的孵化、激活均有显著效果，NaClO 法略好于酶法，孵化率和存活率均较高。但观察发现，猪六钩蚴在 NaClO 溶液中放置时间过长（超过 5min），则完整的猪六钩蚴全部消失，仅见大量碎片。

猪带绦虫虫卵孵化是猪六钩蚴培养技术的一项重要内容，它通常包括两个阶段即六钩蚴周围物质的解聚和六钩蚴的激活。作者借助透射电镜（transmission electron microscope，TEM）观察发现，猪带绦虫虫卵胚膜从外向内由外膜层、卵黄层、胚膜层和六钩蚴膜四层结构组成。外层为外膜层，向内为卵黄层、胚膜层，胚膜层又由致密层、胚块层和颗粒层三层组成，最内为六钩蚴膜，其内包裹着猪六钩蚴。猪六钩蚴周围物质的解聚是指虫卵的卵黄层和胚膜层发生解聚，而猪六钩蚴的激活是指在外界刺激下猪六钩蚴膜渗透性发生改变，猪六钩蚴从六钩蚴膜内释放出来。近年来，许多学者曾研究过带绦虫虫卵的孵化。Silverman（1954）建立的孵化方法，将 74%的牛带绦虫虫卵孵化，该方法许多年来一直被广泛使用。Gallie 和 Swell（1970）改进了此方法，在孵化培养基中增加 CO_2 浓度，使牛带绦虫虫卵 90%被孵化和激活。然而 Stevenson（1983）报道 Gallie 的孵化方法不稳定，并且他提出的酶消化法能使 82.7%的牛带绦虫虫卵被孵化。Lightowler 等（1984）、Negita 等（1994）、Takemoto 等（1995）、Ito（1996）建立了一个更为简便的方法即次氯酸钠法，取得了很好效果。本实验对比了酶消化法和次氯酸钠法的孵化效果，发现两种孵化方法均较理想，但在具体应用时，酶消化法要特别注意在加入人工肠液后应立即塞紧瓶塞，防止CO_2逸出，否则六钩蚴即使释放出，也不能被激活；而对于次氯酸钠法来说，严格控制反应时间是至关重要的。作者观察表明，次氯酸钠法的反应时间在3～5min，时间过长，容易导致虫体崩解、死亡。用次氯酸钠溶液处理猪带绦虫虫卵，缩短了猪六钩蚴的孵化时间，此外不需要昂贵的反应试剂（胃蛋白酶、胰酶等），因此如若时间控制得当，次氯酸钠法不失为一种较为理想的猪带绦虫虫卵孵化方法。

猪带绦虫虫卵不可能100%被孵化，而且虫卵孵化后，虫卵外壳崩解成许多小碎块，这些没有孵化的猪带绦虫虫卵及小碎块给猪六钩蚴的培养带来许多不利的影响。本实验采用100%的percoll进行密度梯度离心，以除去未孵化的猪带绦虫虫卵及碎块，取得了显著效果，而且实验观察percoll对猪六钩蚴的发育没有损害作用。

2.1.1.3　六钩蚴的培养

设6种培养基，两种气体条件，共12种培养体系，如表2-2所示。

每种培养体系中按每毫升培养基加入100个猪六钩蚴的比例，置于37℃恒温箱中培养。间隔24h取出培养瓶，于倒置显微镜下观察猪六钩蚴生长发育过程中的形态变化。每周更换两次培养液。对于第5种、6种、11种、12种培养体系，当细胞出现融合时，将虫体移入到新形成单层细胞的培养瓶中，加入新的营养液，继续培养。每组任选20个虫体，测量大小，同时作存活率检测。对比不同培养体系中猪六钩蚴生长发育情况，筛选出一种适合猪六钩蚴生长的培养体系，详细描述此培养体系中猪六钩蚴生长发育过程中的形态变化，并取猪带绦虫虫卵及培养最长时期的猪六钩蚴作透射电镜观察。

猪带绦虫在终末宿主人体内授精产生虫卵，虫卵呈圆形或卵圆形，经分裂成为大、中、小裂球三种细胞。大裂球产生胚层，小裂球经过多次分裂形成原肠胚层，中裂球则变成一个双重细胞层的胚膜，包围着肠胚。最后，原肠胚变成了六钩胚（即六钩蚴），虫卵逐渐成熟（葛凌云和李庆山，1991）。虫卵对中间宿主猪的侵袭力和致病力与卵的不同发育阶段有密切关系。当虫卵从终末宿主人体内排出后，经过在自然环境中一定时间的孵育，处于从早期到衰老的各个发育阶段，即幼稚期和死亡期以及介于这两期之间的不同成熟时期。虫卵进入适宜的中间宿主体

表 2-2　猪带绦虫六钩蚴的不同培养体系

Table 2-2　Different culture systems of oncosphere

培养体系编号 No.	培养基 Media	气体条件 Gas phase
1	RPMI1640(含 10%FCS)	CO_2(5%)+空气(95%)
2	RPMI1640(含 10%健康小猪血清)	CO_2(5%)+空气(95%)
3	RPMI1640(含 10%免疫小猪血清)	CO_2(5%)+空气(95%)
4	RPMI1640(含 10%FCS+1%猪红细胞)	CO_2(5%)+空气(95%)
5	单层 Vero 细胞+RPMI1640(含 10%FCS)	CO_2(5%)+空气(95%)
6	单层 PK 细胞+RPMI1640(含 10%FCS)	CO_2(5%)+空气(95%)
7	RPMI1640(含 10%FCS)	—
8	RPMI1640(含 10%健康小猪血清)	—
9	RPMI1640(含 10% 免疫小猪血清)	—
10	RPMI1640(含 10%FCS+1%猪红细胞)	—
11	单层 Vero 细胞+RPMI1640(含 10%FCS)	—
12	单层 PK 细胞+RPMI1640(含 10%FCS)	—

注：— 表明不含任何气相。

Note：— means no gas phase.

内，能否发育成囊尾蚴，取决于虫卵的不同发育期。只有成熟卵方能产生有活力的幼虫，半衰老或衰老卵均不能发育为幼虫，但可激发宿主产生免疫力，使之免受感染（Gemmell，1987）。

猪吞食到成熟虫卵后，胚膜在胃肠消化液（主要是胃蛋白酶和胰酶）作用下，发生被动性解聚（passive disaggregation）。胚膜解聚后，通过胆盐的表面活性引起六钩蚴膜渗透性发生改变，使六钩蚴受到刺激而经六钩蚴膜释放。激活后的六钩蚴呈现复杂的节律性运动，包括体部和小钩，这种协调活动全由肌肉引起。六沟蚴借助小钩和六钩蚴分泌物的作用，1～2d 钻入肠壁，进入淋巴管和血管内，随血流而到猪体的各部位组织中，主要是骨骼肌，也可在心、肺等器官组织中停留。在六钩蚴的周围有大量巨噬细胞和嗜酸粒细胞浸润，大量六钩蚴遭到杀灭，仅有少数侥幸逃脱炎症细胞的袭击而得以生存，继续不停地发育，进入六钩蚴后发育（postoncospheral development）阶段。虫体内部迅速进行结构改组的变化，包括细胞增殖、六钩蚴钩退化变性、肌肉萎缩、囊泡化和中央腔形成等，然后逐渐形成一个充满液体的囊泡体，20d 后囊上出现凹陷，在该处长出的头节上，2～3个月时形成明显的吸盘和有钩的顶突，此时囊尾蚴即已经成熟，对人具有感染力（赵慰先，1995）。猪囊尾蚴顶突、小钩及吸盘的具体发育过程未见有资料报道，但Baron（1968）对巨颈囊尾蚴头节的发育进行了详细的观察。囊壁形成后，囊壁某一区域细胞增殖，形成头节的基部，此处囊壁皮层向囊腔内翻，在内翻的囊壁皮层底部密集的细胞形成圆锥状顶突，由远端的球状区和近端的球前区组成。随着球状区的下移，整个头节区皮层变厚，出现很多皱褶，皮层生长非常快。在靠近顶突区的皮层皱褶周围吸盘开始发育，顶突周围组织出现皱褶使整个顶突凹陷。球状区停止下移，其下方形成一个似圆盘样的垫子。小钩位于球前区周围，其基部位于球状区上。组化实验表明绦虫属虫体小钩主要成分为角质蛋白（Crusz，1948；Gallagher，1964；Lyons，1966；Baron，1968）。颈部为整个内翻的带有许多皱褶的囊壁皮层，并随头节结构的分化而加长，同头节一样内翻入囊腔，当头节和颈部分化达到一定程度，即发育完全成熟时即可外翻。

为了研究猪带绦虫囊尾蚴在中间宿主猪体内的发育规律，马云祥等（1992）将成熟猪带绦虫卵分轻度、中度、重度感染新生仔猪，定期观察受感染猪体各个部位组织内囊尾蚴的发育变化。结果发现，重度感染组感染后15d及30d，各部位组织内肉眼尚未观察到虫体，60d时可见到少部分虫体已成囊泡，具有囊壁、囊液和头节，但经胆汁培养不见头节翻出，大部分虫体呈白色粟粒状，无囊泡形成，头部结构不清；感染后90d，中度和重度感染猪有6.5%～20.11%的虫体发育不成熟；180d时中度和重度感染组仍可见到不成熟的虫体，而360d时肉眼观察各组成熟均为100%。因此囊尾蚴在其中间宿主猪体内的发育时间为60～270d。马云祥等（1992）研究还发现囊尾蚴在猪体内存在滞育现象，即同期感染，但不同期发育，特别是一次大量感染更容易出现。孟祥增（1983）对六钩蚴在人眼组织内长成囊尾蚴所需时间进行观察，从黄斑部下方，视网膜的白色点状物到囊尾蚴头节活动需72d；从视神经、视网膜炎症开始至头节活动需97d。以上两位学者尽管对猪带绦虫六钩蚴在中间宿主体内发育成囊尾蚴的过程进行了研究，但内容不多，六钩蚴至囊尾蚴之间还有一些形态结构的演变有待于进一步观察研究。

寄生虫的体外培养始于20世纪初，即Novy于1903年成功地培养了布氏锥虫。早期的工作多是维持虫体的生存。20世纪30年代以来，随着培养方法的改进与完善，加之细胞培养的发展与无菌技术的引入，使体外培养技术得以迅速发展，不仅能使虫体存活很长时间，而且使其在体外获得进一步发育。目前体外培养涉及到的虫种愈来愈多，应用的范围也越来越广泛，但是未见有资料报道将猪带绦虫从六钩蚴阶段培养至囊尾蚴阶段，仅见耿进明等（1995）猪六钩蚴的最长培养时间达 10d 的报道。猪六钩蚴培养时间的延长及结构的进化不仅在发育生物学，而且在免疫学上都具有重要意义。有资料表明，利用体外培养法收集绦虫中期幼虫的分泌物、排泄物进行的免疫实验，其免疫效果差异很大，特别是体外培养时间的长短对免疫效果的好坏起着很重要的作用。体外培养 3d 以内时，保护率只能达到 60%，而体外培养 9～15d 时就可达 73%～97%（Rajasekariabh et al.，1980；Rickard and Brumley，1981；Heath et al.，1984）。

本文作者选用 12 种培养体系培养猪六钩蚴，结果发现使用单层 Vero 细胞或 Pk 细胞作营养介质在无气相存在的条件下培养效果较好，猪六钩蚴可存活至 16d，而且结构发生了很大变化。猪六钩蚴小钩消失，出现了内部结构改组。透射电镜观察发现，六钩蚴内部细胞胞质内与细胞外具有相似的膜包裹的小体，说明膜包裹的小体很可能从核周细胞质向六钩蚴周边区释放。Lumsden（1975）在研究拟曼森迭宫绦虫的皮层发育时也发现在六钩蚴内部有大量膜包裹的小体存在，并发现这些小体与皮层及其表面的微毛形成有关。Southgate（1970）注意到在孢子囊皮层形成的早期阶段，有膜包裹的颗粒从实质细胞向表层输送，表明这些颗粒可能是质膜的源泉。猪六钩蚴培养 16d 后超微结构最明显的变化是虫体内部原来电子密度高的膜包裹的小体变成中空的单层或同心环样的双层膜状小体，并可见小体融合。作者认为膜包裹的小体可能将其内容物释放，这些内容物参与皮层的形成及增厚，而释放出内容物的小体参与扩大虫体膜表面积，从而加强虫体对营养物质的吸收，以利于虫体的生长和分化。

其余 11 种培养体系，无论在虫体存活时间上，还是在虫体形态结构的进化上均效果较差，尤其是感染小猪血清的加入严重抑制了六钩蚴的发育和存活。通过本实验对猪带绦虫六钩蚴的体外培养，作者发现影响猪带绦虫六钩蚴生长发育的因素很多。

2.1.1.3.1 培养条件

(1) 抗菌素

实验所用猪带绦虫虫卵是从人体排出的粪便中检出的，很容易受到细菌的污染。出现污染后，虫体的存活时间就会受到影响，因为培养液中细菌滤出物有一定毒性，不利于虫体生存（Yoeli，1964；Wong，1982）。当洗涤从宿主体内分离出来的虫体时，需加大抗菌素的用量，一般提高至通常使用浓度的 10 倍，有时还要加一定浓度的制霉菌素，以控制霉菌的污染。但是大量应用抗菌素可能对体外培养的虫体有抑制作用，因为大多数抗菌素对培养物有机体的代谢有某种影响，常用的链霉素就是线粒体蛋白质合成的抑制剂（郎所和沈沁文，1987）。Lok（1984）培养犬恶丝虫 L_3 及丁惠东等（1993）培养伊氏锥虫时均发现抗菌素对虫体的生长有显著的抑制作用。因此在开始培养操作时，尽量使用无菌材料，采取严格的抗菌措施，以便用最小量的抗菌素而达到无菌培养的目的。

(2) 血清

同细胞培养一样，血清是六钩蚴体外培养的最基本也是最主要的营养来源。Rickard 和 Katiyar（1976）指出血清对绦虫属幼虫的体外培养是必需的。Wasley（1972）认为，与血清相关或吸附于其上的小分子质量的营养物质起着重要作用。高浓度的血清能为营养缺乏的培养基提供生存必需的起码浓度的氨基酸。血清的高分子质量的物质具有去毒作用。Heath（1970）体外培养细粒棘球蚴、豆状囊尾蚴、羊囊尾蚴时发现，培养液中加入同种动物血清比异种动物血清效果好，而且幼年动物血清比成年动物血清效果好，他们认为导致这种结果的原因可能是由于绦虫属囊尾蚴有严格的宿主特异性，同种动物的血清更适合它们生长，而且成年动物血清缺乏生长因子或已产生抑制因子，故幼年动物血清效果较好。本实验并未发现正常小猪血清及犊牛血清对六钩蚴的生长有何差异，这可能与犊牛血清的营养成分较全面有关。但本实验却发现感染小猪血清对虫体生长有明显的抑制作用，可能与感染小猪血清内有较高水平的抗猪带绦虫囊尾蚴抗体有关。Molinari（1993）将猪带绦虫虫卵在体外孵化、激活，并将活化的猪带绦虫六钩蚴与加热灭活的猪带绦虫囊尾蚴病患者血清一同培养，发现猪带绦虫六钩蚴的存活率由对照组的

92.5%降至加免疫血清组的61.5%。Silverman（1955）认为免疫血清对体外培养的猪六钩蚴有迅速且致命的作用。由此可见，血清既有刺激或促进生长的作用，又有阻碍生长的作用，其阻碍作用在一定程度上是由免疫球蛋白引起的。

（3）细胞系的应用

本实验研究发现，使用Vero或Pk单层细胞作饲养层细胞，猪带绦虫六钩蚴的生长发育较快，尽管Vero或Pk细胞的生长由于六钩蚴的存在稍受抑制，但这种抑制作用是有利的，因为可不必频繁更换培养基，从而有利于六钩蚴的生长。饲养层细胞促进六钩蚴生长的机理尚不清楚，据推测其作用可能是提供培养基中缺少的某些必需营养成分和促生长因子，消除血清、培养基其他成分和猪六钩蚴代谢产物的毒性及建立适合猪带绦虫六钩蚴生长的小气候。Lawrence等（1980）使用Vero细胞、鼠胚成纤维细胞等培养羊带绦虫六钩蚴取得了满意效果，他认为细胞单层可能起到提供必要的营养、改变培养的物理环境、作为酶底物、防止寄生虫分泌的酶破坏自身物质等作用。由此可见，选择适宜的饲养层细胞对猪带绦虫六钩蚴的生长具有非常重要的意义。Hirumi（1991）认为，饲养层细胞的类型、生长特性和密度可影响虫体的生长，因此在选用时，应对其特性有全面的考虑。作者认为，生长缓慢的细胞系优于生长快的细胞系，如成纤维样细胞系优于上皮型细胞系，因为后者生长速度过快，消耗营养物质多，产生大量代谢产物对猪带绦虫六钩蚴生长不利，而且有与虫体争夺营养的可能，又因为无接触性抑制，容易长成多层和产生细胞碎片，故不宜采用。通常在选用饲养层细胞时，应优先考虑使用源于自然宿主或实验动物宿主的细胞，而且要选用价格低廉、来源丰富、易于制备的细胞系。

（4）温度、pH及气相

1）温度　温度是影响虫体在体外条件下能否生长发育的重要因素之一。寄生虫体外培养要求的温度与哺乳动物宿主体内温度要相当。猪六钩蚴体外培养的适宜温度，要相当于人体或猪体内的温度，一般为37℃。

2）pH　培养液适宜的pH范围对猪带绦虫六钩蚴的生长也是至关重要的，应与猪带绦虫六钩蚴在宿主体内寄生环境中的pH基本一致。作者研究发现，猪带绦虫六钩蚴在体外培养的适宜pH为

7.0～7.4。Dick 等（1973）专门研究了培养液 pH 对斑点古柏线虫（*G. Punctata*）体外发育的影响，他认为虫体接种时所用新鲜培养液 pH 的确定应考虑到虫体在生长发育过程中代谢产物对培养液的影响，并且发现增加换液次数有利于培养液 pH 的稳定。

3）气相　不同寄生虫体外培养，要求的气相不同。白广星和孔繁瑶（1990）在对哥伦比亚食道口线虫的体外培养时发现，适量的 CO_2 有利于虫体发育。Heath（1973）在进行巨颈绦虫、牛带绦虫、羊带绦虫、水泡带绦虫和豆状带绦虫六钩蚴体外培养时均以空气作气相，而 Heath 和 Smyth（1970）培养细粒棘球绦虫六钩蚴时采用 10% O_2、5% CO_2 和 85% N_2 的混合气相。本实验采用气相为 5% CO_2、95%空气的混合气相同无气相条件进行对比，观察猪带绦虫六钩蚴的生长情况，结果发现无气相条件效果较好。其具体原理不甚清楚，可能是猪带绦虫六钩蚴更适于在厌氧或兼性厌氧条件下生存之故。

2.1.1.3.2 培养液的更换时间

培养液和培养条件的联合作用对体外培养猪六钩蚴的成功常常起着非常重要的作用。由于培养条件相对恒定，而随着六钩蚴的生长发育，培养液中的营养物质不断消耗，虫体的代谢产物又不断排到培养液中，对虫体有一定的毒性作用。同时，培养液中控制 pH 的缓冲系统能力有限，随培养时间的延长，培养液将逐渐变为酸性。因此，在培养一段时间后，需要更换培养液。培养液的更换，要根据培养的虫体阶段、数量、代谢情况、培养液的量、pH 变化、培养进展情况等综合进行分析考虑，但应始终保持培养液 pH 在 7.0～7.4 这样一个适合猪带绦虫六钩蚴生长发育的范围。本实验选用 Vero 或 Pk 细胞作为饲养层培养猪带绦虫六钩蚴，一般每 4～5d 更换一次细胞系，细胞系在传代后 3d 开始应用。

虫卵的来源是本实验研究的一大难题。由于重复次数所限，虽初步摸索了猪带绦虫六钩蚴的体外培养条件，并且猪带绦虫六钩蚴在一定程度上也有进一步生长发育，但培养至囊尾蚴阶段还有很长一段距离，有待于以后进一步探索研究。

2.1.2 猪带绦虫六钩蚴的形态变化

2.1.2.1 猪带绦虫六钩蚴的生长状况

刚孵化出的猪带绦虫六钩蚴周围有大量的虫卵碎片。在猪带绦虫六钩蚴培养之前，对新孵化出的猪带绦虫六钩蚴采用 percoll 进行密度梯度离心。结果，大量的碎片及死亡的猪带绦虫六钩蚴被分离出去。将 percoll 处理过的猪带绦虫六钩蚴进行培养，表 2-3 对比了在不同培养体系中猪带绦虫六钩蚴的生长发育状况。

表 2-3 不同培养体系中猪带绦虫六钩蚴的生长状况

Table 2-3 Growth of the oncospheres in different culture systems

培养体系 Culture system	观察指标 Index observed		
	平均大小/微米 Average size/μm	最长存活时间/日 The longest survival time/d	发育程度 Development degree
1	15.5	10	＋
2	16.0	10	＋
3	15.8	5	－
4	15.5	11	＋
5	18.0	13	＋
6	17.8	13	＋
7	15.8	13	＋
8	15.6	13	＋
9	16.5	7	－
10	16.0	12	＋
11	20.0	16	＋＋
12	19.5	16	＋＋＋

注：－表示没有发育；＋表示稍有发育；＋＋表示发育较明显。

Note：－ means no development；＋ means a little development；＋＋ means apparent development.

由表 2-3 可以看出，不论在猪带绦虫六钩蚴的大小、存活时间还是在发育程度上，第 11 种、12 种培养体系（即使用 Vero 细胞或 Pk 细胞作营养介质且无气相存在的培养体系）优于其他 10 种培养体系，而

Vero 细胞和 Pk 细胞在促进猪带绦虫六钩蚴的生长发育上效果相似，两种细胞的生长较缓慢。由于在其他 10 种培养体系中猪带绦虫六钩蚴发育不明显，仅将在第 11 种、12 种培养体系中的猪带绦虫六钩蚴的生长发育状况作一描述。

新孵化出的猪带绦虫六钩蚴呈椭圆形，6 个小钩清晰可见，猪带绦虫六钩蚴运动频繁，在猪带绦虫六钩蚴的周围有一光环存在；培养 2d 后的幼虫，体积稍有增大，小钩收缩，移向虫体一端；5d 后，小钩消失，虫体内部可见致密的团块样组织，虫体周围有少量分泌物和排泄物；培养 8d 后，虫体内部出现许多丝状物质，缠绕在一起，猪带绦虫六钩蚴外膜增厚；16d，虫体出现双层膜状结构。

2.1.2.2　猪带绦虫六钩蚴的体外发育

2.1.2.2.1　猪带绦虫六钩蚴样品的制备

(1) 扫描电镜样品的制备

猪带绦虫虫卵或六钩蚴样品用 2.5%戊二醛（pH 7.2）固定 2～4h，将经固定的六钩蚴置于 1.5ml 离心管中，3 000r·min^{-1}离心 5min，使虫卵或六钩蚴聚成团块状，弃去上清，在 pH 7.2 的 0.1mol·L^{-1} PBS 中洗涤 3 次，乙醇梯度脱水每级 10min，醋酸异戊酯置换，然后放入临界点干燥器（日立，HCP-2 型）中，进行临界点干燥处理，通过液体 CO_2 加热至临界状态，32℃，72 个大气压，之后排除 CO_2，使样品在不受到表面张力作用的条件下得以干燥，以保持样品的生活状态，不产生变形和收缩。

样品的导电处理是将点干燥的样品放入离子发射仪中（日立 IB-5 型）进行镀金，以使样品导电，然后在 KYKY1000B 型扫描电镜（scanning electronic microscopy，SEM）下进行观察拍照，使用的加速电压为 15kV。

(2) 透射电镜样品的制备

猪带绦虫虫卵或六钩蚴样品用 2.5%戊二醛（pH 7.2）固定 2～4h，将经固定的六钩蚴置于 1.5ml 离心管中，3 000r·min^{-1}离心 5min，使虫卵或六钩蚴聚成团块状，弃去上清，在 pH 7.2 的 0.1mol·L^{-1} PBS 中洗涤 3 次，以 1%四氧化锇后固定 1h，乙醇梯度脱水，每级

10min，Epon 812 环氧树脂浸透包埋，于 60℃温箱中聚合 72h，包埋块经修整后在 LKB-V 型超薄切片机上进行超薄切片，收取 50～70nm (500～700Å) 厚度的切片于具有 Formvar 膜的载网上，经铅和铀的双重电子染色后在透射电子显微镜（TEM-1200EX 型）下进行观察拍照，加速电压为 80kV。

2.1.2.2.2 猪带绦虫六钩蚴的发育变化

(1) 猪带绦虫六钩蚴的一般显微形态学变化

猪带绦虫虫卵近于圆形，由较坚硬的胚膜外壳和内部的六钩蚴组成(图版 1A-1)。刚孵化出的六钩蚴成卵圆形，6 个小钩清晰可见，小钩运动频繁（图版 1A-2)。体外培养发现，随着发育虫体体积增大，小钩收缩，并移向一端（图版 1A-3)，继之，虫体为致密的团块组织（图版 1A-4)。继续发育虫体内部致密度降低，出现丝状物（图版 1A-5)，到体外发育 16d 时，虫体内部出现空腔，胚膜呈双层膜结构（图版 1A-6)。

(2) 猪带绦虫六钩蚴的表面超微形态学变化

1) 猪带绦虫虫卵的表面超微形态学变化　　扫描电镜观察，猪带绦虫虫卵呈圆形，直径在 25.5～48.45μm，多聚集成团，少数游离。低倍镜下观察虫卵的卵黄层（vitelline layer，VL）外表面光滑（图版 2A-1)，高倍镜下观察其表面不平，但无微毛，隐约可见 VL 外表面有较规则的网状凹窝（图版 2A-2)。胰酶处理后，虫卵外的 VL 被降解，暴露出其内的胚膜层（embryophone layer，EL)，虫体直径明显减小，直径为 18.40～18.96μm，EL 外表面见有许多大小不等的、不规则的、较深的凹窝（图版 2A-3，图版 2A-4)。有的暴露出胚块层（embryophoric block layer，EBL)，外表面可见许多棱柱体或楔状体，此层软薄，塌陷成不规则形状（图版 2A-5)。破壳的虫卵暴露出虫卵的内表面，极薄、透明，可能为六钩蚴膜（oncospheral membrane，OM)，其内有六钩蚴（图版 2A-6)。

2) 猪带绦虫六钩蚴的表面超微形态学变化　　扫描电镜观察，猪带绦虫六钩蚴呈圆形或椭圆形，直径为 12μm×10μm。六钩蚴外有极薄的膜，即六钩蚴膜。膜表面无微毛，但有很多褶皱（图版 2B-1，图版 2B-2)，六钩蚴的一端可见凹陷，其内有小钩样物（图版 2B-3，图版 2B-4)，角质化程度不高，此为六钩蚴的头部。

(3) 猪带绦虫六钩蚴的内部超微形态学变化

1) 猪带绦虫虫卵的内部超微形态学变化　透射电镜观察发现，猪带绦虫虫卵胚膜由外向内主要有4层结构：外膜层（outer membrane layer，OML）、卵黄层（vitelline Layer，VL）、胚膜层（embryophone Layer，EL）和六钩蚴膜（oncospheral membrane，OM），胚膜内为六钩蚴（oncosphere，O）（图版3A-1）。

A. 外膜层（OML）　位于虫卵的最外层，外包被一层连续的膜层结构，没有细胞界限，膜层表面上有的部位略有内凹，可被胰酶降解，表明为蛋白质性质的组织（图版3A-1）。

B. 卵黄层（VL）　外膜内部为卵黄层，可见许多细胞残体，残体中可见到细胞核、线粒体、糖原颗粒、卵黄物质等。线粒体管状嵴（图版3A-1）。

C. 胚膜层（EL）　由致密层（density Layer，DL）、胚块层（embryophoric block Layer，EBL）和颗粒层（granule layer，GL）3层结构组成（图版3A-1，图版3A-2）。

致密层（DL）位于胚膜层的最外面，电子致密度高，厚度均一（图版3A-1，图版3A-2）。

胚块层（EBL）位于致密层的内面，为胚膜层的主体，由许多楔状体组成，楔状体之间有缝隙，楔状体上可见圆形空隙，即环形体（circular body，CB），环行体内散在致密颗粒（图版3A-2）。

颗粒层（GL）位于胚块层内面，内为中等电子密度的颗粒（图版3A-2）。

D. 六钩蚴膜（OM）　六钩蚴外表面覆盖一层很薄的六钩蚴膜（OM）。OM与六钩蚴之间有囊状小泡或致密物质相隔，中间有空隙（图版3A-3，图版3A-7）。六钩蚴的内部可见1个细胞，细胞核较大，约占细胞的1/4～1/3，核内有2个核仁，胞质内可见许多线粒体，且有一较大的液泡（图版3A-3）。细胞外可见许多电子密度较高的由膜包裹的小体，与细胞内的相似（图版3A-3，图版3A-4），偶尔几个小体被一个质膜包绕在一起（图版3A-4）。可见呈同心圆样的双层膜状结构和一些糖原颗粒；肌束发达，肌丝清晰可见，为平滑肌（图版3A-5）。小钩根部电子致密度较低，尖部电子致密度较高（图版3A-6）。

2) 体外培养16d六钩蚴的内部形态学变化　体外培养16d的六

钩蚴，虫体呈现不同程度的发育。透射电镜观察发现，虫体内部电子致密度高的小体减少，多为中空的单层或呈同心圆样的膜状小体（图版 3A-3，图版 3A-7）；且有的小体发生融合，有的可见空泡状溶解区，在虫体内也有一腔状结构，此腔一端的虫体表面膜融合，有的液泡较大，溶解区面积增大（图版 3A-7）。在虫体内部有大量排列规则的糖原颗粒，虫体周边区域肌束较多，并可见较多的胞质突起，有一胞质突起较大，其内部未见细胞器和细胞核。未见虫体小钩（图版 3A-7）。

猪带绦虫虫卵是人/猪囊尾蚴病的传染源，十分有必要在前人研究工作的基础上进一步明确其结构及其特性，为人/猪囊尾蚴病的防治提供可信的实验和理论依据。本文作者采用胰酶处理的方法，由表及里分层降解并暴露出虫卵的多层次结构，经扫描电镜和透射电镜观察，首次提出猪带绦虫虫卵的胚膜由外向内主要有 4 层结构：外膜层（OML）、卵黄层（VL）、胚膜层（EL）和六钩蚴膜（OM），其中胚膜层又分为致密层（DL）、胚块层（EBL）和颗粒层（GL）3 层。

关于带绦虫虫卵的超微结构研究，国内外学者曾有描述。Inatomi（1962）曾阐述过一种结构，即“外胚膜、内基膜、胚块之间的细管状和洞穴样系统”。Morsech（1966）对 5 种绦虫虫卵进行了观察，提出带绦虫虫卵卵壳有 8 层结构，即卵壳（egg capsule，EC）、卵黄层（vitelline Layer，VL）、外胚膜（outer embrophoric membrane，OE）、胚膜（embryophone，E）、颗粒层（granular laynr，GL）、颗粒层基膜（basal membrane granular layer，BMGL）、六钩蚴膜（oncospheral membrane，OM）和六钩蚴界膜（limiting membrane，LM）。田喜凤等（1995a，1995b）采用超声波破碎虫卵的方法进行多层次观察，也发现了上述结构，但田喜凤认为，Morsech 提出的卵壳实际是卵黄层的外膜，并认为是质膜结构，不是一层卵壳结构；Morsech 提出的六钩蚴界膜（LM）实际是六钩蚴的表面，是六钩蚴的本体结构；颗粒层基膜实际是质膜结构的颗粒层内表面膜，均不能作为卵壳的层次描述。田喜凤认为从卵的胚胎发育和结构来看，卵壳应分 3 层为宜，即卵黄层、胚膜层和六钩蚴膜，与本论文见解不同。

本研究通过 SEM 观察发现，VL 表面光滑，厚质，未见细胞分界，TEM 观察 VL 外连续包被一膜层样结构，未见细胞质膜界限，也未见典型的单位膜结构。此膜层结构能被胰酶降解，表明其成分主要为蛋白质。从虫卵的胚胎发育、结构观察、化学分析及保护性功能分析推断，此层膜为一层纤维膜，不是壳质层，故本研究称之为外膜层（outer membrane layer，OML）。

关于胚块中的环形结构，Morsech 认为此环形体与胚块的形成有关，它参与了把颗粒物质转化为致密的胚块。Nieland 和 Weinbach（1968）在 *Taenia taeniaeformis* 的电镜观察中认为环形体实际上是线粒体，也许它们参与胚块的形成及维持黏合位置的完整性，它们在胚块形成的早期并不是胚块物质沉积的焦点。Nieland 研究指出，胚块是由胚块形成细胞所形成，内颗粒层实际是胚细胞的胞质，颗粒层内的细胞核实际是胚细胞的核，证明这些层次属于细胞成分。田喜凤（1995b）认为胚块是在一种细胞中形成长大，随着胚块体积的增大，将原来的细胞质压缩形成缝隙，退化的线粒体则相对集中，使缝隙扩大成环形腔隙（环形体）。

本文作者观察结果表明，胚块层清晰可见细胞界限及细胞内结构，外表面可见凹窝样结构，同扫描电镜所见的表面凹窝一致，证明胚块层是由细胞组成，基本支持田喜凤的观点。作者认为较厚而致密的胚块层在保护六钩蚴方面有着重要作用。六钩蚴膜的研究表明，此层膜很薄，覆盖在六钩蚴表面，且与六钩蚴间有空隙，空隙可见泡状物和致密颗粒状物，此层膜为破壳后仅存的一层保护六钩蚴的膜层结构。猪带绦虫孕卵节片排出体外后，虫卵在体外生存时，胚膜起到防止机械损伤、干燥失水、潮湿高热、抵御渗透压改变等保护六钩蚴的作用。当人/猪误食虫卵后，与食物一起首先在胃中滞留一段时间，胚膜则起到抵御强酸环境（胃中 pH 0.5～1.5）和胃蛋白酶降解的保护作用。当虫卵随食糜进入十二指肠中，被胰酶降解，胚膜破坏，六钩蚴逸出。六钩蚴借助很薄的六钩蚴膜的微弱保护，快速运动，通过小钩和自身分泌物的作用钻入小肠壁进入血液循环。

作者通过光镜、SEM 和 TEM 观察，从虫卵的胚胎发育和生活特点分析认为，猪带绦虫虫卵胚膜分为 4 层结构为宜，主要起到保护虫卵的作用。最外层为外膜层，是一层纤维蛋白组成的纤维膜，整个胚膜可被胰酶分解，故不是壳质结构。然后为卵黄层、胚膜层和六钩蚴膜。

六钩蚴的生化代谢研究表明，六钩蚴脱壳前后有关代谢酶的活性不同。未脱壳的虫体代谢酶活性较低，处于休眠状态。脱壳后的六钩蚴乳酸脱氢酶（LDH）活性较高，葡萄糖（Glc）含量较高，证明其糖化代谢存在无氧分解通路；谷氨酸脱氢酶（GDH）活性较高，表明由 GDH 催化的谷氨酸生成 α-酮戊二酸的通路比较活跃，此通路可能是六钩蚴的主要供能方式（高文学等，2001a；2001b）。TEM 观察发现，六钩蚴细胞中有大量的糖原颗粒。表明六钩蚴在胚膜内维持最基本的生命状态，其所需营养物质由胚膜的卵黄层等供给，不需到外环境摄取，故胚膜主要起保护作用。

2.2 猪带绦虫六钩蚴的物质代谢

猪六钩蚴物质代谢研究对其发育生物学的深化、有效药物的选择均具有重要的科学理论意义和临床实际意义。本实验以猪六钩蚴组织中有关代谢途径的关键酶和代谢物作为研究对象，采用连续性紫外分光光度测定法测定猪六钩蚴组织匀浆有关物质代谢酶的活性和代谢物的含量，藉此揭示猪六钩蚴发育过程中的物质代谢规律和特点。

2.2.1 猪带绦虫六钩蚴的物质代谢基础

猪六钩蚴的物质代谢基础见表 2-4。

表 2-4 猪带绦虫六钩蚴的物质代谢基础

Table 2-4 Basis of biochemical metabolism of oncospheres

指标 Index		指标 Index	
Na^+K^+-ATPase(μmolPi/mgprot/h)	0	MDH(U/mgprot)×10^{-4}	0
Mg^{2+}-ATPase(μmolPi/mgprot/h)	0	G6PDH(U/mgprot)×10^{-4}	0
Ca^{2+}-ATPase(μmolPi/mgprot/h)	0	GOT(IU/mgprot)	0.66±0.04
ACP(U/mgprot)	0	GPT(IU/mgprot)	0.22±0.02
Glc(mmol/mgprot)	2.86±0.24	GDH(U/mgprot)	6.64±0.49
HK(U/mgprot)×10^{-4}	0	UN(mmol/mgprot)	0.18±0.02
PK(U/mgprot)	5.58±0.42	XOD(U/mgprot)	1.14±0.07
LDH(U/mgprot)	1.14±0.07	UA(μmol/mgprot)	0
Lac(mg/mgprot)	1.12±0.07	TG(mmol/mgprot)	0.14±0.02

2.2.2 猪带绦虫六钩蚴的物质代谢规律

马云祥等（1995）报道用组织化学方法显示，孵出后体外培养的猪带绦虫六钩蚴虫体内有丰富的糖原（glycogen），α-酮戊二酸脱氢酶（α-ketoglutaric dehydrogenase）、琥珀酸脱氢酶（succinate dehydrogenase，SDH）、苹果酸脱氢酶（malate dehydrogenase，MDH）、谷氨酸脱氢酶（glutamic acid dehydrogenase，GDH）、乙醇脱氢酶（alcohol dehydrogenase，ADH）、乳酸脱氢酶（latate dehydrogenase，LDH）的活性均相对较低。本实验以六钩蚴、猪囊尾蚴组织中有关代谢途径的关键酶和代谢物作为研究对象，藉此揭示猪囊尾蚴发育过程中的生化代谢规律。本实验在猪六钩蚴检测到较高含量的葡萄糖（glucose，Glc）和较高活性的 GDH，其他如丙酮酸激酶（pyruvate kinase，PK）、LDH、乳酸（lactate，Lac）、谷草转氨酶（glutamate-oxalacetate transaminase，GOT）、谷丙转氨酶（glutamate-pyruvate transaminase，GPT）、黄嘌呤氧化酶（xanthine oxidase，XOD）活性较低，并检测到 Lac、尿素氮（urea nitrogen，UN）、三酰基甘油（tricylglycerol，TG）含量，而 Na^{+} K^{+}-ATPase（sodium potassium adenosine triphosphatase）、Mg^{2+}-ATPase（magnesium adenosine triphosphatase）、Ca^{2+}-ATPase（calcium adenosine triphosphatase）、酸性磷酸酶（acid phosphatase，ACP）、已糖激酶（hexokinase，HK）、MDH、6-磷酸葡萄糖脱氢酶（glucose-6-phosphate dehydrogenase，G6PDH）、尿酸（uric acid，UA）未检测到。六钩蚴的 Glc 含量和 GDH 活性较高，其他酶活性较低，推测虫体在六钩蚴阶段主要以氨基酸代谢来提供能量，而糖类物质代谢相对较弱，Glc 含量较高是为以后侵入宿主作能量储备。

本实验在猪六钩蚴检测到 Glc、PK、LDH、Lac，说明六钩蚴阶段存在糖类物质的无氧分解通路，PK、LDH 活性较低反映此通路不活跃，不是供能的主要途径。检测到氨基酸代谢的 GOT、GPT、GDH 活性，其中 GDH 活性较高说明由 GDH 催化的由谷氨酸生成 α-酮戊二酸的通路较活跃，可能是六钩蚴供能的主要方式。在嘌呤代谢中证实有由 XOD 催化生成 UA 的代谢通路。在人蛔虫卵的研究中发现除具有完整的糖无氧分解代谢通路外还具有功能性三羧酸循环，发育早期大量利用海藻糖和糖原，其后脂类代谢变得更为重要，而糖的利用几乎停止，脂类代谢的加强是为了增加发育中被消耗的糖储备。在鼠类圆线虫的自生生活期幼虫也证明有活跃的β-氧化。猪带绦虫虫卵排出体外时已经发育成熟而人蛔虫卵在体外还需发育一段时间才能成为感染性虫卵，这使两者生化代谢差异更大。在猪六钩蚴是否存在β-氧化反应有待进一步证实。

猪六钩蚴的物质代谢研究表明，猪六钩蚴脱壳前后有关代谢酶的活性不同。未脱壳的虫体代谢酶活性较低，处于休眠状态。透射电镜观察发现，猪六钩蚴细胞中有大量的糖原颗粒，表明六钩蚴在胚膜内维持最基本的生命状态，其所需营养物质由胚膜的卵黄层等供给，不需到外环境摄取，故胚膜主要起保护和营养作用。

2.2.3 猪带绦虫六钩蚴的物质代谢特点

本实验说明六钩蚴阶段存在糖类物质的无氧分解途径，关键酶活性较低反映此通路不活跃，不是供能的主要途径。检测到氨基酸分解代谢酶的活性，其中 GDH 活性较高，说明 GDH 催化的由谷氨酸生成 α-酮戊二酸的通路较活跃，可能是六钩蚴能量物质代谢供能的主要方式。

2.3 猪带绦虫六钩蚴的质膜代谢

制备猪六钩蚴细胞膜，检测膜流动性（membrane fluidity，MF）、膜 ATPase（membrane adenosine triphosphatase）活性，以及膜磷脂（membrane phospholipids，MPL）、膜蛋白（membrane protein，MP）、总胆固醇（total cholesterel，TC）、低密度脂蛋白（low density lipoprotein，LDL）、三酰基甘油（tricylglycerol，TG）和膜糖即唾液酸（sialic acid，SA）含量。

2.3.1 猪带绦虫六钩蚴的膜脂组分与含量

猪六钩蚴体外培养 5d，猪六钩蚴的膜磷脂如磷脂酰乙醇胺（phosphatidyl erhanolamine，PE）、磷脂酰胆碱（phosphatidyl choline，PC）、磷脂酰丝氨酸（phosphatidyl serine，PS）、鞘磷脂（sphingolipid，SP）与三酰基甘油缺乏，胆固醇（cholesterel，CHO）也较少，且随着体外发育逐渐减少（表 2-5）。

表 2-5 猪带绦虫六钩蚴的膜脂组分与含量变化

Table 2-5 The changes of the composition and content of the membrane lipid in the oncospheres

指标 Index	发育时间/小时 Developmental stage/h				
	0	24	48	72	120
PE	0	0	0	0	0
PC	0	0	0	0	0
PS	0	0	0	0	0
SP	0	0	0	0	0
CHO	0.040	0.040	0.036	0.031	0.024
LDL	0.001	0.001	0.001	0.001	0.001
TG	0	0	0	0	0

注：PE、PC、PS、SP 单位为“$\times 10^{-7}\mu g$/蛋白含量 $600\mu g \cdot ml^{-1}$”（表明 $600\mu g \cdot ml^{-1}$浓度的六钩蚴蛋白含 $10^{-7}\mu g$ 不同膜脂组分，全书同）；CHO、LDL、TG 单位为 $mmol \cdot L^{-1}$。

Note：PE，PC，PS，SP unit is $\times 10^{-7}\mu g$/protein level $600\mu g \cdot ml^{-1}$ （$10^{-7}\mu g$ content of different membrane lipids at oncosphere protein concentration of $600\mu g \cdot ml^{-1}$，and same in all contents)；CHO，LDL，TG unit is $mmol \cdot L^{-1}$.

2.3.2 猪带绦虫六钩蚴膜糖——唾液酸含量

结果表明，猪六钩蚴体外培养 5d，细胞膜中唾液酸（SA）含量逐渐减少（表 2-6）。

表 2-6 猪带绦虫六钩蚴细胞膜糖——唾液酸含量变化

Table 2-6 The changes of the content of the membrane sialic acid (SA) in the oncospheres

指标 Index	发育时间/小时 Developmental stage/h				
	0	24	48	72	120
SA	0.400	0.472	0.461	0.328	0.320

注：单位为 mgNANA/100ml（每 100ml 培养基含 N-乙酰神经氨酸 mg 数量），全书同。

Note：unit is mgNANA/100ml (mg of N-acetylneuraminicacid in 100ml culture)，and same in all contents.

2.3.3 猪带绦虫六钩蚴细胞膜的膜流动性

猪六钩蚴体外培养 5d，膜的流动性逐渐增大，而后又逐渐减小（表 2-7）。

表 2-7 六钩蚴的膜流动性变化*

Table 2-7 The changes of the membrane fluidity of the oncospheres

指标 Index	发育时间/小时 Developmental stage/h				
	0	24	48	72	120
偏振度(P)	0.2005±0.0105[a]	0.1985±0.0115[a]	0.1945±0.0105[b]	0.1890±0.0120[c]	0.1875±0.0115[c]
微黏度(η)	1.5550±0.1440[a]	1.5250±0.1550[b]	1.4705±0.1375[c]	1.4015±0.1505[d]	1.3820±0.1430[d]
向异度(γ)	0.1430±0.0080[a]	0.1415±0.0085[a]	0.1390±0.0080[b]	0.1345±0.0095[c]	0.1335±0.0085[c]
流动度(LFU)	7.5390±1.0480[c]	7.7635±1.1875[c]	8.1770±1.1570[bc]	8.8555±1.4545[ba]	7.0305±1.4295[a]

研究结果表明，猪六钩蚴的生物膜脂成分以胆固醇含量较多（0.040mmol·L^{-1}），磷脂含量较少，仅有磷脂酰胆碱（PC）和磷脂酰乙醇胺（PE），没有磷脂酰丝氨酸（PS）和鞘磷脂（SP），蛋白含量也较低，细胞膜唾液酸（SA）含量为 0.400mg/100ml。诸多研究证明，生物膜的各种重要功能（能量转换、物质转运、信息传递等）都与膜流动性密切相关，合适的膜流动性对膜功能的正常表现是一个极为重要的条件。本文作者通过荧光法观察了猪六钩蚴的膜流动性，结果表明体外发育之初膜流动性渐增大，发育后期则减小。

2.4 猪带绦虫六钩蚴的能量代谢

表 2-4 结果表明，猪带绦虫六钩蚴的葡萄糖（Glc）含量和谷氨酸脱氢酶（GDH）活性较高，其他酶活性较低，推测虫体在六钩蚴阶段主要以氨基酸代谢来提供能量，而糖类物质代谢相对较弱，Glc 含量较高是为以后侵入宿主作能量储备。

*：全书表格中：同行不同数值右上标字母相同表明差异不显著（$P>0.05$）；字母不同表明差异显著（$P<0.05$）。

Note：Same English letters on the up-right of values in the same line mean no significant difference（$P>0.05$）；different letters mean significant difference（$P<0.05$）。

2.5 猪带绦虫六钩蚴的物质转运

实验研究表明，猪带绦虫六钩蚴与物质转运有关的酶如 ATPase、ACP 等（表 2-4）都很缺乏，说明此时的猪带绦虫六钩蚴主要依靠自身微弱的物质和能量代谢以维持生长和发育。

小 结

本研究确立了猪带绦虫六钩蚴体外培养的最佳条件，即以 Vero 细胞或 Pk 细胞做饲养层细胞，且无气相存在的培养条件。猪带绦虫六钩蚴在此培养条件下可存活至 16d，并出现了早期发育，这一重要研究成果为猪带绦虫囊尾蚴的发育研究和体外药物实验研究提供了必要的实验条件。全面、系统地观察了猪带绦虫六钩蚴体外发育过程中的形态学和超微形态学变化，明确了猪带绦虫虫卵的胚膜有外膜层（OML）、卵黄层（VL）、胚膜层（EL）和六钩蚴膜（OM）4 层结构，并提出最外层为具保护作用的纤维膜。发现猪带绦虫六钩蚴除有极薄的囊部外还有一凹陷的头部，头部有小钩。猪带绦虫六钩蚴阶段存在糖类物质的无氧分解途径，关键酶活性较低反映此通路不活跃，不是供能的主要途径。检测到氨基酸分解代谢酶的活性，其中 GDH 活性较高，说明 GDH 催化的由谷氨酸生成 α-酮戊二酸的通路较活跃，可能是六钩蚴能量物质代谢供能的主要方式。猪带绦虫六钩蚴的葡萄糖（Glc）含量和谷氨酸脱氢酶（GDH）活性较高，其他酶活性较低，提示虫体在六钩蚴阶段主要以氨基酸代谢来提供能量，而糖类物质代谢相对较弱，Glc 含量较高是为以后侵入宿主作能量储备。猪带绦虫六钩蚴与物质转运有关的酶如 ATPase、ACP 等都很缺乏，说明此时的猪带绦虫六钩蚴主要依靠自身微弱的物质和能量代谢以维持生长和发育。猪带绦虫六钩蚴的生物膜脂成分以胆固醇（CHO）含量较多（0.040mmol · L^{-1}），磷脂含量较少，仅有磷脂酰胆碱（PC）和磷脂酰乙醇胺（PE），没有磷脂酰丝氨酸（PS）和鞘磷脂（SP），蛋白含量也较低，细胞膜唾液酸（SA）含量为 0.400mg/100ml。通过荧光法观察了猪带绦虫六钩蚴的膜流动性，结果表明体外发育之初膜流动性渐增大，发育后期则减小。

参考文献

白广星，孔繁瑶. 1990. 几种不同因子对哥伦比亚食道口线虫离体发育的影响. 动物学报，36(2)：130～135

丁惠东，汪志楷，沈永林. 1993. 伊氏锥虫体外培养的因素. 南京农业大学学报，16(增刊)：122～126

甘绍伯. 2002. 囊虫病. 北京：人民卫生出版社. 9～16

高文学，郝艳红，李庆章. 2001a. 猪带绦虫囊尾蚴体内发育过程中囊壁生化指标的变化. 中国预防兽医学报，23(6)：413～415

高文学，郝艳红，李庆章. 2001b. 猪带绦虫六钩蚴和未成熟期囊尾蚴生化指标的变化. 中国兽医科技，31(7)：22～23

葛凌云，李庆山. 1991. 囊虫病防治. 济南：山东大学出版社

耿进明，史学增，黄伟. 1995. 猪带绦虫六钩蚴的体外培养. 黑龙江畜牧兽医，3：15～16

珂克斯 FEG. 1987. 现代寄生虫学. 温廷桓等译. 北京：科学出版社. 50～60

郎所，沈沁文. 1987. 寄生原虫和蠕虫的体外培养. 上海：华东师范大学出版社. 107

刘永杰，郝艳红，李庆章. 2002. 猪带绦虫六钩蚴的体外培养. 华中农业大学学报，21(3)：257～260

马德海，徐淑云. 1987. 丙硫咪唑治疗猪囊尾蚴的效果观察. 内蒙古畜牧业，8：14

马云祥，刘建候，王运章等. 1992. 猪带绦虫囊尾蚴发育规律的实验观察. 中国寄生虫病防治杂志，5(1)：38～41

马云祥，许炽标，于庆林等. 1995. 实用囊虫病学. 北京：中国医药科技出版社. 39

孟祥增. 1983. 视网膜下囊尾蚴发生过程的临床观察1例. 中华眼科杂志，19：118～119

田喜凤，徐敏，周珍. 1995a. 猪囊尾蚴超微结构的观察. 中国寄生虫病防治杂志，8(4)：278～280

田喜凤，张宝栋，周珍等. 1995b. 带绦虫体壁的超微结构研究. 寄生虫与医学昆虫学报，2(4)：213～217

田喜凤，张运鹏，徐敏等. 1995. 猪带绦虫和牛带绦虫卵的超微结构观察. 中国寄生虫病防治杂志，8(1)：38

谢明权，李国清. 2003. 现代寄生虫学. 广州：广东科学技术出版社. 493～499

赵慰先. 1994. 人体寄生虫学（第五版）. 北京：人民出版社. 507

Baron P J. 1968. On the histology and ultrastructure of Cysticercus longicouis，the cysticercus of Taenia crassiceps Zeder，1800 (Cestoda，Cyclophyllifae). Parasitology，58：497～513

Cross S S，Wolin M S. 1995. Nitric oxide：pathophysiological mechanisms. Annu Rev Physiol，57：737～769

Crusz H. 1948. Further studies on the development of Cysticercus fasciolaris and Cysticercus pisiformis with special reference to the growth and sclerotization of the rostellar hooks. J Helmin，22：179～198

Dick J W，Leland Jr S E. 1973. The influence of pH on the in vitro development of Cooperia punctata (Ranson, 1907). J Parasitol, 59(5): 770～775

Gallagher I H C. 1964. Chemical composition of hooks isolated from hydatid scolices. Expl Parasit, 15: 110～117

Gallie G J, Swell M M H. 1970. A technique for hatching Taenia saginata eggs. Veterinary Record, 86: 749～753

Gemmell M A. 1987. Towards global control of cystic and alveolar hydatid diseases. Parasitology Today, 3: 144～147

Heath D D, Lawrence S B, Glennie A, et al. 1984. The use of a water-in-oil adjuvanted vaccine in an attempt to immunize lambs against Taenia ovis cysts in the presence of maternal antibody. Int J Parasitol, 14(4): 363～370

Heath D D. Smyth J D. 1970. In vitro cultivation of Echinoccus granulosus, Taenia hydatigena, T. ovis, T. pisiformis and T. serialis from oncosphere to cystic larva. Parasitology, 61: 329～343

Heath D D. 1973. An improved technique for the in vitro culture of taeniid larvae. International Journal for Parasitology, 3: 481～484

Hirumi H, Hirumi K. 1991. *In vitro* cultivation of Trypanosoma congolense bloodstream forms in the absence of feeder cell layers. Parasitology, 102(2): 225～236

Inatomi A. 1962. Remark on Galois theory of simple ring. Kdai Math Sem, 14: 160～161

Ito A, Yamada T, Ishiguro T. 1996. Vaccination with frozen eggs, ethanol-fixed eggs and frozen onspheres with or without embryophoric blocks of Taenia Taeniaeformis. Japanese Journal of Parasitology, 45: 330～332

Lawrence S B, Heath D D, Parmeter S N, et al. 1980. Development of early larval stages of taenia ovis in vitro using a cell monolayer. Parasitology, 81: 55～60

Lightowler M W, Mitchell G F, Bowtell D D L, et al. 1984. Immunisation against Taenia taeniaeformis inmice: studies on the characterrisation antigen from oncospheres. International Journal for Parasitology, 14: 321～333

Lok J B. 1984. Deveopment of Onchocerca lienais and O. volvulus from the third to fourth larval stage *in vitro*. Trop Parasitol, 35: 209～211

Lumsden R D. 1975. Surface ultrasture and cytochemistry of parasitic helminthes. Exp Parasitol, 37: 267～339

Lyons K. 1966. The chemical nature and evolutionary significance of monogenean attachment sclerites. Parasitology, 56: 63～100

Molinari J L, Soto R, Tato P, et al. 1993. Immunization against porcine cysticercosis in an endemic area in Mexico: a field and laboratory study. Am J Trop Med Hyg, 49: 502～505

Morseth D, Taenia J. 1966. The fine structure of the tegument of adult Echtnococcus Rranulosus, Taenia hydatigena and pisrmis. J Paraditol, 52(6): 1074～1085

Negita T, Ito A. 1994. *In vitro* hatching of oncosphere of Taenia taeniaeformis using eggs isolated from fresh, from formalin-fixed and ethanoi-fixed segments. Journal of heminthology,

68：271～272

Nieland M，Weinbach E. 1968. The bladder of *Cysticercus fasciolaris*：electro microscopy and carbonhydrate content. Parasitology，58：489

Rajasekariah G R，Mitchell G F，Rickard M D. 1980. Taenia taeniaeformis in mice：protective immunization with oncospheres and their products. Int J Parasitol，10(2)：155～160

Rickard M D，Brumley J L. 1981. Immunization of calves against Taenia saginata infection using antigens collected by in vitro incubation of T saginata oncospheres or ultrasonic disintegration of T saginatn and T hydatigena oncospheres. Parasitology，72：268～279

Rickard M D，Katiyar J C. 1976. Partial purification of antigens collected during in vitro cultivation of the larval stages of Taenia pisiformis. Parasitology，72：269～279

Silverman P H. 1954. Studies on the biology of some tapeworms of the genus Taenia. Ⅰ. Factors affecting hatching and activation of taeniid ova and some criteria of viability. Annals of Tropical Medicine and Parasitology，172：207～215

Silverman P H. 1955. A technique for studying the *in vitro* effect of serum on activated taeniid hexacanth embryos. Nature，176：598～599

Southgate V. 1970. Observations on the miracidium and on the formation of the tegument of the sporocyst of Fasciola hepatica. Parasitology，61：177～190

Stevenson P. 1983. Observations on the hatching and activation of fresh Taenia saginata eggs. Annals of Tropical Medicine and Parasitology，77：399～404

Takemoto Y，Negita T，Ohnizhik. 1995. A simple method for collecting eggs of taeniid cestode from fresh，frozen or ethanol-fixed segments. International Journal for Parasitology，25：537～538

Wasley G D(Ed.). 1972. Animal tissue culture advances in technique. London：Butterworths

Wong M M. 1982. *In vitro* culture of infective stage larva of Dirofilaria immitis and Brugia pahangi. Ann Trop Med Parasitol，76：239～241

Yoeli M. 1964. Studies on filariasis. Ⅲ. Partial growth of the mammalian stages of Dirofilaria immitis *in vitro*. Exp Parasitol，15：325～334

3　猪带绦虫囊尾蚴的发育生物学

猪带绦虫囊尾蚴的发育生物学研究，是深入探讨猪带绦虫囊尾蚴致病机理和研究猪带绦虫囊尾蚴病有效防治的重要生物学基础。长期以来，由于种种客观性制约（如虫卵获得的障碍、体外培养的难度、取材需屠宰宿主等），猪带绦虫囊尾蚴的发育生物学研究主要限于零散的形态学研究，其他研究报道甚少。本课题在克服多种困难的基础上，从猪带绦虫囊尾蚴的超微形态学、物质代谢、质膜代谢、能量代谢等多个角度，系统完成了猪带绦虫囊尾蚴发育生物学的研究，为猪带绦虫囊尾蚴和猪带绦虫囊尾蚴病的深入研究提供了重要的基础理论根据。

3.1　猪带绦虫囊尾蚴的形态发育

3.1.1　体外猪带绦虫囊尾蚴的形态发育

3.1.1.1　体外猪带绦虫囊尾蚴的形态发育实验

3.1.1.1.1　猪囊尾蚴的体外培养

（1）孵育液的制备

取新鲜猪胆汁，按20%的比例与无菌生理盐水混合后备用。

（2）猪囊尾蚴的剥离和培养

猪囊尾蚴从肌肉中剥离后，用手指在翻入的头节部位轻轻挤压，促使头节易孵出。再将囊尾蚴移置于孵育液中，37℃温箱孵化，头节伸出后，立即移出，置无菌生理盐水中洗涤4～5次，换入RPMI1640完全培养液中培养，每周更换3次培养液。

3.1.1.1.2　猪囊尾蚴样品的制备

（1）扫描电镜样品的制备

参照马德海和徐淑云（1987）、马云祥等（1995）方法，分别选用发育不同时期的猪囊尾蚴，用 pH 7.2 的 0.1mol·L^{-1} PBS 洗涤 3 次，经 2.5%的戊二醛固定 2h 或更长时间，PBS 缓冲液洗涤 3 次，每次 5～10min。乙醇梯度脱水，每级 10min。醋酸异戊酯置换，然后放入临界点干燥器（日立，HCP-2 型）中，进行临界点干燥处理，通过液体 CO_2 加热至临界状态，32℃，72 个大气压，之后排除 CO_2 使样品在不受到表面张力作用的条件下得以干燥，以保持样品的生活状态，不产生变形和收缩。

样品的导电处理、拍照及加速电压同扫描电镜虫卵和六钩蚴的样品制备。

(2) 透射电镜样品的制备

参照马德海和徐淑云（1987）、马云祥等（1995）方法，选取发育不同时期的猪囊尾蚴用 pH 7.2 的 0.1mol·L^{-1} PBS 中洗涤 3 次，以 2.5%戊二醛固定 2～4h。将经固定的猪囊尾蚴用 PBS 洗涤 3 次，每次 10min，1%五氧化锇后固定 1～1.5h，PBS 冲洗后，乙醇梯度脱水、浸透包埋、切片等与透射电镜虫卵和六钩蚴样品制备相同。

3.1.1.2　体外猪带绦虫囊尾蚴的形态发育变化

见 4.1.2.1 中药物体外对猪带绦虫囊尾蚴形态发育的影响对照组结果。

3.1.2　体内猪带绦虫囊尾蚴的形态发育

3.1.2.1　体内猪带绦虫囊尾蚴的形态发育实验

采用次氯酸钠法进行六钩蚴的孵化、激活，具体操作见前 2.1.1 中猪带绦虫六钩蚴的体外培养。

3.1.2.1.1　实验动物模型的建立

(1) 小鼠实验模型

选昆明种小白鼠，分 3 组：第 1 组 30 只，不经任何处理，作对照组；第 2 组 30 只，每只小鼠于股部内侧肌肉注射 0.2ml 培养基（含 500 个六钩蚴）；第 3 组 50 只，每只小鼠经尾静脉注射 0.2ml 培养基（含 500 个六钩蚴）。3 组小鼠分别于感染后 20d、40d、60d、90d、110d

采血测抗猪囊尾蚴 Ab 效价，并于感染后 40d、60d、90d、110d 剖杀小鼠，检查囊尾蚴感染情况。压片观察小鼠体内猪囊尾蚴的形态，并选组织作病理切片检查及猪囊尾蚴 AI 检测。

（2）家猪实验模型

选 2 头无囊尾蚴感染的仔猪，每头猪于股部内侧肌肉分点注射 10ml 培养基（含 1 000 个猪六钩蚴），每隔 20d 采血测抗猪囊尾蚴 Ab 效价，并于感染后 2 个月剖杀，观察有无囊尾蚴感染，选可疑组织经 10%中性福尔马林固定后作病理组织学检查。另选无囊尾蚴感染的 49 头仔猪，每头猪感染 3 节猪带绦虫孕卵节片，节片装入胶囊中给猪灌服，定期采血测抗猪囊尾蚴 Ab 效价，于感染后 60～130d 剖杀，检查囊尾蚴感染情况。

3.1.2.1.2 囊尾蚴形态发育观察

选无囊尾蚴感染的 12 头仔猪，分别经口服感染 3 节猪带绦虫孕卵节片，于感染后 10d、15d、19d、25d、30d、40d、60d、70d、80d、95d、105d、130d 各剖杀 1 头，取各部位组织检查，观察囊尾蚴出现时间、大小、分布情况以及平均每 100g 肉中囊尾蚴的数量。仔细剥离囊尾蚴，作压片观察头节上吸盘和小钩的变化；剥离的囊尾蚴用 pH 7.2 的0.1mol·L^{-1} PBS 冲洗样品 3 次，剪开囊壁，取囊壁及颈部，修整成 1mm^2 左右，再经 2.5%戊二醛及四氧化锇双固定，按常规电镜样品制备组织切片和电镜观察猪囊尾蚴发育过程中组织结构和超微结构的变化。

3.1.2.2 体内猪带绦虫囊尾蚴的形态发育变化

3.1.2.2.1 小鼠模型的建立

（1）血清学检测

肌肉注射组小鼠股部内侧肌肉注射体外孵化的六钩蚴后，每隔 20d 检测一次抗猪囊尾蚴 Ab 效价，结果抗猪囊尾蚴 Ab 均为阴性。静脉注射组感染六钩蚴后 20d，抗猪囊尾蚴 Ab 即为阳性，效价为 1∶8，且小鼠体内的抗猪囊尾蚴 Ab 效价随感染时间的延长而逐渐升高。不同抗猪囊尾蚴 Ab 效价见表 3-1。

表 3-1 小鼠感染猪囊尾蚴后特异性抗体水平的变化（以 log2 表示）

Table 3-1 Changes of the level of specific antibody in mice infected by *C. cellulosae*（shown with log2）

组别 Group	感染时间/日 Age of infection/d					
	0	20	40	60	90	110
1	—	—	—	—	—	—
2	—	—	—	—	—	—
3	—	3.4±0.2	4.2±0.5	6.3±0.3	7.5±0.6	7.7±0.4

注：—表明抗猪囊尾蚴抗体为阴性。

Note：—means that no specific antibody appears in mice.

（2）剖检及病理组织学检查

1）肌肉注射组　小鼠于感染后 40～110d 剖杀，注射部位及其他部位组织内均未发现有囊尾蚴寄生，也未发现有任何异常。

2）静脉注射组

A. 剖检　小鼠尾静脉注射体外孵化的六钩蚴后 40d 剖杀，10 只小鼠有 3 只小鼠肺上形成包囊，剪开为浆液状物质。感染后 60d 剖杀，20 只小鼠中有 11 只小鼠肺有囊尾蚴寄生（图版 4A-1）。一般每只 1～2 个，共检出 15 个，均有很厚的宿主包囊包围，囊尾蚴和包囊结合非常紧密，极难剥离，仔细剪开包囊，有 6 个包囊中心为浆液状物质，未见虫体；其余包囊中心可见大小不一的囊尾蚴，直径在 0.2～0.45cm 左右，经 20%猪胆汁孵化，有 5 个囊尾蚴头节孵化出，压片观察发现，与猪体内发育 60d 的囊尾蚴形态相似，顶突上有两圈小钩，22～26 个不等，排列整齐，顶突外周有 4 个明显的吸盘（图版 4A-2）；另外 4 个囊尾蚴经胆汁作用后，未有头节孵化出，压片观察，小钩数量在 16～20 个左右，并且硬化程度较低，吸盘 1～4 个不等，形成较浅，有的囊尾蚴仅隐约可见吸盘的雏形（图版 4A-3）。感染后 80 和 110d 分别剖杀 10 只小鼠，同样仅在肺上检测到虫体，其发育程度同 60d 相似，但发现有一虫体在小鼠体内生长 110d 后，经胆汁孵化，头节伸出，压片观察发现 4 个吸盘，3 个非常明显，发育正常，另外 1 个吸盘隐约可见，并且仅发现 5 个排列杂乱、硬化程度很低的小钩（图版 4A-4）。50 只小鼠剖杀发现共有 28 只小鼠感染，感染率达 56%，其中成熟的囊尾蚴为

15个，成熟率为53.6%。

B. 病理组织学检查 根据猪囊尾蚴在小鼠体内的发育程度可分为三种类型：坏死型（即仅见浆液状物质而未见虫体）、未成熟型、成熟型。将此三型猪囊尾蚴制成病理组织切片检查，其结果如下：

坏死型：病变部位虫体坏死、崩解，周围有大量淋巴细胞、巨噬细胞、上皮样细胞及嗜酸粒细胞浸润，并有结缔组织增生和血细胞渗出现象（图版4A-5）。

未成熟型：病变部位中央，有的虫体仅形成囊腔，未见头节（图版4A-6）；有的虫体头节稍有发育，头节区出现少量折叠，囊壁较光滑，但与囊尾蚴周围的炎性反应层有不同程度的粘连（图版4A-7）。虫体周围宿主反应以淋巴细胞浸润为主，并有较多的巨噬细胞、上皮样细胞、嗜酸粒细胞浸润及明显的结缔组织增生。

成熟型：此型囊尾蚴的组织结构与猪体内成熟的囊尾蚴结构相似。头节区可见吸盘和小钩，吸盘内细胞呈放射状排列，并可见折叠，但与猪体内囊尾蚴头节区的折叠相比，较平，而且折叠内部纤维组织较少，似有折断；囊壁较薄，均匀一致，表皮层有指状突起，皮下层细胞排列密集，其下方有疏松纤维组织。宿主炎性反应严重，囊壁与炎性反应层结合紧密，有不同程度的粘连，虫体周围有血细胞渗出，并有大量的嗜酸粒细胞、淋巴细胞、巨噬细胞、上皮样细胞浸润及明显的结缔组织增生（图版4A-8）。

（3）细胞凋亡率检查

将小鼠体内肺脏上寄生的未成熟型囊尾蚴和成熟型囊尾蚴头节和囊壁细胞作细胞凋亡率检查发现，未成熟型囊尾蚴头节细胞凋亡阳性率为32.5%，囊壁细胞凋亡阳性率为63.7%（图版4B-1）；成熟型囊尾蚴头节细胞凋亡阳性率为3.8%，囊壁细胞凋亡阳性率为1.3%（图版4B-2）。

在猪囊尾蚴体外培养有较大困难的情况下，虫体生长、发育、繁殖、致病性的观察以及虫体与机体免疫系统之间关系的研究，只能通过感染动物（体内培养）进行。目前有关猪囊尾蚴的研究，主要来自天然宿主感染即家猪感染的报道。由于猪体研究采取样本较小，不利于实验者的日常管理和实验操作，加之所需经费量大，难免导致实验结果局限。由于在人体及猪体内有关囊尾蚴病的基础理论和临床应用研究受到许多方面的条件限制，故建立猪囊尾蚴病的小型动物模型，无疑会为该病的免疫学、诊断学、治疗学等方面的研究提供一条新的途径。因此，建立猪囊尾蚴病的实验动物模型是十分必要的。

猪囊尾蚴有严格的宿主特异性，故在建立除人和猪以外的其他动物感染模型时有一定困难。过去许多学者曾经多次尝试建立猪囊尾蚴病的实验动物模型，然而均未获得成功。近几年来，人们在这一领域取得了很大进步。杨晓明等（1994）采用昆明种小白鼠、仓鼠、金黄地鼠、SD 大鼠和豚鼠进行不同途径接种，如灌胃或注射（肌肉、腹腔及静脉）活化的猪带绦虫六钩蚴，只有昆明种小白鼠尾静脉注射获得 25％～50％的感染率。在小白鼠肌肉内同一部位最多为 2 个囊尾蚴，多见部位是后肢及腰部肌肉，肺内囊尾蚴一般每只为 2～3 个，多则 3～5 个。顾正香等（1999）同样采用昆明种小白鼠尾静脉注射激活的六钩蚴，结果感染率高达 100％。猪囊尾蚴主要寄生部位为肺和心，其次在咬肌和腿部肌群。常正山（1994）人工感染 4 只猕猴获得成功。ItoA 等（1997）采用重度联合免疫缺陷（severe combine immudeficient，SCID）鼠，皮下或腹腔注射猪带绦虫六钩蚴，结果均发育成完全成熟的囊尾蚴。尽管以上三种动物均有报道可感染猪囊尾蚴，但由于猕猴和 SCID 鼠比较昂贵，而且 SCID 鼠娇弱，饲养条件要求高，不能普遍应用。目前人们的兴趣主要集中在昆明种小白鼠上，它价廉、容易饲养，但是作为猪囊尾蚴病的实验动物模型，还必须经过反复实验，确立稳定的条件。

本实验将小鼠经尾静脉注射六钩蚴后 60～110d 剖检发现，猪囊尾蚴感染率为 56％，主要寄生部位为肺，最多一个肺上有 2 个寄生，其他部位未发现有囊尾蚴寄生，并且不同个体小鼠体内囊尾蚴的发育程度不一样，但宿主包囊均特别厚。作者根据虫体形态及病理组织结构不同，将猪囊尾蚴分为三型，即坏死型、未成熟型、成熟型，而且在感染后 110d，小鼠肺脏上发现一畸形囊尾蚴，经胆汁孵化，头节很快翻出，但压片观察却发现 3 个吸盘发育正常，1 个仅为吸盘雏形，并发现 5 个排列不整、角质化程度很低的小钩。病理组织学发现，不论是未成熟型还是成熟型囊尾蚴，其周围宿主组织均有强烈的炎性反应。凋亡细胞阳性率检测发现，未成熟型囊尾蚴发生了严重的细胞凋亡，尤以囊壁细胞凋亡明显，达 63.7％；成熟型囊尾蚴细胞凋亡率较低，头节与囊壁细胞凋亡率分别为 3.8％和 1.3％。这些结果说明小鼠对于猪囊尾蚴的入侵产生了强烈的抑制反应。本实验结果与杨晓明及顾正香的结果均有所不同：首先，感染率不同，较杨晓明报道的高，而比顾正香报道的低，产生这样差异的原因可能与虫卵的成熟程度、虫卵放置的时间、孵化时间、孵化后六钩蚴的注射时间、接种的数量以及宿主的生理情况等有关；其次，寄生部位也不同，本实验研究发现，小鼠感染猪带绦虫六钩蚴后，仅在肺有猪囊尾蚴寄生，而杨晓明、顾正香等人除在肺发现外，在肌肉组织中也发现有猪囊尾蚴寄生。由于肺循环的解剖生理学特点，大量播送到全身各器官组织中去的六钩蚴都要经过肺部，可能有较多的六钩蚴要在肺部“着床”寄生，产生多量肺组织病灶，但临床表现则依据小鼠机体敏感状态不同、炎症和免疫反应强弱，轻重程度有很大差异。本实验小鼠感染六钩蚴后，经血液到达肺部，在肺部停留下来，大部分六钩蚴由于强烈的宿主反应而被消灭，小部分在肺组织内沉着、寄生，或许还有一小部分六钩蚴离开肺后随血液循环运行的过程中，由于宿主强烈的免疫反应，未到达其适宜的组织器官前就已被消灭。作者认为，若加大六钩蚴的接种量，小鼠体内寄生的猪囊尾蚴数量将会增加，并且除肺外，其他组织器官也可能有猪囊尾蚴寄生。肺内寄生的六钩蚴在同宿主斗争过程中，一部分发生坏死，另一部分则逐渐长大，发育成未成熟或成熟的囊尾蚴，并导致囊尾蚴周围肺组织产生细胞浸润及结缔组织包囊的形成。

国外学者在猪囊尾蚴病或其他绦虫幼虫引起的囊尾蚴病感染动物模型建立方面也作了许多工作。Machnicka（1985）利用免疫抑制鼠感染牛带绦虫六钩蚴，获得了牛囊尾蚴的早期发育。Ito 等（1997）采用重度联合免疫缺陷鼠，皮下及腹腔注射猪带绦虫六钩蚴，获得了100%的感染率，而且在 SCID 鼠体内，皮下感染 5 个月后囊尾蚴仍有活力，比猪口服感染 1～2 个月后取出的囊尾蚴还要大，说明中间哺乳动物宿主内囊尾蚴的大小可能受到免疫应答的控制，这些免疫反应不能杀死囊尾蚴，但却能限制它们的生长。Ito 等（1997）还将体外孵化的巨颈绦虫六钩蚴经腹腔接种给 SCID 鼠、裸鼠及免疫正常小鼠，结果发现除免疫正常小鼠未发现感染外，所有的 SCID 鼠和裸鼠在腹腔内均有囊尾蚴寄生，从以上实验结果似乎可以得出这样的结论：SCID 鼠可以作为所有绦虫属幼虫的实验动物模型，并且绦虫属囊尾蚴非经口服感染，如体外孵化的六钩蚴经腹腔注射可以在其通常意义上并不适宜的部位生存。同时这些研究成果也表明，宿主免疫反应在囊尾蚴感染能否成功上起着非常重要的作用。Ito 等人的实验证实 SCID 鼠和裸鼠均易感巨颈绦虫囊尾蚴。SCID 鼠体内无功能性 T 淋巴细胞及 B 淋巴细胞，裸鼠体内无功能性 T 淋巴细胞，说明在抵制囊尾蚴入侵上，功能性 T 淋巴细胞即细胞免疫发挥更加主要的作用。陈筱侠（1995）认为，寄生虫与其相应的宿主经过数百万年的共处共存，早已充分适应宿主体内的复杂环境，特别是对宿主的免疫应答已形成了种种逃避和对峙反击手段，如果由于寄生虫侵袭而导致宿主发病，通常是由于宿主免疫应答丧失的结果。这可能就是 SCID 鼠及裸鼠易于感染绦虫六钩蚴并发育成囊尾蚴的原因。

由于 SCID 鼠和裸鼠均很昂贵，不能普遍应用，许多学者开始寻求新的途径。几乎所有的寄生虫感染都可诱导宿主产生特异性免疫反应，然而大量资料表明，在寄生虫感染的某一阶段，宿主可出现不同程度的免疫抑制，这种抑制可以是特异性的，亦可是非特异性的，其意义在于降低宿主的抗虫免疫力，使寄生虫在宿主体内有一个得以生存的环境。为降低宿主免疫力，促进虫体感染，许多学者采用免疫抑制剂处理。免疫抑制药物连续应用 5～8 周后，多数实验动物都会发病。用药时间愈长，感染愈重。瞿介明（1992）采用免疫抑制药醋酸可的松皮下注射诱导建立卡氏肺孢子虫肺炎动物模型获得成功。史长松（1998）应用地塞米松免疫抑制药成功地建立了幼年大鼠隐孢子虫感染模型。目前尚未见有关应用免疫抑制药促进猪囊尾蚴感染模型的报道。由于免疫抑制动物同 SCID 鼠、裸鼠一样，饲养条件要求均较高，必须采用严格的无菌措施，因此应用起来很难，而小白鼠价廉、容易饲养且能感染猪囊尾蚴的优点则引起了人们的极大兴趣，但作为实验动物模型，尚需经过反复实验，确立稳定的条件。

3.1.2.2.2　家猪模型的建立

（1）血清学检查

猪体股部内侧肌肉注射体外孵化的六钩蚴后不同时期检查抗猪囊尾蚴 Ab 效价，结果均为阴性。口服感染组于感染猪带绦虫卵后第 8 天即有 1 头猪 Ab 效价在 1∶16 以上，至感染后 40d，所有猪 Ab 效价均在 1∶16以上，即抗猪囊尾蚴 Ab 的阳性率为 100%。

（2）剖检及病理组织学检查

1）肌肉感染组　　猪体感染2个月后剖检，眼观未发现有形态正常的虫体，但于注射部位见有包囊样结构。经连续切片检查，发现一无头节的囊状幼虫，虫体周围有强烈的炎性反应：结缔组织增生明显，并有大量上皮样细胞、淋巴细胞、嗜酸粒细胞浸润，最外层靠近宿主组织形成一层致密的结缔组织（图版5A-1）。

2）口服感染组　　49头仔猪于人工口服感染猪带绦虫卵后60～130d剖杀，前肢肌、后肢肌、心肌、舌肌、膈肌、肝、脑、肺等部位均有不同程度的囊尾蚴寄生，感染率达100%。病理组织学检查结果见3.1.2.2.3。

敏感的实验动物虽然为寄生虫的生长、发育、繁殖提供了条件，但实验动物体内与自然宿主体内的各种条件千差万别，从动物模型中所获得的资料，用于解释自然宿主感染时要持慎重态度，因此建立自然宿主模型也是不容忽视的。本实验将猪带绦虫卵给49头猪进行口服感染，获得了100%的感染率，如此高的感染率与所选用的虫卵均为成熟虫卵有关。作者认为，在感染前应检查虫卵的成熟程度，只有成熟的虫卵作为感染材料，才有可能使猪感染。过去进行的人工感染实验，很少检查孕卵节片内是否有成熟虫卵以及成熟虫卵的比例，而都是直接给猪喂节片，吃了成熟的节片就能感染上囊尾蚴，否则就不能。

由于小猪经口服感染后，检查囊尾蚴时需要把整个胴体和内脏切成3～5mm厚的小块并需要几个人工作许多小时，才能把一头猪检完，但仍不能保证零散分布的所有囊尾蚴都准确的被检出。因此，为将感染的囊尾蚴局部定位，本实验选用2头猪，将体外孵化的六钩蚴在股部内侧一定范围的肌肉内注射，2个月后剖检，肉眼观察未见形态正常的猪囊尾蚴，但发现一粟粒样病灶，经连续切片检查，病灶中心见一无头节的囊状幼虫，周围宿主反应相当严重。出现这样的结果可能与六钩蚴孵化时间和注射前放置时间过长以及猪体的很强免疫反应有关，亦或由于猪体不适应这种途径感染。但BeccoHoB（1983）报道犊牛皮下感染体外孵化的牛带绦虫六钩蚴2个月后，于注射部位成功地获得了形态正常的成熟囊尾蚴，说明体外孵化的六钩蚴非经口服感染是有可能获得囊尾蚴的。猪囊尾蚴的肌肉感染有待于以后进一步研究。

猪囊尾蚴感染动物模型的建立可以为猪带绦虫病和囊尾蚴病的免

疫、病理、药理、生化、诊断、治疗等方面的深入研究提供较好的条件，但在这一领域中目前仍有许多非常有价值的亟待解决的问题，值得进一步探索。

3.1.2.2.3　体内猪带绦虫囊尾蚴的体内形态发育

（1）猪囊尾蚴的分布

囊尾蚴在猪体各部位的分布及感染量见表 3-2。

表 3-2　不同时期剖检的猪体平均各部位囊尾蚴的分布及密度

Table 3-2　Distribution and density of *C. cellulosae* from different parts in pigs

不同组织 different tissue	指标 Index	
	分布/%[1] Distribution/%[1]	密度[2] Density[2]
舌肌 Tongue	95	14.5
咬肌 M. masseter	100	32
前肢肌 M. forelegs	100	18
后肢肌 M. hindlegs	100	15.7
膈肌 Diaphr-agma	100	15.3
脑 Brain	26	7.4
心 Heart	100	13.5
肝 Liver	84	8.3
脾 Spleen	1.8	0.018
肺 Lung	26	3.8
肾 Kidney	5	1.2

注：1. 分布：阳性数/检查数×100%。
　　2. 密度：平均 100g 组织中囊尾蚴的数量。

Note：1. Distribution：Numbers of positives/numbers examined×100%.
　　2. Density：Numbers of C. cellulosae in 100 gram tissue.

根据表 3-2，猪囊尾蚴主要分布于咬肌、前肢肌、后肢肌、膈肌、心肌、舌肌等肌肉组织，其次分布在肝、脑、肺、肾、脾等器官。猪囊尾蚴在脾上寄生特别少见，56 头猪仅发现 1 头猪在脾上有一粟粒状病灶。在肝、肺、肾等器官寄生，病变也多表现为粟粒状。剪开，病灶中心为浆液状物质，有时可见一无头节的囊状幼虫。具有头节和囊泡的虫体在感染后 30d、40d、60d 的肝及感染后 60d 的肺上被发现，但宿主包囊均较厚（图版 6A-1，图版 6A-2）。

猪囊尾蚴大多寄生在肌肉组织内的机理，目前还不明确，可能与猪带绦虫六钩蚴通过血液循环大量播散有关。从生物学角度看，猪囊尾蚴选择这些末梢部位寄生，可能位置相对稳定，且易于获取营养，这也是与宿主相互作用、长期进化的结果（马云祥等，1995）。至于猪囊尾蚴在肝、肺、脾、肾等器官寄生多表现为粟粒状病灶的原因可能是由于猪带绦虫卵进入胃肠道被孵化、脱壳变成六钩蚴后，六钩蚴吸附到肠壁上，经门脉循环进入肝，再经肝的毛细血管网进入肺，因此肝、肺起着第一道防线的作用。肝是动物体最大的解毒器官，而且肝的枯否氏细胞、肺的网状内皮系统对六钩蚴有很强的吞噬及破坏作用，Egwang 和 Befus（1984）指出，补体依赖的肺泡巨噬细胞杀灭蠕虫的能力可能在肺的抗蠕虫定居和移行中起重要作用。即使虫体勉强生存下来，也会由于这些细胞释放的淋巴因子及趋化因子而引起宿主强烈反应。另外，脾为免疫器官，而肾既有解毒功能，又有网状内皮系统，均不适宜于虫体的生长发育。

（2）猪囊尾蚴发育过程中的形态变化

仔猪人工口服感染猪带绦虫卵后，不同时期剖检，观察猪囊尾蚴生长发育过程中大小、形态的变化，其结果见表 3-3。

表 3-3 不同时期猪囊尾蚴的生长发育

Table 3-3 Growth and development of C. cellulosae in different periods

剖检时间/日 Dissected age/d	囊尾蚴 *C. cellulosae*/mm	头节 Scolex /mm	小钩 Hook			吸盘 Sucker	
			数量/个 Number /n	内圈钩长 Length /mm	外圈钩长 Length /mm	数量/个 Number	直径 Diameter /mm
10	—	—	—	—	—	—	—
15	—	—	—	—	—	—	—
17	—	—	—	—	—	—	—
19	(0.5～1.2)×(0.5～1.8)	0.1	—	—	—	—	—
25	(0.5～2.0)×(0.6～2.0)	0.3	—	—	—	—	—
30	(0.8～2.0)×(1.0～3.5)	0.6	12	0.1	0.08	2	0.15～0.18
40	(1.0～3.0)×(2.5～5.0)	0.8	24	0.12	0.08	3	0.15～0.20
60	(2.5～4.0)×(3.5～7.0)	1.2	32	0.14	0.1	4	0.28～0.30
70	(3.0～3.5)×(4.5～7.0)	1.3	26	0.14	0.11	4	0.30～0.32
80	(3.0～3.5)×(5.5～6.0)	1.3	28	0.16	0.10	4	0.30～0.35
95	(3.5～4.0)×(5.2～7.0)	1.4	32	0.16	0.11	4	0.30～0.35
130	(3.0～7.0)×(4.0～8.0)	1.5	30	0.15	0.12	4	0.32～0.36

实验观察发现，同期感染的猪囊尾蚴发育程度不一致。仔猪感染猪带绦虫卵后 19d 即开始出现猪囊尾蚴，压片观察，此时头节区未出现吸盘和小钩，但有的虫体头节区出现螺旋状条纹，似蜗牛样（图版 6B-1)；有的虫体头节区则出现一致密的黑色团块（图版 6B-2)。感染后 30d，有的囊尾蚴头节上可见两个吸盘及 24 个小钩，吸盘形成较浅，直径较小，小钩角质化程度很低（图版 6B-3)；而有的囊尾蚴头节上尚未出现吸盘及小钩。感染后 40d 的囊尾蚴头节上已形成 4 个吸盘，并见顶突上附着 24 个小钩，但小钩较短，角质化程度较低，吸盘直径较小，而且此时囊尾蚴经 20%猪胆汁孵化并未见头节翻出。同样在猪体内发育 40d 的囊尾蚴，有的头节上仅形成 3 个吸盘的雏形（图版 6B-4)。囊尾蚴于猪体内发育 60d 后，多数经胆汁作用，头节很快孵化出，活动自如，4 个吸盘明显，直径增大，32 个小钩角化完全，钩长加大(图版 6B-5)。在猪体内发育 70d、80d、95d、130d 的囊尾蚴，其形态与 60d 的囊尾蚴相似，吸盘直径及钩长不再随感染时间的延长而变化。图版 6A-3 至图版 6A-8 显示了猪囊尾蚴发育过程中大小的变化。

文献上对猪带绦虫六钩蚴在中间宿主体内如何发育成囊尾蚴的记载不多。为给临床用药提供理论依据，作者详细研究了猪带绦虫囊尾蚴在中间宿主体内的发育规律。本实验选用 12 头仔猪，每头猪口服 3 节猪带绦虫孕卵节片，于感染后不同时期剖杀。结果发现同一宿主的不同组织器官或同一组织器官的不同虫体其大小不同，即虫体发育存在滞育现象；当宿主内环境发生变化时，休眠状态的六钩蚴可继续发育为囊尾蚴，这与 Mcintosh 和 Miller（1960）报道的牛囊尾蚴的发育相似。感染后 19d 即开始出现了肉眼可见的虫体，大者可达 1.2mm×1.8mm，小者仅为 0.5mm×0.5mm，组织学观察发现此时头节和囊壁还未完全分化，但不同虫体的组织切片显示了不同的发育程度。根据这些切片观察结果，猪带绦虫六钩蚴到达组织器官后首先形成囊腔，之后囊腔一端极化，即一端囊壁皮下层细胞局限性增多，然后该端囊壁向腔内凹陷，囊壁外层表皮基部形成折叠，此时期显示了头节的早期发育，与 Slais（1966)、Baron（1968）等报道相同。Slais（1966）认为，囊壁对于虫体来说，相当于胚胎，它提供了囊尾蚴在中间宿主体内生存的必要条件。随着虫体发育，囊壁未发现有新组织或细胞形成，但头节区却在不断发育。感染后 30d，有些虫体头节区已出现吸盘和小钩。目前还没有资料报道猪囊尾蚴确切的成熟时间。本实验研究发现，感染后60d，90%以上的猪囊尾蚴在胆汁刺激下头节翻出很长、活动自由，并且吸盘直径以及小钩的长度不再随感染时间的延长而增加，小钩角质化程度很高，因此作者推断此时猪囊尾蚴已经成熟，并具有感染力。尽管随感染时间延长，虫体及其头颈部仍稍有增大，但作者认为体内发育60d以后的猪囊尾蚴可能更加成熟，更具感染力。本实验结果与马云祥等(1992)研究结果不符。马云祥等研究发现，重度感染组感染后15d及30d，各部分组织内肉眼尚未观察到虫体；60d剖检，可见到少部分虫体形成囊泡，具有囊壁、囊液和头节，但经胆汁培养不见头节翻出，大部分虫体呈白色粟粒状，无囊泡形成，头部结构不清。实验结果出现差异的原因可能在于所用虫卵成熟程度不同，尽管马云祥等采用的虫卵量较大（25节节片），但成熟的虫卵比例可能较小。作者采用的节片均为新鲜的、脱落的成熟孕卵节片，虫卵成熟程度较高，所以虽然虫卵用量较少（3节），但却保证了感染率（达100%），而且虫体生长发育也很快。

（3）猪囊尾蚴发育过程中的组织结构变化

通过对猪囊尾蚴发育过程中的组织学观察发现，来自同一宿主不同部位的囊尾蚴以及来自同一感染日龄不同宿主的同一部位的囊尾蚴，甚至同一宿主同一感染部位的囊尾蚴，其发育程度都可能不同。本实验观察到囊尾蚴的最早发育阶段是感染19d，于后肢肌中发现，囊壁由较薄的表皮层及较厚的皮下层构成。皮下层纤维组织中有散在的细胞分布，排列不规则，细胞呈圆形或椭圆形，囊尾蚴一端细胞密集（图版5A-2）。而在同一宿主的前肢肌中，发现两个较为高级阶段的囊尾蚴，一个表现为囊壁皮下层一端密集的细胞团连同其周围的表皮层向内凹陷（图版5A-3）；另一个囊尾蚴则表现为凹陷的表皮层底部出现褶皱，显示了头节的早期发育（图版5A-4）。

感染后30d骨骼肌中的囊尾蚴，囊壁表皮层出现许多指状突起，表皮层下面有一纤维层，薄而界限分明，紧挨纤维层有一条形细胞区，细胞呈圆形或椭圆形，向内为疏松的不规则排列的纤维组织，其中有散在的细胞分布。囊壁厚薄不一，靠近头节部位较厚。头节区见几个不同断面的小钩，顶突周围细胞密集，顶突下方有一密集的细胞团，可能为吸盘的雏形（图版5A-5）。此时期在肝组织内发现一囊尾蚴，其发育程度同在骨骼肌中发育19d的囊尾蚴相似，即头节上未见顶突、小钩和吸盘，在头节形成部位，表皮层连同皮下层较密集的细胞向囊腔内凹陷，凹陷的表皮层形成褶皱（图版 5A-6）。

感染后 40d，骨骼肌内寄生的囊尾蚴头节进一步发育，内有较小的吸盘和少许折叠；折叠部位及吸盘内部细胞密集；吸盘内有放射状肌纤维，其内细胞也呈放射状排列；头节表皮层光滑，皮下层有较多的纤维组织，内有少量细胞散在分布。囊壁厚薄不一，表皮层有许多大小不一的指状突起，皮下层为松散的纤维组织及有少量细胞分布（图版 5B-1）。肝组织内病灶中心有一虫体，经连续切片观察，发现虫体为囊状，无头节，周围炎症反应相当强烈，其范围超过虫体一倍以上（图版 5B-2）。

感染后 60d，将骨骼肌内寄生的囊尾蚴作病理切片观察发现头节内出现大量折叠，并发现发育很好的吸盘及角质小钩；吸盘直径增大，其内细胞及肌纤维呈放射状排列。头节表皮层光滑，皮下层有丰富的纤维组织分布，并可见较多的石灰小体颗粒；囊壁厚薄均一（图版 5B-3，图版 5B-4）。脑组织内、肝组织内均发现发育正常的囊尾蚴，吸盘、小钩可见，只是虫体略小（图版 5B-5，图版 5B-6）。

感染后 70d、80d、95d、130d 的囊尾蚴组织结构与 60d 的囊尾蚴结构相似，只是头节逐渐增大。感染后 95d，同一宿主内同一感染部位的猪囊尾蚴发育程度不一样；多数囊尾蚴头节发育完好，头节区可见大量折叠及发育很好的吸盘和顶突（图版 5C-1）；少数囊尾蚴头节区仅见皮下层增厚，未见吸盘、顶突和折叠（图版 5C-2）。感染后 130d，骨骼肌内寄生的囊尾蚴头节很大，多数结构完好（图版 5C-3）；但有的头节区可见纤维组织断裂，并有少量钙盐沉着（图版 5C-4）；脑部囊尾蚴同骨骼肌上寄生的囊尾蚴相比较小，但发育状态完好。头部和颈部有大量的石灰小体颗粒（图版 5C-5）。

作者首次发现，仔猪感染猪带绦虫卵后 19d 即开始出现肉眼可见的幼年期猪带绦虫囊尾蚴虫体，组织学观察发现此时头节和囊壁还未完全分化，但不同虫体的组织切片显示了不同的发育程度。这一发现不但完全改变了以往的研究记载，而且与作者六钩蚴体外培养时间延长至 16d 基本衔接，使通过体外培养连续研究猪囊尾蚴的发育生物学有了现实的可能性。根据这些切片的观察结果，猪带绦虫六钩蚴到达组织器官后首先形成囊腔，之后囊腔一端极化，即一端囊壁皮下层细胞局限性增多，然后该端囊壁向腔内凹陷，囊壁表皮层基部形成折叠，此时期显示了头节的早期发育。目前还未见资料报道猪囊尾蚴确切的成熟时间。本实验研究发现，感染后 60d，90%以上的猪囊尾蚴在胆汁刺激下头节翻出很长，活动自由，并且吸盘直径以及小钩的长度不再随感染时间的延长而延长，小钩角质化程度很高，因此作者推断此时猪囊尾蚴已经成熟，并具有感染力。

(4) 猪囊尾蚴发育过程中的超微结构变化

猪囊尾蚴体内发育过程中囊尾蚴的细胞或组织类型未发生明显变化，只是在数量或发育程度上有所不同。头节和囊壁均由界限分明的皮层(tegument，T)和实质区(parenchyma)构成(图版 6C-1，图版 6C-2)。

1) 皮层

微毛(microtrichia，MT) 位于皮层的外表面，外被质膜，由基部和端部组成，基部电子致密度低，端部致密度高，呈棘样(图版 6C-3，图版 6C-4)。微毛在不同发育时期长度不同，即使是同一囊尾蚴，其头颈部与囊壁的微毛长度也不同。

基质区(matrix zone，MZ) 皮层外表面与基膜之间为基质区。囊壁基质区内充满各种形状的囊泡、内质网及线粒体，其中线粒体多位于近基膜处(图版 6C-5)；头节基质区除具有上述结构外，还有大量棒状器，并且头节基质区囊泡、内质网及线粒体较壁囊少(图版 6C-6)。基质区的厚度随囊尾蚴发育的不同时期及不同部位而有不同。

根据观察结果，将体内发育 19d、30d、60d、95d 及 130d 的囊尾蚴头颈部和囊壁的微毛长度及基质区厚度列表表示，见表 3-4。

表 3-4 不同发育时期猪囊尾蚴微毛的长度及基质区厚度

Table 3-4 Length of microtrichia and thickness of matrix zone of *C. cellulosae* in different developmental stages

感染时间/日 Age of infection /d	部位 Part	微毛 Microtrichia/nm				基质区 Matrix zone /μm
		总长 Total lengh	基部 Bastal part	端部 Distal part	基部:端部 Bastal part: Dstal part	
19	头颈部	1800～2100	430～600	1200～1500	1:2.5～2.8	0.8～2.6
	囊壁	1800～2100	500～600	1200～1500	1:2.4～2.5	1.0～1.6
30	头颈部	1800～2200	430～570	1435～1585	1:2.3～2.6	2.4～3.0
	囊壁	2000～2500	500～600	1300～1700	1:2.6～2.8	1.5～2.2

续表

感染时间/日 Age of infection /d	部位 Part	微毛 Microtrichia/nm				基质区 Matrix zone /μm
		总长 Total lengh	基部 Bastal part	端部 Distal part	基部:端部 Bastal part : Dstal part	
60	头颈部	2200～2700	500～620	1700～2200	1:2.7～4.4	4.6～5.2
	囊壁	3000～3500	570～650	2300～3000	1:3.5～5.3	2.0～2.9
95	头颈部	1500～2100	600～660	900～1500	1:1.4～2.5	6.7～8.7
	囊壁	2000～2400	600～700	1300～1800	1:1.9～3.0	3.5～3.8
130	头颈部	1500～1800	650～730	850～1100	1:1.2～1.7	7.8～10.5
	囊壁	1900～2200	700～750	1200～1500	1:1.6～2.1	3.7～4.5

由表 3-3～表 3-4 可以看出，猪囊尾蚴的微毛在 60d 以前随发育时间的延长逐渐增长，至 95d 微毛开始变短，尤以端部变短明显，基部略有增长；基部区随猪囊尾蚴发育时间的延长而增厚，头颈部的基质区较厚，为囊壁基质区的 1～3 倍。

2）实质区

基膜以下的区域即为实质区，实质区内分布有大量的环肌束和纵肌束，环肌束大多位于实质区外侧靠近基膜处，纵肌束散在地分布在实质区的浅层及深部。随猪囊尾蚴发育时间的延长，肌束越来越发达且头颈部肌束较囊壁肌束发达、丰富，有的肌束之间可见有胞质通道相连（图版 6C-7）。实质区内有不同类型的细胞。

皮层细胞　位于环肌束下方，有很长的胞质突起穿过环肌束同基质区相连（图版 6C-8）。胞核很大，核质呈颗粒样，内有一个由更加密集的深染颗粒组成的核仁；胞质中有滑面内质网、囊泡、线粒体等。皮层细胞在猪囊尾蚴的发育过程中未见明显变化。

实质细胞　是一种较大的细胞，近圆形。胞核大，胞质内有内质网、线粒体、核糖体及大量糖原等。在实质区内常见到许多大量糖原的胞质突起（图版 6C-9），大小不一，未见到其他细胞器，也未追寻到细胞核，可能是实质细胞较大的胞质突起由于不在一个平面，在制作切片过程到不同部位所致。随着猪囊尾蚴发育时间的延长，在 95d 及 130d 在猪囊尾蚴实质区内，实质细胞呈空泡样，构成海绵状的实质组织。

成石灰小体细胞　初期成石灰小体细胞内有许多分泌颗粒，此为石灰小体形成早期；随着石灰小体的发育，成石灰小体细胞胀大，核和细胞器消失，然后小体释放到实质组织中，呈电子致密的黑色颗粒；随后石灰小体周边出现双层结构，中间仍为电子致密的黑色颗粒；石灰小体进一步发育，周边出现空区，中间形成多层同心圆样的层状结构。显示了石灰小体发育过程中的超微结构变化。囊壁实质区发现有石灰小体。成石灰小体细胞的发育似乎与猪囊尾蚴体内发育并无明显的关系。

焰细胞及排泄管 3～5 个焰细胞常成群地出现在实质区内。胞体呈不规则形，表面有许多突起，一个较大的核位于焰细胞的一端，并有一簇纤毛束伸出胞体之外，纤毛数量不等，约 27～80 根，排列有序，在纤毛中部有一漏斗状结构（图版 6D-1）。焰细胞横切面。可见纤毛呈典型的“9＋2”结构（图版 6D-2）。焰细胞末端与初级排泄管相连（图版 6D-3）。初级排泄管管腔周围有较少的胞质突起，内腔面有微绒毛（图版 6D-4）。另外还可见两种类型的排泄管：收集管和集合管。收集管管腔较大，周围有许多胞质突起，内腔面有微绒毛。有时可见 3 个管腔被一个膜性结构包绕在一起（图版 6D-5）；集合管管腔最大，外壁无胞质突起，内腔微绒毛较少（图版 6D-6）。焰细胞排泄管在猪囊尾蚴发育各时期未有明显变化，但囊壁排泄管多于头颈部，且多位于靠近囊腔处。

以前学者仅观察了成熟期囊尾蚴的超微结构，本文作者对发育过程中猪囊尾蚴的超微结构进行了较为细致的观察，发现猪囊尾蚴在体内生长 19～130d 头颈部和囊壁的基本组成成分是一样的，未见有新组织出现，只是在数量上或发育程度上有所不同。头颈部和囊壁均由皮层和实质区构成，头颈部的皮层同囊壁皮层相连。皮层外表面微毛于猪囊尾蚴体内发育 60d 前随猪囊尾蚴发育时间的延长而增长，主要是端部加长明显，95～130d 时，微毛变短，尤其端部变短明显，而基部则加长。孟宪钦等（1991）认为猪囊尾蚴的体表微毛很可能仅基部是其吸收表面，因为该部位质膜内有大量的膜内颗粒，而棘样尖端则无膜内颗粒，可能尖端无吸收功能，仅起到保护或固着虫体的作用。本实验发现的微毛端部的变化可能与虫体在宿主体内不同时期的主要任务相适应。在 60d 以前其微毛端部增长是为了保护自身免受宿主炎性细胞的侵害，此时生存是其主要任务，而吸收营养则稍显次要；95～130d，可能已经和宿主相互适应或宿主已对其无能为力，虫体的任务开始转向，吸收营养则成为其主要任务。在猪囊尾蚴发育过程中皮层基质区明显增厚，并且基质区充满大量囊泡、内质网等。田喜凤等（1995b）认为，基质区的这些成分都是由皮层细胞通过胞质通道不断地供应，以适应皮层表面的代谢与更新。在皮层基质区靠近基膜处发现有线粒体存在，已知线粒体常出现在需要大量 ATP 的胞质区，说明皮层表面有能量代谢。实质细胞有贮存功能，其细胞质内有大量的糖原颗粒。观察发现随猪囊尾蚴体内发育时间的延长，需要糖原增多，大量的糖原被消耗殆尽，实质细胞变成空泡样，形成海绵状实质组织，这与田喜凤等（1995a）报道相同。作者观察到猪囊尾蚴体内有大量的焰细胞及与其末端相连的毛细排泄管、收集管和集合管，说明猪囊尾蚴排泄系统是比较健全的。Tian Xifeng 等（1995）认为焰细胞除具有排泄废物的功能外，还有调节渗透压的作用，并指出扁形动物门的寄生蠕虫可以通过焰细胞的形态得到区分。孟宪钦等（1991）报道当焰细胞纤毛摆动时，管腔内的液体流动，使管腔内外产生压力差，虫体的体液就会通过裂隙渗入管腔之中，形成排泄液，最终通过毛细管、集合管而导入排泄管中。成石灰小体细胞是绦虫特有的结构，本实验研究发现石灰小体的发育阶段与猪囊尾蚴的发育阶段不完全呈正相关关系，但总的来说，早期囊尾蚴石灰小体多以分泌颗粒的形式出现在成石灰小体细胞内，而后随着石灰小体的发育出现不同形态。石灰小体的功能还不完全清楚，Von B 等（1960）认为石灰小体可缓冲进入体内的酸性物质。由于猪囊尾蚴受到破坏后，石灰小体散落在脓液中，消失最晚，因此应用石灰小体鉴别脓肿性脑囊尾蚴病是简单易行的方法（孟宪钦等，1990）。

猪囊尾蚴发育过程中头颈部和囊壁的超微结构变化相似，组成的细胞或组织类型基本相同，但二者仍然存在一些差别。头颈部肌肉较发达，皮层外表面的微毛较短，皮层基质区线粒体较少，糖原颗粒不及囊壁贮存多，并且排泄管也较少，这些结构上的不同暗示着头节和囊壁功能上的不同，囊壁可能和虫体的营养吸收及代谢有关，而头节则可能与囊尾蚴将来进一步发育为成虫有关。

3.2 猪带绦虫囊尾蚴的物质代谢

3.2.1 猪带绦虫囊尾蚴的物质代谢实验

3.2.1.1 实验材料

选无猪囊尾蚴感染的仔猪，人工感染猪带绦虫卵后，于不同时间检测抗猪囊尾蚴抗体效价以确定是否感染。于感染后 30d、40d、60d、80d、95d 屠宰，从肌肉中取出猪囊尾蚴备测。

3.2.1.2　实验方法

1）血液在室温下静置析出血清，取血清应用 AEROSET™ 自动生化分析仪（美国雅培公司）检测 ALP、葡萄糖（Glucose，Glc）、LDH、Lac、GOT、GPT、尿素氮（urea nitrogen，UN）、UA、TG。

2）将取得的猪囊尾蚴分为头颈节、囊壁、囊液三部分，将头颈节和囊壁用 0.9%NaCl 溶液匀浆。以 3 000r · min^{-1} 离心 15min，取上清液分别检测。一部分上清液的检测方法及指标同血清；另一部分用 7230 型分光光度计（惠普上海分析仪器厂）检测 Na^+ K^+-ATPase、Mg^{2+}-ATPase、Ca^{2+}-ATPase、己糖激酶（Gcokinase，HK）、PK、MDH、6-磷酸葡萄糖脱氢酶（Gcose-6-phosphatase dehydrogenase，G6PDH）、谷氨酸脱氢酶（Gtamate dehyrogena，GDH）、黄嘌呤氧化酶（xanthine oxidase，XOD）。

3）将取得的囊液稀释 5～8 倍，应用 AEROSET™ 自动生化分析仪检测 Glc、Lac、UN、UA、TG。

4）将各组取得的囊周组织和健康组织用 0.9% NaCl 匀浆，以 3 000r · min^{-1} 离心 15min，取上清液检测，方法、指标同囊液。

5）采用美国 SAS 软件公司出版的 SAS 统计软件进行差异显著性检验，实验结果各表中大写字母不同为差异极显著（$P<0.01$），小写字母不同为差异显著（$P<0.05$），小写字母相同为差异不显著（$P>0.05$）。

3.2.2　猪带绦虫囊尾蚴的物质代谢变化

3.2.2.1　猪囊尾蚴发育过程中囊壁的物质代谢变化

猪囊尾蚴发育过程中囊壁的物质代谢变化见表 3-5。

（1）Na^+ K^+-ATPase 活性在 60d、80d、95d 高于或显著高于 30d、40d（$P>0.05$，$P<0.05$）；

（2）Glc 含量在 60d、80d、95d 高于或显著高于 30d、40d（$P>0.05$，$P<0.05$）；

表 3-5 猪囊尾蚴发育过程中囊壁的物质代谢变化

Table 3-5 Changes of biochemical metabolism of bladder wall of *C. cellulosae* in the development

指标 Index	日龄 Day				
	30	40	60	80	95
Na^+K^+-ATPase (μmolPi/mgprot/h)	1.83±0.41[a]	2.67±0.37[a]	2.99±0.23[ab]	3.47±0.25[ab]	3.97±0.31[b]
Mg^{2+}-ATPase (μmolPi/mgprot/h)	1.52±0.24[a]	1.54±0.34[a]	1.58±0.19[a]	1.88±0.34[ab]	1.45±0.27[a]
Ca^{2+}-ATPase (μmolPi/mgprot/h)	0.95±0.11[a]	0.89±0.09[a]	0.76±0.14[a]	0.82±0.16[a]	1.00±0.16[a]
ACP(U/mgprot)	9.20±0.61[a]	9.34±0.35[a]	10.42±0.63[a]	11.65±1.55[a]	12.28±1.27[a]
Glc(mmol/mgprot)	1.36±0.16[a]	1.49±0.17[a]	1.57±0.12[ab]	2.45±0.32[b]	2.56±0.24[b]
HK(U/mgprot)$\times10^{-4}$	2.68±0.21[a]	2.77±0.24[a]	3.09±0.26[ab]	3.47±0.50[ab]	4.32±0.73[b]
PK(U/mgprot)	37.14±2.21[a]	34.28±5.51[a]	61.19±4.76[b]	66.33±6.07[b]	65.39±4.58[b]
LDH(U/mgprot)	29.57±2.88[a]	27.31±3.66[a]	30.16±4.11[a]	27.41±2.33[a]	25.10±1.36[a]
Lac(mg/mgprot)	8.13±0.79[a]	10.33±1.44[a]	8.91±0.76[a]	9.50±1.14[a]	8.22±0.64[a]
MDH (U/mgprot)$\times10^{-4}$	5.88±0.76[a]	6.13±0.84[a]	6.36±0.65[ab]	8.94±2.06[b]	8.86±1.55[b]
G6PDH (U/mgprot)$\times10^{-4}$	3.81±0.35[a]	3.76±0.23[a]	4.09±0.32[a]	4.24±0.33[ab]	3.21±0.25[a]
GOT(IU/mgprot)	77.35±6.34[a]	79.15±8.14[a]	68.68±5.31[a]	68.60±6.60[a]	70.31±4.71[a]
GPT(IU/mgprot)	10.28±1.63[a]	8.81±1.34[a]	8.67±0.84[a]	10.44±1.21[a]	9.63±0.85[a]
GDH(U/mgprot)	4.89±0.33[a]	4.01±0.42[a]	5.07±0.41[a]	5.16±0.49[a]	4.09±0.33[a]
UN(mmol/mgprot)	0.31±0.02[a]	0.32±0.04[a]	0.27±0.03[a]	0.24±0.01[a]	0.19±0.02[a]
XOD(U/mgprot)	5.20±0.35[a]	5.17±0.29[a]	4.93±0.37[a]	5.42±0.90[a]	5.12±0.51[a]
UA(μmol/mgprot)	0.34±0.07[a]	0.32±0.04[a]	0.28±0.05[a]	0.27±0.03[a]	0.24±0.03[a]
TG(mmol/mgprot)	0.16±0.02[a]	0.20±0.02[a]	0.15±0.01[a]	0.17±0.02[a]	0.21±0.03[a]

(3) HK 活性在 60d、80d、95d 高于或显著高于 30d、40d（$P>0.05$，$P<0.05$）；

(4) PK 活性在 60d、80d、95d 显著高于 30d、40d（$P<0.05$）；

(5) MDH 活性在 60d、80d、95d 高于或显著高于 30d、40d（$P>0.05$，$P<0.05$）；

(6) 其他指标在各时间差异不显著（$P>0.05$）。

3.2.2.2　猪囊尾蚴发育过程中头颈节的物质代谢变化

猪囊尾蚴发育过程中头颈节的物质代谢变化见表 3-6。

表 3-6　猪囊尾蚴发育过程中头颈节的物质代谢变化

Table 3-6　Changes of biochemical metabolism of scolex of *C. cellulosae* in the development

指　标 Index	日龄 Day				
	30	40	60	80	95
Na^+K^+-ATPase (μmolPi/mgprot/h)	2.98±0.43[a]	2.48±0.29[a]	2.01±0.34[a]	2.76±0.53[a]	3.18±0.36[a]
Mg^{2+}-ATPase (μmolPi/mgprot/h)	1.15±0.24[a]	1.08±0.17[a]	1.22±0.14[a]	1.01±0.16[a]	1.53±0.22[a]
Ca^{2+}-ATPase (μmolPi/mgprot/h)	0.85±0.08[a]	0.94±0.06[a]	1.09±0.09[ab]	1.13±0.14[ab]	1.98±0.17[b]
ACP(U/mgprot)	8.34±0.47[a]	9.11±0.63[a]	9.34±0.89[a]	8.37±1.37[a]	8.85±1.79[a]
Glc(mmol/mgprot)	0.86±0.07[a]	0.78±0.11[a]	0.86±0.13[a]	0.88±0.06[a]	1.09±0.14[a]
HK(U/mgprot)×10^{-4}	1.38±0.15[a]	1.22±0.14[a]	1.08±0.16[ab]	1.31±0.19[a]	1.23±0.14[a]
PK(U/mgprot)	39.4±2.63[a]	38.6±2.31[a]	44.35±5.21[a]	43.21±4.03[a]	42.30±3.10[a]
LDH(U/mgprot)	34.7±3.76[a]	35.3±5.14[a]	34.92±2.67[a]	29.43±3.58[ab]	31.35±4.07[a]
Lac(mg/mgprot)	10.6±1.43[a]	9.72±1.77[a]	11.97±1.64[a]	11.47±1.23[a]	9.36±0.74[a]
MDH (U/mgprot)×10^{-4}	8.75±0.46[a]	7.66±1.14[a]	7.96±1.22[a]	8.34±0.66[a]	7.71±0.41[a]
G6PDH (U/mgprot)×10^{-4}	4.02±0.36[a]	3.93±0.56[a]	3.74±0.49[a]	4.14±0.66[a]	4.20±0.54[a]
GOT(IU/mgprot)	84.21±9.26[a]	82.41±8.06[a]	87.26±9.25[a]	78.51±6.03[a]	85.19±7.03[a]
GPT(IU/mgprot)	12.03±1.62[a]	13.22±2.16[a]	13.56±1.84[ab]	11.20±0.74[a]	11.42±0.71[a]
GDH(U/mgprot)	5.64±0.46[a]	6.36±0.57[a]	5.35±0.63[a]	6.67±0.49[a]	7.01±0.76[a]
UN(mmol/mgprot)	0.57±0.03[a]	0.58±0.04[a]	0.53±0.02[a]	0.56±0.04[a]	0.50±0.02[a]
XOD(U/mgprot)	10.3±2.10[a]	14.1±2.26[a]	12.77±2.06[a]	9.96±1.03[a]	11.84±1.64[a]
UA(μmol/mgprot)	0.79±0.13[a]	0.81±0.16[a]	0.75±0.07[a]	0.65±0.06[a]	0.79±0.06[a]
TG(mmol/mgprot)	0.21±0.02[a]	0.19±0.01[a]	0.18±0.01[a]	0.17±0.01[a]	0.20±0.02[a]

注：除 Ca^{2+}-ATPase 在 60d、80d、95d 高于或显著高于 30d、40d（$P>0.05$，$P<0.05$）外，其他各指标在各时间差异均不显著（$P>0.05$）。

Note: Except Ca^{2+}-ATPase in 60d, 80d, 95d higher (the difference is not significant) or significant higher than 30d, 40d ($P>0.05$, $P<0.05$), the other indexes all are not significant in every time.

3.2.2.3 猪囊尾蚴发育过程中囊液的物质代谢变化

猪囊尾蚴发育过程中囊液的物质代谢变化见表 3-7。

表 3-7 猪囊尾蚴发育过程中囊液的物质代谢变化

Table 3-7 Changes of biochemical metabolism of bluid of *C. cellulosae* in the development

指标 Index	日龄 Day				
	30	40	60	80	95
Glc(mmol/mgprot)	0.32±0.03[a]	0.37±0.04[a]	0.42±0.02[a]	0.57±0.05[ab]	0.64±0.05[ab]
Lac(mg/mgprot)	11.32±1.34[a]	12.67±1.52[a]	10.37±1.16[a]	12.21±0.37[a]	11.88±0.23[a]
UN(mmol/mgprot)	0.29±0.02[a]	0.31±0.03[a]	0.31±0.01[a]	0.29±0.01[a]	0.28±0.02[a]
UA(μmol/mgprot)	0.31±0.02[a]	0.26±0.01[a]	0.30±0.02[a]	0.28±0.04[a]	0.27±0.03[a]
TG(mmol/mgprot)	0.22±0.02[a]	0.18±0.01[a]	0.19±0.01[a]	0.19±0.01[a]	0.21±0.02[a]

3.2.3 猪囊尾蚴的物质代谢规律

3.2.3.1 猪囊尾蚴发育过程中的物质代谢规律

已有研究表明，糖原作为能量的贮存物质，主要分布于猪囊尾蚴的头颈部和外囊壁，吸盘上也含有较明显的糖原（陈兆浚等，1989），药物作用后糖原代谢被破坏，含量随着用药进程而减少（陈佩惠等，1996；Ward，1982）。而糖类物质吸收、转运、代谢有赖于三磷酸腺苷酶（adenosine triphosphatase，ATPase）、酸性磷酸酶（acid phaphatase，ACP）、碱性磷酸酶（alkaline phosphatase，AKP）（阎风周等，1989；陈佩惠等，1997）。糖酵解中的关键酶乳酸脱氢酶（lactate dehydrogenase，LDH）存在同工酶，并且在猪囊尾蚴头颈节、囊壁、囊液、绦虫节片中含量不同。三羧酸循环的活跃程度，可间接反映细胞有氧代谢水平（余新炳，1993）。猪囊尾蚴存在脂类代谢，在测定脂酶（esterase，EST）过程中发现绦虫卵 EST 含量高而囊尾蚴头颈节、囊壁和囊液含量低。这与两个发育阶段脂类代谢的活跃程度有关（连建安和崔黎明，1987）。应用氨基酸自动分析仪测定猪囊尾蚴囊液的游离氨基酸组分，在皮下肌肉内的猪囊尾蚴的囊液中丙氨酸（alanine，Ala）含最多，其次为甘氨酸（glycin，Gly）和脯氨酸（proline，Pro）；在脑猪囊尾蚴囊液中，也是丙氨酸最多，其次为苏氨酸（threonine，Thr）(陈佩惠等，1988；1990)。参与氨基酸代谢的谷草转氨酶（glutamate-oxaloacetate transaminase，GOT）和谷丙转氨酶（glutamate-pyruvate transaminase，GPT）分布较广，在生成体内非必需氨基酸、形成结构蛋白等过程中发挥重要作用（田欣田等，1990)。尿素和肝酐都是蛋白质、氨基酸代谢的终产物，而肌酐含量指征着精氨酸（arginine，Arg）和甘氨酸的代谢和机体对能量代谢贮存和利用的能力（阎风周等，1985)。猪囊尾蚴体外培养研究，在孵育液中检测到尿酸（uric acid，UA)，其含量随孵育时间延长而增加（史大中等，1987)，这说明猪囊尾蚴存在将嘌呤碱完全降解的代谢通路。

寄生虫物质代谢的研究是从 20 世纪 30 年代开始的，Brand 最先观察到寄生虫（包括绦虫）在培养液中分泌琥珀酸。Read（1992）首次发表绦虫酶学的论著，系统地研究鼠缩小膜壳绦虫的细胞色素氧化酶、琥珀酸脱氢酶活性；1957 年进而阐述在绦虫生物学领域中糖类所起的作用。Agosin（1957）在此基础上接着研究南美洲绵羊细粒棘球蚴原头节的糖类物质代谢。国内蒋次鹏（1994）对棘球蚴的生化组成和物质代谢进行了较系统的研究，潘星清等则对肝片吸虫与血吸虫的生物化学作了较详尽的报道，葛凌云和李庆云（1990）对猪带绦虫的生理生化进行了简单的阐述。迄今，国内外尚未见有关于猪囊尾蚴物质代谢的系统研究和详细报道。

猪囊尾蚴物质代谢研究对其发育生物学的深化、有效药物的选择均具有重要的科学理论意义和临床实际意义。本实验以猪囊尾蚴组织中有关物质代谢途径的关键酶和代谢物作为研究对象，藉此揭示猪囊尾蚴发育过程中的物质代谢规律，马云祥等（1995）报道用组织化学方法显示孵出后体外培养六钩蚴虫体内有丰富糖原，α-酮戊二酸脱氢酶、SDH、MDH、GDH、乙醇脱氢酶、LDH 的活性均相对较低。本实验在六钩蚴检测到较高含量的 Glc 和较高活性的 GDH，其他 PK、LDH、Lac、GOT、GPT、XOD 活性较低，并检测到 Lac、UN、TG 含量，而 Na^{+} K^{+}-ATPase、Mg^{2+}-ATPase、Ca^{2+}-ATPase、ACP、HK、MDH、G6PDH、UA 未检测到。六钩蚴的 Glc 含量和 GDH 活性较高，其他酶活性较低，推测虫体在六钩蚴阶段主要以氨基酸代谢来提供能量，而糖类物质代谢相对较弱，Glc 含量较高是为以后侵入宿主作能量储备。本实验在体内未成熟期猪囊尾蚴检测到 $Na^{+}K^{+}$-ATPase、Mg^{2+}-ATPase、Ca^{2+}-ATPase、ACP、HK、PK、LDH、MDH、G6PDH、GOT、GPT、GDH、XOD 活性及 Glc、Lac、UN、UA、TG 含量。说明未脱壳前虫体处于休眠状态，物质代谢维持在最低水平，脱壳后虫体物质代谢途径被激活以适应新的寄生环境，所以六钩蚴与在宿主体内生长发育至 30d 的未成熟期囊尾蚴检测指标有很大不同，结果揭示虫体从六钩蚴到未成熟期囊尾蚴物质代谢活跃程度发生了变化。本实验采用分光光度法首次在猪囊尾蚴囊壁、头颈节中检测到三种 ATPase 即 $Na^{+}K^{+}$-ATPase、Mg^{2+}-ATPase、Ca^{2+}-ATPase。此前仅在细粒棘球蚴检测到这三种 ATPase（余新炳，1993），陈佩惠等（1997）也曾报道用组织化学方法检测到猪囊尾蚴 Mg^{2+}-ATPase 活性。ATPase 对于虫体物质吸收、排泄非常重要。猪囊尾蚴无消化道，依靠皮层吸收营养物质，葡萄糖等是通过皮层上以 ATPase 为主的载体系统进入虫体的，这一过程是耗能的主动转运，直接与 ATP 水解相耦联。ATPase 还与能量代谢、维持细胞离子梯度有关。三种 ATPase 中 $Na^{+}K^{+}$-ATPase 分布于细胞膜上，而 Ca^{2+}-ATPase、Mg^{2+}-ATPase 在肌肉肌浆网和肌浆膜中最为丰富，与维持细胞内环境和肌肉收缩有密切关系。本实验还检测到与物质吸收有关的 ACP。阎风周等（1985）报道在猪囊尾蚴的囊液中存在 ACP 及其同工酶。陈佩惠等（1996）、连建安和崔黎明（1987）曾检测到猪囊尾蚴的 LDH。本实验不仅检测到猪囊尾蚴的 LDH 活性，而且检测到 HK、PK、MDH、G6PDH 活性及 Glc、Lac 含量，说明虫体可直接利用 Glc 作为能源而并非完全依靠糖原。HK、PK、LDH 可催化糖无氧分解生成 Lac。哺乳动物 MDH 存在于细胞质和线粒体中参与糖的有氧分解和糖异生，蠕虫的 MDH 可以催化由草酰乙酸到苹果酸这一可逆过程。高学军和李庆章（2004）用酶组织化学方法证实了猪囊尾蚴磷酸烯醇式丙酮酸羧激酶（phosphoenol pyruvate carboxykinase，PEPCK）、延胡索酸还原酶（fumaric reductase，FR）活性，说明猪囊尾蚴存在由 PEPCK、MDH、FR 催化的逆向三羧酸循环途径。G6PDH 为磷酸戊糖途径的关键酶，磷酸戊糖途径为生物合成反应提供 NADPH＋H^{+} 和戊糖。实验结果说明猪囊尾蚴可能具有糖的有氧分解（不完整的三羧酸循环）、糖的无氧分解、磷酸戊糖途径。在脂类物质代谢方面本实验检测了 TG 的含量，高学军和李庆章（2004）发现猪囊尾蚴具有较高的脂肪酶活性，说明猪囊尾蚴具有脂类分解代谢途径。在氨基酸代谢方面，检测到 GOT、GPT、GDH 和 UN。表明虫体除具有 GOT、GPT 参与的转氨基代谢过程外还具有 GDH 参与的氧化脱氨基代谢过程。UN 可以反映出虫体氨的代谢和精氨酸的代谢情况，虫体 UN 的来源可能是尿素循环或尿囊酸裂解。在嘌呤代谢方面，检测到 XOD 和 UA。史大中（1987）报道在猪囊尾蚴的体外培养液中检测到 UA，表明猪囊尾蚴将腺嘌呤、鸟嘌呤通过 XOD 等酶的催化作用代谢为 UA 排出体外，而不像鸡蛔虫、人蛔虫降解为氨和尿素。

成熟期猪囊尾蚴检测到的各指标与未成熟期相同，说明所存在的代谢通路相同，但部分酶活性和代谢物含量发生了变化。在发育过程中猪囊尾蚴的代谢指标检测中发现囊壁 $Na^{+}K^{+}$-ATPase 活性于 60d、80d、95d 高于或显著高于 30d、40d（$P>0.05$，$P<0.05$），这是由于随着虫体不断生长发育，虫体囊腔出现，形成以膜结构为主的营养吸收和转运系统。随猪囊尾蚴在体内发育以 ATPase 为主的载体系统日臻完善，营养需要的增加，$Na^{+}K^{+}$-ATPase 活性随之上升，说明能量代谢旺盛，ATP 供应充足。Glc 含量在 60d、80d、95d 高于或显著高于 30d、40d（$P>0.05$，$P<0.05$），HK 活性在 60d、70d、95d 高于或显著高于 30d、40d（$P>0.05$，$P<0.05$），提示随着虫体的生长发育对 Glc 的需要逐渐增加，一方面经 HK 催化进入分解代谢途径，另一方面用于合成糖原和其他物质。虫体侵入宿主初期能量主要来自虫体储备的糖原，由糖原磷酸化酶催化生成 1-磷酸葡萄糖进入代谢途径。随着虫体生长，利用宿主营养物质的能力加强，而本身储备的糖原逐渐消耗，需要从宿主机体吸收营养以增加能量储备和能量供给，相应 HK 活性也随之显著升高。实验结果显示囊壁 PK 活性在 60d、80d、95d 显著高于 30d、40d（$P<0.05$），MDH 活性在 60d、80d、95d 高于或显著高于 30d、40d（$P>0.05$，$P<0.05$）。PK 催化 PEP 生成烯醇式丙酮酸是一个不可逆过程，且是糖酵解途径的限速酶，此结果表明虫体 PK、LDH 催化从 PEP 到 Lac 的通路随囊尾蚴生长发育由较低水平到逐渐活跃，MDH 活性上升说明由 MDH、SDH 等催化 PEP 进入逆向三羧酸循环流量增加或糖异生加强。总之，成熟期猪囊尾蚴糖代谢较未成熟期旺盛。头颈节检测发现 Ca^{2+}-ATPase 活性在 60d、80d、95d 高于或显著

高于 30d、40d（$P>0.05$，$P<0.05$），Ca^{2+}-ATPase 是肌质网膜的主要成分，与离子转运和虫体运动有关。刘永杰等（2002b）证实 60d 的猪囊尾蚴在胆汁刺激下头颈翻出、活动自由，并且吸盘和小钩也发育完全。虫体头颈节 Ca^{2+}-ATPase 积累为以后虫体侵入终末宿主体内伸出头颈节并附着于肠壁作好准备。囊壁、头颈节、囊液中检测的其他指标变化不显著（$P>0.05$），说明猪囊尾蚴相应代谢在未成熟期和成熟期无显著性变化。阎风周等（1985）报道猪囊尾蚴生长发育过程中 ACP_4 的含量较 ACP_2、ACP_3、ACP_5 增长快，说明虫体在生长发育过程中存在细胞内酶的重新分布、同工酶的更迭等情况。

3.2.3.2　猪囊尾蚴发育过程中的物质代谢特点

寄生虫的生长发育过程中大多数都需经历多个宿主的更替和生活环境的变迁，这种环境条件的改变使寄生虫在自身物质代谢及形态结构方面不断地作出适应性变化，以利于生存。沈一平和张耀娟（1987）报道，人蛔虫在侵入其终宿主时三羧酸循环和糖酵解途径发生改变，同时末端氧化酶的性质也发生了变化，β-氧化过程与乙醛酸循环均被终止。姜洪杰等（1987，1988）报道用聚丙烯酰胺凝胶电泳（PAGE）观察猪带绦虫虫卵、囊尾蚴头颈节及囊壁混合物、囊液、成虫未熟和成熟节片混合物、妊娠节片等不同发育阶段的酯酶同工酶和乳酸脱氢酶同工酶的带谱，结果显示酯酶带以虫卵阶段为最多，成虫阶段的未成熟期与成熟期节片次之，乳酸脱氢酶的区带均有 4 条。

本实验在猪带绦虫六钩蚴检测到 Glc、PK、LDH、Lac，说明六钩蚴阶段存在糖类物质的无氧分解通路，PK、LDH 活性较低反映此通路不活跃，不是供能的主要途径。检测到氨基酸代谢的 GOT、GPT、GDH 活性，其中 GDH 活性较高说明由 GDH 催化的由谷氨酸生成α-酮戊二酸的通路较活跃，可能是六钩蚴供能的主要方式。在嘌呤代谢中证实有由 XOD 催化生成 UA 的代谢通路。在人蛔虫卵的研究中发现除具有完整的糖无氧分解代谢通路外还具有功能性三羧酸循环，发育早期大量利用海藻糖和糖原，其后脂类代谢变得更为重要，而糖的利用几乎停止，脂类代谢的加强是为了增加发育中被消耗的糖储备。在鼠类圆线虫的自生生活期幼虫也证明有活跃的β-氧化。猪带绦虫卵排出体外时已经发育成熟而人蛔虫卵在体外还需发育一段时间才能成为感染性虫卵，这使两者物质代谢差异更大。在猪带绦虫六钩蚴是否存在β-氧化反应有待进一步证实。对未成熟期、成熟期猪囊尾蚴的检测结果表明，在猪囊尾蚴有三种 ATPase 和 ACP 参与的物质转运系统，活跃的糖类物质代谢包括 PK、LDH 参与的糖无氧分解、MDH 参与的糖有氧分解、G6PDH 参与的磷酸戊糖途径，较活跃的氨基酸代谢和嘌呤代谢，说明虫体由六钩蚴到未成熟期代谢方式发生了很大变化，各种代谢途径被激活，能量供应基础由氨基酸代谢转变为糖类物质代谢。随虫体由未成熟期进入成熟期，猪囊尾蚴囊壁的 Na^{+} K^{+}-ATPase、HK、PK、MDH 活性 Glc 含量及头颈节的 Ca^{2+}-ATPase 活性均有不同程度的升高说明它们所参与的代谢途径趋于旺盛。猪囊尾蚴囊壁的 HK 活性和 Glc 含量高于头颈节，说明囊壁的糖类物质分解代谢较强，是虫体供能的主要部位。头颈节的 Ca^{2+}-ATPase、GOT、GPT、XOD 活性和 UN、UA 含量高于囊壁，揭示头颈节由于生发基的存在而生机旺盛，其蛋白质代谢和核酸代谢较囊壁活跃。

3.3　猪带绦虫囊尾蚴的质膜代谢

3.3.1　猪带绦虫囊尾蚴的质膜代谢实验

3.3.1.1　样品制备

3.3.1.1.1　猪囊尾蚴细胞悬液的制备

取猪囊尾蚴样品，用无菌生理盐水洗涤 3 次，分别取头颈部和囊壁部。剪碎后分别用 0.25%胰蛋白酶 3～5ml、36.5～37℃恒温水浴下作用 1～5min 并搅拌，然后迅速以 4℃冰水快速冷却终止酶反应，于显微镜下观察细胞分离情况（台盼兰染色），150 目铜筛过滤，1 000r · min^{-1} 离心 10min，无菌生理盐水反复洗涤 3 次，最后用 PBS 定容为 1ml 的细胞悬液。

3.3.1.1.2　猪囊尾蚴细胞膜的制备

取上述细胞悬液，加入低温 1∶40 比例 pH 8.0 的 50mmol · L^{-1} Tris-HCl 低渗溶液，且充分振荡，并于 4℃冷藏 1h，细胞溶胀破碎，12 000r · min^{-1} 离心 10min，所得沉淀定容于缓冲液中备用。

3.3.1.1.3 猪囊尾蚴膜磷脂的制备

按 Folch 等（1957）的方法并加以改进。取膜悬液 1ml 于试管中（膜蛋白含量 10～15mg·ml^{-1}），按体积比 2∶1∶0.01 依次加入氯仿、甲醇、盐酸，获得混合液 5ml，振摇 1min 静止。3 000r·min^{-1} 离心 10min，样品分上下两层，仔细将下层液全部抽吸到另一试管中，45～48.5℃水浴下用 N_2 吹干，试管底壁剩余物即为提取的膜磷脂。用封口膜密封后，置－20℃保存，测定时用氯仿溶解。

3.3.1.2 检测方法

3.3.1.2.1 猪囊尾蚴细胞蛋白含量的检测

应用 280nm 和 260nm 吸收差法。即取 1ml 膜悬液于 0.5cm 石英杯中，用紫外分光光度计分别测定波长 280nm 和 260nm 时的吸光值，并按下列公式计算出蛋白质含量。

$$蛋白质含量（mg·ml^{-1}）=1.45A_{280nm}-0.74A_{260nm}$$

3.3.1.2.2 猪囊尾蚴细胞膜磷脂组分分析

采用高效液相色谱法（曾成鸣等，1994；王夔和林其谁，1999），检测仪器和条件为：Water2487 紫外检测器，Water515HPLC 泵，WDL-95 色谱工作站。色谱柱：ShimPAK CLC-SIL（150mm×6mm），保护柱：WaterSco. GUARD-PAK（RCSS silica），流动相为乙腈-甲醇-85%磷酸体系，经过滤脱氢后使用，流动相流速 1ml·min^{-1}，紫外检测波长 205mm。柱温：35℃。单位为 ×10^{-7} μg·蛋白含量600μg^{-1}·ml^{-1}。

3.3.1.2.3 猪囊尾蚴细胞膜流动性的检测

用荧光偏振法检测膜脂流动性，其原理是 1,6-二苯酚-1,3,5-己三烯（DPH）在脂质双分子中荧光强度可增加 1 000 倍，并且能嵌入到脂双分子层中与磷脂分子并行排列，然后用偏振光激发，DPH 发出偏振荧光。荧光偏振度越小，膜脂流动性越大。取新鲜制备的细胞膜悬液 1ml（蛋白含量为 800mg·ml^{-1}），加入 DPH 标记工作液，经温育、离心、洗涤后用 RF-540 荧光分光光度计（RF-540 spectorfluorophotometer，Shimadzu，日本生产）检测其荧光偏振度（P），并按公式计算微黏度（η）、各向异性（γ）和膜流动度（LFU）。

3.3.1.2.4 猪囊尾蚴细胞膜中 ATP 酶活性检测

ATP 酶存在于细胞膜上，可分解 ATP 生成 ADP 及无机磷，测定无机磷的量即可判断 ATP 酶活力。ATP 酶活力单位以每小时（h）分解每毫克组织蛋白（mgProt）产生的无机磷（Pi）的含量（μmol）来表示，即 μmolPi · mgprot^{-1} · h^{-1}（全书同）。ATP 检测是按照检测试剂盒操作方法进行。

3.3.1.2.5 总胆固醇、低密度脂蛋白、三脂酰甘油的检测

应用 AEROSE™ 自动生化分析仪检测（美国雅培公司），含量单位为 mmol · L^{-1}。

3.3.1.2.6 猪囊尾蚴细胞膜表面糖——唾液酸含量的检测

唾液酸是膜表面糖的重要组分，存在于糖链的末端。本研究采用直接法（陈维多等，1996；黄芬，1996；赵森林等，1986）测定膜表面糖——唾液酸。即样品不预先水解，而用 Bialsche 试剂直接测定。在一定条件下，唾液酸的反应产物呈紫红色，颜色深浅与膜上唾液酸含量的多少成线性关系。按照陈维多等（1995）方法并进行了改进，其单位为 mgNANA · dl^{-1}（NANA 为 N-乙酰神经氨酸）。

3.3.1.2.7 猪血清唾液酸含量的检测

按照血清唾液酸快速检测盒（比色法）操作方法进行。

3.3.1.3 数据处理

所得数据应用美国 SAS 软件中的 DUNCAN 软件进行单因素、二因素和三因素无重复比较，应用 GLM 和 Anova 过程进行方差分析。

3.3.2 猪带绦虫囊尾蚴的质膜代谢变化

3.3.2.1 猪囊尾蚴发育过程中的膜脂组分与含量变化

3.3.2.1.1 未成熟期猪囊尾蚴的膜脂组分与含量变化

未成熟期猪囊尾蚴细胞膜脂主要有磷脂酰乙醇胺（phosphatidyl erhonolamine，PE）、磷脂酰胆碱（phosphatidyl choline，PC）、胆固醇（cholesterel reagent，CHO）、低密度脂蛋白（low density lipoprotein，LDL）、TG，没有磷脂酰丝氨酸（phosphatidyl serine，PS）和鞘磷脂（sphingolipid，SP）或含量甚微。随着发育 PE 和 PC 含量逐渐增多，CHO 含量逐渐减少。头颈部的 PE 含量显著高于囊壁部（$P<0.05$），PC 则显著低于囊壁部（$P<0.05$），CHO、LDL 低于囊壁部（$P>0.05$），三酰基甘油（tricylglycerol，TG）高于囊壁部（$P>0.05$）（表 3-8）。

表 3-8 未成熟期猪囊尾蚴的膜脂类组分与含量变化

Table 3-8 The changes of the composition and content of the membrane lipid in immature *C. celluosae*

指标 Index	发育时间/日 Developmental stage/d				部位 Part	
	30	40	50	60	T	M
PE	25.0025±3.3705[c]	67.8935±3.0809[b]	145.0365±5.6025[a]	164.1095±6.7378[a]	138.2207±4.8136[a]	62.8003±1.5237[b]
PC	88.9075±9.5925[a]	64.6610±1.1447[b]	25.5320±8.2140[c]	16.6335±3.3835[c]	40.7743±1.5675[b]	57.0928±1.8249[a]
PS	0	0	0	0	0	0
SP	0	0	0	0	0	0
CHO	0.0505±0.0295[a]	0.0815±0.0015[a]	0.0050±0.0300[a]	0.0750±0.0450[a]	0.0385±0.0150[a]	0.0900±0.0100[a]
LDL	0.0250±0.0150[a]	0.0220±0.0130[a]	0.0075±0.0025[a]	0.0150±0.0050[a]	0.0085±0.0012[a]	0.0263±0.0069[a]
TG	0.0150±0.0050[a]	0.0175±0.0025[a]	0.0250±0.0050[a]	0.0240±0.0040[a]	0.2075±0.0049[a]	0.0200±0.0000[a]

注：PE、PC、PS、SP 单位为$\times 10^{-7}\mu g$·蛋白含量 $\mu g^{-1}\cdot ml^{-1}$；CHO、HDL-C、TG 单位为 $mmol\cdot L^{-1}$。

Note：PE，PC，PS，SP unit is $\times 10^{-7}\mu g$ protein level $\mu g^{-1}\cdot ml^{-1}$；CHO，HDL-C，TG unit is $mmol\cdot L^{-1}$.

3.3.2.1.2 成熟期猪囊尾蚴的膜脂组分与含量变化

成熟期猪囊尾蚴细胞膜脂主要有PE、PC、CHO、LDL、TG，没有PS和SP或含量甚微。随着发育PE和PC含量逐渐增多，CHO含量逐渐减少。头颈部的PE含量显著高于囊壁部（$P<0.05$），PC也高于囊壁部（$P>0.05$），CHO、LDL低于囊壁部（$P>0.05$），TG高于囊壁部（$P>0.05$）(表3-9)。

表3-9 成熟期猪囊尾蚴的膜脂组分与含量变化

Table 3-9 The changes of the composition and content of the membrane lipid in mature *C. celluosae*

指标 Index	发育时间/日 Developmental stage/d					部位 Part	
	60	80	95	105	130	T	M
PE	164.1096±6.7378^{b}	190.968±7.7137^{b}	210.709±8.0359^{ab}	226.1310±7.5122^{ab}	269.3875±1.0902^{a}	294.0654±2.4259^{a}	130.4564±1.1686^{b}
PC	16.6335±3.3835^{d}	49.2835±6.7485^{c}	78.4535±1.9435^{b}	98.2605±7.0475^{b}	121.4170±2.8990^{a}	73.1612±2.0285^{a}	72.4580±1.6597^{a}
PS	0	0	0	0	0	0	0
SP	0	0	0	0	0	0	0
CHO	0.0250±0.0050^{a}	0.0323±0.0088^{a}	0.3300±0.02800^{a}	0.1825±0.1570^{a}	0.0450±0.0350^{a}	0.0332±0.0067^{a}	0.2167±0.1158^{a}
LDL	0.0150±0.0050^{a}	0.0175±0.09750^{a}	0.0200±0.0020^{a}	0.0180±0.0018^{a}	0.0100±0.0010^{a}	0.0020±0.00020^{a}	0.0302±0.00423^{a}
TG	0.024±0.0040^{a}	0.0024±0.0040^{a}	0.0200±0.0000^{a}	0.0200±0.0000^{a}	0.0200±0.0000^{a}	0.0232±0.0049^{a}	0.0200±0.0000^{a}

注：PE、PC、PS、SP单位为$\times 10^{-7}\mu g$·蛋白含量$\mu g^{-1}\cdot ml^{-1}$；CHO、HDL-C、TG单位为$mmol\cdot L^{-1}$。

Note: PE, PC, PS, SP unit is $\times 10^{-7}\mu g$ protein level $\mu g^{-1}\cdot ml^{-1}$; CHO, HDL-C, TG unit is $mmol\cdot L^{-1}$.

3.3.2.2 猪囊尾蚴发育过程中的膜ATP酶活性变化

3.3.2.2.1 未成熟期猪囊尾蚴的ATP酶活性变化

未成熟期猪囊尾蚴膜$Na^{+}K^{+}$-ATP酶活性高于或显著高于Mg^{2+}-ATP、Ca^{2+}-ATP酶活性（$P>0.05$，$P<0.05$），随着发育3种ATP酶活性无明显变化，头颈部$Na^{+}K^{+}$-ATPase、Mg^{2+}-ATPase活性略低

于囊壁部活性（$P>0.05$），Ca^{2+}-ATPase 活性则高于囊壁部（$P>0.05$）（表 3-10）。

表 3-10　未成熟期猪囊尾蚴的 ATP 的酶活性变化

Table 3-10　The changes of the activity of ATPase in immuture *C. cellulosae*

指标 Index	发育时间/日 Developmental stage/d			部位 Part	
	30	40	60	T	M
$Na^{+}K$-ATPase	2.4050± 0.5750[a]	2.5750± 0.0950[a]	2.5000± 0.4900[a]	2.4900± 0.2801[a]	2.4967± 0.3459[a]
Mg^{2+}-ATPase	1.3350± 0.1850[a]	1.3100± 0.2300[a]	1.4000± 0.1800[a]	1.1500± 0.0404[b]	1.5467± 0.1764[a]
Ca^{2+}-ATPase	0.9000± 0.0500[a]	0.9150± 0.0250[a]	0.9250± 0.1650[a]	0.9600± 0.0700[a]	0.8667± 0.0561[a]

注：单位为 $\mu molPi \cdot mgprot^{-1} \cdot h^{-1}$。

Note: Unit is $\mu molPi \cdot mgprot^{-1} \cdot h^{-1}$.

3.3.2.2.2　成熟期猪囊尾蚴的 ATP 酶活性变化

成熟期猪囊尾蚴膜 $Na^{+}K^{+}$-ATP 酶活性高于或显著高于 Mg^{2+}-ATP、Ca^{2+}-ATP 酶活性（$P>0.05$，$P<0.05$），随着发育 3 种 ATP 酶活性均有增强（$P>0.05$），头颈部 $Na^{+}K^{+}$-ATPase、Mg^{2+}-ATPase 活性略低于囊壁部活性（$P>0.05$），Ca^{2+}-ATPase 活性则高于囊壁部（$P>0.05$）（表 3-11）。

表 3-11　成熟期猪尾蚴的 ATP 的酶活性变化

Table 3-11　The changes of the activity of ATPase in mature *C. cellulosae*

指标 Index	发育时间/日 Developmental stage/d			部位 Part	
	60	80	95	T	M
$Na^{+}K^{+}$-ATPase	2.5000± 0.4900[c]	3.1150± 0.3550[b]	3.5750± 0.3950[a]	2.6500± 0.3422[b]	3.4767± 0.2829[a]
Mg^{2+}-ATPase	1.4000± 0.1800[a]	1.4450± 0.4350[a]	1.4490± 0.0400[a]	1.533± 0.1510[a]	1.6367± 0.1273[a]
Ca^{2+}-ATPase	0.9250± 0.1695[a]	0.9750± 0.1550[a]	1.4900± 0.4900[a]	1.4000± 0.2902[a]	0.8600± 0.0721[a]

注：单位为 $\mu molPi \cdot mgprot^{-1} \cdot h^{-1}$。

Note: Unit is $\mu molPi \cdot mgprot^{-1} \cdot h^{-1}$.

3.3.2.3 猪囊尾蚴发育过程中的膜糖——唾液酸的含量变化

3.3.2.3.1 未成熟期猪囊尾蚴的膜糖——唾液酸含量变化

未成熟期猪囊尾蚴发育过程中唾液酸（sialic acid，SA）含量逐渐增多，头颈部细胞膜中SA含量低于囊壁部（$P>0.05$）（表3-12）。

表3-12 未成熟期猪尾蚴的膜糖——唾液酸含量变化

Table 3-12 The changes of the content of the membrane sialic acid (SA) in the immature *C. cellulosae*

指标 Index	发育时间/日 Developmental stage/d					部位 Part	
	30	40	50	55	60	T	M
SA	0.7336±0.3304[a]	0.6495±0.2785[a]	0.5100±0.2340[a]	0.7465±0.0925[a]	0.9660±0.0380[a]	0.5416±0.1314[a]	0.9006±0.5316[a]

注：单位为mgNANA·dl^{-1}。

Note：Unit is mgNANA·dl^{-1}.

3.3.2.3.2 成熟期猪囊尾蚴膜糖——唾液酸含量变化

成熟期猪囊尾蚴从60d发育到95d，SA含量逐渐增多，继续发育则逐渐减少；头颈部细胞膜中SA含量低于（差异不显著）囊壁部（$P>0.05$）（表3-13）。

表3-13 成熟期猪囊尾蚴膜糖——唾液酸含量变化

Table 3-13 The changed of the content of the membrane sialic acid (SA) in the mature *C. cellulosae*

指标 Index	发育时间/日 Developmental stage/d					部位 Part	
	60	80	95	105	130	T	M
SA	0.9660±0.0380[a]	0.9630±0.0280[a]	1.1030±0.2840[a]	1.0940±0.3650[b]	1.092±0.5000[a]	0.8158±0.0732[a]	1.2714±0.1319[a]

注：单位为mgNANA·dl^{-1}。

Note：Unit is mgNANA·dl^{-1}.

3.3.2.4 猪囊尾蚴发育过程中的膜流动性变化

3.3.2.4.1 未成熟期猪囊尾蚴的膜流动性变化

未成熟期猪囊尾蚴发育过程中膜流动性逐渐降低（表 3-14）。

表 3-14 未成熟期猪囊尾蚴的膜流动性变化

Table 3-14 The change of the membrane fluidity in immature *C. cellulosae*

指标 Index	发育时间/日 Developmental stage/d					部位 Part	
	30	40	50	55	60	T	M
偏振度(P)	0.1835±0.0050[a]	0.1800±0.0160[a]	0.1770±0.0290[a]	0.1995±0.0105[a]	0.2005±0.0105[a]	0.2026±0.0042[a]	0.1740±0.0079[a]
微黏度(η)	1.3285±0.0665[a]	1.3085±0.1895[a]	1.2855±0.3365[a]	1.5375±0.1425[a]	1.5510±0.1440[a]	1.5780±0.0000[a]	1.2264±0.0000[b]
向异度(γ)	0.1305±0.0045[a]	0.1285±0.0125[a]	0.1255±0.0215[a]	0.1425±0.0085[a]	0.1415±0.0095[a]	0.1450±0.0031[a]	0.1224±0.0056[b]
流动度(LFU)	9.4345±0.7285[a]	10.0560±2.2490[a]	11.4990±4.5710[a]	7.6410±1.0650[a]	7.5390±1.0480[a]	7.3016±0.4214[a]	11.1662±1.3974[a]

3.3.2.4.2 成熟期猪囊尾蚴的膜流动性变化

成熟期猪囊尾蚴发育过程中膜流动性逐渐增强（表 3-15）。

表 3-15 成熟期猪囊尾蚴的膜流动性的变化

Table 3-15 The change of the membrane fluidity in mature *C. cellulosae*

指标 Index	发育时间/日 Developmental stage/d					部位 Part	
	60	80	95	105	130	T	M
偏振度(P)	0.2005±0.0105[a]	0.1985±0.0115[a]	0.1945±0.0105[b]	0.1890±0.0120[c]	0.1875±0.0115[c]	0.2052±0.0024[a]	0.1828±0.0027[b]
微黏度(η)	1.5550±0.1440[a]	1.5250±0.1550[b]	1.4705±0.1375[c]	1.4015±0.1505[d]	1.3820±0.1430[d]	1.6128±0.0342[a]	1.3208±0.0334[b]
向异度(γ)	0.1430±0.0080[a]	0.1415±0.0085[a]	0.1390±0.0080[b]	0.1345±0.0095[c]	0.1335±0.0085[c]	0.1468±0.0017[a]	0.1298±0.0021[b]
流动度(LFU)	7.5390±1.0480[c]	7.7635±1.1875[c]	8.1770±1.1570[bc]	8.8555±1.4545[ba]	9.0305±1.4295[a]	7.0178±0.2191[b]	9.5284±0.3699[a]

3.3.3 猪带绦虫囊尾蚴的质膜代谢规律

生物膜（biological membrane，BM）是细胞中多种膜结构的统称，它不仅与细胞骨架一起提供了细胞赖以存在的空间，而且也是生命活动的主要结构基础。许多基本生命过程，如物质转运、信息识别和传递、能量转换、细胞的吞饮和分泌作用、药物作用、新陈代谢调控等都与生物膜密切相关。对一个有机体来说，膜结构对细胞内外环境的恒定、细胞的生存及其协调一致的活动起着至关重要的作用。本研究对猪带绦虫未成熟期猪囊尾蚴和成熟期猪囊尾蚴进行了 TEM 观察和膜分子生物学检测，较系统全面的阐述了猪囊尾蚴的生物膜系统、生物膜结构和生物膜结构与功能的关系。

3.3.3.1 猪囊尾蚴的生物膜系统

和其他动物细胞一样，猪囊尾蚴也具有结构和功能独特的生物膜系统。在猪囊尾蚴的发育过程中其生物膜系统处于不断的动态变化中，各自担负着不同的功能，而且各种膜结构之间又有着内在的密切联系。

猪囊尾蚴的质膜（也称细胞膜）分布于体表最外层（如微毛）和细胞最外层，质膜不仅具有保护作用，而且也是细胞活动的关键调节单位。细胞膜是结构最复杂、功能最多样的一种膜系统，目前研究得也最多。

猪囊尾蚴的内质网存在于细胞中，将细胞浆分隔成许多小室，呈管状，有滑面内质网和粗面内质网之分。猪囊尾蚴细胞中的滑面内质网以小囊泡状为多，尤其在皮层基质区分布很多，随着发育，该区的滑面内质网形态发生明显的变化，由短管状变成小囊泡状，且到发育后期，囊泡状内质网减少。颈部和囊壁部皮层基质区的滑面内质网形态有所不同，头颈部多为短管状，而囊壁部则多为小囊泡状。滑面内质网系与固醇类物质、磷脂、多糖的合成以及药物的代谢密切相关。粗面内质网主要存在于各种细胞中，实质细胞和皮层细胞中的粗面内质网发达，尤其在实质细胞中可见粗面内质网一端与核外膜相连，内质网的腔与核周隙相沟通，表明核—质间存在物质交换。粗面内质网是合成分泌性蛋白和多种膜蛋白的重要场所。

猪囊尾蚴的高尔基复合体是由短管状和小囊泡样膜性结构组成。高尔基复合体与细胞内物质传递有关，对内质网合成的蛋白质进行加工、组装、运输。

猪囊尾蚴的线粒体由双层膜包围，内膜折叠成管状的嵴，嵴与线粒体纵轴平行。猪囊尾蚴线粒体的嵴为管状，表明其细胞较低等，因为前人研究证明高等动物绝大部分细胞的线粒体嵴为板层状（丁明孝，1994）。线粒体是细胞氧化磷酸化并合成 ATP 的重要场所，也是糖、脂肪和氨基酸最终氧化释能的场所。

猪囊尾蚴的溶酶体由单层膜包裹，在实质细胞中较多，尤其在用药后，溶酶体数目剧增。可见溶酶体在维持细胞正常代谢活动及防御等方面起着重要作用。

猪囊尾蚴的细胞核膜由双层膜构成，外膜与内质网系相连接，在核膜上有核孔，核孔的多少、分布均有不同。核孔位置随功能的变化而改变，核孔与细胞核和细胞质的物质双向运输密切相关，在代谢的调控上也有很大作用。

3.3.3.2　猪囊尾蚴生物膜的化学组成

与其他细胞一样，猪囊尾蚴的生物膜也是由脂类、蛋白质和糖类组成，但有其独特之处。猪囊尾蚴的膜脂主要也包括磷脂、糖脂和胆固醇。磷脂是膜的基本成分，其中的甘油磷脂仅有磷脂酰胆碱（PC）和磷脂酰乙醇胺（PE），没有磷脂酰丝氨酸（PS）和鞘磷脂（SP），并且随着发育而变化。

研究结果表明，猪带绦虫六钩蚴的生物膜脂成分以胆固醇（CHO）含量较多（0.040mmol·L^{-1}），磷脂含量较少，仅有 PC 和 PE，没有 PS 和 SP，ATPase 也很缺乏，蛋白含量也较低，细胞膜唾液酸（SA）含量为 0.400mg/100ml。猪未成熟期猪囊尾蚴生物膜脂有磷脂、CHO 和 TG，其中磷脂只有 PE 和 PC，PS 和 SP 缺乏，随着发育 PE 和 PC 含量增多，CHO 含量减少。头颈部与囊壁部的膜脂含量不同，头颈部 PE 含量高于囊壁部，PC 则显著低于囊壁部，TG 高于囊壁部。成熟期猪囊尾蚴膜脂组分与未成熟期相似，只是在含量上有所不同，成熟期猪囊尾蚴的 PE、PC 含量均显著高于未成熟期，CHO 也高于未成熟期猪囊尾蚴。随着成熟期猪囊尾蚴的发育，膜磷脂（PE、PC）、CHO 和 TG 含量逐渐增多，头颈部 PE、TG 高于囊壁部，而 CHO 则低于囊壁部。

研究表明猪囊尾蚴膜脂组分有磷脂、CHO 和 TG。在膜中以磷脂最为丰富，其中磷脂主要是 PE 和 PC，PE 含量较多，没有 PS 和 SP。PE 也称脑磷脂，是细菌细胞膜的主要磷脂，其脂肪酸烃链包含比 PC 多的不饱和双键。PC 又称卵磷脂，在动物细胞中广泛存在，约占总脂的 5%。本研究结果表明 PE 是猪囊尾蚴的主要磷脂成分，含量比 PC 高。CHO 普遍存在于真核细胞的质膜中，在原核细胞中（细菌）没有 CHO。猪囊尾蚴细胞膜中含有 CHO，且未成熟期猪囊尾蚴细胞膜中 CHO 等脂类是双型性分子，能自发形成双层，具有自我组装、自我融合的特性，CHO 在调节膜流动性、增加膜的稳定性、降低水溶性物质的通透性等方面起着重要作用。磷脂在脂双层中处于不停的运动之中，膜生物物理学研究表明，磷脂分子不仅有多种运动形式，其代谢转化也相当活跃。磷脂还具有多型性，在一定条件下膜磷脂可以发生分相，正是由于这些形式多样的运动和转化，影响着生物膜的理化性质，调节着膜的微环境，从而对膜内生物大分子的活性和功能发生作用。

猪囊尾蚴的膜蛋白也是由外在蛋白和内在蛋白组成。其外在蛋白的 ATPase 有 3 种，Na^+，K^+-ATPase，Mg^{2+}-ATPase 和 Ca^{2+}-ATPase。猪带绦虫六钩蚴细胞膜中未检测到 ATPase。猪囊尾蚴生物膜中的 ATPase 活性随着猪囊尾蚴的发育而增强。未成熟期猪囊尾蚴生物膜中的 3 种 ATPase 的含量依次为 Na^+，K^+-ATPase＞Mg^{2+}-ATPase＞Ca^{2+}-ATPase。头颈部生物膜中 Na^+，K^+-ATPase、Mg^{2+}-ATPase 活性低于囊壁部，Ca^{2+}-ATPase 活性高于囊壁部，表明头颈部运输钙的能力较强。细胞膜运输 Ca^{2+}，从胞质中进入肌质网中，有利于肌肉运动，故颈部以运动功能为主。成熟期猪囊尾蚴生物膜中的 ATPase 活性高于未成熟期猪囊尾蚴，头颈部生物膜中 Ca^{2+}-ATPase 活性高于囊壁部，Na^+，K^+-ATPase 和 Mg^{2+}-ATPase 活性则低于囊壁部，表明囊壁部物质转运能力较强，头颈部 Ca^{2+} 转运能力较强。

本研究还检测了猪囊尾蚴的细胞表面糖——唾液酸（SA）。六钩蚴细胞膜 SA 量含为 0.400mg/dl，随着发育有所增多，发育后期减少。未成熟期猪囊尾蚴细胞膜 SA 含量明显高于六钩蚴，且随着发育明显增多，头颈部的 SA 含量低于囊壁部；成熟期猪囊尾蚴细胞膜 SA 含量高于未成熟期，成熟期猪囊尾蚴膜 SA 在 95d 前逐渐增多，95d 后则逐渐减少，此点可能与猪囊尾蚴的衰老有关。

3.3.3.3 猪囊尾蚴生物膜的流动性

诸多研究证明，生物膜的各种重要功能（能量转换、物质转运、信息传递等）都与膜流动性密切相关，合适的膜流动性对膜功能的正常表现是一个极为重要的条件。本研究通过荧光法观察了猪带绦虫未成熟期猪囊尾蚴和成熟期猪囊尾蚴的膜流动性。结果表明，未成熟期猪囊尾蚴膜流动性比成熟期猪囊尾蚴膜流动性大。在发育早期膜流动性渐大，发育中期膜流动性渐小，后期则又渐大。头颈部膜流动性小于囊壁部，表明囊壁部物质转运能力大于头颈部。

CHO调节着膜流动性，研究表明，在相变温度以上时，CHO可使磷脂分子的运动减少，限制膜流动性。在相变温度以下时则可增加脂类分子的运动，增大膜质流动性。PC/SP比值影响膜脂流动性，PC/SP比值越小，膜流动性也越小。猪囊尾蚴生物膜中无SP，膜流动性受PC含量的影响，PC含量越少，膜流动性越小。

3.3.3.3.1 猪囊尾蚴生物膜的磷脂代谢

研究结果表明，猪囊尾蚴膜磷脂只有PE和PC，没有PS和SP。因猪囊尾蚴膜没有PS，不会发生PS脱羧基作用，即膜PE不会来自PS脱羧基反应。推测猪囊尾蚴膜PE的合成是从乙醇胺开始，PE合成的第一步由乙醇胺激酶催化，所需磷酸基由ATP提供，生成磷酸乙醇胺，磷酸乙醇胺在磷酸胞苷酰基转移酶的作用下，进一步活化生成胞苷磷酸乙醇胺（CDP-乙醇胺），CDP-乙醇胺在乙醇胺转移酶的特异作用下，与二酰甘油反应生成PE。PC的合成与PE相似。随着猪囊尾蚴的发育，PE含量逐渐增多，表明猪囊尾蚴的磷脂代谢也随之加强，合成的PE则随之逐渐增多。猪囊尾蚴膜PC含量在成熟之前逐渐减少，而在猪囊尾蚴成熟后则随着发育PC含量逐渐增多，说明膜PC代谢在猪囊尾蚴成熟之前较弱，成熟后渐增强。由于猪囊尾蚴膜PE含量高于PC，表明猪囊尾蚴膜上PE代谢强于PC代谢。此外，猪囊尾蚴头部的PE代谢强于囊壁部。生物体除具有磷脂合成代谢外，还含有一些能使磷脂水解的酶类，在猪囊尾蚴细胞膜上是否存在和究竟存在何种磷脂水解酶类，有待于进一步研究证明。

3.3.3.3.2 猪囊尾蚴生物膜的物质转运功能

猪囊尾蚴生物膜也是具有高度选择通透性的屏障，其传递系统调节着细胞与内外环境之间的分子和离子流通，保持了细胞内 pH 和离子组成的稳定性，物质通过细胞膜可能有被动转运、主动转运、胞吐、胞饮等方式。

猪囊尾蚴的外表面为质膜结构，因此脂溶性小分子物质和水分可以通过扩散的形式转运。由于猪囊尾蚴生物膜上含有 ATPase，故它也具有主动转运形式，可以主动转运 Na^{+}、K^{+}、Mg^{2+}、Ca^{2+}，与此同时可以交换转运葡萄糖和氨基酸。

TEM 观察到质膜可伸出许多伪足，包裹大分子或大块颗粒物质，形成包囊将物质吞入细胞内，同时还可将吞入的异物吐出，或分泌某些物质。

3.3.3.3.3 猪囊尾蚴生物膜的信息传递

猪囊尾蚴生物膜不仅对物质具有选择通透性，同时对信息也具有选择传递性，都是借助膜上的离子通道、泵以及专一的受体实现的。生物膜的跨膜信息传递包括环核苷酸体系、酪氨酸蛋白激酶体系和磷脂酰肌醇体系，尤其是膜磷脂在跨膜信息传递中起重要作用。

PE 甲基化与 cAMP 的产生密切相关。膜内磷脂分布是不均匀的，膜内侧主要是 PE，而膜外侧主要是 PC。有研究证明，很多激素、神经递质作用于细胞膜上 β 受体时，膜受体变构激活膜内侧磷脂甲基转移酶 I，催化 PE 甲基化为 N-甲基磷脂酰乙醇胺，并开始移向膜外侧，使膜外侧的磷脂甲基转移酶 II 继续催化甲基化反应生成 PC。由于 PC 在膜上局部浓度升高，加强了膜的流动性，从而使配基-受体复合物与激活的 G 蛋白作用，在三磷酸鸟苷（GTP）参与下激活腺苷酸环化酶，催化 ATP 生成 cAMP，进而激活 A 激酶而调节代谢过程。

3.4 猪带绦虫囊尾蚴的能量代谢

3.4.1 猪带绦虫囊尾蚴的能量代谢实验

3.4.1.1 猪囊尾蚴组织匀浆的制备

将各组取得的猪囊尾蚴全虫用 0.9% NaCl 溶液匀浆。以 3 000$r \cdot min^{-1}$

离心 15min，取上清液分别检测或于-20℃冻存备测。

3.4.1.2 猪囊尾蚴冰冻切片的制备

将各组取得的猪囊尾蚴连同周围的肌肉组织用生理盐水洗净，置于液氮中保存，取出后用冰冻切片机切片，厚度为 7.5μm。

3.4.1.3 猪囊尾蚴能量代谢酶活性定量测定

采用连续紫外分光光度测定法，测定各组猪囊尾蚴组织匀浆磷酸烯醇丙酮酸羧激酶（PEPCK）、丙酮酸激酶（PK）、异柠檬酸脱氢酶（ICD）、苹果酸酶（ME）、延胡索酸还原酶（FR）的活性。

各酶反应孵育液的配制如下（所列出的浓度均为孵育液最终浓度）：

（1）PK：1.62mmol · L^{-1} PEP，5.0mmol · L^{-1} ADP，1U · ml^{-1} LDH，0.1mol · L^{-1} Tris-HCl（pH 7.4）；

（2）PEPCK：2mmol · L^{-1} IDP，5.0mmol · L^{-1} $MnCl_2$，1.1U · ml^{-1} MDH，2.5mmol · L^{-1} PEP，0.12mmol · L^{-1} NADH，0.1mol · L^{-1} Tris-HCl（pH 7.4）；

（3）FR：0.1mmol · L^{-1} ADP，0.04mmol · L^{-1} NADH，0.125mol · L^{-1} 延胡索酸，0.1mol · L^{-1} Tris-HCl（pH 7.4）；

（4）ME：1.0mmol · L^{-1} α-SH-C_2H_4OH，10mmol · L^{-1} L-苹果酸，4.0mmol · L^{-1} $MnCl_2$，0.25mmol · L^{-1} NAD^+，0.1mol · L^{-1} Tris-HCl（pH 7.4）；

（5）ICD：0.125mmol · L^{-1} 异柠檬酸，0.04mmol · L^{-1} NAD^+，4.0mmol · L^{-1} $MnCl_2$，1.0mmol · L^{-1} α-SH-C_2H_4OH，0.1mol · L^{-1} Tris-HCl（pH 7.4）。

将加好孵育液的各管在 37℃恒温水浴中保温 2min 以上，待管内温度恒定后，向测定管内加入囊尾蚴匀浆液（0.10ml 或 3ml），迅速混匀并计时，在精确 1，2～3min 时，于 340nm 处读取光密度，确定每分钟平均吸光度的变化 $\Delta A \cdot min^{-1}$，计算出各酶活力（U/L）。

$$公式：U=(\Delta A/6.3)\times(Vt/Vs)\times 1\,000$$

式中 Vt 表示反应总体积，Vs 表示样品体积，NADH＋H^+ 在 340nm 的毫克分子消光系数为 6.3。

3.4.1.4 猪囊尾蚴能量代谢物质含量测定

采用自动生化分析仪测定各组猪囊尾蚴组织匀浆葡萄糖（glucose，Glc）、乳酸（lactate，Lac）的含量。

3.4.1.5 猪囊尾蚴能量代谢酶组织化学观察

采用酶组织化学技术定性（半定量）测定乳酸脱氢酶（lactate dehydrogenase，LDH）、琥珀酸脱氢酶（succinate dehydrogenase，SDH）、谷氨酸脱氢酶（glutamic acid dehydrogenase，GDH）、三磷酸腺苷酶（adenosine triphosphatase，ATPase）、酸性磷酸酶（acid phosphatase，ACP）、碱性磷酸酶（alkaline phosphatase，AKP）、6-磷酸葡萄糖酶（glucose-6-phosphatase，G6Pase）、黄嘌呤氧化酶（xanthine oxidase，XOD）、脂酶（fat enzyme，FE）的活性。

3.4.1.5.1 四唑盐法

各酶反应孵育液的配制（下面列出的浓度均为孵育液最终浓度）：

（1）LDH反应孵育液：0.1mol·L^{-1} D，L-乳酸钠，0.04mg·ml^{-1} NAD^+，0.025mol·L^{-1}磷酸盐缓冲液（pH 7.0），1mg·ml^{-1} NBT，0.01mol·L^{-1} KCN，0.05mol·L^{-1} $MgCl_2$，7.5mg·ml^{-1}聚乙烯吡咯烷酮；

（2）SDH反应孵育液：0.04mol·L^{-1}琥珀酸钠，1mg·ml^{-1} NBT，0.08mol·L^{-1}磷酸盐缓冲液（pH 7.0），0.04mg·ml^{-1} NAD^+；

（3）GDH反应孵育液：0.1mol·L^{-1} L-谷氨酸钠，0.04mg·ml^{-1} NAD^+，0.05mol·L^{-1} $MgCl_2$，1mg·ml^{-1} NBT，0.01mol·L^{-1} KCN，7.5mg·ml^{-1}聚乙烯吡咯烷酮；

（4）XOD反应孵育液：0.34mg·ml^{-1}次黄嘌呤，0.04mg·ml^{-1} NAD^+，1mg·ml^{-1} NBT，0.2mol·L^{-1}磷酸盐缓冲液（pH 7.4）。

主要操作步骤：将各组取得的猪囊尾蚴连同周围的肌肉组织切成（1×1×0.5）cm^{-3}小块，用生理盐水洗净，置于液氮中保存，取出后用冰冻切片机切片，厚度为7.5μm。切片入孵育液，于暗处反应5min，37℃反应60～120min，洗涤、脱水、甘油明胶封固、镜检。

3.4.1.5.2　铅法

各酶反应孵育液的配制（下面列出的浓度均为孵育液最终浓度）：

（1）G6Pase 反应孵育液：0.1mol · L^{-1} 6-磷酸葡萄糖钾盐，0.1mol · L^{-1} Tris-HCl（pH 6.7），2% $Pb(NO_3)_2$；

（2）FE 反应孵育液：0.25%吐温 60 水溶液，0.02mol · L^{-1} Tris-HCl（pH 7.4），0.4% $CaCl_2$，2% $Pb(NO_3)$；

（3）ATPase 反应孵育液：0.5mg · ml^{-1}三磷酸腺苷钠盐，0.05 mol · L^{-1} Tris-HCl（pH 7.2），2% $Pb(NO_3)_2$，0.01mol · L^{-1} $MgSO_4$；

（4）ACP 反应孵育液：3% β-甘油磷酸钠盐，0.4mg · ml^{-1}蔗糖溶液，0.05mol · L^{-1}醋酸盐缓冲液（pH 5.0），2% $Pb(NO_3)_2$；

（5）AKP 反应孵育液：3% β-甘油磷酸钠盐，0.05mol · L^{-1} Tris-HCl（pH 7.2），2% $Pb(NO_3)_2$，0.01mol · L^{-1} $MgSO_4$。

主要操作步骤：将各组取得的猪囊尾蚴连同周围的肌肉组织切成（1cm×1cm×0.5cm）小块，用生理盐水洗净，置于液氮中保存，取出后用冰冻切片机切片，厚度为 7.5μm。切片入孵育液，37℃反应 30～60min，蒸馏水洗 2～3min，加入 1% $(NH_4)_2S$ 溶液 1min，流水冲洗，脱水、甘油明胶封固、镜检。

3.4.1.5.3　酶组织化学结果的观察方法

四唑盐法酶反应阳性部位被染成蓝色，铅法酶反应阳性部位被染成棕黑色。利用半定量法观察酶组织化学结果，即对酶活性进行评级。“－”示阴性；“＋”示阳性，全部胞质均着色，或为橙色较致密的片状沉着，但只占胞质容积的一半左右；“＋＋”示强阳性，胞质内充满橙色沉着物，分布均匀，含有橙色颗粒，密度较低，致密的块状沉着物较少；“＋＋＋”示极强阳性，全部胞质深染，并充满致密的团块状沉着物。

3.4.1.6　猪囊尾蚴能量代谢酶同工酶活性观察

应用醋酸纤维素薄膜电泳鉴定 LDH、SDH、ICD 同工酶种类和活性。电泳（80V，60min）观察结果，主要试剂为 Tris-HCl 缓冲液（pH 7.4），孵育液（底物显色液）包括：NAD^+ 0.3ml(0.25mmol · L^{-1})、乳酸钠（琥珀酸钠或异柠檬酸）0.6ml（0.1mol·L^{-1}）、NBT 1.2ml（1mg·ml^{-1}）、PMS 0.4ml（1mg·ml^{-1}），以及漂洗液和固定液。

3.4.1.7　数据处理及图版制作

采用微软公司出版的 OFFICE97 软件中的 Excel 电子表格及美国 SAS 软件公司出版的 SAS 统计软件进行有关图表的绘制、差异显著性检验；照片扫描后，经 ACDSee 软件处理制成图版；采用 Cw3 化学软件绘制有关分子式和代谢流程图。

3.4.2　猪带绦虫囊尾蚴的能量代谢变化

猪囊尾蚴发育过程中能量代谢酶活性和物质含量的变化见表 3-16、表 3-17。

表 3-16　猪囊尾蚴发育过程中能量代谢有关酶活性和物质含量的变化

Table 3-16　Changes of enzyme activity and substance content of energy metabolism of *C. cellulosae* in the development

指标 Index	日龄 Day				
	30	40	60	80	95
PK(U/mgprot)	147.81±10.62[A]	79.25±4.83[B]	39.62±6.94[C]	35.56±6.56[C]	48.26±4.12[C]
PEPCK (U/mgprot)	26.67±5.38[ab]	15.24±1.95[b]	15.01±3.76[b]	25.40±7.20[ab]	36.29±4.74[a]
PK/ PEPCK	5.54	5.20	2.64	1.40	1.34
FR(U/mgprot)	12.72±0.37[B]	11.11±3.23[B]	20.11±1.98[Ab]	23.28±3.19[Aab]	31.75±2.55[Aa]
ME(U/mgprot)	2.12±0.41[a]	2.54±0.17[a]	2.03±0.54[a]	3.56±0.34[a]	1.69±0.18[a]
ICD(U/mgprot)	1.50±0.34[B]	1.03±0.19[B]	3.46±0.59[Ac]	6.58±0.91[Ab]	9.24±1.33[Aa]
Glc (mmol/mgprot)	0.94±0.09[b]	0.95±0.13[ab]	1.03±0.11[ab]	1.35±0.15[ab]	1.51±0.16[a]
Lac (mmol/mgprot)	9.90±1.20[a]	10.41±1.62[a]	10.68±1.27[a]	10.94±0.67[a]	10.44±0.85[a]

表 3-17　猪囊尾蚴发育过程中能量代谢有关酶组织化学半定量观察

Table 3-17　Semiquantitative histochemical observation on the enzyme activity of energy metabolism of *C. cellulosae* in the development

指标 Index	反应强度 Intensity of reaction 日龄/D			
	30	40	80	95
琥珀酸脱氢酶 SDH		+	+	++
周围肌肉组织 muscle around		+	+	+
乳酸脱氢酶 LDH		+	+	+
周围肌肉组织 muscle around		++	++	++
6-磷酸葡萄糖酶 G6Pase		−		−
周围肌肉组织 muscle around		−		−
脂酶 FE	−	−	+	+
周围肌肉组织 muscle around	+	+	+	+
三磷酸腺苷酶 ATPase		−	−	+
周围肌肉组织 muscle around		+	+	+
酸性磷酸酶 ACP	−	−	+	+
周围肌肉组织 muscle around	+	+	+	+
碱性磷酸酶 AKP	−	−	+	+
周围肌肉组织 muscle around	+	+	+	+
谷氨酸脱氢酶 GDH	−	+		+
周围肌肉组织 muscle around	+	+		+
黄嘌呤氧化酶 XOD				+
周围肌肉组织 muscle around				+

3.4.2.1　猪囊尾蚴发育过程中磷酸烯醇式丙酮酸羧激酶活性的变化

磷酸烯醇式丙酮酸羧激酶（PEPCK）活性于虫体发育 95d 显著高于 40d 和 60d（$P<0.05$），除虫体发育 30d 外，PEPCK 活性随天数呈现升高趋势（图 3-1）。

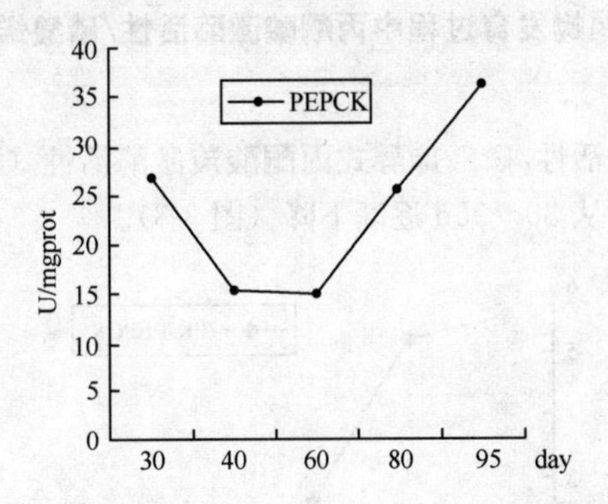

图 3-1　猪囊尾蚴发育过程中磷酸烯醇式丙酮酸羧激酶（PEPCK）活性的变化

Figure 3-1　The changes of PEPCK activity of *C. cellulosae* in the development

3.4.2.2　囊尾蚴发育过程中丙酮酸激酶活性的变化

丙酮酸激酶（PK）活性于虫体发育 30d、40d 极显著高于 60d、80d、95d（$P<0.01$），除虫体发育 95d 外，PK 活性随天数呈现下降趋势（图 3-2）。

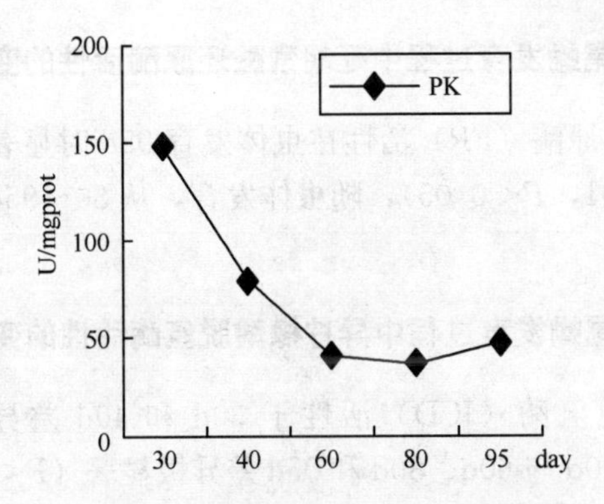

图 3-2　猪囊尾蚴发育过程中丙酮酸激酶（PK）活性的变化

Figure 3-2　The changes of PK activity of *C. cellulosae* in the development

3.4.2.3 猪囊尾蚴发育过程中丙酮酸激酶活性/磷酸烯醇式丙酮酸羧激酶活性的变化

丙酮酸激酶活性/磷酸烯醇式丙酮酸羧激酶活性（PK/PEPCK）比值随虫体发育，从 30～95d 逐渐下降（图 3-3）。

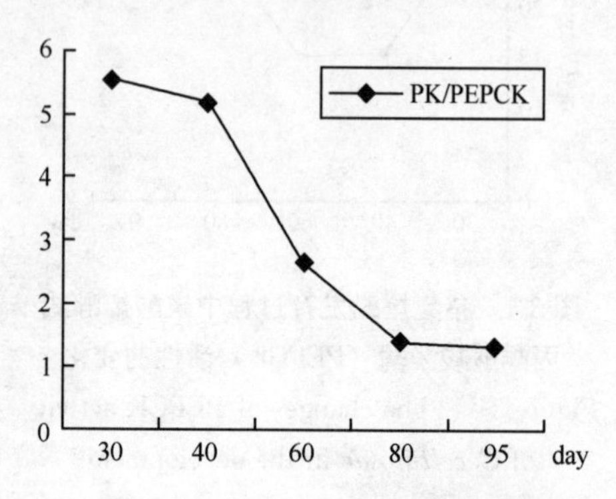

图 3-3 猪囊尾蚴发育过程中丙酮酸激酶活性/磷酸烯醇式丙酮酸羧激酶（PK/PEPCK）活性的变化

Figure 3-3 The changes of PK/PEPCK activity of *C. cellulosae* in the developmen

3.4.2.4 猪囊尾蚴发育过程中延胡索酸还原酶活性的变化

延胡索酸还原酶（FR）活性在虫体发育 95d 时显著高于 30d、40d 和 60d（$P<0.01$，$P<0.05$），随虫体发育，从 30～95d 呈逐渐升高趋势（图 3-4）。

3.4.2.5 猪囊尾蚴发育过程中异柠檬酸脱氢酶活性的变化

异柠檬酸脱氢酶（ICD）活性于 30d 和 40d 差异不显著（$P>0.05$），30d 和 40d 与 60d、80d 和 95d 差异极显著（$P<0.01$），随虫体发育 ICD 活性呈升高趋势（图 3-5）。

3.4.2.6 猪囊尾蚴发育过程中的苹果酸酶活性变化

苹果酸酶（ME）活性在各时期差异不显著（$P>0.05$），随虫体发

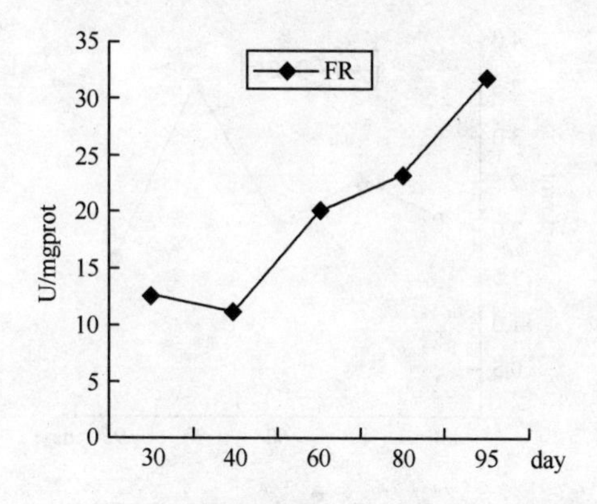

图 3-4 猪囊尾蚴发育过程中延胡索酸还原酶（FR）活性的变化

Figure 3-4 The changes of FR activity of *C. cellulosae* in the development

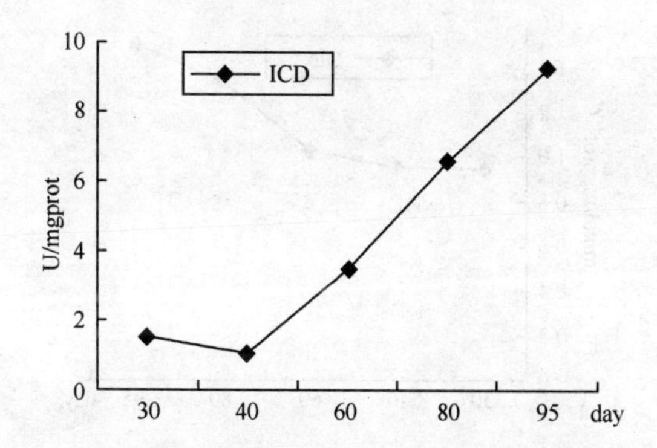

图 3-5 猪囊尾蚴发育过程中异柠檬酸脱氢酶（ICD）活性的变化

Figure 3-5 The changes of ICD activity of *C. cellulosae* in the development

育无明显升高或降低趋势（图 3-6）。

3.4.2.7 猪囊尾蚴发育过程中葡萄糖含量的变化

葡萄糖（Glc）含量随虫体发育略有升高，于虫体发育 95d 显著高于 30d（$P<0.05$）（图 3-7）。

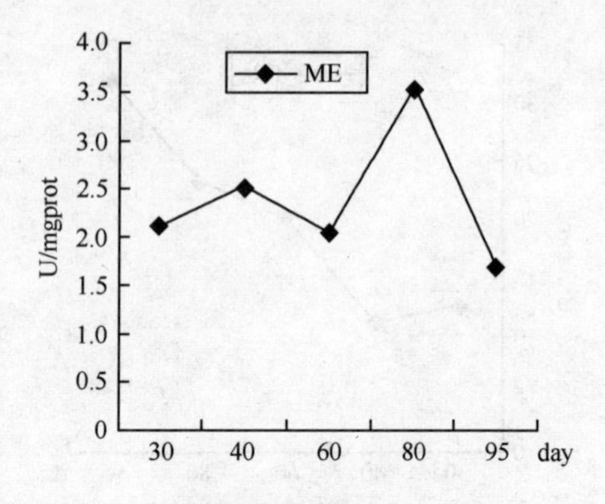

图 3-6 猪囊尾蚴发育过程中苹果酸酶（ME）活性的变化

Figure 3-6 The changes of ME activity of *C. cellulosae* in the development

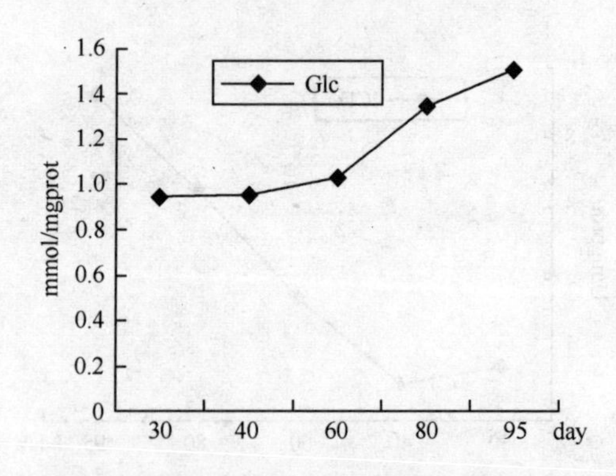

图 3-7 猪囊尾蚴发育过程中葡萄糖（Glc）含量的变化

Figure 3-7 The changes of Glc content of *C. cellulosae* in the development

3.4.2.8 猪囊尾蚴发育过程中乳酸含量的变化

乳酸（Lac）含量在各时期差异不显著（$P>0.05$），除虫体发育95d外，随天数略有升高（图 3-8）。

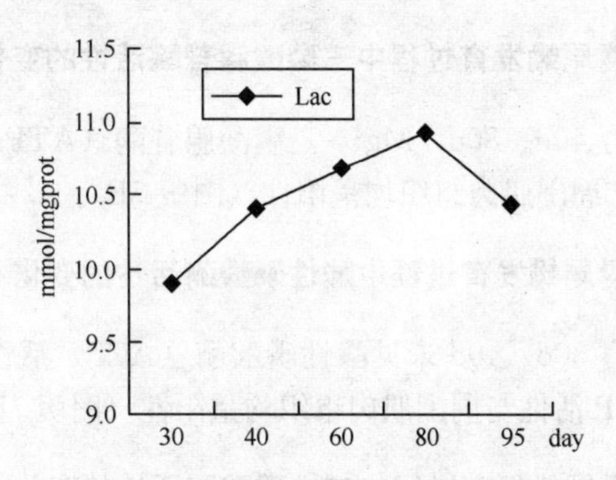

图 3-8　猪囊尾蚴发育过程中乳酸（Lac）含量的变化

Figure 3-8　The changes of Lac content of *C. cellulosae* in the development

3.4.2.9　猪囊尾蚴发育过程中琥珀酸脱氢酶活性的变化

猪囊尾蚴琥珀酸脱氢酶（SDH）活性在虫体发育 40d、80d 呈阳性，在 95d 呈强阳性反应，成熟期猪囊尾蚴具有较高的 SDH 活性，而未成熟期猪囊尾蚴相对活性较低，但与周围肌肉组织差异不明显（图版 7A）。

3.4.2.10　猪囊尾蚴发育过程中乳酸脱氢酶活性的变化

猪囊尾蚴乳酸脱氢酶（LDH）活性在虫体发育 40d、80d、95d 均呈阳性，而周围肌肉组织呈强阳性，虫体 LDH 活性弱于周围肌肉组织(图版 7B)。

3.4.2.11　猪囊尾蚴发育过程中 6-磷酸葡萄糖酶活性的变化

猪囊尾蚴在发育 40d、95d 时，6-磷酸葡萄糖酶（G6Pase）活性和周围肌肉组织相同，未见活性（图版 7C)。

3.4.2.12　猪囊尾蚴发育过程中脂酶活性的变化

猪囊尾蚴发育 30d、40d 时未见脂酶（FE）活性，在虫体发育 80d、95d 与周围肌肉组织均呈阳性（图版 7D)。

3.4.2.13 猪囊尾蚴发育过程中三磷酸腺苷酶活性的变化

在虫体发育 40d、80d，Mg^{2+}-三磷酸腺苷酶（ATPase）活性很低，95d 成弱阳性，周围肌肉组织均呈阳性（图版 7E）。

3.4.2.14 猪囊尾蚴发育过程中酸性磷酸酶活性的变化

在虫体发育 30d、40d 未见酸性磷酸酶（ACP）活性，在虫体发育 80d、95d，ACP 活性与周围肌肉组织均呈阳性（图版 7F）。

3.4.2.15 猪囊尾蚴发育过程中碱性磷酸酶活性的变化

在虫体发育 30d、40d 未见碱性磷酸酶（AKP）活性，在虫体发育 80d、95d，AKP 活性与周围肌肉组织均呈阳性（图版 7G）。

3.4.2.16 猪囊尾蚴发育过程中谷氨酸脱氢酶活性的变化

在虫体发育 40d、95d，谷氨酸脱氢酶（GDH）活性与周围肌肉组织均呈阳性（图版 7H）。

3.4.2.17 未成熟期和成熟期猪囊尾蚴黄嘌呤氧化酶活性的变化

在虫体发育 95d，黄嘌呤氧化酶（XOD）活性与周围肌肉组织均呈阳性（图版 7I）。

3.4.2.18 猪囊尾蚴能量代谢酶同工酶电泳

乳酸脱氢酶（lactate dehydrogenase，LDH）同工酶电泳结果为，猪囊尾蚴匀浆有 4 条区带，猪肌肉匀浆有 5 条区带，两个样品电泳区带迁移率不同；琥珀酸脱氢酶（succinate dehydrogenase，SDH）同工酶电泳结果为，猪囊尾蚴匀浆有 5 条区带，猪肌肉匀浆有 5 条区带，两个样品电泳谱型相同，但猪囊尾蚴匀浆 SDH 活性弱于猪肌肉匀浆；异柠檬酸脱氢酶（isocitric dehydrogenase，ICD）同工酶电泳结果为，猪囊尾蚴匀浆有 4 条区带，猪肌肉匀浆有 4 条区带，两样品电泳区带结果相同（图版 7J）。

3.4.3 猪带绦虫囊尾蚴的能量代谢规律

寄生虫为了适应高度特化了的寄生生活方式改变了代谢途径，因而寄生虫生物化学研究已成为化学药物治疗、疫苗生产等方面的重要基础工作。尤其开发高效的抗寄生蠕虫疫苗，由于需要进行常规的体外培养，就需要更精湛的生物化学知识。在化学药物治疗方面，寄生虫生物化学知识有助于发展新药以及阐明已发现药物的作用方式，也将有利于阐明药物的抗性机理和副作用。寄生蠕虫是各式各样生物的集合体，其生物化学规律不可能很相似，但在许多情况下，不同类群的寄生蠕虫的代谢却往往很相似。近年来寄生虫生物化学的研究重点较多地放在蠕虫与其哺乳动物宿主的生物化学差异方面，有研究认为这些差异未必全部是对寄生生活的适应，而可能是无脊椎动物与哺乳动物之间生物化学基本差别的反应（Barrett，1987）。

猪囊尾蚴的能量代谢规律研究对其发育生物学研究的深化、有效药物的选择均具有重要的理论意义和临床实际意义。本实验以猪囊尾蚴组织匀浆中有关代谢途径的关键酶和代谢物作为研究对象，系统研究体内外发育过程中猪囊尾蚴的能量代谢规律，藉此揭示猪囊尾蚴发育过程中的代谢变化。本研究发现，猪囊尾蚴具有其他蠕虫共有的代谢途径和相对特殊的代谢途径。

3.4.3.1 猪囊尾蚴的乳酸发酵途径

本实验发现猪囊尾蚴具有较高的丙酮酸激酶（PK）活性，且未成熟期猪囊尾蚴 PK 活性显著高于成熟期，但乳酸脱氢酶（LDH）活性和乳酸（Lac）含量于未成熟期和成熟期差异不明显。这表明，在未成熟期，猪囊尾蚴磷酸烯醇式丙酮酸（phosphoenolpyruvate，PEP）的去路是生成丙酮酸（pyruvate，Pyr），但未成熟期代谢程度较低，因而催化由 Pyr 生成 Lac 的 LDH 活性与成熟期无明显差异。未成熟期猪囊尾蚴 PK 的高活性可能与 Pyr 生成低分子量有机酸的多种代谢去路有关。目前国内外尚无猪囊尾蚴 PK 活性的报道。在大多数能将延胡索酸还原为琥珀酸的寄生蠕虫中，其线粒体还原力来自苹果酸酶，也可能来自丙酮酸脱氢酶复合体。寄生蠕虫糖分解代谢的最初的终产物是琥珀酸和（或）丙酮酸。丙酮酸来自丙酮酸激酶的作用或苹果酸酶的作用。琥珀酸是蠕虫的主要代谢产物，但它还可被代谢为丙酸和挥发性脂肪酸（2-甲基戊酸、2-甲基丁酸、戊酸和己酸）或丙醇。丙酮酸极少被排出，它通常转变成乳酸、乙酸、甲酸、挥发性脂肪酸（丁酸、己酸、2-甲基丁酸），3-羟基丁酸和乙醇。缩小膜壳绦虫（*Hymenolepis diminuta*）不同部位产生的乳酸、琥珀酸和乙酸的比例不同。蠕虫之所以甚至在有氧条件下仍产生有机酸，其原因可能在其深层组织无氧，多种有机酸的排出可能与其保持组织内有利的氧化还原平衡的需要有关，NADH 的再氧化与各种有机底物的还原反应相耦联，从而产生了各种终产物（Cox，1987；刘德惠等，1998）。未成熟期猪囊尾蚴 PK 的高活性的意义可能在于猪囊尾蚴在体内发育初期与宿主间物质交换较少，需充分降解 Pyr 以获取更多能量并保持组织内氧化还原的平衡，而未成熟期猪囊尾蚴 LDH 相对于 PK 的低活性也提示 LDH 可能是未成熟期猪囊尾蚴的乳酸发酵途径的一个限速酶。

3.4.3.2　猪囊尾蚴的 PEP 羧化支路和逆向三羧酸循环途径

目前国内外尚无猪囊尾蚴磷酸烯醇式丙酮酸羧激酶（PEPCK）、苹果酸酶（ME）和延胡索酸还原酶（FR）活性的报道，本实验成功地建立了 PEPCK、ME 和 FR 活性测定方法，并发现了猪囊尾蚴的PEPCK、ME 和 FR 活性变化规律。猪囊尾蚴具有较高的 PEPCK、ME 和 FR 活性，表明猪囊尾蚴具有寄生蠕虫特有的 PEP 羧化支路和与苹果酸脱羧耦联的逆向三羧酸循环。PEPCK、FR 活性由未成熟期到成熟期有升高的趋势，而 ME 活性变化不明显。说明由未成熟期到成熟期猪囊尾蚴 PEP 羧化支路和逆向三羧酸循环途径逐渐加强，但其产物去向可能并不都与苹果酸脱羧耦联，可能还存在其他的耦联反应，这与大多数寄生蠕虫线粒体内的能量变化是一致的。许多蠕虫固定二氧化碳常在以下三个方面不同于人蛔虫：第一，许多蠕虫具有相当高水平的 PK，这些蠕虫常产生大量的乳酸；第二，许多蠕虫还原延胡索酸为琥珀酸所需要的线粒体还原力可能由苹果酸以外的来源提供；第三，至少有一些蠕虫，糖的分解产生的大量的 NADH 可被氧再氧化，而不与有机底物的还原过程相耦联。寄生蠕虫的高 FR 活性是其与宿主能量代谢差异的一个重要特征，FR 活性已在短尾毛圆线虫、捻转血矛线虫、肝片形吸虫、扩展莫尼茨绦虫（*Moniezia expansa*）、缩小膜壳绦虫以及结实裂头绦虫

（*Schistocephalus solidus*）和肠舌形绦虫（*Ligula intestinalis*）的裂头蚴中证实（Kita，1988；Hiraishi，1992)。在旋毛虫的幼虫、九江槽头绦虫（*Bothriocephalus gowkongensis*)、中华许氏绦虫（*Khawia sinensis*)、厚实三钩绦虫（*Triaenophorus crassus*）和细粒棘球绦虫（*Echinococcus granulosus*）也发现有 PEPCK。在捻转血矛线虫、旋毛虫幼虫、短尾毛圆线虫、肝片形吸虫、拟曼氏迭宫绦虫（*Spirometra mansonoides*）和缩小膜壳绦虫已发现有 ME。扩展莫尼茨绦虫和结实裂头绦虫仅含有低水平的 ME。

在蠕虫细胞线粒体内存在延胡索酸还原酶复合体，这一复合体含有呼吸链电子传递的几十种成分（Van et al.，1996）。黄素蛋白（flavin protein，FP)、细胞色素 o、其他的细胞色素 b 及 FR（SDH）可能在空间上紧密排列，与醌/氢醌系统连接，形成延胡索酸还原酶复合体（Van et al.，1996；Takamiya et al.，1999；Jonassen et al.，2001）。延胡索酸还原为琥珀酸涉及细胞色素链的一部分，并导致位点Ⅰ的 ADP 的磷酸化作用（图 3-9）。已证明人蛔虫、肝片形吸虫、拟曼氏迭宫绦虫和缩小膜壳绦虫的无氧磷酸化是与延胡索酸的还原相耦联的（Fioravanti and Reisig 1990）。在蠕虫细胞线粒体内起氢载体的化合物包括泛醌（ubiquinine，UQ）和独特的深红醌（rhodoquinine，RQ），而由深红醌到细胞色素 o 的特有代谢途径则是蠕虫呼吸链的主要途径，电子和氢最终传递给 O_2 生成 H_2O_2（Barrett，1987；Fioravanti and Reisig，1990）。Kita（1988）报道，蛔虫（*Ascaris*）肌肉细胞线粒体呼吸链复合体Ⅱ显示了很高的 FR 活性，而深红醌则作为延胡索酸还原酶复合体

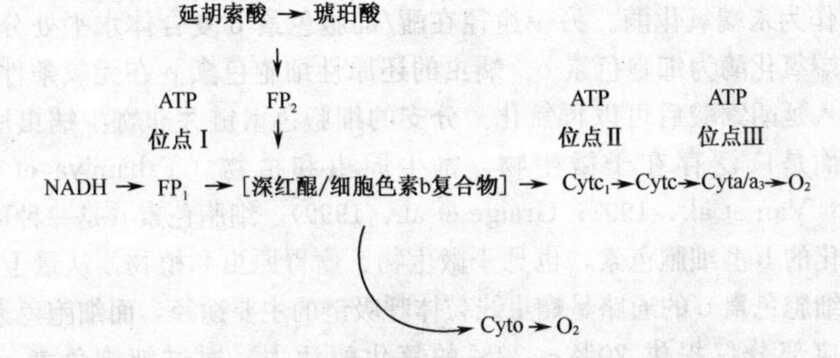

图 3-9　人蛔虫的细胞色素系统示意图

Figure 3-9　The cytochrome system in *Ascaris lumbricoides*

不可分割的低电势电子载体。在扩展莫尼茨绦虫和人蛔虫（*Ascaris lumbricoides*），细胞色素链上的醌不是哺乳动物的泛醌，而是深红醌。深红醌存在于许多其他寄生蠕虫，但在有齿冠尾线虫（*Stephanurus dentatus*）成虫和禽蛔虫（*Ascaridia galli*），它是唯一的醌，而深红醌和泛醌同时存在于捻转血矛线虫、毛圆线虫（*Trichostrongylus* spp.）、旋毛虫幼虫等蠕虫中（Erabi，1975）。Ma（1993）报道，从缩小膜壳绦虫已分离出深红醌；Fioravanti 和 Kim（1988）报道，利用有机溶剂层析方法已从缩小膜壳绦虫成虫中分离出深红醌。尽管蠕虫糖分解的主要代谢途径基本上都是无氧代谢，但迄今研究过的所有蠕虫在有氧条件下，都利用氧，氧的存在通常导致代谢终产物在质和量上的变化，部分氧的摄取可能跟合成反应有关，而与能量代谢无关。从人蛔虫、肝片吸虫和扩展莫尼茨绦虫等研究得最多的蠕虫来看，其氧的摄取显示许多特殊的性质。这些蠕虫的摄氧率取决于环境的氧分压，提示其对氧的依赖性与其末端氧化酶的性质有关。这些蠕虫摄氧的第二个特点是其摄氧能力在很大程度上对氰化物不敏感。在有些蠕虫（如人蛔虫、肝片吸虫、扩展莫尼茨绦虫等），氰化物甚至可刺激其对氧的摄取。蠕虫摄氧的最后一个特点是，当底物被这些蠕虫氧化时，有过氧化氢生成（Beach et al.，1980；Fioravanti and Kim，1988）。人蛔虫、肝片形吸虫和扩展莫尼茨绦虫、捻转血矛线虫、猪后圆线虫（*Metastrongylus apri*）、犬钩虫（*Ancylostoma caninum*）、巨颈带绦虫（*Taenia taeniaeformis*）以及棘头虫（*Acanthocephalan*）等寄生蠕虫的细胞色素链有两个分支。其一是经典的哺乳动物细胞色素系统，包括细胞色素 b、c、c_1，并以 a/a_3 作为末端氧化酶。另一途径在醌/细胞色素 b 复合体水平处分支，其末端氧化酶为细胞色素 o。蠕虫的还原性细胞色素 o 在无氧条件下，于加入延胡索酸后可以再氧化。分支的细胞色素链并非寄生蠕虫所独有，而是广泛存在于微生物、寄生原虫和植物（Takamiya et al.，1994；Van et al.，1997；Graige et al.，1999）。细胞色素 o 是一种可自家氧化的 b 型细胞色素，也见于微生物、瘤胃原虫和植物。从量上看，通向细胞色素 o 的通路是蠕虫线粒体呼吸链的主要途径，而细胞色素链的经典部分仅提供 20%～30% 的氧化酶活力，通过细胞色素 o 的 NADH 的氧化，其P∶O仅为1∶1。

关于蠕虫泛醌的报道不多，且局限于线虫和绦虫。Tanya 等

(2001) 详细分析了长后圆线虫(*Metastrongylus elongatus*)UQ_9 和 RQ_9(图 3-10)的作用,并纯化了 RQ_9,认为 RQ_9 对虫体能量产生、生长控制、细胞防御和虫体寿命具有至关重要的作用。

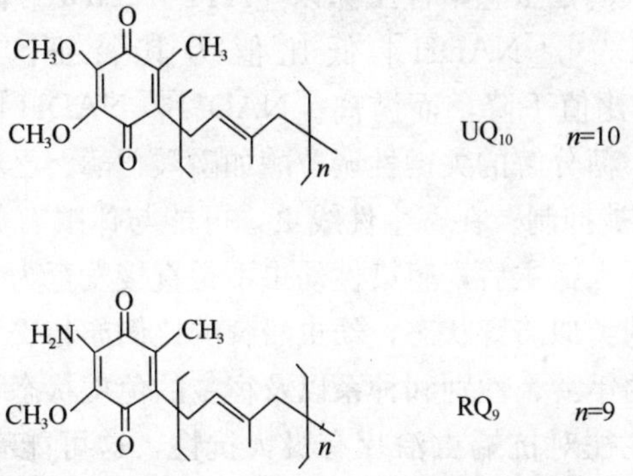

UQ_{10} n=10

RQ_9 n=9

图 3-10 UQ 和 RQ 的结构(Tanya et al., 2001)
Figure 3-10 The structure of UQ and RQ

3.4.3.3 猪囊尾蚴的 PK/PEPCK 比值

本实验发现,丙酮酸激酶(PK)/磷酸烯醇式丙酮酸羧激酶(PEPCK)比值随虫体发育,从 30~95d 逐渐下降,说明由未成熟期到成熟期猪囊尾蚴的糖代谢途径从主要依靠糖酵解转向主要依靠固定二氧化碳,可能随着猪囊尾蚴的发育,虫体代谢途径逐渐复杂,需要二氧化碳固定的通路以形成更多的中间产物。对肝片吸虫成虫和童虫 Glc 的分解的比较表明,成虫胞液中 Glc 通过 PEPCK 的降解是最重要的途径,而新脱囊童虫大部分降解是通过 PK 途径。PK 和 PEPCK 的 pH 调节表明,在 PK/PEPCK 分支点 PEP 代谢的途径能被 pH 调节,然而 Glc 分解的终产物并不依赖于 pH。肝片吸虫的发育中将逐步地适应通过 PEPCK 的降解。首先,酸性终产物的增多有利于部分 PEPCK 在 PK/PEPCK 分支点形成苹果酸;其次,当 PK 的活性几乎完全消失时,便会出现持续的 PEPCK 途径,肝片吸虫发育中的线粒体也发生改变,即乙酰 CoA 分支点从柠檬酸向乙酸形成转变(顾有方等,2000)。

在未成熟期猪囊尾蚴的发育过程中可能存在虫体的休眠和滞育现象。许多寄生蠕虫的感染期是休眠的,所以感染也包括休眠期的激活。

在人蛔虫感染性虫卵开始休眠以及孵化后的再激活中，并不伴有糖酵解、三羧酸循环、β-氧化等分解代谢酶活性的任何明显变化。然而，它们与代谢中间产物的恒态水平的改变，特别是［ATP］/［ADP］比值的改变有关。休眠的蛔虫感染性虫卵以［ATP］/［ADP］高比值和细胞质的游离［NAD^+］/［NADH］低比值为其特征。在激活以后，［ATP］/［ADP］比值下降，而游离［NAD^+］/［NADH］比值升高。在休眠的虫卵中，糖分解的关键性调节酶如磷酸化酶、己糖激酶、磷酸果糖激酶、PK 均被抑制。在寄生性线虫，可能与休眠有关的一个现象是迟滞发育。在侵入宿主后，感染性幼虫不是直接发育为成虫，而是进入一个不同时间的类似滞育状态，幼虫滞育的比例亦与寄生的虫株、感染的密度、宿主的年龄、性别和种系以及宿主的免疫状态和内分泌状态有关。滞育幼虫往往对抗蠕虫治疗有极大抗性，这可能有几种原因。其一，滞育幼虫存在于组织中，药物可能达不到虫体。其二，滞育幼虫的代谢率低，可能不像成虫那样敏感，也可能滞育幼虫和成虫的代谢很不相同（Barrett，1987）。本实验发现猪囊尾蚴未成熟期 PK/PEPCK 比值较高，而成熟期较低，这与未成熟期猪囊尾蚴代谢缓慢、耗能较少以及葡萄糖摄取较少有关。未成熟期猪囊尾蚴存在休眠和滞育现象，其与PK/PEPCK比值的关系有待进一步研究。

3.4.3.4 猪囊尾蚴的三羧酸循环途径

本实验发现，异柠檬酸脱氢酶（ICD）和琥珀酸脱氢酶（SDH）活性随虫体发育呈现升高的趋势，说明在成熟期囊尾蚴三羧酸循环、糖异生等有关物质代谢途径逐渐活跃。在蠕虫，迄今已描述过的代谢途径并不包括经典的三羧酸循环。寄生虫丢失三羧酸循环是其采取生物化学节约措施的一种形式，寄生虫有丰富的食物供应，不需从食物分子中最大限度地释放能量，以利用缩短的代谢通路更为实惠，而不是保留三羧酸循环及β-氧化反应的复杂酶系统。能量利用率的概念可以用于寄生虫的代谢系统，对于一系列反应而言，代谢通路中步骤数目的增加会使能量利用率趋于变小，而寄生虫选择简化了的代谢系统，在于增大其能量利用率。虽然已详细研究过的蠕虫，均具有完整的三羧酸循环酶系，但其顺乌头酸酶的活性和异柠檬酸脱氢酶的活性常极低，特别是往往测不出与 NAD^+ 连接的异柠檬酸脱氢酶的活性。在哺乳动物，三羧酸循环过

程全部通过与 NAD^+ 连接的异柠檬酸脱氢酶进行；而在无脊椎动物并非尽然，与 $NADP^+$ 连接的脱氢酶可能参与三羧酸循环。在寄生蠕虫，与 $NADP^+$ 连接的异柠檬酸脱氢酶的活性总是高于与 NAD^+ 连接的酶。三羧酸循环开始阶段的这两种酶的低活性可能严重地限制人蛔虫和肝片吸虫体内三羧酸循环运转的能力。用标记的 Glc 和代谢抑制剂进行的研究表明，三羧酸循环不是这些蠕虫糖分解代谢的重要途径。虫体保留三羧酸循环的原因可能在于三羧酸循环能为其他代谢途径提供中间产物。例如，在人蛔虫中可检出适当量的所有三羧酸循环的中间产物。因此，尽管它可能在糖的分解代谢中不发挥任何重要的功能，但蠕虫的三羧酸循环仍可能引起碳的骨架的相互转变。近来，有越来越多的证据表明，在有氧条件下，至少有些蠕虫能通过经典的三羧酸循环分解相当大量的糖。结实裂头绦虫的裂头蚴与捻转血矛线虫成虫都可能利用经典的三羧酸循环，而且有证据表明鸡蛔虫、格氏新无栉线虫（*Neoaplectana glaseri*）有经典的三羧酸循环（Cox，1987）。Bryant 和 Bennet（1983）认为，扩展莫尼茨绦虫具有各自独立的需氧线粒体和厌氧线粒体，厌氧线粒体主要涉及延胡索酸还原反应，而需氧线粒体则具有经典的三羧酸循环，需氧线粒体和厌氧线粒体可能存在同一组织内，也可能存在同一寄生虫的不同组织内。三羧酸循环也能为延胡索酸还原为琥珀酸提供线粒体还原力，获得这种还原力的一种方式是三羧酸循环从丙酮酸到琥珀酸的前一段向前运行，而该循环的后一段则向相反的方向（从草酰乙酸到琥珀酸的逆向三羧酸循环）运行，而从丙酮酸、异柠檬酸和 α-酮戊二酸形成的 NADH 则在延胡索酸还原为琥珀酸时被再氧化，因此琥珀酸就成为这一循环的两个方向的共同终产物。

本实验对 ICD 和 SDH 活性的测定结果表明，猪囊尾蚴具有经典的三羧酸循环，随着虫体的发育，三羧酸循环在物质和能量代谢中更加重要，这一途径的增强可能与其能提供更多的代谢中间物或为延胡索酸提供还原力有关，抑或与由未成熟期到成熟期囊尾蚴脂类、氨基酸等物质分解代谢途径增强有关。

3.4.3.5 猪囊尾蚴的糖异生途径

本实验发现虫体在未成熟期和成熟期均具有一定的 Glc 含量，而 G6Pase 活性很低，这与虫体生活在营养丰富的寄生环境，Glc 的来源丰富而不需要进行Glc的大量合成是一致的。从数量上讲，糖类的合成可能是寄生虫最突出的同化作用。6-磷酸葡萄糖在糖类合成中起主要作用，Glc异生的底物首先转变为6-磷酸葡萄糖，再转变为其他单糖、双糖和多糖。蠕虫像其他生物一样，也能利用糖酵解的逆过程从非糖的前体合成已糖，寄生蠕虫拥有从糖酵解或三羧酸循环的中间产物进行糖异生的全部酶系统。从丙酸到糖原的转化已在点状古柏线虫（*Cooperia punctata*）的第四期幼虫中证实，还证实丙酮酸和谷氨酸在缩小膜壳绦虫中具有糖原异生作用，甘油在巨颈带绦虫的幼虫中有糖原异生作用，在细粒棘球绦虫的头节，乙酸可进行糖异生。人蛔虫卵具有经典的乙醛酸循环，能够利用三酰基甘油的脂肪酸进行糖类的再合成。人蛔虫卵具有活跃的β-氧化酶系和三羧酸循环，还具有乙醛酸循环的异柠檬酸裂解酶和苹果酸合成酶。在发育中的虫卵，乙醛酸循环酶活化的高峰正是从脂类合成糖类的高峰（Barrett，1987；Cox，1987）。本实验采用酶组织化学方法研究了猪囊尾蚴的G6Pase活性及药物的影响，G6Pase活性在发育过程中很低，而药物可以刺激其迅速升高，说明虫体存在G6Pase基因，可能在虫体的不同生活史中表达程度不同，以此适应不同环境下能量的需求。

3.4.3.6 猪囊尾蚴的蛋白质、脂类和核酸分解代谢

猪囊尾蚴虫体在未成熟期脂酶（FE）和黄嘌呤氧化酶（XOD）活性很低，具有一定的谷氨酸脱氢酶（GDH）活性；在成熟期GDH、FE和XOD均具有一定活性，说明在猪囊尾蚴未成熟期，蛋白质、脂类和核酸的分解代谢相对是次要的，而在成熟期物质分解代谢比较复杂，蛋白质、脂类和核酸可能参与物质转换、活性物质生成以及能量代谢。FE、XOD等活性的动态变化可能与其基因的活化有关，寄生蠕虫基因组约比有关的自生生活蠕虫基因组大1倍。寄生虫生物化学和形态学的退化渊源于基因信息的阻遏，而并非由于其缺失。在蠕虫，寄生生活的进化，有可能最早发生的是基因组大小的减少，但当其生活史趋于比较复杂时，其基因组又随之增大。猪囊尾蚴由未成熟期到成熟期，由于自身发育及和周围环境关系的复杂化，基因组可能增大，以保证所需的物质代谢复杂化。

迄今所研究过的所有寄生蠕虫，都具有β-氧化酶系中的某些酶。人

蛔虫的肌肉组织内存在β-氧化酶系，且活性较高（相当于哺乳动物肾内的10%）。在肝片形吸虫和结实裂头绦虫的裂头蚴中也发现有完整的β-氧化酶系；而在缩小膜壳绦虫、无定念珠棘头虫、肠舌形绦虫（*Ligula intestinalis*）的裂头蚴和鼠类圆线虫的寄生性雌虫体内则发现部分酶类，但在这些蠕虫体内，β-氧化酶类的活性偏低。在寄生蠕虫，尽管有β-氧化酶类存在，却没有功能性β-氧化反应，这可能与三羧酸循环在这些蠕虫体内不太重要有关。缺乏经典的三羧酸循环会严重地限制从β-氧化产生的大量乙酰 CoA 的进一步分解。在β-氧化过程产生的大量 NADH 和还原性黄素蛋白都需要通过氧化酶系统再氧化。因此，β-氧化通路不能在无氧条件下起作用。蠕虫脂类和糖类可能存在相同的发酵作用，即β-氧化形成的还原当量可与延胡索酸转化为琥珀酸的还原反应耦联起来而被再氧化，而乙酰 CoA 则可被裂解，并排出乙酸。β-氧化形成的还原当量可成为线粒体来自糖分解代谢以外的还原力。能水解长链脂肪酸的脂肪酶，已在几种线虫如人蛔虫、无齿圆线虫（*Strongylus edentatus*）的肠内及犬钩虫的食道内发现，但很少了解其详细的性质。已有报道组织脂肪酶存在于线虫、吸虫、绦虫与棘头虫，可能参与三脂酰甘油的迁移作用。在线虫、吸虫、绦虫及棘头虫的不同组织中还存在非特异性的水解短链脂肪酸的酯酶，并存在各自的酯酶同工酶图谱。Matsushima 等（1998）报道，猪囊尾蚴的囊壁存在酯酶和肽酶活性，Bandres 等（1992）报道猪囊尾蚴的囊壁存在胆碱酯酶活性。本实验发现猪囊尾蚴具有脂类分解的途径，但是否具有β-氧化途径及脂类分解在能量代谢中的地位还需进一步的实验研究。

氨基酸不是寄生蠕虫的主要能量来源，已证明只有吸虫的胞蚴及一些植物寄生线虫可以降解氨基酸。GDH 广泛分布于许多寄生蠕虫，这与本实验的研究结果一致，但迄今对寄生蠕虫 GDH 的调节性质尚未作进一步的研究。AMP、ADP、ATP、天冬氨酸和甲状腺素可以抑制捻转血矛线虫分离的 GDH。Sekhar 和 Lemke（1997）研究了猪囊尾蚴的游离氨基酸成分，发现丙氨酸是囊液中的主要成分，甘氨酸和脯氨酸的含量比其他氨基酸的含量高。Garcia 等（1997）和王凯惠等（1999）报道猪囊尾蚴胶原蛋白的氨基酸组成和成分不同于脊椎动物，不含有羟脯氨酸以及亚基组成不同。猪囊尾蚴的氨基酸组成与宿主的差异同 GDH 活性的关系尚未见报道。本实验结果表明，猪囊尾蚴具有氨基酸的氧化分解与合成途径，GDH 活性是虫体氨基酸代谢所必需，对含氮小分子的代谢和维持基本生命活动的有关基因表达是重要的和不可缺少的，因而在未成熟期和成熟期均具有一定的活性。

在不同生物嘌呤的降解产物不同，因此嘌呤分解代谢的终产物在各种动物也就不相同。嘌呤首先转变为黄嘌呤，再在黄嘌呤氧化酶作用下氧化为尿酸，再进一步进行分解代谢。有些绦虫和吸虫排出少量尿酸，寄生线虫不排泄可检出量的尿酸。在人蛔虫卵中发现有尿酸和黄嘌呤。但是，大多数蠕虫可能将尿酸进一步降解为尿素和（或）氨。在鸡蛔虫和人蛔虫，AMP、腺嘌呤、黄嘌呤、尿酸和尿囊素被降解为氨和尿素，但是并不降解鸟嘌呤。寄生虫排出的尿酸可能来自嘌呤的分解，而尿酸产生多少可能反映大多数蠕虫的嘌呤被完全分解为尿素或氨的程度。以组织为食物的蠕虫，其尿酸排泄量最高，可能由于它们的食物里核酸或核苷酸含量较高（Cox，1987）。迄今尚未见猪囊尾蚴 XOD 活性的报道，本实验首次证实了猪囊尾蚴具有 XOD 活性，虫体的 XOD 活性随发育时间的延长而升高，这与其利用内源性和（或）外源性核酸的能力增强有关。

3.4.3.7 猪囊尾蚴的物质与能量转运途径

在蠕虫，经过广泛研究的两种磷酸酶是非特异性酸性磷酸酶（ACP）和碱性磷酸酶（AKP），这些酶广泛分布在线虫、吸虫、绦虫与棘头虫的肠道（包括人蛔虫的刷状缘）、皮层及组织内。在绦虫和棘头虫成虫，通常以 AKP 的活性为最高，而在吸虫皮层内则以 ACP 为主。在肝片形吸虫，ACP 和 AKP 存在于皮层和糖萼内。蠕虫和哺乳动物一样，其 ACP 常在溶酶体内，而 AKP 则常是表示膜运转机制的标志。ACP 在 pH 5 左右发挥作用，能催化各种磷酸单酯及焦磷酸化合物分解，与物质吸收后的消化加工以及与自我成分的更新有关。AKP 是细胞膜标志酶，定位于物质吸收和运转活跃的部位，与虫体对碳水化合物的吸收有关，可水解磷酸酯，促进糖的跨膜转运（柳建发和刑建新，1998；柳建发，1999）。ACP 和 AKP 不仅是磷酸水解酶，也是转磷酸酶。就其生物学机制而言，这些酶的磷酸转移作用可能比其水解磷酸酯的作用更为重要，尚不清楚 ACP 和 AKP 对于蠕虫的消化和吸收起何作用。绦虫皮层内 ACP 和 AKP 的相对活性，在其发育过程中是变动的（Yang，2000）。

ATPase 的活性亦广泛存在于各种蠕虫，它可能包括多种不同的酶。猪囊尾蚴无消化道，依靠皮层吸收营养物质，Glc 等是通过皮层上皮细胞由以 ATPase 为主的载体系统运载而进入虫体的，这一过程是耗能的主动转运，直接与 ATP 水解相耦联，ATPase 还与线粒体能量产生、维持细胞离子梯度有关。Tellez-Giron 等（1981）通过组织化学方法发现猪囊尾蚴囊壁存在 ATPase 活性。

本实验采用酶组织化学法观察了猪囊尾蚴发育过程中 Mg^{2+}-ATPase、ACP 和 AKP 活性，在未成熟期和成熟期 Mg^{2+}-ATPase 活性均很低，在未成熟期未见 ACP 和 AKP 活性，在成熟期 Mg^{2+}-ATPase、ACP 和 AKP 具有一定的活性。说明在猪囊尾蚴未成熟期，物质转运和能量代谢水平较低，虫体可能处于相对封闭、摄取宿主营养物质相对较少的类似自生生活的时期；在猪囊尾蚴成熟期，物质转运和能量代谢水平较高，ATPase、ACP、AKP 具有一定的活性，这与成熟期猪囊尾蚴的发育是一致的。刘永杰等（2002b）系统地研究了猪囊尾蚴发育过程中形态、组织结构、超微结构的变化，发现同一宿主体内猪囊尾蚴的发育程度不同，最小的猪囊尾蚴在 19d 观察到，头节区上尚无吸盘和小钩形成，组织学检查发现囊壁一端细胞密集，并向囊腔凹陷，形成头节雏形，头节在囊壁的基础上分化而来。随着猪囊尾蚴体内发育时间的延长，头节逐渐分化，出现吸盘和小钩。感染后 60d，多数猪囊尾蚴发育成熟，超微结构观察表明，随感染时间的延长，猪囊尾蚴细胞或组织的类型未发生明显变化，只在大小或发育程度上有所不同，头节和囊壁皮层的超微结构有区别，它们可能执行不同的功能：囊壁与营养吸收有关，而头节与将来的发育有关。高文学等（2001）报道，随着虫体由未成熟期进入成熟期，猪囊尾蚴囊壁和头颈节的 ATPase 均有不同程度的升高，说明它们参与的代谢途径趋于旺盛。

3.4.3.8　猪囊尾蚴的能量代谢有关酶的同工酶活性

同工酶是表达遗传信息的分子，是包括等位基因和多位点基因表达的产物。由于同工酶分子的多样形式完全是由遗传基因所决定，所以各种同工酶的出现无一不受基因的控制。同工酶是生物体代谢的调节者，与特殊的生理功能和细胞的分化有关，而且同工酶的发生与基因进化及种的演变有关。因此，同工酶表现出明显的组织、种属和发育的特异性。在寄生虫生活史期间，代谢的变化可能包括细胞内酶分布的改变，在成虫期和幼虫期可能有不同的同工酶在起作用。例如，在人蛔虫的自生生活期和寄生期有不同的 LDH、MDH、GDH 同工酶在起作用。寄生虫在感染时自生生活期的许多酶可能被具有能适应宿主较高温度特性的同工酶所取代。已报道的蠕虫的同工酶有以下几种：LDH、MDH、PK、PEPCK、己糖激酶等。在蠕虫，除了在其不同的细胞器和不同的组织中发现不同的同工酶外，在虫体的生活史的过程中，其同工酶谱亦有所变化。在缩小膜壳绦虫，主要的 LDH 同工酶被过量的丙酮酸所抑制，从而可防止过多的乳酸积聚。缩小膜壳绦虫和扩展莫尼茨绦虫具有对 1，6-二磷酸果糖敏感的和不敏感的两种 PK 同工酶（廖党金，2000；Cox，1987）。

LDH、ICD 和 SDH 的同工酶活性观察表明，猪囊尾蚴和其宿主猪肌肉组织 LDH 同工酶谱有所不同，ICD 和 SDH 具有相同的同工酶谱，但猪囊尾蚴 SDH 活性较低。结果说明猪囊尾蚴的乳酸酵解途径可能与其宿主存在差异，此途径可能受到与其宿主不同的调节；而虫体可能具有较弱的三羧酸循环途径，ICD 可能还参与催化寄生蠕虫特有的脂类与糖类的共分解途径；猪囊尾蚴的 LDH 可能与宿主猪具有不同的化学结构，猪囊尾蚴的 ICD 和 SDH 可能与宿主猪具有相同的化学结构，深入研究这一现象会有助于阐述猪囊尾蚴与其宿主在生物进化上的相关性及猪囊尾蚴体内的寄生生化过程。猪囊尾蚴具有 LDH、ICD 和 SDH 多种同工酶，不同的酶可能存在于不同的组织细胞和（或）执行着不同的功能，虫体存在对相关酶的代谢调控，而虫体的能量产生过程则是由复杂的代谢调控体系完成的。

由 SDH 的同工酶电泳和宿主猪肌肉组织的一致性及药物对虫体 FR 活性的抑制而对猪肌肉组织 FR 活性无明显抑制的现象，推测猪囊尾蚴 FR 活性和 SDH 活性可能并非同一种酶的表现，而是两种酶各自的活性。对于大多数高等生物，琥珀酸脱氢酶催化由琥珀酸到延胡索酸的可逆反应。哺乳动物或植物等需氧生物的琥珀酸脱氢酶催化琥珀酸的氧化反应超过其催化延胡索酸的还原反应，而专性厌氧菌的琥珀酸脱氢酶对延胡索酸的亲和力高，对琥珀酸的亲和力低。蠕虫的琥珀酸脱氢酶的琥珀酸氧化酶或延胡索酸还原酶的比值为 0.3～5.0，类似专性厌氧菌，但缺乏有关寄生蠕虫琥珀酸脱氢酶对于延胡索酸或琥珀酸的 K_m 值的资料。还不清楚是否蠕虫只有单一的、可逆的琥珀酸脱氢酶或者有两种不同的酶，即延胡索酸还原酶和琥珀酸氧化酶。人蛔虫可能只有一种单一的可逆的酶，但在捻转血矛线虫，延胡索酸还原酶活性可被噻苯达唑（thiabendazole）抑制，而琥珀酸氧化酶则否，提示有两种不用的酶(Echevarria et al.，1992)。

3.4.3.9　猪囊尾蚴的能量代谢途径

本实验发现，体内未成熟期猪囊尾蚴具有 PEPCK、PK、LDH、SDH、ICD、ME、GDH、FR 酶活性，而体内成熟期的猪囊尾蚴除具有以上酶活性外，还有 FE、XOD、ATPase、ACP、AKP 等酶活性。说明猪囊尾蚴具有与其他寄生蠕虫类似的物质转运、糖有氧分解、糖无氧分解、局部的逆向三羧酸循环、三羧酸循环、脂类分解、氨基酸分解、嘌呤分解等能量代谢途径，由未成熟期到成熟期，能量代谢逐渐活跃，物质转运功能逐渐加强。目前国内外尚未有相关的系统研究，有关研究只是涉及了猪囊尾蚴物质代谢或能量代谢的几个途径或过程，因而难以全面阐述猪囊尾蚴物质代谢和能量代谢的规律。综合实验结果，作者归纳和总结了猪囊尾蚴能量代谢途径（图 3-11）。

许多寄生虫的一个突出特征是它们复杂的生活史，寄生虫要面临连续不同的环境，从自身生活到脊椎动物体内的不同组织。寄生虫从生活史的一个期到下一个期的变化，往往极为迅速，没有多少时间来适应。寄生虫在其生活时所处的不同环境需要不同的生物化学的（和结构的）适应性。所以寄生蠕虫的生活史包括一系列有规律的代谢转换；在生活史中的每个期中生物化学改变的幅度取决于所涉及的两个环境之间的差别的程度。在寄生蠕虫生活史中存在确切的代谢转换，环境和遗传因子控制这些转换（Barrett，1987）。本实验发现，猪囊尾蚴从未成熟期到成熟期，PK/PEPCK 比值逐渐下降，说明随着猪囊尾蚴的发育成熟，糖无氧酵解生成乳酸的代谢途径逐渐减弱，而 PEPCK 催化的通路逐渐加强。随着猪囊尾蚴的发育成熟，FR、ICD、SDH、FE、ACP、AKP、XOD 活性、Glc 和 Lac 含量呈现升高的趋势，说明蛋白质、核酸等其他物质分解代谢和能量转运途径也在加强。猪囊尾蚴未成熟期和成熟期能量代谢存在差异，从未成熟期到成熟期代谢途径逐渐复杂和活

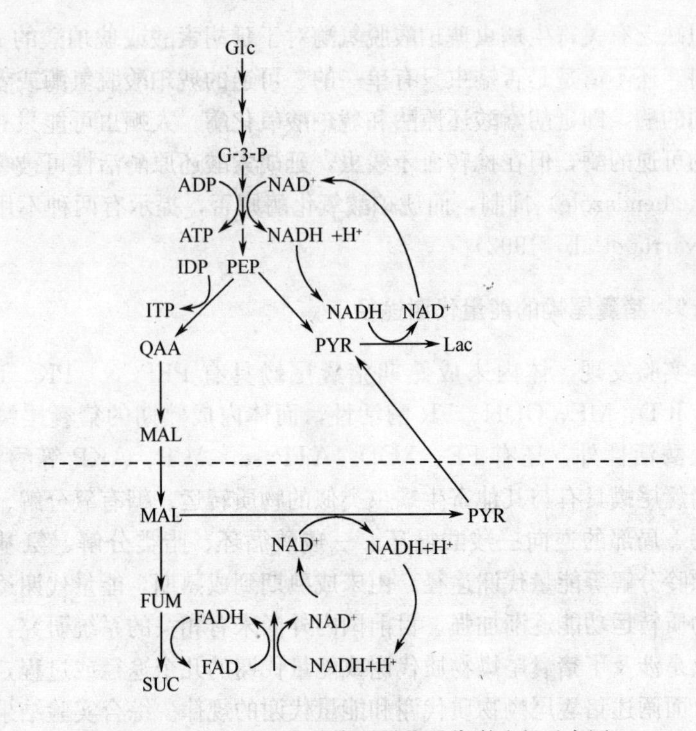

图 3-11 体内成熟期猪囊尾蚴能量代谢途径示意图

Figure 3-11 Energy metabolism pathway Map in immature *C. cellulosae*

G-3-P：3-磷酸-甘油醛 ITP：次黄嘌呤核苷三磷酸 OAA：草酰乙酸

MAL：苹果酸 FUM：延胡索酸 SUC：琥珀酸

跃，这与其生长发育是一致的。

3.5 猪带绦虫囊尾蚴的其他变化

选取无猪囊尾蚴感染仔猪，分别经口服感染 3 节猪带绦虫孕卵节片，于感染后 10d、19d、30d、40d、60d、80d、95d、105d、130d 采血，检查血清中 Ab 效价、NO 水平及淋巴细胞凋亡率（L-AI），并于感染后 10d、15d、19d、25d、30d、40d、60d、70d、80d、95d、105d、130d 各剖杀 1 头，检测不同时期猪囊尾蚴头节细胞凋亡率（S-AI）和囊壁细胞凋亡率（W-AI）的变化；选取组织经福尔马林溶液固定后检查囊尾蚴周围宿主反应；检查囊尾蚴周围宿主肌肉组织细胞凋亡率

(M-AI) 及远离囊尾蚴的宿主肌肉组织细胞凋亡率 (D. M-AI) 的变化。将猪囊尾蚴发育过程中的 Ab 效价、NO 水平、L-AI、S-AI、W-AI、M-AI 作相关性分析。

3.5.1 猪带绦虫囊尾蚴的细胞凋亡情况

3.5.1.1 猪带绦虫囊尾蚴的细胞凋亡实验

猪囊尾蚴细胞凋亡的检测以 TUNEL 法为主，辅以 HE 染色。TUNEL 试剂盒由德国宝灵曼 (Boeringhman) 公司进口，TUNEL 法检测程序如下：

1) 玻片预先用多聚赖氨酸处理；

2) 组织块用 10%中性缓冲福尔马林固定，石蜡包埋，切片常规脱蜡入水；

3) pH 7.2 的 0.01mol · L^{-1} PBS 洗涤，5min，2 次；每片加蛋白酶 K (20μg · ml^{-1}) 50μl，37℃消化 30min；

4) PBS 洗涤，5min，1 次，然后于 0.3% H_2O_2 中室温作用 1h；

5) PBS 洗涤，5min，1 次，然后经 0.1%triton X-100 冰浴 2min；

6) 标记：PBS 洗涤 2 次后将样品周围的水分拭干，每片加 TUNEL 反应液 30μl，覆上盖玻片，于 37℃湿盒中作用 1h；

7) PBS 洗涤，5min，3 次，然后每片加 converter-POD 30μl，覆上盖玻片，于湿盒中 37℃作用 30min；

8) PBS 洗涤，5min，3 次，将样品周围的水拭干，加 DAB 底物，室温条件下避光显色 10～30min，显微镜下控制时间；

9) 蒸馏水充分洗涤，置苏木素中复染 1min，水洗，脱水，透明，中性树胶封固，显微镜下观察；

10) 结果判定：细胞核中有棕黄色颗粒者为阳性细胞，即凋亡细胞。

3.5.1.2 猪带绦虫囊尾蚴的细胞凋亡变化

3.5.1.2.1 猪囊尾蚴发育过程中 S-AI、W-AI 的检测

猪囊尾蚴发育过程中 S-AI、W-AI 的检测结果见表 3-18。

表 3-18 猪囊尾蚴发育过程中 S-AI、W-AI 的变化

Table 3-18 Changes of S-AI and W-AI of *C. cellulosae* in the development

感染时间/日 Age of infection/d	指标 Index S-AI (%)	指标 Index W-AI (%)
19	7.031±0.134	15.432±0.841
30	4.864±0.995	13.123±0.112
40	4.053±0.192	12.446±0.162
60	3.842±0.081	11.124±0.062
70	3.426±0.089	7.654±0.115
80	4.157±0.092	8.172±0.174
95	4.068±0.095	7.826±0.083
130	4.172±0.073	7.962±0.116

根据表 3-18，猪囊尾蚴发育过程中 S-AI 和 W-AI 在囊尾蚴于猪体内发育 19d 时较高，然后逐渐降低，至 80d 时稍有回升，以后逐渐趋于稳定。

3.5.1.2.2 猪带绦虫囊尾蚴的细胞凋亡变化规律

死亡是生命的基本过程，细胞的死亡一般有两种形式：一种为坏死(necrosis)，它是由于某些外界因素，如局部贫血、物理或化学损伤、生物侵袭等造成的细胞急速死亡；另一种死亡称为程序性细胞死亡(programmed cell death，PCD)，是指为维持内环境的稳定而发生的死亡，由于这种细胞死亡就像树叶或花儿凋谢一样，故病理学上又将其称为细胞凋亡（apoptosis，AP)。AP 和 PCD 实质上是同一现象不同范畴的概念，AP 侧重于形态，而 PCD 则侧重于过程。早在 1972 年，Kerr 等就描述了细胞凋亡现象，并作为一种特殊的细胞死亡类型确定下来。1980 年，Wyllie 首次诱导了多细胞动物的离体细胞发生 AP。同细胞增殖、分化一样，细胞凋亡也是生命过程中不可缺少的组成内容，它贯穿了机体的整个生命周期，完成新旧细胞的生死交替，对生物的生长发育和稳态维持必不可少。近十年来，细胞凋亡的研究进展很迅速，历经生物化学研究阶段、分子生物学研究阶段，目前已进入临床应用基础研究阶段。寄生虫学中这一生物学现象是当今令人感兴趣的研究领域之一，并已日益受到重视。

Wyllie（1980）对细胞死亡进行了新分类，将病理因素作用使细胞膜失去完整性而导致的细胞溶解称为坏死，将生理或病理条件下基因控制的细胞死亡称为凋亡。本实验研究了猪囊尾蚴发育过程中及药物作用后猪囊尾蚴细胞的凋亡及宿主细胞的凋亡情况。作者认为在检测凋亡细胞阳性率时，正确区分凋亡与坏死是非常关键的。目前有许多研究细胞凋亡的手段，如DNA电泳法、电镜法、流式细胞仪法等，均能与细胞坏死很好区别，但它们或因不能定位或因观察范围太小难与病理形态学紧密结合，而单独使用HE光镜观察则判断无把握，至少不能发现早期凋亡细胞。Gavrieli等（1992）首次报道原位末端标记法（*in situ* end-labelling，ISEL），即TUNEL（terminal transferase deoxyuridine nick-end labelling，TUNEL）法检测细胞凋亡。TUNEL技术是指在细胞（或组织）结构保持不变的情况下，用荧光素、地高辛或生物素标记的脱氧尿苷三磷酸（deoxy-uridine triphosphate，dUTP）在末端脱氧核糖核酸转移酶（terminal deoxynucleotidyl transferase，TDT）催化下与凋亡细胞DNA裂解后的3′羟基端相结合，经显色反应，检测DNA裂解点的技术。TUNEL法能用于福尔马林固定的常规石蜡切片，结构完好地显示细胞凋亡。本实验即以TUNEL法为主，并辅以HE染色检测细胞凋亡，结果发现TUNEL法不仅能显示有HE改变的凋亡细胞，且能显示形态学改变尚不明显的早期凋亡细胞，并能进行定量，具有较高的特异性和敏感性，操作步骤简单，确为一种较好的检测细胞凋亡的方法。细胞发生凋亡或坏死时，其胞核DNA均出现断裂，坏死组织会不会亦出现TUNEL阳性？细胞凋亡的生物学标志是首先出现单链DNA的断裂，随之为核质间联结区双链DNA的断裂（Peitsch et al.，1993）；而坏死细胞的DNA断裂是多种核酸内切酶作用的结果，随机发生于DNA的任何部位。王朝夫和梁英锐（1997）认为，只有少数坏死细胞会出现TUNEL阳性，因为坏死形成的单链DNA断裂较多，双链断裂发生机会很小，而凋亡主要发生DNA双链断裂，且TUNEL法主要用于双链DNA断裂的检测。但理论上也会有少数坏死细胞出现TUNEL阳性。Gold等（1994）认为如果死亡机制未阐明，单靠一种方法很难辨明是凋亡还是坏死。联合两种方法就能确定主要的死亡模式而不会忽略次要的死亡模式，从而有利于认识死亡机制。

Ansari等（1993）认为坏死细胞 TUNEL 阳性不会和凋亡细胞混淆，因为简单的形态学足以将它们区别开。本实验采用 TUNEL 法和 HE 法以较准确地判别凋亡和坏死。HE 染色时，坏死细胞常成片出现，少数细胞核浓缩但不偏离细胞中央，多数细胞核溶解，胞浆肿胀、崩解。若 TUNEL 阳性，且胞浆完好，则肯定为凋亡细胞。

作者经过反复实验，认为在使用 TUNEL 法检测细胞凋亡时应注意以下几个问题：①载玻片、盖玻片要认真清洗，并涂上防脱片胶多聚赖氨酸（否则在蛋白酶 K 作用下很容易脱片），室温干燥，石蜡组织切片直接贴于载玻片上。②使用内源酶阻断剂可消除由内源性过氧化物酶引起的非特异性染色，本实验采用 0.3% H_2O_2-甲醇液阻断 60min。③蛋白酶 K 的消化：此步是非常关键的，其消化的好坏，直接关系到染色的效果；过高的蛋白酶 K 浓度、过高的温度或过长的消化时间，非特异性染色增多，使一些非凋亡细胞着染，同时将破坏细胞形态，细胞复染时，着色浅，背景也不清晰；而蛋白酶 K 浓度或温度过低，消化时间太短，细胞膜达不到应有的通透性，会影响标记效果；以设立典型的阳性对照求出最佳标记浓度、时间、温度。通常采用 DNA 酶处理的组织切片作阳性对照，DNA 酶可导致 3′羟基端带上有标记物的 dUTP，按 TUNEL 法检测程序进行，大于 70%的细胞经过这种处理将出现阳性信号；当 DNA 酶处理的对照切片深部核酸未染色时，认为蛋白酶 K 处理不充分；当非凋亡细胞核形态不清，微弱染色时，认为消化太强；同时要进行阴性对照即不进行 TDT 处理，以检测是否有非特异性染色；消化度常因组织不同而异，本实验选用 20μg · ml^{-1} 的蛋白酶 K，37℃消化 25min。④缓冲液应严格控制 pH，因 pH 的偏高或偏低将影响酶的活性。实验流程中还应严格冲洗、漂洗，以保证标记切片的清晰背景。

细胞凋亡在寄生虫发育过程中是必需的。Yuan 和 Horvitz（1990）研究发现，细胞凋亡是秀丽隐杆线虫（*Caenorhabditis elegans*）发育过程中的一个重要机制。*C. elegans* 线虫发育过程可分为两个阶段：卵壳内的胚胎发育阶段以及成虫前的四个幼虫发育阶段。线虫的细胞凋亡大部分发生在胚胎发育期。这一时期共产生 671 个细胞，但 113 个细胞在胚胎发育过程中发生凋亡，这些发生凋亡的细胞主要包括神经元及少数皮下细胞、肌细胞等类型。在线虫的胚后发育期，雌雄同体线虫形成的体细胞中有 18 个细胞注定要发生凋亡，这些细胞在性质上属于神经元和皮下细胞。线虫胚后期细胞凋亡主要影响到细胞分裂后所形成的子代细胞。细胞分裂之后，两个细胞之一发生凋亡，但从来未见到细胞分裂以后两个细胞同时死亡的情况。无论在线虫的胚胎期还是胚后期，发生凋亡的细胞主要是神经元或其祖细胞。这说明线虫细胞的发育过程，特别是神经元的细胞凋亡，对线虫神经系统的正常发育，乃至整个线虫的正常发育都是至关重要的。Moreira 等（1996）利用热休克诱导了利什曼原虫前鞭毛体的细胞凋亡。将利什曼原虫前鞭毛体的体外培养温度从最适生长温度 22℃升至 37℃时，前鞭毛体会死于钙调节失控。热休克可显著升高利什曼原虫前鞭毛体细胞内游离的 Ca^{2+} 浓度。一定数量的虫体会因这种离子浓度升高而死亡，并表现出细胞凋亡的典型形态学改变，用［α^{32}P］ddATP 标记做放射自显影，可见到低聚核苷酸梯状条带。Garside 等（1996）认为，在蠕虫感染中，肿瘤坏死因子（tumor necrosis factor，TNF）及其同类分子可能通过外部信号诱导寄生虫细胞凋亡，进而阻碍其生长发育。有研究表明，TNF 对血吸虫体内有损害作用，而对其体表则无作用，同时可抑制虫体的一些生理功能。这种宿主对虫体体内而不是体外的攻击而导致的死亡可能就是细胞凋亡，这种死亡有利于避免寄生虫释放有害物质。

成军等（1995）认为细胞毒性 T 淋巴细胞（cytotoxic T lymphocyte，CTL）能够与靶细胞结合，使靶细胞裂解，其机制包括与靶细胞结合后，CTL 向靶细胞结合部位释放一种称之为穿孔素的蛋白和丝氨酸酯酶，促使靶细胞上孔的形成。穿孔素插入靶细胞的膜中并诱导其渗透压改变，最终导致细胞的裂解。由于靶细胞与 CTL 接触 5min，DNA 即发生片断化，因此认为 CTL 的靶向杀伤活性是一种诱导靶细胞凋亡的过程。猪囊尾蚴细胞也可能通过与 CTL 接触而发生细胞凋亡。另外淋巴细胞产生的一些细胞因子特别是肿瘤坏死因子可能在猪囊尾蚴细胞凋亡上发挥重要作用。Garside 等（1996）认为，在蠕虫感染中，TNF 及其同类分子可能诱导寄生虫的细胞凋亡。作者研究发现，猪囊尾蚴发育过程中头节细胞和囊壁细胞均存在凋亡现象，尤以囊壁细胞凋亡明显。头节细胞和囊壁细胞凋亡率在猪囊尾蚴发育过程中表现的规律为在猪体内发育 19d 较高，以后逐渐降低，至 80d 时稍有回升，并逐渐趋于稳定。无论是低等动物还是高等动物的发育均存在细胞凋亡现象。线虫在发育过程中，共产生 1 090 个细胞，却有 131 个细胞经凋亡方式被清除（Yuan and Roroitz，1990），可见，细胞凋亡是生命过程中的基本现象。作者认为猪囊尾蚴体内发育 19d 时，一方面要进行细胞增殖，头节分化，另一方面通过凋亡方式清除一些不必要的细胞。多细胞有机体的发生发育有赖于细胞增殖、分化和死亡过程的精密配合（许良中，1977）。另外研究还发现，在感染 19d 的猪囊囊尾蚴周围有大量的炎性细胞浸润，并且血液中淋巴细胞凋亡率降低，NO 值逐渐降低，而淋巴细胞凋亡率则逐渐上升。引起宿主反应降低，从而导致猪囊尾蚴细胞凋亡率逐渐下降并趋于稳定。体内发育 80d 以后，猪囊尾蚴细胞凋亡不再发生明显变化，说明猪囊尾蚴成熟以后，其结构不再发生明显变化，并且已和宿主相互适应，和平共处。

相关性分析表明，猪囊尾蚴的细胞凋亡率与 NO、淋巴细胞凋亡率分别呈显著正相关和负相关，说明 NO 水平的高低及淋巴细胞的多少与猪囊尾蚴的细胞凋亡有明显相关性，NO 水平的升高和淋巴细胞的增多可能对猪囊尾蚴的细胞凋亡均有显著促进作用。

3.5.2 猪带绦虫囊尾蚴的一些指标变化

3.5.2.1 猪囊尾蚴发育过程中一些指标的实验

3.5.2.1.1 Ab 水平的检测

采用 IHA 法检测，其具体操作程序如下：

（1）红细胞致敏：2ml 醛化红细胞，加猪囊尾蚴 Ag 0.1～0.2ml，再加 pH 7.4 的 0.01mol · L^{-1} PBS 1.8ml，混匀，37℃作用 40min；

（2）2 000r · min^{-1}离心 5min，沉淀用 PBS 洗 3 次；

（3）弃上清，加 4ml PBS、50μl 兔血清混匀，即为 Ag 致敏红细胞的应用液；

（4）取待测血清 50μl，加置微量血凝板上，进行倍比稀释，然后每孔加 50μl Ag 致敏红细胞应用液，37℃孵化 40min；

（5）结果判定：出现网状沉淀为阳性。

3.5.2.1.2 NO 水平的检测

NO 检测采用 NO 测定试剂盒。其原理是利用硝酸还原酶特异性地

将 NO_3^- 还原为 NO_2^-，NO_2^- 与显色剂作用生成有色物质，检测吸光度大小代表NO水平。具体测定方法见NO测定试剂盒使用说明书。

3.5.2.1.3 宿主淋巴细胞凋亡的检测

宿主淋巴细胞凋亡的检测方法同猪带绦虫囊尾蚴的细胞凋亡实验(3.5.1.1)。

3.5.2.2 猪囊尾蚴发育过程中一些指标的变化

3.5.2.2.1 猪囊尾蚴发育过程中宿主NO、Ab效价及L-AI的检测

猪囊尾蚴发育过程中宿主NO、Ab效价及L-AI的检测结果见表3-19。

表3-19 猪囊尾蚴发育过程中宿主体内NO、Ab及L-AI水平的变化

Table 3-19 Changes of the level of NO, Ab and L-AI in the hosts parasitized by *C. cellulosae* in the development

感染时间/日 Age of infection/d	组别 Group	指标 Index		
		NO/(μmol · L⁻¹)	Ab(lg2)	L-AI/%
0	C	0.473±0.006[a]	0.0±0.0[a]	5.000±0.204[a]
	IF	0.479±0.004[a]	0.0±0.0[a]	5.031±0.350[a]
10	C	0.469±0.005[B]	0.0±0.0[B]	4.867±0.252[A]
	IF	0.825±0.007[A]	2.0±0.3[A]	3.867±0.211[B]
19	C	0.478±0.015[B]	0.0±0.0[B]	4.331±0.152[A]
	IF	0.927±0.007[A]	3.2±0.2[A]	3.335±0.216[B]
30	C	0.507±0.012[B]	0.0±0.0[B]	4.570±0.154 a
	IF	0.627±0.008[A]	4.2±0.1[A]	3.873±0.156[B]
40	C	0.479±0.004[B]	0.0±0.0[B]	4.202±0.205[Ab]
	IF	0.587±0.007[A]	6.0±0.2[A]	4.876±0.253[Aa]
60	C	0.525±0.006[A]	0.0±0.0[B]	4.373±0.251[B]
	IF	0.551±0.009[A]	7.7±0.2[A]	6.504±0.207[A]
80	C	0.502±0.009[B]	0.0±0.0[B]	4.814±0.068[B]
	IF	0.552±0.007[A]	9.0±0.5[A]	5.936±0.158[A]
95	C	0.504±0.014[B]	0.0±0.0[B]	4.906±0.189[B]
	IF	0.562±0.008[A]	9.5±0.3[A]	5.830±0.155[A]
130	C	0.514±0.007[B]	0.0±0.0[B]	4.724±0.436[B]
	IF	0.594±0.009[A]	9.7±0.4[A]	5.903±0.177[A]

NO：感染前C组和IF组血清中NO值差异不显著（$P>0.05$）；猪囊尾蚴感染后，NO值除在60d IF组和C组差异不显著（$P>0.05$）外，其余各时期IF组NO值均显著高于C组（$P<0.05$）。IF组NO值在感染后19d以前呈迅速增加趋势；30～60d，NO值缓慢下降；60～95d，NO值较平稳，差别不大；感染后130d血清中NO值稍有回升。C组NO值在各时期变化不大。

Ab效价：IF组抗猪囊尾蚴Ab效价随猪囊尾蚴发育时间的延长逐渐升高。

L-AI：IF组L-AI在感染后30d以前极显著低于C组（$P<0.01$）；在感染后40～130d，IF组L-AI值显著高于C组（$P<0.05$；$P<0.01$）。C组L-AI在猪体生长发育过程中变化不明显，而IF组L-AI值于感染后19d以前逐渐下降；30～60d，L-AI值迅速升高；60d以后，L-AI值稍有下降并趋于稳定。

实验发现，抗猪囊尾蚴Ab效价与猪囊尾蚴的感染量有相关性，其结果见表3-20。

表3-20 猪体感染囊尾蚴的密度（D）与猪囊尾蚴Ab效价的关系

Table 3-20 Correlation between density (D) of cysticerci and level of specific antibodies (Ab) in the pigs infected by *C. cellulosae*

实验动物编号 No.	相关系数(coefficient of correlation)		
	D(T・100g^{-1})	Ab(log2)	correl
5	0.7	3	
9	7.5	5	
14	22.5	6	0.9607**
36	28.4	8	
47	35.7	8	

** 表明组间有极显著的相关性（$P<0.01$）。

** means significant correlation between two groups ($P<0.01$).

根据表3-20，抗猪囊尾蚴Ab效价与感染量呈显著正相关（$P<0.05$），即抗猪囊尾蚴Ab效价高者，猪体感染囊尾蚴量也高。

3.5.2.2.2 猪囊尾蚴发育过程中宿主NO、Ab效价及L-AI的变化规律

(1) NO升高促进猪囊尾蚴细胞凋亡

Furchgott和Zawadski（1980）发现血管内皮细胞可产生并释放一

种舒血管物质——内皮细胞衍化舒张因子（endothelium-derived relaxing factor，EDRF）。根据 NO 与 EDRF 药理作用的相似性，Furchgott 和 Zawadski（1980）首次提出“EDRF 可能是 NO”。Moncada 等（1991）首次用化学发光法定量地证明了这一假设。从此 NO 的研究产生了飞跃发展，尤其是近几年来 NO 合成酶分子克隆的成功，将 NO 的研究推进到了分子水平。1992 年 Science 杂志将 NO 选为当年的“明星分子”，以突出其重要性。自从内源性 NO 被发现以来，其生物学作用的研究日益深入。NO 具有广泛的生理功能，功能之一是 NO 作为细胞毒性介质在抵御寄生虫入侵机体方面发挥重要作用。最早发现 NO 有抗寄生虫作用是在研究巨噬细胞对血吸虫尾蚴的细胞毒作用中发现的。巨噬细胞被 IFN-γ 和 LPS 或其他细胞因子激活后产生的 NO 对血吸虫尾蚴有杀灭作用，此种杀伤作用可被 L-NMMA（N^G-甲基-L-精氨酸）去除（Jwo and Loverde，1989）。另有资料表明 IFN-γ 活化的巨噬细胞产生 NO 对细胞内克锥虫有细胞毒作用，应用 L-NMMA 后，这种杀锥虫活性消失（Golden and Tarieton，1991）。反之，增加外源性精氨酸使 NO 的产生进一步增加，巨噬细胞杀灭锥虫的能力也进一步加强（Norris et al.，1995）。此外活化的巨噬细胞杀伤布氏锥虫的作用机制也与 NO 有关（Vincendeau and Daulouede，1991；Vincendean et al.，1992）。但 Sternberg 等（1994）认为布氏锥虫感染时，NO 亦能减弱淋巴细胞的免疫力，导致免疫抑制，若抑制 NO 的产生则可减轻锥虫感染的程度。陈学民（1999）研究囊尾蚴病患者血清中 NO 水平时发现，囊尾蚴病患者血清中 NO 的水平比健康人血清中 NO 水平显着增高，而且该病活动期病人全身皮下囊结数越多，血清 NO 量就越高，反之则越低，即病情越重，囊结数越多，病人机体通过病理机制产生的 NO 量就越多。而魏泉德等（1999）检测了脑囊尾蚴病患者血清中的 NO，发现其水平显着地低于正常对照组的 NO 水平。说明 NO 水平与囊尾蚴感染存在密切关系，囊尾蚴感染引起 NO 水平升高还是降低，有待于进一步研究。

关于 NO 抗寄生虫作用的机制至今尚未完全阐明，多数学者认为是通过 NO 作用于寄生虫体内的代谢关键酶，与这些酶的活性部位 Fe-S 基结合而形成铁-亚硝酰基复合物，引起代谢酶活性受抑制，继而阻断寄生虫细胞的能量合成、DNA 复制，从而抑制和杀伤寄生虫（Stamler et al.，1992；Stamler，1994）。另一种可能机制是与氧自由基的作用。NO与O_2^- 作用生成$ONOO^-$（过氧化亚硝酸阴离子），$ONOO^-$质子化后迅速分解成NO_2^+ 和$OH^·$。$ONOO^-$为强氧化剂，$OH^·$为作用最强的氧自由基，通过链式反应导致含巯基蛋白破坏和脂质过氧化，$OH^·$还能与核酸反应引起DNA链断裂。NO可大大加强活性氧H_2O_2作用，两者共同作用可使寄生虫体内DNA链断裂（Pacello et al.，1995）。

近年来许多研究表明，具有特殊的生物学效应的NO在介导细胞凋亡方面发挥着很大的作用。史树贵和邵淑琴（1997）报道，NO能介导巨噬细胞、肥大细胞、胰腺RINm53细胞、B细胞等多种细胞发生凋亡。至于NO能否介导寄生虫的细胞凋亡未见报道。但有资料表明，NO在防御锥虫（Norris et al.，1995）、疟原虫（Mellouk et al.，1991）、血吸虫（Wynn et al.，1994）等多种寄生虫感染上发挥重要作用。孔宪寿（1996）报道NO抗寄生虫感染至少有两种作用方式：一种为自身的直接作用。在寄生虫体内，许多酶可与NO发生作用，如NO可与辅酶Ⅰ脱氢酶结合而抑制三磷酸甘油醛脱氢酶的活性，又可与氧竞争和细胞色素氧化酶结合，阻碍能量产生。寄生虫体内许多代谢酶的活性基团为Fe-S基团，NO可与之亚硝酰化而成铁亚硝酰硫醇复合物，造成铁离子耗竭和酶活性抑制。另一种为NO与超氧阴离子结合形成亚硝酸阴离子（$ONOO^-$）而发挥作用。$ONOO^-$通过硝化、亚硝酰化等多种作用而改变细胞受体、G蛋白、蛋白激酶等，从而改变细胞内信号传导通路；通过氧化DNA而改变DNA或使DNA链发生断裂。以上两种作用机制与焦鸿丽等（1997）、史树贵和邵淑琴（1997）报道的NO介导细胞凋亡的机制有相似之处，说明NO对寄生虫的抗感染作用很可能是通过诱导其体内的细胞凋亡来实现的。

（2）淋巴细胞诱导猪囊尾蚴细胞凋亡

本实验研究发现，猪囊尾蚴感染30d后，宿主淋巴细胞凋亡率随感染时间的延长明显增加，说明宿主免疫功能也受到损害，从而为其他病原体的入侵创造了便利条件。另外猪囊尾蚴在生长发育过程中需要从宿主体内获取一定量的糖、蛋白质、脂肪、各种维生素及其他一些物质，从而导致宿主营养缺乏。

3.5.3 猪带绦虫囊尾蚴的宿主防御反应

3.5.3.1 猪带绦虫囊尾蚴的宿主防御反应实验

3.5.3.1.1 宿主淋巴细胞凋亡的检测

(1) 淋巴细胞的制备

肝素抗凝血用 Hanks'液 1∶1 稀释，稀释后的样品加至含 1/2 体积淋巴细胞分离液的试管中，2 000r · min^{-1}离心 15min 后，吸取白细胞层，用 Hanks'液洗 2 遍，每次 1 500r · min^{-1}，离心 10min。

(2) 细胞凋亡的检测

台盼蓝染色检测细胞凋亡 细胞悬液用少量 pH 7.2 的 0.1mol · L^{-1} PBS 重悬浮，取 1 滴细胞悬液加 1 滴 0.1%的台盼蓝染液混匀后，取 1 滴混合液置于载玻片上，并覆上盖玻片，于显微镜下观察，被染成蓝色的细胞为坏死细胞，未被染成蓝色的细胞为正常细胞或凋亡细胞。

HE 染色及 TUNEL 法检测细胞凋亡 取少量细胞悬液滴在一张事先涂有多聚赖氨酸的载玻片上，推开，充分风干后，置于新鲜配制的 4%多聚甲醛中室温固定 1h，然后分别按常规 HE 染色方法和 TUNEL 法进行，对比 HE 染色和 TUNEL 检测方法的敏感性。凋亡细胞的形态改变包括染色质浓缩、细胞核裂解、凋亡小体的形成、细胞膜出泡等。TUNEL 法是对 TUNEL 试剂盒稍加改进，其检测程序如下：

① 固定后的细胞涂片经 pH 7.2 的 0.01mol · L^{-1} PBS 洗涤，5min，1 次，然后于 0.3% H_2O_2 中室温作用 1h；

② PBS 洗涤，5min，1 次，然后经 0.1% triton X-100 冰浴 2min；

③ 标记：PBS 洗涤 2 次后将样品周围的水分拭干，每片加 TUNEL 反应液 30μl，覆上盖玻片，于湿盒中 37℃作用 1h；

④ PBS 洗涤，5min，3 次，然后每片加 converter-POD30μl，覆上盖玻片，于湿盒中 37℃作用 30min；

⑤ PBS 洗涤，5min，3 次，将样品周围的水分拭干，加 DAB 底物，室温条件下避光显色 10～30min，显微镜下控制时间；

⑥ 蒸馏水充分洗涤，置苏木素中复染 1min，水洗，脱水，透明，中性树胶封固，显微镜下观察；

⑦ 结果判定：细胞核中有棕黄色颗粒者为阳性细胞，即凋亡细胞。

3.5.3.1.2 宿主组织细胞凋亡的检测

同 3.5.3.1.1 宿主淋巴细胞凋亡的检测。

3.5.3.2 猪带绦虫囊尾蚴的宿主防御反应变化

3.5.3.2.1 猪囊尾蚴发育过程中宿主细胞凋亡的检测

在检测细胞凋亡时，由于单凭一种方法检测凋亡细胞阳性率（apoptotic cell positive index，AI）恐有偏差，本实验在以 TUNEL 法为主的同时，兼顾 HE 染色，检测猪囊尾蚴发育过程中淋巴细胞凋亡阳性率（L-AI）、猪囊尾蚴头节凋亡细胞阳性率（S-AI）、囊壁凋亡细胞阳性率（W-AI）、猪囊尾蚴周围宿主肌肉组织细胞凋亡阳性率（M-AI）和远离猪囊尾蚴周围宿主肌肉组织细胞凋亡阳性率（D. M-AI）的变化，并将 HE 法及 TUNEL 法检测猪囊尾蚴发育过程中 L-AI 的结果作以比较。

（1）猪囊尾蚴发育过程中宿主淋巴细胞凋亡的检测

猪囊尾蚴发育过程中宿主淋巴细胞凋亡的检测结果见表 3-19、表 3-21。

表 3-21 HE 法和 TUNEL 法检测猪囊尾蚴发育过程中宿主 L-AI 的比较

Table 3-21 Comparion of L-AI detected by HE and TUNEL in the hosts parasitized by *C. cellulosae* in the development

方法 Method	感染时间/日 Age of infection/d				
	19	40	60	95	130
HE	3.110 ± 0.112^{A}	4.072 ± 0.231^{B}	6.356 ± 0.303^{A}	5.688 ± 0.053^{A}	5.796 ± 0.235^{A}
TUNEL	3.335 ± 0.216^{A}	4.876 ± 0.253^{A}	6.504 ± 0.207^{A}	5.830 ± 0.155^{A}	5.903 ± 0.177^{A}

HE 法和 TUNEL 法检测的 L-AI 值，除了感染后 40d TUNEL 法检测的 L-AI 值显著高于 HE 法的检测值（$P<0.05$）外，其余各时期，TUNEL 法检测值略高于 HE 法检测值，但差异不显著（$P>0.05$）。

(2) 猪囊尾蚴发育过程中宿主组织细胞凋亡的检测

猪囊尾蚴发育过程中宿主组织细胞凋亡 M-AI、D. M-AI 的检测结果见表 3-22。

根据表 3-22，猪囊尾蚴发育过程中，其寄生部位周围组织器官的细胞发生了明显的凋亡（图版 8A），为观察周围组织器官细胞凋亡的动态变化，仅详细统计了肌肉组织细胞的凋亡率。M-AI 值随猪囊尾蚴发育时间的延长迅速上升，而 D. M-AI 则变化不大。在检测 80d、95d、130d 的 D. M-AI 的同时，分别剖杀 3 头猪，检测了对照组猪肌肉组织细胞的凋亡阳性率（C. M-AI），结果 D. M-AI 与 C. M-AI 值差异不显著（$P>0.05$）。

现已证明，某些寄生虫感染诱导的细胞凋亡在疾病的发病机制中起重要作用。Toure-Balde 等（1995）报道，和健康人相比，急性恶性疟原虫及慢性无症状疟原虫感染均可诱导外周血单核细胞发生高水平的细胞凋亡。Lopes 等（1995）研究证明，克氏锥虫鞭毛体感染小鼠，可导致小鼠 T 细胞出现部分免疫抑制，因为感染诱导了成熟 T 细胞中 CD_4^+ T 细胞发生凋亡。Alizadeh（1994）报道致病的自由生活阿米巴——卡氏棘阿米巴在体外可溶解多种瘤细胞，其机制是诱导肿瘤细胞凋亡。另外，寄生虫也会因抑制宿主发生细胞凋亡达到维持感染和虫荷的目的。Moore 和 Matlashewski（1994）研究发现，在缺失外源性生长因子条件下，源自骨髓的巨噬细胞（BMMS）用杜氏利什曼原虫感染或者在培养液中添加感染有杜氏利什曼原虫 BMMS 的培养上清夜，均可提高细胞活力，并明显延长细胞的存活时间。Moore 和 Matlashewski 发现，一般正常体外培养的 BMMS 在去除巨噬细胞集落刺激因子（macrophage colony stimulating factor，M-CSF）后，细胞活性迅速下降，48h 内约有 70%细胞发生凋亡。但用杜氏利什曼原虫前鞭毛体主要表面分子磷酸脂多糖（LPG）处理，可抑制 BMMS 因缺乏 M-CSF 而导致的细胞凋亡。可见，利什曼原虫通过抑制宿主细胞凋亡，提高感染细胞的活力和数量，从而有助于感染的传播。寄生虫和宿主相互作用过程中能否发生细胞凋亡，是长期进化中二者相互适应、自然选择的结果。研究寄生虫的细胞凋亡及其与宿主相互作用的关系，对于寄生虫的免疫预防以及药物设计和给药途径的确定将具有重要意义。

表 3-22 猪囊尾蚴发育过程中宿主 M-AI、D. M-AI 的变化
Table 3-22 Changes of M-AI and D. M-AI in the hosts

感染时间/日 Age of infection/d	指标 Index	
	M-AI/%	D. M-AI/%
19	2.523±0.192	0.056±0.002
30	4.665±0.124	0.142±0.003
40	7.905±0.391	0.116±0.002
60	7.517±0.183	0.068±0.003
70	8.406±0.092	0.078±0.004
80	10.431±0.717	0.086±0.007
95	15.145±0.437	0.085±0.009
130	31.304±0.205	0.079±0.010

3.5.3.2.2 猪囊尾蚴发育过程中的宿主炎性反应

不同宿主或同一宿主不同组织器官对猪囊尾蚴感染的反应程度不同，甚至同一宿主同一组织器官上寄生的两个虫体周围的宿主反应程度也不同。为观察猪囊尾蚴发育过程中宿主炎性反应的动态变化，仅将前肢肌大致相同位置上寄生的囊尾蚴及周围宿主作为检测对象。

感染后 19d，虫体周围宿主反应主要是炎性细胞浸润，以嗜中粒细胞及嗜酸粒细胞为主，并有较多的淋巴细胞浸润；炎性细胞外侧宿主肌肉组织出现轻度萎缩（图版 9A-1）；

感染后 30d，虫体周围有多量嗜酸粒细胞及淋巴细胞浸润，有的嗜酸粒细胞附着于虫体表皮层上，引起皮层破损，此时开始出现少量成纤维细胞、巨噬细胞和上皮样细胞（图版 9A-2）；

感染后 40d，宿主反应严重，虫体周围出现一层凝固性坏死物，有时可见到变性坏死的嗜酸粒细胞，坏死层周围结缔组织呈围墙样增生，向外靠近宿主组织为大量的淋巴细胞浸润，并出现多量的巨噬细胞、上皮样细胞及少量的嗜酸粒细胞浸润，虫体周围宿主毛细血管部分充血，肌肉组织萎缩（图版 9A-3）；

感染后 60d，嗜酸粒细胞聚集在头节周围的炎性反应层内面，组成第一道防线，并有向头节进攻的趋势，个别嗜酸粒细胞已黏附到头节上。向外一层有多量上皮样细胞聚集，靠近宿主肌肉组织为结缔组织增生，并有淋巴细胞及嗜酸粒细胞浸润（图版 9A-4）；囊壁周围为一层上

皮样细胞，有少量嗜酸粒细胞黏附到囊壁上，外层为结缔组织增生，并有大量淋巴细胞及嗜酸粒细胞浸润，嗜酸粒细胞有脱颗粒现象并有向炎区内层移动的倾向，周围宿主肌肉组织中也有散在分布的嗜酸粒细胞，并有向炎区移动的倾向（图版 9A-5）；感染后 95d，炎区内侧以上皮样细胞浸润为主，并有多量的嗜酸粒细胞，有少量嗜酸粒细胞黏附到囊壁上；外侧以结缔组织增生为主，并有多量淋巴细胞及少量嗜酸粒细胞浸润，周围肌肉组织水肿，整个炎区嗜酸粒细胞脱颗粒现象明显（图版 9A-6）；

感染后 130d，虫体周围炎性反应较轻，肌肉组织水肿，间隙增宽，有少量淋巴细胞浸润，囊壁皮下层及周围宿主肌肉组织上有许多嗜酸颗粒沉着（图版 9A-7）。

3.5.4　猪带绦虫囊尾蚴的影响相关分析

3.5.4.1　猪囊尾蚴发育成熟前各种指标的相关性分析

将猪感染囊尾蚴后 19d、30d、40d、60d 的 NO、Ab、L-AI、S-AI、W-AI、M-AI 六种指标作相关性分析，其结果见表 3-23。

表 3-23　猪囊尾蚴体内发育成熟前各种指标的相关性分析
Table 3-23　Analysis on correlation among a few indexes before *C. cellulosae* are mature *in vivo*

指标 Index	指标 Index					
	NO	Ab	L-AI	S-AI	W-AI	M-AI
NO	1					
Ab	－0.813 7	1				
L-AI	－0.756 0	0.989 4*	1			
S-AI	0.989 7*	－0.869 8	－0.809 0	1		
W-AI	0.954 3*	－0.941 6	－0.915 3	0.967 6*	1	
M-AI	－0.893 2	0.905 4	0.834 4	－0.947 8	－0.909 1	1

* 表明显著相关（$P<0.05$）。
* means significant correlation（$P<0.05$）.

根据表 3-23，NO 与 S-AI 和 W-AI 均呈显著正相关（$P<0.05$）；Ab 和 L-AI 呈显著正相关（$P<0.05$）；S-AI 和 W-AI 呈显著正相关（$P<0.05$）。

3.5.4.2　猪囊尾蚴发育成熟后各种指标的相关性分析

将感染囊尾蚴后 60d、80d、95d、130d 的 NO、Ab、L-AI、S-AI、

W-AI、M-AI 六种指标作相关性分析，其结果见表 3-24。

表 3-24 猪囊尾蚴体内发育成熟后各种指标的相关性分析

Table 3-24 Analysis on correlation among a few indexes after *C. cellulosae* are mature *in vivo*

指标 Index	指标 Index					
	NO	Ab	L-AI	S-AI	W-AI	M-AI
NO	1					
Ab	0.680 9	1				
L-AI	−0.452 8	−0.959 7*	1			
S-AI	0.545 6	0.890 3	−0.904 8	1		
W-AI	−0.481 5	−0.964 0*	0.997 9**	−0.930 2	1	
M-AI	0.995 3**	0.744 5	−0.533 9	0.622 3	−0.562 3	1

* 表明相关显著（$P<0.05$），** 表明相关极显著（$P<0.01$）（全书同）。

* means significant correlation（$P<0.05$），** means highly significant difference（$P<0.01$）and the same in all concents.

根据表 3-24，NO 与 M-AI 呈极显著正相关（$P<0.01$）；Ab 与 L-AI 和 W-AI 均呈显著负相关（$P<0.05$）；L-AI 与 W-AI 呈极显著正相关（$P<0.01$）。

3.5.4.3 猪囊尾蚴发育过程中各种指标的相关性分析

将感染囊尾蚴后 19d、30d、40d、60d、80d、95d、130d 的 NO、Ab、L-AI、S-AI、W-AI、M-AI 六种指标作相关性分析，其结果见表 3-25。

表 3-25 猪囊尾蚴发育过程中囊尾蚴及宿主体内几种指标的相关性分析

Table 3-25 Analysis on correlation among a few indexes in *C. cellulosae* in the development and their hosts

指标 Index	指标 Index					
	NO	Ab	L-AI	S-AI	W-AI	M-AI
NO	1					
Ab	−0.735 4	1				
L-AI	−0.798 3*	0.908 2**	1			
S-AI	0.987 3**	−0.756 7*	−0.834 2*	1		
W-AI	0.740 9	−0.977 1**	−0.828 2*	0.7330	1	
M-AI	−0.391 4	0.751 5	0.538 7	−0.439 6	−0.7430	1

根据表3-25，猪囊尾蚴发育过程中NO与L-AI呈显著的负相关（$P<0.05$）；NO与S-AI呈极显著正相关（$P<0.01$）；Ab与L-AI呈极显著正相关（$P<0.01$）；Ab与S-AI、W-AI均呈显著负相关（$P<0.05$；$P<0.01$）；L-AI与S-AI和W-AI均呈显著负相关（$P<0.05$）。

3.5.5 带虫宿主的血清唾液酸含量变化

人工感染猪囊尾蚴病猪于感染60d前，血清唾液酸含量逐渐增多，于感染95d后则逐渐减少（表3-26）。

表3-26 带虫宿主的血清唾液酸含量变化

Table 3-26 The changes of the content of the sialic acid (SA) in the hosts parasitized by *C. cellulosae* in the development

指标 Index	感染后时间/日 Ages after infection/d									
	0	15	30	40	50	60	80	95	105	130
SA	14.607 ± 0.038[a]	14.673 ± 0.028[a]	14.832 ± 0.284[a]	14.990 ± 0.365[a]	15.721 ± 0.500[a]	16.621 ± 0.462[a]	16.825 ± 0.738[a]	17.185 ± 0.341[a]	10.134 ± 0.180[a]	9.464 ± 0.206[a]

注：单位为mg NANA·dl^{-1}。
Note: unit is mg NANA·dl^{-1}.

3.6 猪带绦虫囊尾蚴病发生机制

3.6.1 猪带绦虫囊尾蚴的免疫逃避机制

许多资料表明，猪囊尾蚴感染能诱导宿主产生很强的免疫反应。Flisser等（1980）发现，50%的囊尾蚴病患者血清与猪囊尾蚴抗原发生沉淀反应，并且补体参与了抗体介导的保护性免疫。本实验研究也发现，随着猪囊尾蚴感染时间的延长，抗猪囊尾蚴抗体效价呈上升趋势，甚至有的猪体效价达1∶2 048，但却未能阻滞囊尾蚴的增殖。为什么猪囊尾蚴能在宿主免疫机能健全的情况下仍然存活生长呢？作者认为有以下几种因素使猪囊尾蚴能够逃避宿主的免疫效应而存活。

3.6.1.1 机械性屏障

Laclette等（1989）发现，在猪囊尾蚴寄生部位附近有B抗原存在，它具有蛋白活性，在囊尾蚴寄生部位构建了一种对幼虫起保护作用的小环境，阻碍了宿主免疫系统的细胞和分子与囊尾蚴接触，从而使囊尾蚴逃避宿主免疫系统的攻击。

3.6.1.2 虫体体内存在蛋白酶

有报道认为宿主蛋白是绦虫幼虫氨基酸的来源，绦虫幼虫主动与宿主蛋白结合，这种宿主蛋白可在幼虫囊壁表面及囊液中见到，宿主免疫球蛋白可被囊尾蚴主动捕捉，然后在囊壁及囊液中缓慢降解，并发现猪带绦虫囊尾蚴可产生半胱氨酸、天门冬氨酸及金属蛋白酶。宿主 IgG 可被寄生虫酶在酸性环境条件下体外降解，半胱氨酸蛋白酶是肥头绦虫幼虫降解宿主 IgG 的主要酶。Hustead 和 Williams（1977）通过 ^{125}I 免疫球蛋白和免疫电泳实验研究包虫时发现，免疫球蛋白不仅能渗透囊壁，而且能保持结构和功能的完整性，由于囊液中含有蛋白酶，致使渗入囊腔的免疫球蛋白迅速降解而变为碎片，原有的免疫机能随之消失。

3.6.1.3 虫体表面存在宿主蛋白

有报道认为猪囊尾蚴的微毛表面存在有一定数量的猪血清蛋白。史大中（1988）报道猪囊尾蚴表面蛋白大部分与宿主骨胳肌组织中的可溶性蛋白存在一致的 SDS-PAGE 迁移率，说明囊尾蚴表面有宿主蛋白存在，宿主蛋白吸附于虫体表面，起到伪装虫体的作用，从而阻断宿主免疫系统对囊尾蚴抗原的识别和攻击。

3.6.1.4 抑制宿主细胞免疫反应

Molinari 等（1983）发现，猪免疫接种后抗体应答的强度与保护力无关，而抵抗囊尾蚴感染的免疫力主要取决于细胞免疫反应。翟春生等（1992，1998）也证实猪抵抗囊尾蚴感染的能力主要依赖于细胞免疫反应的强弱，而与体液免疫反应无关。赵灵芝等（1991）检测了脑囊尾蚴病患者外周血 T 淋巴细胞亚群，结果显示：脑囊尾蚴病患者 OKT_3^+、OKT_4^+ 细胞及 OKT_4/OKT_8 比值明显低于正常对照组，说明脑囊尾蚴病患者细胞免疫功能低下，免疫机能紊乱。Tato 和 White（1996）从猪囊尾蚴中分离出一种囊尾蚴因子（MF），并证实 MF 可损伤宿主IL-2、IL-4、IFN-γ、TNF-α 等细胞因子的产生。张唯哲（1996）研究表明囊尾蚴病患者产生 IL-2 及 IFN-γ 的能力明显降低。本实验研究发现，囊尾蚴感染 30d 后，宿主淋巴细胞凋亡率明显增加，说明囊尾蚴感染可导致宿主免疫功能低下，削弱了机体的免疫保护作用。

3.6.1.5　囊尾蚴释放抑制因子

Tato 和 White（1996）报道，活的囊尾蚴可以分泌 MF 抑制其周围炎症细胞的聚集。囊尾蚴体表可释放一种重硫酸多聚阴离子蛋白多糖，该物质可经替代途径激活补体，使补体成分耗竭（Siebert et al.，1978；Cohen and Warren，1982）。Hammberg 等（1976）在囊尾蚴囊液中发现抗补体因子，当囊尾蚴结囊后，囊液中高水平的抗补体因子，使囊尾蚴对补体的敏感性逐渐减弱。Laclette 等（1989）研究发现囊尾蚴分泌的 B 抗原和副肌球蛋白对胶原具有亲和性，通过与 C_{1q} 中类似胶原的片段反应，从而抑制补体的经典激活途径。Suquet 等（1984）在巨颈绦虫囊尾蚴体内分离出一种影响炎症反应的蛋白酶抑制因子，Leid 等（1984）发现此种蛋白酶抑制因子能够抑制兔脾细胞的增殖反应，并能阻断补体激活的经典途径和替代途径。在巨颈绦虫囊尾蚴体内还分离出来超氧化物歧化酶及谷胱甘肽过氧化物酶（Leid and Suquet，1986），表明宿主体内依靠氧的杀伤机制可能受到抑制。巨颈绦虫囊尾蚴体内的这些抑制因子在猪囊尾蚴体内也可能存在。

除此之外，寄生虫感染宿主的高滴度抗体并非都是寄生虫特异性的，例如锥虫病人血清中高水平的 IgM 抗体可与某些无关抗原如卵蛋白、单链 DNA、类风湿因子、红细胞等出现交叉反应，无明显的免疫保护作用。寄生虫在宿主体内寄生时由于宿主抗体的作用也可能出现抗原变异（席漂生，1992）。总之，猪囊尾蚴与宿主的相互作用关系复杂，囊尾蚴感染可引起宿主机体体液免疫和细胞免疫系统发生一系列的变化。一方面囊尾蚴抗原诱导抗体产生，引起体液免疫和细胞免疫应答，诱导机体产生免疫力，并且激活的补体和嗜酸粒细胞使囊尾蚴受损；另一方面囊尾蚴可能通过其自身的调节，抑制宿主免疫，引起免疫耐受等而逃避宿主的免疫攻击。囊尾蚴与宿主免疫之间复杂的相互作用，导致了囊尾蚴病中出现一些免疫病理改变。

3.6.2　猪带绦虫囊尾蚴的临床致病机制

猪带绦虫六钩蚴进入宿主就损害而言是没有潜伏期的，要说有潜伏期即从食入虫卵至六钩蚴孵出钻入肠壁，或者随血流至全身各部位组织的过程，大约 24～72h。因六钩蚴进入肠壁随血流至全身，在此移行中，六钩蚴可分泌溶组织酶，像打隧道一样对宿主机体造成损害，以至经 2～3 个月形成囊尾蚴，对宿主都是有害的，此期正处于幼虫急性侵犯机体期，组织反应严重（马云祥等，1995）。囊尾蚴周围组织的基本病理变化是炎性反应。作者观察发现，囊尾蚴侵入宿主后，宿主炎性细胞在囊尾蚴周围出现似乎有先后顺序。感染早期如 19d，由于嗜中粒细胞可很快地从血液到达感染部位，因而是最先到达炎性部位的效应细胞。激活的中性粒细胞发生呼吸暴发，能够产生许多反应性氧中间产物，包括过氧化氢（H_2O_2）、超氧化基团（$O_2^{\cdot-}$）、单态氧（$^1O_2$）、羟自由基（$OH^{\cdot}$）等，杀伤虫体。然而在发挥抗感染作用的同时，嗜中粒细胞也引发了宿主组织的免疫病理反应，导致组织病变，出现水肿等(张桂筠和沈一平 1999)。嗜中粒细胞可释放嗜酸粒细胞趋化因子（eosinophil chemotactic factor，ECF），从而吸引大量的嗜酸粒细胞在猪囊尾蚴周围聚集。Ansari 和 Williams（1976）研究认为，在虫体周围抗原抗体复合物通过激活补体系统也可产生嗜酸粒细胞趋化因子 C (ECF-C) 及通过Ⅰ型变态反应产生嗜酸粒细胞趋化因子 A（ECF-A)，对嗜酸粒细胞表现出明显的趋化活性。许多学者在研究绦虫属其他幼虫时也发现了嗜酸粒细胞在虫体周围局限性增加的现象（Flatt and Moses，1975；Butterworth，1977，1979；Sterba et al.，1978，1979；Leid and Williams，1979；Caulfield et al.，1980a，1980b；Joseph，1982；Owashi et al.，1983；Horri et al.，1984；Potter and Leid，1986)。嗜酸粒细胞是Ⅰ型变态反应的重要效应细胞，具有损伤作用。Ⅰ型变态反应中活化的肥大细胞产生细胞因子如 IL-5、TNF 等，能引起内皮细胞表达内皮细胞白细胞黏附分子Ⅰ（endothelial leukocyte adhesion molecule-1，ELAM-Ⅰ），同时 IL-5 使嗜酸粒细胞增生、成熟、分化，并吸引嗜酸粒细胞参与Ⅰ型变态反应的延缓相反应，嗜酸粒细胞与表达 ELAM-Ⅰ的内皮细胞结合，释放出大量致炎因子如白三烯 B_4、白三烯 C_4、血小板活化因子（platelet activating factor，PAF）、上皮毒性物质如 MBP、ECP、EPO 和嗜酸粒细胞神经毒素（eosinophil-derived neurotoxin，EDN)，对组织造成损伤（刘影和沈一平，1999)。感染后 19d，淋巴细胞也出现大量聚集，并有部分淋巴细胞分化成浆细胞，说明宿主的免疫反应在迅速增强。感染后30d，巨噬细胞及上皮样细胞开始出现，但炎性细胞仍以嗜酸粒细胞和淋巴细胞浸润为主，在炎性细胞外层开始出现结缔组织增生。随着感染时间的延长，虫体周围出现坏死，坏死细胞主要是嗜酸粒细胞和淋巴细胞，同时巨噬细胞和上皮样细胞变得非常活跃，在虫体周围呈围墙样增生，嗜酸粒细胞似乎从一线上退下来，并分散在炎性肉芽肿之间。宿主炎性细胞类型的变化是根据其功能发生的，上皮样细胞或巨噬细胞聚集试图吞噬消灭虫体，当无法消灭时，在虫体外围形成结缔组织包囊使其局限在某一部位。另外在虫体周围发现有一组织溶解区，大小不同，不能排除囊尾蚴向周围组织释放溶解酶的可能，这些酶和淋巴细胞产生的酶一起通过产生类似化学毒素的分解产物加剧宿主炎性反应。

本实验研究发现猪囊尾蚴周围宿主组织或器官出现强烈的炎性反应，并且细胞出现明显凋亡，凋亡率随猪囊尾蚴体内发育时间的延长而增加，而远离囊尾蚴的宿主组织或器官未发生明显的病理变化，其细胞凋亡率也同正常组织或器官一样未有显著变化，说明囊尾蚴寄生主要引起周围组织或器官出现功能障碍，而对远离囊尾蚴的宿主组织或器官无明显的病理损害。囊尾蚴在侵入宿主器官或组织后，体积逐渐增大，因而逐渐形成了压挤周围组织器官的作用，而且猪囊尾蚴在宿主体内生活过程中，不断地排泄代谢产物及释放毒素类物质，使宿主产生不同程度的损害。通过对宿主血清中NO值的检测发现，NO在猪囊尾蚴的整个发育过程中均显著高于正常对照组猪血清的NO值。NO在发挥其对猪囊尾蚴细胞毒性作用的同时，由于其过量产生，对宿主组织或器官也可能产生损害作用。NO生成过多导致机体的病理损害作用已有许多资料报道。张墨英等（1999）报道，过量的NO将与蛋白质、脂肪、核酸等生物大分子作用，损伤机体自身组织，破坏细胞和机体稳态，对机体产生毒性。Natanson 等（1994）报道NO可促进巨噬细胞释放多种细胞因子而具有促炎作用。NO本身也能使血管舒张，形成水肿和局部红斑，增加炎性渗出（Clancy and Abramson，1995）。有研究表明，NO能引起胸腺细胞（Fehsel et al.，1995）、心肌细胞（Suzuki et al.，1996，Szabolcs et al.，1996）、血管平滑肌细胞（Nishio et al.，1996，Szabolcs et al.，1996）等发生凋亡。但本实验结果显示，NO与猪囊尾蚴周围肌肉组织细胞及远离囊尾蚴的肌肉组织细胞凋亡率无明显相关性。本实验研究还发现，猪囊尾蚴感染30d后，宿主淋巴细胞凋亡率随感染时间的延长明显增加，说明宿主免疫功能也受到损害，从而为其他病原体的入侵创造了便利条件。另外猪囊尾蚴在生长发育过程中需要从宿主体内获取一定量的糖、蛋白质、脂肪、各种维生素及其他一些物质，从而引起宿主营养缺乏。

3.6.3　唾液酸实验检测的临床实际意义

目前研究表明，唾液酸（sialic acid，SA）是细胞膜上糖蛋白和糖脂的重要成分，参与细胞表面的多种生理功能。SA是一族化合物的总称，是神经氨酸N-羟乙酰化或O-乙酰化的衍生物。早在1940年，Blix就在许多唾液黏蛋白中发现了此类物质。Hirst等（1942）用唾液酸苷酶或温和酸水解方法将SA从上述复合物中分离出来。此后几十年来，广大科学工作者对SA的化学结构、生物学功能及临床应用方面进行了较系统和深入的研究，SA大多数以结合的形式存在于糖蛋白、糖脂分子的糖链以及一些寡糖中。主要存在形式为N-乙酰神经氨酸（N-acetylneuraminic acid，NANA），其次为N-羟乙酰神经氨酸（N-glycolylneuraminic acid，NGNA）。糖蛋白和糖脂作为细胞表面的成分，参与许多重要的生理过程（Winzler，1995；Schauer，1982；Shankar，1994）。

SA是细胞膜上糖链末端的残基，是膜上负电荷的来源，细胞表面的许多生物学现象如细胞的分化、癌细胞的转移、细胞的识别、黏着、接触抑制、细胞老化等都与膜上的唾液酸有关（张春明等 1989，1990；袁玉坤等 1991；张莉萍和王毅 1995），它也是膜受体的成分之一。因此，细胞膜上唾液酸含量的改变将导致细胞内一系列生物学变化，如细胞凝集性的增加和溶血、抗原抗体性质的改变、细胞老化的加速等。SA的“抗识别作用”是SA参与细胞识别的一种方式，有着一定的生理或病理意义。例如，动脉粥样硬化的发生和发展与低密度脂蛋白在血管内壁内皮细胞中的沉积有密切关系，内皮细胞表面SA含量的多少虽然不直接影响LDL与内皮细胞的结合但对LDL进入内皮细胞的过程却影响很大。用唾液酸苷酶预处理除去细胞表面SA后，可使LDL的摄入量超过对照组10倍。估计LDL在进入细胞的机制中，SA起着某种抗识别作用。SA的抗识别作用在免疫反应中也有许多表现，例如许多癌化后的细胞，其表面富含唾液酸黏蛋白，这是一类含 SA 的 O—糖苷键连接的糖蛋白，其含量可高达细胞膜上蛋白含量的 0.5%，而在正常细胞表面，这类成分没有或很少。许多人认为这是癌细胞逃避免疫攻击的机制，并且和癌细胞的转移有关。将癌细胞分离出来，用唾液酸苷酶除去细胞表面的 SA，再重新注入体内，结果导致体内原有的、经化学致癌剂诱发的癌细胞解体或消失。由于 SA 在酶的催化、免疫反应、肿瘤迁移、细胞黏着及物质转运等许多生理或病理过程中起作用，并鉴于 SA 在生物体内的重要地位，现已引起人们的广泛关注和极大兴趣。SA 含量的测定已作为某些疾病的诊断及鉴别诊断指标应用于临床，以及某些疾病的病因学研究。

3.6.3.1 唾液酸与猪囊尾蚴病的早期诊断

研究结果发现，人工感染猪囊尾蚴病猪在感染后 95d 之前血清唾液含量高于未感染猪，说明血清唾液酸含量与猪囊尾蚴感染有关。在猪囊尾蚴感染早期，带虫宿主的血清唾液酸含量较高，感染后期则较低，提示血清唾液酸对猪囊尾蚴感染早期诊断具有一定意义。虽然还不能作为特异性诊断指标，但与临床检查相配合，可作为猪囊尾蚴早期诊断的辅助指标。

3.6.3.2 唾液酸与猪囊尾蚴衰老

研究结果发现，在猪囊尾蚴成熟之前，随着猪囊尾蚴的发育，猪囊尾蚴细胞膜上唾液酸含量逐渐增多，成熟后至 95d，膜唾液酸含量继续增多，95d 后则逐渐减少。结果表明，随着猪囊尾蚴年龄的增长，其膜唾液酸含量明显减少。膜上唾液酸含量的明显减少，提示膜的结构出现异常。猪囊尾蚴发育后期虽然还没有明显的生理改变，但在分子水平上已有反应，可能分子水平的变化是细胞水平变化的前兆。猪囊尾蚴膜唾液酸含量变化规律与带虫宿主血清唾液酸含量的变化规律呈正相关，提示血清唾液酸含量变化可作为猪囊尾蚴衰老的一项鉴定指标。

3.6.3.3 唾液酸与抗囊药物早期治疗疗效判断

研究结果发现，用药后血清唾液酸含量发生改变。未成熟期猪囊尾蚴病猪在用药后 1d，血清唾液酸升高，2d 后逐渐降低；奥芬达唑使未成熟期猪囊尾蚴病猪血清唾液酸含量显著降低，阿苯达唑则使血清唾液酸升高。提示血清唾液酸含量降低可作为抗囊药物早期治疗疗效判断的一项参考指标。

小　结

本研究建立了猪囊尾蚴感染动物模型。采用体外孵化的猪带绦虫六钩蚴尾静脉注射给昆明种小白鼠，感染率达56%，且发现猪囊尾蚴仅在小鼠肺部感染。49头仔猪于人工口服感染猪带绦虫卵后60～130d剖杀，前肢肌、后肢肌、心肌、舌肌、膈肌、肝、脑、肺等部位均有不同程度的囊尾蚴寄生，感染率达100%。

系统地研究了猪囊尾蚴的体内发育规律，发现猪带绦虫卵感染后19d即有幼年期囊尾蚴出现，使之与体外成功培养猪代绦虫六钩蚴至16d紧密衔接，为猪囊尾蚴发育生物学研究奠定重要的时间和空间基础。至感染后60d猪囊尾蚴发育成熟，建立了猪囊尾蚴以体内发育60d为限分为未成熟期和成熟期猪囊尾蚴的新理论，为猪囊尾蚴发育生物学和药物实验研究提供了重要的实验依据和理论根据。囊壁相当于胚胎器官，在猪囊尾蚴的整个发育过程中，起着极为重要的作用。猪囊尾蚴发育的同时，由于受到宿主因素如NO、淋巴细胞的影响而发生一定比例的细胞凋亡，发育成熟后细胞凋亡率基本保持在一稳定水平。系统、全面地观察了猪囊尾蚴发育过程中的形态学和超微形态学变化，发现猪囊尾蚴头颈部微毛直立分布，囊壁部微毛成簇分布；囊壁部分两个区域，近颈部区域和远颈部区域；囊壁上有孔道样结构，有的开放有的关闭，近颈部区域开放的孔道较少。明确了猪囊尾蚴的囊壁由外向内有皮层（T）、外侧间质层（EM）、实质区（PL）、内侧间质区（IM）、内侧皮下基质区（IMZ）和内层（IL）6层结构，头颈部由外向内有皮层（T）、间质层（M）和实质区（PL）3层结构。

通过观察实验猪以六钩蚴人工感染后，体内囊尾蚴发育过程中的形态学变化和测定以糖代谢为主的能量代谢的有关物质含量（Glc、Lac）和酶活性（PEPCK、PK、LDH、SDH、ICD、XOD、ME、GDH、FR、ATPase、ACP、AKP、G6Pase、FE）的变化及进行LDH、SDH、ICD同工酶电泳观察，阐明了未成熟期猪囊尾蚴和成熟期猪囊尾蚴的能量代谢变化规律。结果表明猪囊尾蚴具有与其他寄生蠕虫类似的物质转运、糖有氧分解、糖无氧分解、局部的逆向三羧酸循环、三羧酸循环、脂类分解、氨基酸分解、嘌呤分解、糖异生等能量代谢途径，由未成熟期到成熟期，能量代谢逐渐活跃。

对猪囊尾蚴膜分子生物学进行了较系统全面的研究，提出了猪囊尾蚴的生物膜系统在发育过程中处于不断的变化之中，各自担负着不同的功能。揭示了猪囊尾蚴的生物膜也是由膜脂、膜蛋白和膜糖组成，其中膜脂以CHO含量较多，磷脂含量较少，仅有PC和PE，没有PS和SP，表明PE合成不存在PC脱羧途径，而属于乙醇胺从头合成；膜外在蛋白ATPase活性，成熟期猪囊尾蚴高于未成熟期猪囊尾蚴，其中Na^+K^+-ATPase，Mg^{2+}-ATPase活性头颈部低于囊壁部，Ca^{2+}-ATPase活性头颈部高于囊壁部，证明囊壁部物质转运能力较强，头颈部Ca^{2+}转运能力较强；膜表面糖唾液酸（SA）含量的大小关系为：成熟期猪囊尾蚴＞未成熟期猪囊尾蚴＞六钩蚴，成熟期95d后逐渐减少，说明SA与猪囊尾蚴发育程度相关。

参考文献

常正山. 1994. 猕猴人工感染猪囊尾蚴的研究. 上海实验动物科学，4：231

陈佩惠，郭建勋，王秀琴. 1997. 阿苯达唑对体外培养猪囊尾蚴作用组织化学观察. 寄生虫与昆虫学报，4(1)：12～15

陈佩惠，杨进，王秀琴等. 1996. 阿苯达唑与甲苯达唑对体外培养的猪囊尾蚴作用的组织化学研究. 首都医科大学学报，17(1)：24～27

陈佩惠，王蜂房，张志敏. 1994. 阿苯达唑对体外培养囊虫的游离氨基酸含量的影响. 寄生虫与医学昆虫学报告，1(4)：27～31

陈佩惠，杨连雪，钟维列. 1990. 猪囊虫囊液游离氨基酸组分的研究. 中国寄生虫学与寄生虫病杂志，8(3)：181～183

陈佩惠，杨连雪，钟维列. 1988. 猪囊虫囊液氨基酸分析的研究. 动物学杂志，23(5)：54

陈维多，吕子义，唐丰山等. 1995. 膜分子生物学. 哈尔滨：黑龙江科学技术出版社

陈维多，周建平，石发庆等. 1996. 磷与奶牛细胞膜微黏度相关性的研究. 第六届全国生物膜学术讨论会论文摘要汇编，131

陈筱侠. 1995. 重度联合免疫缺陷型小鼠在寄生虫病研究中的应用. 上海实验动物科学，15(3)：186～189

陈学文. 1999. 囊尾蚴病一氧化氮免疫机制的临床研究. 中国人兽共患病杂志，15(1)：55～56

陈兆竣，牛安欧，周梓林. 1989. 丙硫咪唑对体外培养囊尾蚴作用. 中国人兽共患病杂志，5(4)：27～28

陈兆凌，牛安欧，周梓林等. 1989. 丙硫咪唑对糖原作用的观察. 中国人兽共患病杂志，5(4)：28

成军. 1995. 细胞凋亡的研究进展. 国外医学流行病学传染病学分册，22(3)：101～104

丁明孝. 1994. 细胞质基质. 生物学通报，29(8)：9～11

高文学，郝艳红，李庆章. 2001. 猪带绦虫囊尾蚴体内发育过程中ATPase活性的变化. 中国兽医杂志，37(10)：5～6.

高学军，李庆章. 2004. 猪体内囊尾蚴发育过程中能量代谢酶组织化学观察. 东北农业大学学报，35(1)：37～40

葛凌云，李庆山. 1990. 囊虫病诊治. 济南：山东大学出版社，14～17

顾有方，沈永林，毛鑫智. 2000. 片形吸虫病病原的研究概况. 中国兽医寄生虫病，8(2)：55～59

顾志香，唐雨德，刘玉等. 1999. 猪囊虫病实验动物模型的建立. 中国兽医学报，19(4)：360～361

和水祥，舒昌杰，韩玉从. 1995. 丹参对培养人胎肝细胞膜流动性的影响. 西北药学杂志，10(4)：165

黄芬. 1996. 细胞质膜微囊(Caveolae) 与信号转导. 第六届全国生物膜学术讨论会论文摘要汇编，12

姜洪杰，孙铁，杨连雪等. 1988. 人体与猪体囊蚴蛋白质和同工酶的初步研究. 首都医学院学报，9(3)：170～173

姜洪杰，杨连雪，曹伟. 1987. 猪带绦虫的不同发育阶段的同工酶及蛋白质组分的比较研究. 首都医学院学报，8(1)：35～38

蒋次鹏. 1994. 棘球绦虫和包虫病. 济南：山东科学技术出版社，139～166

焦鸿丽，杨和平，杨永宗. 1997. 一氧化氮介导的细胞凋亡. 国外医学生理、病理科学与临床分册，17(2)：134～136

孔宪寿. 1996. 一氧化氮与寄生虫感染. 国外医学寄生虫病分册，23(6)：244～248

连建安，崔黎明. 1987. 猪囊尾蚴乳酸脱氢酶酯酶的初步分析. 白求恩医科大学学报，13(6)：496～500

廖党金. 2000. 从寄生虫学的发展来看生物学革命. 中国兽医寄生虫病，8(3)：46～48

刘德惠，赵明辉，耿进明. 1998. 我国猪囊虫病流行病学与防治研究情况. 全国绦、囊虫病防治工作研讨会资料汇编，12：14

刘影，沈一平. 1999. 嗜酸粒细胞与寄生虫感染. 国外医学寄生虫病分册，26(6)：249～252

刘永杰，郝艳红，李庆章. 2002a. 发育过程中的猪带绦虫囊尾蚴的组织学观察(英文). 中国寄生虫病防治杂志，15(6)：360～362

刘永杰，李庆章，郝艳红. 2002b. 猪带绦虫囊尾蚴的发育过程及形态观察. 中国寄生虫学与寄生虫病杂志，20(5)：305～307

柳建发，邢建新. 1998. 组织化学技术及其在寄生虫学上的应用. 地方病通报，13(1)：103～105

柳建发. 1999. 电镜酶技术及其在肿瘤学和寄生虫学上的应用. 地方病通报，14(3)：95～97

马德海，徐淑云. 1987. 丙硫咪唑治疗猪囊尾蚴的效果观察. 内蒙古畜牧业，8：14

马云祥，刘建候，王运章等．1992．猪带绦虫囊尾蚴发育规律的实验观察．中国寄生虫病防治杂志，5(1)：38～41

马云祥，许炽标，于庆林等．1995．实用囊虫病学．北京：中国医药科技出版社，39

孟宪钦，王松山，焦炳忠等．1990．应用石灰小体鉴定脑猪囊虫病．中国医学检验杂志，13(4)：237～239

孟宪钦，王松山，周文琴等．1991．猪囊尾蚴刷状缘结构的冷冻蚀刻研究．中国寄生虫学与寄生虫病杂志，9(2)：130～132

瞿介明．1992．卡氏肺孢子虫肺炎动物模型建立及其检测方法．上海医科大学学报，19(3)：173～177

沈一平，张耀娟．1987．应用等电点聚焦和盘状电泳对三种并殖吸虫蛋白的分析．中华医学杂志，67(12)：682

史长松．1998．幼年大鼠隐孢子虫感染模型的建立．中国人兽共患病杂志，14(1)：53～54

史大中，刘德山，郭虹等．1987．囊尾蚴体外培养代谢物的测定与分析．中国兽医科技，88(4)：14～15

史大中．1988．猪囊尾蚴体外培养代谢的测定与分析．中国兽医科技，18(4)：14

史树贵，邵淑琴．1997．一氧化氮与细胞凋亡．国外医学生理、病理科学与临床分册，17(3)：267～270

田喜凤，徐敏，周珍．1995a．猪囊尾蚴超微结构的观察．中国寄生虫病防治杂志，8(4)：278～280

田喜凤，张宝栋，周珍等．1995b．带绦虫体壁的超微结构研究．寄生虫与医学昆虫学报，2(4)：213～217

田欣田，邱震东，孙广有等．1990．复方吡喹酮对猪囊虫结构及酶活性的影响．兽医大学学报，10(4)：400～401

王朝夫，梁英锐．1997．细胞凋亡的原位显示技术及应用．国外医学生理、病理科学与临床分册，17(2)：120～121

王凯惠，李雅杰，徐之杰等．1999．囊尾蚴胶原蛋白的提取与分析．寄生虫与医学昆虫学报，6(2)：94～98

王夔，林其谁．1999．脂质体药物传递系统．生命科学，11(4)：155

魏泉德，艾春媚，朱加勇．1999．脑囊虫病患者血清NO水平及机体免疫状态的研究．中国寄生虫病防治杂志，12(2)：115～116

席漂生．1992．肺部寄生虫病．北京：中国医药科技出版社

许良中．1977．实用肿瘤病理方法学．上海：上海医科大学出版社，618

阎风周，胡跃辉，杨茂春等．1989．猪囊虫囊二十项生化指标的研究．家畜传染病，7(3)：220～221

杨晓明，许华，曹自文等．1994．猪囊尾蚴病的小鼠动物模型的建立．中国寄生虫学与寄生虫病杂志，12(4)：297～299

余新炳．1993．现代应用寄生虫学．北京：中国医药科技出版社，333～339

袁玉坤，刘原，任正洪等．1991．苯接触对女工血清及红细胞膜唾液酸水平的影响．卫生毒

理学杂志，5(3)：205～206
曾成鸣，秦阳君，康格非. 1994. 高效液相色谱法分析生物膜磷脂. 重庆医科大学学报，19(2)：105
翟春生，康雨德，顾志香. 1998. 应用重组抗原预防猪囊虫病. 中国兽医学报，18(4)：359～362
翟春生，施正良. 1992. 应用ELISA检测囊虫病猪循环抗原的研究. 中国兽医科技，22(2)：13～15
翟春生，王永山，施正良. 1992. 囊虫病猪血清CA效价与虫负荷的相关性及CA与Ab的动态观察. 兽医大学学报，12(2)：127～130
张春明，刘艺，杨鸿昌. 1990. 唾液酸的生物学功能及临床意义. 哈尔滨医科大学学报，24(6)：500
张春明，杨鸿昌，康保安等. 1989. 急性心肌梗塞患者红细胞膜唾液酸含量测定. 哈尔滨医科大学学报，23(2)：140～142
张桂筠，沈一平. 1999. 寄生虫感染与嗜中粒细胞. 国外医学寄生虫病分册，26(1)：1～5
张莉萍，王毅. 1995. 血清唾液酸的研究进展. 国外医学临床生物化学与检验学分册，16(4)：171～172
张墨英，倪静安，施敏. 1999. 从硝酸甘油到NO. 自然杂志，21(4)：45～47
张唯哲. 1996. 细胞因子在寄生虫免疫中的作用. 哈尔滨医科大学学报，31(4)：348～350
赵灵芝，山长武，于江等. 1991. 脑囊虫病患者外周血T淋巴细胞亚群的研究. 中国寄生虫病防治杂志，4(3)：214～215
赵森林，付治峰，李云生等. 1986. 吡喹酮对体外猪囊尾蚴作用的电镜观察. 寄生虫学与寄生虫病杂志，4(2)：118
赵熨先. 1992. 人体寄生虫学（第二版）. 北京：人民出版社. 581
Agosin M. 1957. Studies on the metabolism of Echinococcus granulosus Lgeneral chemical compositon and respiratory reations. Exp rasitol，6：37～45
Alizadeh H，Pidherney M，McCauley J P，et al. 1994. Apoptosis as a mechanism of cytolysis of tumor cell by a pathogenic free-living amoeba. Infect and Immun，62(4)：1298～1303
Ansari A，Williams J F. 1976. The eosinophilic response of the rat to infection with Taenia taeniaeformis. J Parasitol，62(5)：728～735
Ansari B，Coates P. J，Greenstein B D，et al. 1993. In situ end-labeling detects and strand breaks in apoptosis and other physiological and pathological states. J Pathol，170：1～8
Bandres J C，White A C Jr，Samo T，et al. 1992. Extraparenchymal neurocysticercosis：report of five cases and review of management. Clin Infect Dis，15(5)：799～811
Baron P J. 1968. On the histology and ultrastructure of Cysticercus longicouis，the cysticercus of Taenia crassiceps Zeder，1800 (Cestoda，Cyclophyllifae). Parasitology，58：497～513
Barrett J. 1987. Biochemistry of Parasitic Helminths. London and Basingstoke：The Scientific and Medical Divition Macmillan Publishers LTD
Beach D H，Mueller J F，Holz G G Jr. 1980. Benzoquinones in stages of the life-cycle of the

cestode Spirometra mansonoides. Mol Biochem Parasitol，1(5)：269～278

BeccHOB A C. 1983. АРХИЦОВ. ВеТеРИНаРИЯ，1：38～39

Bryant C，Bennet E M. 1983. Observations on the fumarate reductase system in Haemonchus contortus and their relevance to anthelmintic resistance and to strain variations of energy metabolism. Mol Biochem Parasitol，7(4)：281～292

Butterworth A E，Masson D L，Gleich G J，et al. 1979. Damage to schistosomula of Schistosoma mansono induced directly by eosinophil major basic protein. J Immunol，122：221～228

Butterworth A E. 1977. The eosinophil and its role in immunity to helminth infection. Curr Top Microbiol Immunol，77：127～168

Caulfield J P，Korman G，Butterworth A E，et al. 1980a. The adherence of human neutrophils and eosinophils to schistosomula：evidence of membrane fusion between cell and parasite. J Cell Biol，86：46～63

Caulfield J P，Korman G，Butterworth A E，et al. 1980b. Partial and complete detachment of neutrophils and eosinophils from schistosomula. J Cell Biol，86：64～76

Clancy R M. Abramson S B. 1995. Nitric oxide：a novel mediator of inflammation. Proc Soc Exp Biol Med，210(2)：93～101

Cohen S，Warren KS. 1982. Immunology of Parasitic Infections. Oxford：Blackwell Scientific Publications

Cox F. 1987. Modern Parasitology. Oxford：Blackwell Scientific Publications

Echevarria F A，Gennari S M，Tait A. 1992. Isoenzyme analysis of Haemonchus contortus resistant or susceptible to ivermectin Vet Parasitol，44(1～2)：87～95

Egwang T G，Befus A D. 1984. The role of complement in the induction and regulation of immune responses. Immunol，51：207～224

Erabi T，Higuti T，Kakuno T，et al. 1975. Polarographic studies on ubiquinone-10 and rhodoquinone bound with chromatophores from Rhodospirillum rubrum. J Biochem (Tokyo)，78(4)：795～801

Fehsel K，Kroncke K D，Meyer K L，et al. 1995. Nitric oxide induces apoptosis in mouse thymocytes. J Immunol，155：2858～2863

Fioravanti C F，Kim Y. 1988. Rhodoquinone requirement of the Hymenolepis diminuta mitochondrial electron transport system. Mol Biochem Parasitol，28(2)：129～134

Fioravanti C F，Reisig J M. 1990. Mitochondrial hydrogen peroxide formation and the fumarate reductase of Hymenolepis diminuta. J Parasitol，76(4)：457～463

Flatt R，Moses R W. 1975. Lesions of experimental cysticercosis in domestic rabbits. Lab Anim Sci，25：162～167

Flisser A，Woodhouse E，Larralds C. 1980. Human cysticercosis：antigens antibodies and non-responders. Clin Exp Immunol，3：27～30

Folch J，Lees M，Sloane Stanley G H. 1957. A simple method for the isolation and purification of total lipides from animal tissues. J Biol Chem，226：497～509

Furchgott R F，Zawadski J V. 1980. The obligatory role of the endothelial cells on the relaxation of arterial smooth muscle by acetylcholine. Nature，288：373～376

Garcia H H，Gilman R H，Catacora M，et al. 1997. Serologic evolution of neurocysticercosis patients after antiparasitic therapy. J Infect Dis，175(2)：486～489

Garside P，Sands W A，Kusel R，et al. 1996. Is the induction of apoptosis the mechanism of the protective effects of TNF α in helminth infection. Parasite. Immunol，18：111～113

Gavrieli Y，Sherman Y. Ben-Sasson S A. 1992. Identification of programmed cell death *in situ* via specific labeling of nuclear DNA Fragmentation. J Cell Biol，119(3)：493～501

Gold R，Schmied M，Giegerich G，et al. 1994. Differentiation between cellular apoptosis and necrosis by the combined use of in situ tailing and nick translation techniques. Lab Invest，71(2)：219～225

Golden J M，Tarieton R I. 1991. Trypanoma cruzi：cytokine effects on macrophage trypanocidal activity. Exp Parasitol，72：391～402

Graige M S，Paddock M L，Feher G，et al. 1999. Observation of the protonated semiquinone intermediate in isolated reaction centers from Rhodobacter sphaeroides：implications for the mechanism of electron and proton transfer in proteins. Biochemistry，38(35)：11465～11473

Hammerberg B，Musoke A J，Hustead S T，et al. 1976. Anticomplementart substances associated with taeniid metacestodes. In：E. J. L. Soulsby (Ed.)，Pathophysiology of Parasitic Infection. Academic Press，NY，233～240

Hiraishi A，Shin Y K，Sugiyama J，et al. 1992. Komagata K. Isoprenoid quinones and fatty acids of Zoogloea. Antonie Van Leeuwenhoek，61(3)：231～236

Hirst G K，1942. Adsorption of influenza hemagglutinins and virus by red blood cells. J Ezp Med，76：195～209

Horii Y，Owashi M，Ishii A，et al. 1984. Eosinophil and neutrophil chemotactic activity of adult worm extract of Schistosome japonicum *in vivo* and *in vitro*. J Parasitol，70：555～561

Hustead S T，Williams J F. 1977. Permeability studies on taeniid metacestodes：II. Antibody-mediated effects on membrane permeability in larvae of Taenia taeniaeformis and Taenia crassiceps. J Parasitol，63(2)：322～326

Ito A，Chung W C，Chen C C，et al. 1997. Human taenia eggs develop into cysticerci in scid mice. Parasitology，114：85～88

Jonassen T，Larsen P L，Clarke C F. 2001. Dietary source of coenzyme Q is essential for growth of long-lived Caenorhabditis elegans clk-1 mutants. Proc Natl Acad Sci，98(2)：421～426

Joseph M. 1982. Effector functions of phagocytic cells against helminths. In：R G Capron (Guest Editor)，Clinics in Immunology and Allergy. Vol. 2. W B Saunders，London，570～587

Jwo J，Loverde P T. 1989. The ability of fractionated sera from animals vaccinated with irradiated cercariae of schistosoma mansoni to transfer immunity to mice. J Parasitol，75(2)：252～260

Kita K，Takamiya S，Furushima R，et al. 1988. Electron-transfer complexes of Ascaris suum muscle mitochondria. III. Composition and fumarate reductase activity of complex II. Biochim Biophys Acta，935(2)：130～140

Laclette J P，Rodriguez M，Landa A，et al. 1989. The coexistence of Taenia solium cysticerci and the pig：role of the antigen B. Acta Leideisia，57(2)：115～118

Leid R W，Suquet C M. 1986. A superoxide dismutase of metacestodes of Taenia taeniaeformis. Mol Biochem Parasitol，18(3)：301～311

Leid R W，Suquet C W，Perryman L E. 1984. Inhibition of antigen and lectin-induced proliferation of rat spleen cells by a Taenia taeniaeformis proteinase inhibitor. Clin Exp Immunol，57：187～195

Leid R W，Williams J F. 1979. Helminth parasites and the host inflammatory system. Chem Zool，11：229～271

Lopes M F，Veiga V F，Santos A R，et al. 1995. Activation-induced CD_4^+ T cell death by apoptosis in experimental Chagas'disease. J Immunol，154(2)：744～752

Lumsden R D. 1975. Surface ultrasture and cytochemistry of parasitic helminthes. Exp Parasitol，37：267～339

Lyons K. 1966. The chemical nature and evolutionary significance of monogenean attachment sclerites. Parasitology，56：63～100

Ma Y C，Funk M，Dunham W R，et al. 1993. Purification and characterization of electron-transfer flavoprotein：rhodoquinone oxidoreductase from anaerobic mitochondria of the adult parasitic nematode，Ascaris suum. Biol Chem，268(27)：20360～20365

Machnicka B. 1985. The early development of larval Taenia saginata *in vitro* and *in vivo*. Acta Parasitologica Polonica，30：47～52

Matsushima H，Hatamochi A，Shinkai H，et al. 1998. A case of subcutaneous cysticerci. J Dermatol，25(7)：438～442

McIntosh A，Miller D. 1960. Bovine cysticercosis with special reference to the ear developmental stages of taenia saginata. Am J Vet Res，21：169～177

Mellouk S，Green S J，Nacy C A，et al. 1991. IFN-γ inhibits development of plasmodium berghei exoerythrocytic stages in hepatocytes by an L-arginine-dependent effective mechanisum. J Immunol，146：3971～3976

Molinari J L，Meza R，Tato P. 1983. Taenia solium：cell reactions to the larva (Cysticercus cellulosae) in naturally parasitized，immunized hogs. Exp Parasitol，56(3)：327～338

Molinari J L，Soto R，Tato P，et al. 1993. Immunization against porcine cysticercosis in an endemic area in Mexico：a field and laboratory study. Am J Trop Med Hyg，49：502～505

Moncada S，Palmer R M J，Higgs E A. 1991. Nitric oxide：physiology，pathophysiology and pharmacology. Pharmacol Rev，43：109～142

Moore K J，Matlashewski G. 1994. Intracellular infection by Leishmania donovani inhibits macrophage apoptosis. J Immunol，152(6)：2930～2937

Moreira M E，Del Portillo H A，Milder R V，Balanco J M，Barcinski M A. 1996. Heat shock induction of apoptosis in promastigotes of the unicellular organism Leishmania (Leishmania) amazonensis. J Cell Physi，167(2)：305～313

Natanson C，Hoffmea W D，Suffredini A F，et al. 1994. Selected treatment strategies for septic shock based on proposed mechanisms of pathogenesis. Ann Intern Med，120(9)：771

Negita T，Ito A. 1994. *In vitro* hatching of oncosphere of Taenia taeniaeformis using eggs isolated from fresh，from formalin-fixed and ethanoi-fixed segments. Journal of heminthology，68：271～272

Nishio E，Fukushima K，Shiozaki M，et al. 1996. Nitric oxide donor SNAP induces apoptosis in smooth mucle cells through cGMP-independent mechanism. Biochem Biophys Res Commun，221：163～168

Norris K A，Schrinmpf J E，Flynn J L，et al. 1995. Enhancement of macrophage microbiocidal activity：supplemental arginine and citrulline augment nitric oxide production in murine peritoneal macrophages and promote intracellular killing of Trypanoma cruzi. Infect Immunol，63：2793～2796

Owashi M，Horii Y，Ishii A. 1983. Eosinophil chemotactic factors in schistosome eggs. A comparative study of eosinophil chemotactic factors in the eggs of S. japonicum and S. mansoni. Am J Trop Med Hyg，32：359～366

Pacello R，Wink D A，Cook J A，et al. 1995. Nitric oxide potentiates hydrogen peroxide-induced killing of Escherichia coli. J Exp Med，182：1469～1479

Peitsch M C，Muller C，Tschopp J. 1993. DNA fragmentation during apoptosis is caused by frequent single-strand cuts. Nucl Acid Res，21：4206～4209

Potter K，Leid W R. 1986. Areview of eosinophil chemotaxis and function in Taenia taeniaeformis infections in the laboratory rat. Vet Parasitol，20：103～116

Rajasekariah G R，Mitchell G F，Rickard M. D. 1980. Taenia taeniaeformis in mice：protective immunization with oncospheres and their products. Int J Parasitol，10(2)：155～160

Read AF，Day KP. 1992. The genetic structure of malaria parasite populations. Parasitol Today，8(7)：239～242

Rickard M D，Brumley J L. 1981. Immunization of calves against Taenia saginata infection using antigens collected by *in vitro* incubation of T saginata oncospheres or ultrasonic disintegration of T saginatn and T hydatigena oncospheres. Parasitology，72：268～279

Rickard M. D，Katiyar J C. 1976. Partial purification of antigens collected during *in vitro* cultivation of the larval stages of Taenia pisiformis. Parasitology，72：269～279

Rosenbaum MJ，Sullivan EJ，Edwards EA，1972. Techniques for cell cultivation in plastic microtitration plates and their application in biological assays. GD Wasley，ed. *Animal Tissue Culture：Advances in Techniques*. London：Butterworth，49～81

Schauer R. 1982. Sialic acid：Chemistry. metabolism and function. by springer-verlag wien，New York

Sekhar G C，Lemke B N. 1997. Orbital cysticercosis. Ophthalmology，104 (10)：1599～1604

Shankar S. 1994. Biology of neurocysticercosis-paracite related factors modellating host response. Medical. Journal Armed Forces India，50(2)：79

Siebert A E Jr，Good A H，Simmons J E. 1978. Ultrastructural aspects of early immune damage to Taenia crassiceps metacestodes. Int J Parasitol，8(1)：45～53

Silverman P H. 1954. Studies on the biology of some tapeworms of the genus Taenia. Ⅰ. Factors affecting hatching and activation of taeniid ova. and some criteria of viability. Annals of Tropical Medicine and Parasitology，172：207～215

Silverman P H. 1955. A technique for studying the *in vitro* effect of serum on activated taeniid hexacanth embryos. Nature，176：598～599

Slais J. 1966. The importance of the bladder for the development of the cysticercus. Parasitology，56：707～713

Southgate V. 1970. Observations on the miracidium and on the formation of the tegument of the sporocyst of Fasciola hepatica. Parasitology，61：177～190

Stamler J S，Single D J，Losealzo J. 1992. Biochemistry of nitric oxide and its redox-activated forms. Science，258：1898～1902

Stamler J S. 1994. Redox signaling：nitrosylation and related target interactions of nitric oxide. Cell，78：931～936

Sterba J，Dykova J 1978. Tissue reaction of the skeletal muscles of cattle both to a spontaneous and experimental infection with Cysticercus bovis. *Folia* Parasitol (Prague)，25：347～354

Sterba J，Dykova J，Machnika S. 1979. Tissue reaction in the heartof cattle with a spontaneous and artificial Cysticercus bovis infection. Folia Parasitol，26：27～33

Sternberg J，Mabbott N，Sutherland I，et al. 1994. Inhibition of nitric oxide synthesis leads to reduced parasitemia in murine Trypanosoma brucei infection. Infect Immun，62(5)：2135～2137

Stevenson P. 1983. Observations on the hatching and activation of fresh Taenia saginata eggs. Annals of Tropical Medicine and Parasitology，77：399～404

Suquet C，Green-Edwards C，Leid R W. 1984. Isolation and partial characterization of a Taenia taeniaeformis proteinase inhibitor. Int J Parasitol，14：165～162

Suzuki H，Wildhirt S M，Dudek R R，et al. 1996. Induction of apoptosis in myocardial infarction and its possible relationship to nitric oxide synthase in macrophages. Tissue Cell，28：89～94

Szabolcs M，Michler R E，Yang X，et al. 1996. Apoptosis of cardiac myocytes during cardiac allograft rejection. Relation to induction of nitric oxide synthase. Circulation，94：1665～1668

Takamiya S，Matsui T，Taka H，et al. 1999. Free-living nematodes Caenorhabditis elegans possess in their mitochondria an additional rhodoquinone，an essential component of the eukaryotic fumarate reductase system. Arch Biochem Biophys，371(2)：284～289

Takamiya S，Wang H，Hiraishi A，et al. 1994. Respiratory chain of the lung fluke Paragonimus westermani：facultative anaerobic mitochondria. Arch Biochem Biophys，312(1)：142～150

Takemoto Y，Negita T，Ohnizhik. 1995. A simple method for collecting eggs of taeniid cestode from fresh，frozen or ethanol-fixed segments. International Journal for Parasitology，25：537～538

Tanya Jonassen，Pamela L，Catherine F Clarke. 2001. A dietary source of coenzyme Q is essential for growth of long-lived Caenorhabditis elegens clk-1 mutants. Proc Natl Acad Sci USA，(98)：2421～2426

Tato A，White J R. 1996. Immunosuppression and inhibition of inflammation in mice induced by a small Taenia solium RNA-peptide to implanted T. solium metacestodes. Parasitol Res，82：590～595

Tellez-Giron E，Ramos M C，Montante M. 1981. Effect of flubendazole on Cysticercus cellulosae in pigs. Am J Trop Med Hyg，Jan，30(1)：135～138

Tian Xifeng，Zhou Zhen，Xu Min. 1995. Transmission electron microscopic observations on flame cells and associated excretory system of Taenia. Chinese Journal of Parasitic Diseases Control，8(3)：188～191

Toure-Balde A，Sarthou J L，Aribot G，et al. 1996. Plasmodium falciparum induces apoptosis in human mononuclear cells. Infection and Immunity，64(3)：744～750

Van Hellemond J J，Luijten M，Flesch F M，et al. 1996. Tielens AG. Rhodoquinone is synthesized de novo by Fasciola hepatica. Mol Biochem Parasitol，82(2)：217～226

Van Hellemond J J，Van Remoortere A，Tielens A G. 1997. Schistosoma mansoni sporocysts contain rhodoquinone and produce succinate by fumarate reduction. Parasitology，115(2)：177～182

Vincendean P，Daulouede S，Veyret B，et al. 1992. Nitric oxide-mediated cytostatic activity on Trypanosoma brucei gambiense and Trypanosoma brucei brucei. Exp Parasitol，75(3)：353～360

Vincendean P，Daulouede S. 1991. Macrophage cytostatic effect on Trypanosoma musculi involves an L-arginine-dependent mechanism. J Immunol，146(12)：4338～4343

Von B T，Mercado T I，Nylen M U，et al. 1960. Observations on function，composition，and structure of cestode calcareous corpuscle. Exp Parasitol，9：205～214

Ward P F. 1982. Aspects of helmin metabolism. Parasitology，84：177～194

Wasley G D. 1972. Animal Tissue Culture. Advances in Technique. London：Butterworths

Winzler R. 1955. Sialic ocid or neuraminic ocid. Methods of Biochemica. Analytical，2：296

Wong M M. 1982. *In vitro* culture of infective stage larva of Dirofilaria immitis and Brugia pahangi. Ann Trop Med Parasitol，76：239～241

Wyllie A H. 1980. Glucovorticoid-induced thymocyte apoptosis is associated with endogenous endonuclease activation. Nature，284：555～556

Wynn T A，Oswald I P，Eltoum I A，et al. 1994. Elevated expression of Th1 cytokines and

Nosynthase in the lungs of vaccinated mice after challenge infection with Schistosoma mansoni. J Immunol，153：5200～5209

Yang H L. 2000. Separation of calcareous corpuscles from plerocercoids of Spirometra mansoni and their binding proteins. Parasitol Res，86(9)：781～782

Yoeli，M. 1964. Studies on filariasis. Ⅲ. Partial growth of the mammalian stages of Dirofilaria immitis *in vitro*. Exp Parasitol，15：325～334

Yuan J，Horvitz H R. 1990. The Caenorhabditis elegans genes ced-3 and ced-4 act cell autonomously to cause programmed cell death. Dev Biol，138：33～41

4　猪带绦虫囊尾蚴的药效生物学

近20年来，猪带绦虫囊尾蚴病的治疗药物不断更新，特别是吡喹酮、丙硫咪唑的临床应用，使得猪带绦虫囊尾蚴病的治疗取得了突破性进展。临床实践证明，吡喹酮、丙硫咪唑两种药物存在明显缺陷，对侵入机体的早期幼虫即未成熟期猪带绦虫囊尾蚴治疗无效，且两种药物副作用较大，因此需要进一步选择或研制对猪带绦虫囊尾蚴发育各个时期均有效的药物。目前有关猪带绦虫囊尾蚴的应用基础研究严重不足，特别是从机制上认识猪带绦虫囊尾蚴的药物作用研究报道甚少。本课题以猪囊尾蚴为研究对象，从猪带绦虫囊尾蚴的超微形态学、物质代谢、质膜代谢和能量代谢角度深入研究不同抗猪带绦虫囊尾蚴药物的作用靶点和效应机制，致力筛选对未成熟期猪带绦虫囊尾蚴特别是对未成熟期猪带绦虫囊尾蚴和成熟期猪带绦虫囊尾蚴均为有效的抗囊药物，为猪带绦虫囊尾蚴病的科学防治提供充分的理论根据和可靠的实验依据。

4.1　药物对猪带绦虫囊尾蚴形态发育的影响

4.1.1　药物对猪带绦虫囊尾蚴形态发育影响的实验

4.1.1.1　药物对猪带绦虫囊尾蚴形态发育影响的实验内容

4.1.1.1.1　药物体外对处于不同发育时期猪囊尾蚴的作用

(1) 药物体外对未成熟期猪囊尾蚴的作用

设药物体外对未成熟期猪囊尾蚴作用有两个时期：第一个时期设在六钩蚴培养5d后开始用药；第二个时期设在囊尾蚴在猪体内发育30d时剖杀猪，取外形相似，大小相同的囊尾蚴分组用药。药物设7组：NX_0、NX_1、NX_2、NX_3、NX_4、NX_5、NX_6，药物浓度为$400\mu g \cdot ml^{-1}$。对照（C）组培养基中加入与用药组同等体积的二甲基甲酰胺。每12h检测一次虫体存活情况，选出两种最有效的药物并以NX_0组作对照，分别于用药后 24h 和 72h 以倒置显微镜、透射电镜观察药物对六钩蚴形态结构的影响；作压片、病理组织切片、透射电镜观察药物体外用药 24h、72h 后对 30d 的猪囊尾蚴形态结构的影响。

(2) 药物体外对成熟期猪囊尾蚴的作用

从患有囊尾蚴病的猪体内选取成熟期囊尾蚴，经 20%猪胆汁作用，翻出头节较长，活动自如，证明为活的、成熟的囊尾蚴，然后开始用药(用药剂量及分组同前)。分别于用药后 24h、72h 观察虫体活动情况；并作压片检查，观察头节、吸盘、小钩等变化，确定药物是否有效。另取同样数量的囊尾蚴，不作胆汁翻出实验，直接用药，然后于药物作用后 24h、72h 分别作胆汁翻出实验，头节不能翻出者，证明药物有效。通过组织切片及透射电镜，观察药物对成熟期囊尾蚴组织结构和超微结构的影响。

4.1.1.1.2　药物体内对处于不同发育时期猪囊尾蚴的作用

(1) 药物体内对未成熟期猪囊尾蚴的作用

选无囊尾蚴感染的仔猪，人工感染猪带绦虫卵后，于不同时期检测抗猪囊尾蚴 Ab 效价。当 Ab 效价达到 1∶16 以上时，开始用药，药物选用经体外筛选的三种药物。每个用药组设 6 头猪，感染后不用药 (IF) 组 5 头，不感染也不用药 (C) 组 3 头。三种用药组于药物作用前、作用后 1d、2d、5d、10d、45d、80d 分别剖杀一头猪 (IF 组于药物作用后 1d、5d、10d、45d、80d 各剖杀一头)，观察药物作用后囊尾蚴形态结构变化 (压片、病理切片、电镜检查)。

(2) 药物体内对成熟期猪囊尾蚴的作用

选取无囊尾蚴感染的仔猪，人工感染猪带绦虫卵后 60d、70d、80d 分别剖杀一头，检查囊尾蚴成熟情况。成熟标准：头节翻出较长；压片观察可见 4 个吸盘且直径不再随感染时间的延长而增大；小钩数量为 25～50 个且角质化程度很高。当囊尾蚴 80%以上成熟时，即开始用药。用药和检测指标及其方法同药物对未成熟期囊尾蚴作用实验一致。

4.1.1.2　药物对猪带绦虫囊尾蚴形态发育影响的实验方法

4.1.1.2.1　猪囊尾蚴的人工感染

选取无囊尾蚴感染的仔猪，每头猪感染 3 节猪带绦虫孕卵节片 (约

9 万虫卵)，将节片装入胶囊中，给猪灌服，定期采血测抗猪囊尾蚴抗体（Ab）效价。

4.1.1.2.2 猪囊尾蚴成熟情况检查

采用的不同发育时期猪囊尾蚴加入 20%猪胆汁（用 0.85%NaCl 溶液配制)，37℃温箱作用 20min，头节能翻出且活动自如者为成熟的猪囊尾蚴。

4.1.1.2.3 猪囊尾蚴发育过程中的形态学研究

选取无囊尾蚴感染的仔猪，于感染后 10d、15d、17d、19d、25d、30d、40d、50d、60d、70d、80d、95d、105d、130d 各剖杀一头，观察猪囊尾蚴出现时间、生长、分布情况以及平均 100g 骨骼肌中猪囊尾蚴数量。仔细剥离猪囊尾蚴，做压片观察头节上吸盘和头钩的变化。

4.1.1.2.4 猪囊尾蚴发育过程中的超微形态学研究

（1）扫描电镜样品的制备

1）虫卵和六钩蚴样品的制备　　虫卵和六钩蚴样品用 2.5%戊二醛（pH 7.2）固定 2～4h，将经固定的虫卵和六钩蚴置于 1.5ml 离心管中，3 000r · min^{-1} 离心 5min，使虫卵和六钩蚴聚成团块状，弃去上清，在 pH 7.2 的 0.1mol · L^{-1} PBS 中洗涤 3 次，乙醇梯度脱水每级 10min，醋酸异戊酯置换，然后放入临界点干燥器（日立，HCP-2 型）中，进行临界点干燥处理，通过液体 CO_2 加热至临界状态，32℃，72 个标准大气压①，之后排除 CO_2 使样品在不受到表面张力作用的条件下得以干燥，以保持样品的生活状态，不产生变形和收缩。

样品的导电处理是将点干燥的样品放入离子发射仪中（日立 IB-5 型）进行镀金，以使样品导电，然后于扫描电镜（KYKY1000B 型）下进行观察拍照，使用的加速电压为 15kV。

2）猪囊尾蚴样品的制备　　分别选用发育不同时期的猪囊尾蚴，用 pH 7.2 的 0.1mol · L^{-1} PBS 洗涤 3 次，经 2.5%的戊二醛固定 2h 或更长时间，PBS 缓冲液洗涤 3 次，每次 5～10min。乙醇梯度脱水，每

① 1 标准大气压＝1.013 25×10^5Pa，全书同。

级10min。醋酸异戊酯置换，然后放入临界点干燥器（日立，HCP-2型）中，进行临界点干燥处理，通过液体CO_2加热至临界状态，32℃，72个大气压，之后排除CO_2使样品在不受到表面张力作用的条件下得以干燥，以保持样品的生活状态，不产生变形和收缩。

样品的导电处理、拍照及加速电压同扫描电镜虫卵和六钩蚴的样品制备。

（2）透射电镜样品的制备

1）虫卵和六钩蚴样品的制备　　虫卵和六钩蚴样品用2.5%戊二醛（pH 7.2）固定2～4h，将经固定的虫卵和六钩蚴置于1.5ml离心管中，3 000r·min^{-1}离心5min，使虫卵和六钩蚴聚成团块状，弃去上清，在pH 7.2的0.1mol·L^{-1} PBS中洗涤3次，以1%四氧化锇后固定1h，乙醇梯度脱水，每级10min，Epon812环氧树脂浸透包埋，于60℃温箱中聚合72h，包埋块经修整后在LKB-V型超薄切片机上进行超薄切片，收取50～70nm（500～700Å）厚度的切片于具有Formvar膜的载网上，经铅和铀的双重电子染色后在透射电子显微镜（TEM-1200EX型）下进行观察拍照，加速电压为80kV。

2）猪囊尾蚴样品的制备　　选取发育不同时期的猪囊尾蚴用pH 7.2的0.1mol·L^{-1}PBS中洗涤3次，以2.5%戊二醛固定2～4h。将经固定的猪囊尾蚴用PBS洗涤3次，每次10min，1%五氧化锇后固定1～1.5h，PBS冲洗后，乙醇梯度脱水、浸透包埋、切片等与透射电镜虫卵和六钩蚴样品制备相同。

4.1.1.2.5　图版制作

实验拍摄的照片扫描后，经photoshop软件处理制成图版。

4.1.2　药物对猪带绦虫囊尾蚴形态发育影响的结果

4.1.2.1　药物体外对猪带绦虫囊尾蚴形态发育的影响

4.1.2.1.1　药物体外对未成熟期猪带绦虫囊尾蚴形态发育的影响

（1）药物体外对不同发育时期猪囊尾蚴存活率（%）的影响

药物体外对不同发育时期猪囊尾蚴存活率（%）的影响见表4-1。

表 4-1 药物体外对不同发育时期猪囊尾蚴存活率（%）的影响

Table 4-1 Effects of drugs on viability rate of *C. cellulosae* in different stages

组别 Group	用药时间/小时 Age of treatment /h	发育时期 Developmental stage		
		后期六钩蚴 Postoncospheres	30d 的囊尾蚴 30 day-old cysticerci	成熟期囊尾蚴 Mature cysticerci
C	24	95	—	100
	72	90	—	100
NX_0	24	80	—	80
	72	65	—	30
NX_1	24	25	—	90
	72	15	—	25
NX_2	24	46	—	90
	72	20	—	75
NX_3	24	85	—	70
	72	76	—	15
NX_4	24	53	—	100
	72	25	—	67
NX_5	24	90	—	100
	72	88	—	100
NX_6	24	84	—	95
	72	80	—	75

注：— 表示此阶段未做检查。

Note：— means that the stage has not been detected.

根据表 4-1，NX_1 和 NX_2、NX_4 三种药物对未成熟期囊尾蚴效果较好，而 NX_0、NX_1、NX_3 三种药物对成熟期囊尾蚴效果较好，杀虫率较高，NX_5 和 NX_6 效果较差。考虑到药物的不同种类以及侧重于筛选对未成熟期囊尾蚴有效的药物，本实验选用奥芬达唑（NX_1）和三苯双脒（NX_2）两种药物并以阿苯达唑（NX_0）作对照，观察三种药物对不同发育时期猪囊尾蚴的作用和影响。

（2）药物对体外培养 5d 的后期六钩蚴形态结构的影响

药物对体外培养 5d 的后期六钩蚴形态结构的影响结果如下：

1）对照组　光学显微镜下观察，虫体形态结构正常，呈圆形或椭圆形，内部可见团块状结构，经台盼蓝染色未着色（图版 10A-1）；透射电镜下观察，内部结构清晰，可见许多致密度不同的膜包裹的小体，并可见形态正常的肌束及糖原颗粒（图版 10A-3）；

2）药物组　体外培养 5d 的囊尾幼对药物的敏感性不同。有的虫体形态正常，透射电镜观察发现，其内部结构清晰，未发生明显变化，同对照组；而有些虫体形态改变，由圆形或椭圆形变成不规则形（图版 10A-2），透射电镜观察发现，虫体内部结构不清，除见部分溶解区外，其余区域呈致密的黑色，隐约可见虫体的轮廓（图版 10A-4）。

（3）药物体外对体内生长 30d 的囊尾蚴形态结构的影响

1）压片观察　体内生长 30d 的囊尾蚴经压片观察发现，多数囊尾蚴头节部位未见顶突、小钩和吸盘，因此通过压片无法判定药物作用后囊尾蚴的形态变化（图版 11A-1）。

2）病理切片观察

对照组：囊尾蚴组织结构主要由两部分构成：表皮层和皮下层。表皮层的外表面有许多指状突起；皮下层靠近表皮层部位为一条形细胞区，排列整齐且致密。皮下层中心为松散的细胞分布（图版 11B-1）。

药物作用后：三种药物在用药后 24h 和 72h 囊尾蚴的基本病理变化相似：虫体表皮层缺损或断裂，出现许多不规则形突起，突起呈空泡状；皮下层网状纤维疏松，呈现许多空泡状结构；囊壁和头节皮下层细胞损伤严重，出现核固缩、碎裂或坏死（图版 11B-2）。从损伤程度上看，NX_1 组较 NX_0 组和 NX_2 组稍严重，NX_0 组和 NX_2 组差别不大。

3）透射电镜观察　对照组：透射电镜下，囊尾蚴的超微结构主要由两部分组成：皮层和实质区。正常囊尾蚴皮层和实质区层次分明，结构清晰。皮层完整，外表面有许多微毛，其下基质区有较多的滑面内质网和线粒体；实质区肌层由环行肌和纵行肌组成，走向规则（图版 11C-1）；皮层细胞（图版 11C-2）和实质细胞（图版 11C-3）的核和细胞器结构完整；焰细胞形态正常，细胞核位于胞体一端，有纤毛束伸出胞体之外（图版 11C-4）。

药物作用后：三种用药组 NX_0、NX_1、NX_2 组变化相似，未见明显区别。皮层极薄，外质膜明显受损；微毛断裂，变短或脱落；基质区消失（图版 11C-5）。实质区肌束肿胀、变形，出现空泡，肌丝溶解、坏死（图版 11C-6）；皮层细胞核位于一端，另一端有许多囊泡，类似皮层基质区的囊泡（图版 11C-7）；实质细胞染色质及细胞质溶解，细胞轮廓不清、变形（图版 11C-8）；焰细胞纤毛束外围溶解，纤毛微管结构不清（图版 11C-9）；皮层及实质区呈坏死状态。

4）扫描电镜观察　扫描电镜观察表明 3 种药物对猪囊尾蚴均有

损伤作用，且 NX_1 的损伤作用最强烈。NX_1 对囊壁和头颈部均有损伤，对囊壁的损伤强于头颈部。

药物作用后 24h：

对照组：扫描电镜观察，头颈部表面有环行皱褶，其上密布微毛，裂沟平浅（图版 11D-1）；囊部表面密布微毛，排列规则，直立成簇，有棘样尖端（图版 11D-2,图版 11D-3）。

NX_0 组：头颈部表面有小颗粒附着，未见其他异常；囊部有小颗粒状物附着，微毛紊乱，尚可见棘样尖端。

NX_1 组：头颈部皱褶变宽，不规则，裂沟加深，有颗粒状物附着，微毛粘连（图版 11D-4）；囊部表面有较大颗粒状物附着，微毛乱且棘尖端黏着，微毛聚集成团，有许多深浅不一的溶蚀状孔（图版 11D-5，图版 11D-6）。

NX_2 组：头颈部裂沟增宽，有微小颗粒附着（图版 11D-7）；有微小颗粒状物附着，微毛稍乱尚可见棘样尖端，毛聚集成团（图版 11D-8）。

药物作用后 72h：

对照组：头颈部未见异常变化；囊部亦未见异常变化。

NX_0 组：头颈部皱褶不规则，有小颗粒附着（图版 11E-1）；囊部有的部位微毛粘连且倒伏（图版 11E-2,图版 11E-3）。

NX_1 组：头颈部裂沟稍平展，微毛有粘连，且聚集成团，有许多颗粒状物附着（图版 11B-4）；有小颗粒附着，微毛混乱，粘连聚集成团，溶蚀严重（图版 11E-5,6）。

NX_2 组：头颈部裂沟加深呈龟裂状，有微小颗粒附着（图版 11E-7）；有微小颗粒附着，微毛尖端粘连聚集成团，但微毛直立（图版 11E-8,9）。

（4）药物体外对成熟期囊尾蚴形态结构的影响

1）压片观察

对照组：虫体边缘整齐、光滑，近球形的头节上，除四个明显的等距离排列的吸盘外，在头节的顶端有顶突，顶突上的两排小钩排列整齐，清晰可见（图版 11A-2）。

药物作用后 24h：

NX_0 组：头部肿胀，吸盘略有突出，小钩排列尚整齐；颈部肿胀，体表较光滑（图版 11A-3）。

NX_1 组：头部肿胀，吸盘向周围突起，小钩排列不整；颈部普遍肿胀，体表有膜状物（图版 11A-4）。

NX_2 组：虫体无异常。边缘光滑，小钩排列整齐，吸盘排列清楚，位置正常（图版 11A-5）。

药物作用后 72h：

NX_0 组：头部肿胀，吸盘、小钩模糊不清；颈部普遍肿胀、扭转；体表粗糙，有膜状物（图版 11A-6）。

NX_1 组：头部肿胀膨大，小钩排列混乱，并有脱落，吸盘模糊不清；颈部肿胀明显；体表粗糙（图版 11A-7）。

NX_2 组：头部略有肿大，小钩排列稍有不整，吸盘未见异常，体表较粗糙，有膜状物（图版 11A-8）。

2）病理切片观察

对照组：光镜下观察猪囊尾蚴的头部、颈部和体壁均呈粉红色；头节未切到吸盘和小钩；颈部可见环形皱褶；囊壁除靠近颈部区较厚外，其余部分较薄并均匀一致。组织结构从外层至内层依次为：表皮层及其外表面的指状突起和皮下层。皮下层纤维组织丰富，靠近皮层部位为一条形细胞区，纤维组织中也有散在的细胞分布，颈部皮下层还有丰富的肌肉组织（图版 11B-3）。

药物作用后 24h：

NX_0 组：颈部皮下层出现轻度水肿，且增宽，纤维组织稍显疏松，颈部及囊壁皮下层细胞部分呈现核固缩。

NX_1 组：NX_1 对虫体的作用具有同 NX_0 组类似的现象，只是程度稍有加重。

NX_2 组：NX_2 对虫体的破坏作用不明显，虫体结构未见明显异常。

药物作用后 72h：

NX_0 组：NX_0 对虫体颈部破坏作用明显，有些部位表皮层外指状突起排列不规则，并见有脱落，个别部位表皮层及其外表面的指状突起全部剥脱；颈部皮下层局限性水肿，纤维组织疏松，有较多的细胞出现核固缩、破碎及坏死现象。囊壁除皮下层有较多细胞出现核固缩、破碎及坏死现象外，其他未见异常（图版 11B-4）。

NX_1 组：NX_1 对虫体颈部和囊壁均有明显的破坏作用。颈部表皮层外表面指状突起排列不规则，大小不一，并有脱落；皮下层组织变密，个别部位水肿，呈泡状，肌纤维水肿，有较多的细胞出现核固缩、破碎及坏死现象。囊壁表皮层变薄，出现大面积剥脱；皮下层局限性水肿，呈现泡状，大量细胞出现核固缩、破碎及坏死现象（图版 11B-5）。

NX_2 组：NX_2 对虫体有轻度破坏作用。颈部皮下层出现轻度水肿，个别部位纤维组织疏松，并有断裂，形成空泡状结构；颈部和囊壁有少量细胞出现核固缩（图版 11B-6）。

3）透射电镜观察

对照组：虫体的皮层和实质区层次完整分明，结构清晰。皮层外表面有均匀整齐的微毛伸向体外；基质区基质分布均匀，有许多囊泡和滑面内质网，基底膜界限清楚。实质区内肌束纤维纹理清晰排列整齐；皮层细胞胞核较大，位于中央，有很长的胞质通道穿过肌层与基质区相连；实质细胞很大，胞质内富含核糖体和糖原；焰细胞结构正常。

药物作用后 24h

NX_0 组：皮层表面微毛变短、变少；基质区基质密度不均，基底膜尚清晰。实质区有的肌束变性；细胞等结构正常。

NX_1 组：皮层表面微毛变形、粘连并有折断；基质密度不均，基底膜界限不清。实质区多数肌束变性，有的肌束出现空泡；皮层细胞胞核移向一端，胞质内有许多囊泡，其他细胞结构尚正常。

NX_2 组：皮层表面微毛变少，局部区域可见剥脱；基质密度稍有不均；其他结构未见异常。

用药后 72h

NX_0 组：损伤加重，皮层微毛粘连并有缺失；基质区可见凝聚的致密物，基底膜界限不清。实质区肌束肿胀，有的肌束出现空泡；皮层细胞出现明显的损伤，胞膜受损，胞质不均，有许多大小不等的囊泡，甚至有的皮层细胞质溶解；实质细胞核及细胞质溶解；焰细胞纤毛束外围溶解，微管模糊；排泄管内腔面微绒毛减少。

NX_1 组：其超微结构变化同 NX_0 组，只是损伤程度稍有加重。

NX_2 组：仅皮层表面微毛减少，其他结构未见异常。

4）扫描电镜观察　　扫描电镜观察发现，虽然 3 种药物对头钩、颈部、囊部都有程度不同的损伤作用，但 NX_0 主要损伤头、颈部，而 NX_1 既损伤头颈部也损伤囊部。

药物作用后 72h：

对照组：头部整齐排列，尖端包于膜中，顶突呈圆盘型，密布绒毛，4个吸盘形态正常（图版11F-1）；颈部可见宽而规则的环行皱褶，其上有微毛密布，有棘样尖端（图版11F-2）；囊部外表面微毛排列直立成簇（图版11F-3）。

NX_0 组：头部头钩脱落，顶突吸盘变形，绒毛缺失（图版10F-4）；颈部微毛混乱，且部分失落，溶蚀状严重（图版11F-4）；囊部微毛混乱，倒伏，稍有粘连（图版11F-5）。

NX_1 组：头部头钩排列稍乱，有的尖端脱膜而出，（图版11F-6）。顶突微毛混乱，粘连（图版11F-7）吸盘稍有变形，微毛混乱倒伏（图版11F-8）；颈部微毛粘连成聚集团（图版11F-8）；囊部微毛粘连聚集成团，排列混乱，有的倒伏（图版11F-9）。

NX_2 组：头部排列稍乱，有的尖端脱膜而出，顶突略有变形，微毛稍有混乱和粘连，吸盘基底部略厚，外突（图版11F-10）；颈部微毛排列不整，粘连聚集成小团（图版11F-10）；囊部微毛粘连成较大的团块儿，出现较宽的裂沟（图版11F-11）。

4.1.2.2　药物体内对猪带绦虫囊尾蚴形态发育的影响

4.1.2.2.1　药物体内对未成熟期猪带绦虫囊尾蚴形态发育的影响

（1）药物体内作用后未成熟期囊尾蚴的形态学变化

1）用药后1d

感染组：虫体周围纤维膜较薄，易剥离；虫体大小不一，大者达2.0mm×2.0mm，小者为0.6mm×0.5mm，有囊泡及清亮的囊液，头颈部伸出囊外，压片观察未见吸盘和小钩；

NX_0 组：同感染组。

NX_1 组：虫体周围宿主纤维膜较厚，仔细剥离后，囊尾蚴形态未发现明显异常，同感染组。

NX_2 组：同感染组。

2）用药后2d

感染组：虫体周围纤维膜较薄；虫体大小不一，大者2.5mm×2.0mm，小者0.8mm×0.6mm，压片观察未见小钩和吸盘。

NX_0 组：同感染组。

NX_1 组：虫体外观混浊，呈黄色，纤维膜增厚，剪开后，病灶中心为浆液状物质，并见一囊尾蚴，大小为0.6mm×0.4mm，囊液已无，仅见囊腔，未发现头颈部。

NX_2 组：同感染组。

3）用药后 5d

感染组：虫体周围纤维膜较薄；虫体变大，大者 3.5mm×2.0mm，小者 1.0mm×0.8mm，压片观察可见 24 个小钩，2 个吸盘。

NX_0 组：多数虫体周围宿主纤维膜较薄；囊尾蚴形态正常，囊液清亮透明，头颈部伸出囊外，压片可见 24 个小钩，2 个吸盘。个别虫体外观发黄，周围纤维膜增厚，剪开，内为黄白色黏液，囊尾蚴失去正常形态。

NX_1 组：外观混浊，微黄，内为浆液状物质，不见囊尾蚴形态。

NX_2 组：同感染组。

4）用药后 10d

感染组：虫体周围纤维膜较薄；虫体进一步变大，大者 5.0mm×2.5mm，小者 1.0mm×1.0mm，压片观察可见 24 个小钩，4 个吸盘。

NX_0 组：多数囊尾蚴形态无异常；有些虫体有囊腔和头节，但无囊液，压片观察，头部结构不清楚，隐约可见吸盘和小钩，小钩排列不整齐，并有脱落；少数虫体失去正常形态，病变部呈黄白色，细长，剪开，病灶中心为浆液状物质。

NX_1 组：外观混浊，黄白色，内为极少的液化物，不见虫体形态。

NX_2 组：多数囊尾蚴形态正常，个别虫体囊液已无，有囊泡和头节，压片观察可见 18 个小钩和 4 个吸盘。

5）用药后 45d

感染组：虫体周围宿主包囊较薄；囊尾蚴大者 3.5mm×7.0mm，小者 3.0mm×4.5mm，20%胆汁孵化，头节翻出，摆动自如，压片观察可见 4 个吸盘和 28 个小钩，排列整齐。

NX_0 组：多数囊尾蚴形态正常；个别囊尾蚴失去正常形态，病变部位黄白色，剪开，病灶中心为浆液状物质。

NX_1 组：全身各部位均为钙化点。

NX_2 组：多数囊尾蚴形态正常，宿主包囊较薄，易剥离；少数囊尾蚴周围宿主包囊较厚，与虫体结合紧密，很难剥离。

6）用药后 80d

感染组：虫体大者 4.0mm×7.0mm，小者 3.5mm×5.5mm，经胆汁刺激，头节翻出。压片观察可见 32 个小钩和 4 个吸盘。

NX_0 组：多数囊尾蚴形态正常；个别囊尾蚴囊液消失，头节和囊腔存在，压片观察可见头节区有 28 个小钩和 4 个吸盘，形态位置正常。

NX_1 组：骨胳肌中未见虫体，也无病灶或斑点；在肝上见一白色斑点，大小为 3.0mm × 2.0mm，已干酪化；脑中发现一大小为 1.0mm×1.0mm 的囊尾蚴，头颈部和囊腔均完好，囊液清亮，压片观察未见吸盘和小钩。

NX_2 组：未做检查。

（2）药物体内作用后未成熟期囊尾蚴的病理组织学变化

1）用药后 1d

感染组：光镜下观察，囊壁厚薄不一，表皮层外表面有许多大小不一的指状突起，皮下层细胞散在分布，细胞呈圆形或椭圆形，在囊壁一端皮下层细胞密集，出现头节雏形；虫体周围有许多淋巴细胞，嗜中粒细胞及少量嗜酸粒细胞浸润并夹杂着肌肉组织碎片，虫体与宿主炎性反应层结合不紧密。

NX_0 组：其组织结构同感染组。头节区见一密集的细胞团，未见吸盘、顶突和小钩，网状纤维较多，囊壁厚薄不均，周围未见明显的宿主炎性反应。

NX_1 组：虫体未见头节，囊壁表皮层部分受损，皮下层纤维组织疏松，部分纤维断裂，囊壁个别部位变薄，皮下层中有少量纤维组织，偶尔可见零星的细胞散在分布，且细胞部分出现核固缩；囊壁与囊尾蚴周围的炎性反应层有不同程度的粘连，虫体周围是一层变性坏死的嗜酸粒细胞，很厚；外层出现结缔组织增生，并有淋巴细胞、嗜中粒细胞及嗜酸粒细胞浸润；最外层可见萎缩的肌肉组织。

NX_2 组：虫体组织结构正常，宿主反应轻微，仅见一层很薄的结缔组织层及少量的淋巴细胞浸润。

2）用药后 2d

感染组：未发生明显变化。

NX_0 组：同感染组（图版 12A-1）。

NX_1 组：虫体坏死，大量皮下层细胞出现核固缩，碎裂和坏死，囊腔内充满粉红色丝网状物质，并可见一钙化灶；虫体周围有多量的嗜酸粒细胞、嗜中粒细胞、淋巴细胞、浆细胞、上皮样细胞浸润及明显的结缔组织增生（图版 12A-2）。

NX_2 组：同感染组。

3）用药后 5d

感染组：囊壁厚薄不一，表皮层外表面有许多突起，皮下层细胞结构正常，头节区可见顶突和吸盘，顶突周围有密集的细胞；虫体周围为一层嗜酸粒细胞浸润，向外一层为淋巴细胞、浆细胞及少量嗜中粒细胞和成纤维细胞浸润，并混有萎缩的肌肉组织碎片，囊尾蚴与宿主炎性反应层结合不紧密。

NX_0 组：多数囊尾蚴结构完整，虫体周围结缔组织增生，向外一层为淋巴细胞、嗜酸粒细胞、上皮样细胞浸润；个别虫体变性，坏死，呈红染，囊壁及囊腔内侵入大量淋巴细胞和嗜酸粒细胞，虫体周围有一层凝固性坏死区，坏死区周围以结缔组织增生为主，并有少量淋巴细胞、嗜酸粒细胞及上皮样细胞浸润。

NX_1 组：虫体结构被破坏，呈大小不一的颗粒状；周围及其内部有多量的巨噬细胞、上皮样细胞、淋巴细胞、浆细胞及嗜酸粒细胞浸润并有明显的结缔组织增生。

NX_2 组：虫体结构无异常，同感染组；周围宿主反应以淋巴细胞、嗜酸粒细胞及上皮样细胞浸润为主，并有少量结缔组织增生。

4）用药后 10d

感染组：头节发育明显，内有少量折叠，并可见顶突、小钩和吸盘，吸盘和折叠内部细胞密集，形态正常，表皮层和皮下层结构完整；虫体周围纤维组织增生，其外层有大量细胞浸润，以淋巴细胞和嗜酸粒细胞为主，另外有少量上皮样细胞和成纤维细胞浸润。

NX_0 组：虫体结构无异常；周围宿主反应以结缔组织增生为主，并有少量淋巴细胞、嗜酸粒细胞及上皮样细胞浸润（图版 12A-3）。

NX_1 组：虫体崩解，碎片散落在炎性反应层中；炎性反应层由淋巴细胞、嗜酸粒细胞、上皮样细胞和多核巨细胞以及增生的结缔组织组成（图版 12A-4）。

NX_2 组：虫体结构及宿主反应无异常，同感染组。

5）用药后 45d

感染组：虫体发育很好，头节区可见吸盘、顶突和小钩，并有大量折叠组织；囊壁厚度均匀，表皮层及皮下层结构完整，细胞结构正常；宿主炎性反应较轻，以结缔组织增生为主，并有少量淋巴细胞、嗜酸粒细胞和上皮样细胞浸润。

NX_0 组：多数虫体结构同感染组；少数虫体坏死，囊腔内侵入宿主炎性细胞。

NX_1 组：病灶中心有钙盐沉着，周围有厚层结缔组织，其中浸润有淋巴细胞、浆细胞、巨噬细胞和嗜酸粒细胞，而以淋巴细胞占优势（图版 12A-5）。

NX_2 组：虫体结构及宿主反应同感染组。

6）用药后 80d

感染组：头节略增大，其余结构未发生明显变化；虫体周围宿主反应较轻，以结缔组织增生为主，有少量淋巴细胞浸润。

NX_0 组：同用药后 45d 变化相似，多数虫体结构仍正常（图版 12A-6）。

NX_1 组：宿主未见明显病变，同正常未感染组。

NX_2 组：未作检查。

（3）药物体内作用后未成熟期囊尾蚴的透射电镜结构变化

1）用药后 1d

感染组：皮层与实质区界限分明，皮层外表面微毛形态结构正常，基质区基质均匀一致，基底膜界限清晰；实质区肌束排列规则，大体上为外环内纵，皮层细胞、实质细胞及焰细胞结构均完好。

NX_0 组：同感染组。

NX_1 组：皮层外表面微毛大部分折断，仅留下断端，有些区域微毛剥脱，基质区全部消失，皮层表面的质膜直接与实质区相连（图版 12B-1）；实质区内肌束变性，排列不规则，皮层细胞核移向胞体一端，另一端细胞质内堆集大量的囊泡（图版 12B-2），实质细胞膜破裂，细胞器变性、溶解，出现许多空泡，细胞核染色质凝聚成块状（图版 12B-3），初级排泄管内微绒毛减少（图版 12B-4）。

NX_2 组：同感染组。

2）用药后 2d

感染组：未发生变化。

NX_0 组：同感染组。

NX_1 组：损伤进一步加重，微毛大面积剥脱，有些区域皮层表面的质膜破损，囊尾蚴实质区部分结构外泄，实质区大面积溶解，细胞结构变性、坏死（图版 12B-5，图版 12B-6）。

NX_2 组：同感染组。

3）用药后 45d

感染组：未发生变化。

NX_0 组：多数虫体超微结构同感染组，未发现明显异常；少数虫体出现钙化，未作检查。

NX_1 组：所有虫体均钙化，未作检查。

NX_2 组：同感染组。

（4）药物体内作用后未成熟期囊尾蚴的扫描电镜结构变化

1）用药后1d

感染组:头颈部微毛密布，规则排列（图版12C-1）；囊部外表面微毛密布，规则排列，可见棘样尖端（图版12C-2）。

NX_0 组：头颈部微毛排列不规则，粘连、聚堆、倒状、缩短等，可见表面有颗粒附着（图版 12C-3）；囊部微毛排列不规则，粘连，聚团，缩短等（图版 12C-4）。

NX_1 组：头颈部微毛排列极不规则，严重粘连、聚堆、缩短等，表面颗粒物附着较多（图版 12C-5）；囊部微毛严重损伤，粘连聚堆，大部分微毛脱失，囊壁外表溶蚀状（图版 12C-6）

NX_2 组：同感染组。

2）用药后 2d

感染组：未发生变化。

NX_0 组：同用药后 1d（图版 12D-1，图版 12D-2）。

NX_1 组：头颈部微毛损伤，外表面呈严重溶蚀状（图版 12D-3）；囊壁表面全部损失外表面呈溶蚀状（图版 12D-4）。

NX_2 组：头颈部同感染组；囊壁表面微毛稍有粘连、聚集，表面有颗粒状物。

3）用药后 5d

感染组：未发生变化。

NX_0 组：头颈部微毛略有粘连（图版 12D-5）；囊部微毛粘连、倒伏（图版 12D-6）。

NX_1 组：虫体无形态，为 1mm 大小的浆液状。

NX_2 组：同用药后 2d。

4）用药后 10d

感染组：未发生变化。

NX_0 组：头颈部微毛损伤严重，粘连短缩，外表面溶蚀状（图版 12E-1）；囊部表面微毛严重粘连，堆积缩短（图版 12E-2）。

NX_1 组：虫体无形态，为极小的斑点。

NX_2 组：头颈部同用药后 5d；囊部表面微毛稍有粘连聚集现象（图版 12E-3）。

5）用药后 45d

感染组：未发生变化。

NX_0 组：有的虫体已经钙化，有的仍存活，同感染组。

NX_1 组：虫体无形态，偶见短小的丝线状。

NX_2 组：虫体仍存活，胆汁刺激仍翻出头节（图版 12E-4）。

4.1.2.2.2 药物体内对成熟期猪带绦虫囊尾蚴形态发育的影响

（1）药物体内作用后成熟期囊尾蚴的形态学变化

1）用药后 1d

感染组：虫体周围纤维膜较薄，易剥离；大小为 5.5mm×3.0mm，20%猪胆汁刺激，头节很快翻出，经压片观察，4 个吸盘位置正常，28 个小钩排列整齐。

NX_0 组：虫体周围纤维膜较薄，易剥离；虫体形态正常，经胆汁刺激，头节很快翻出，压片观察，吸盘和小钩的位置及排列均正常。

NX_1 组：同 NX_0 组。

NX_2 组：未作检查。

2）用药后 2d

感染组：虫体形态无异常。

NX_0 组：同感染组（图版 12F-1）。

NX_1 组：虫体周围纤维膜增厚，很难剥离；剪开，除浆液状物质外，有一无囊液的虫体；压片观察，虫体边缘不整齐，头节肿大，吸盘突出，小钩排列尚整齐（图版 12F-2）。

NX_2 组：未作检查。

3）用药后 5d

感染组：虫体形态正常。

NX_0 组：虫体周围纤维膜较厚；肉眼观察虫体形态未见明显变化，压片观察，虫体边缘不整齐，头节肿大，呈四方形，吸盘略有凹陷，小钩排列较整齐（图版 12F-3）。

NX_1 组：虫体外观检查同 NX_1 用药后 2d；压片观察，头节肿大，吸盘向四周突起，小钩模糊（图版 12F-4）。

NX_2 组：未作检查。

4）用药后 10d

感染组：虫体形态正常，未发生变化；

NX_0 组：同 NX_0 用药后 5d 的形态（图版 12F-5）；

NX_1 组：虫体外观变化同 NX_1 用药后 5d；压片观察，头部肿大，吸盘模糊，略有突出，小钩混乱，并有脱落，虫体边缘有膜状物（图版 12F-6）；

NX_2 组：同感染组，虫体外观检查及压片观察均无异常。

5）用药后 45d

感染组：虫体形态未见异常；

NX_0 组：粟粒状病灶，眼观呈白色或黄白色，大小不一，小米粒大、芝麻粒大甚至针尖大，质地较硬，手捻有砂砾感；

NX_1 组：同 NX_0 组；

NX_2 组：虫体形态无异常，在猪胆汁刺激下，95％以上头节均能很快翻出。

（2）药物体内作用后成熟期囊尾蚴的病理组织学变化

1）用药后 1d

感染组：囊尾蚴头节区可见吸盘和小钩，吸盘内肌纤维及细胞呈放射状排列，细胞形态正常，头节区还可见大量折叠，折叠内纤维组织丰富；囊壁厚薄均匀，表皮层和皮下层界限清楚；虫体周围结缔组织增生明显，并有数量不等的淋巴细胞、巨噬细胞及少数散在的嗜酸粒细胞浸润。

NX_0 组：囊尾蚴结构未见异常，同感染组；周围宿主反应较轻，以结缔组织增生为主，有少量淋巴细胞、上皮样细胞及嗜酸粒细胞浸润。

NX_1 组：同感染组。

NX_2 组：未作检查。

2）用药后 2d

感染组：囊尾蚴结构及宿主反应未见异常。

NX_0 组：囊尾蚴结构未见异常，但周围宿主反应相当严重，虫体周围为一层凝固性坏死，向外结缔组织增生明显，并有大量的淋巴细胞、巨噬细胞、上皮样细胞及少量的嗜酸粒细胞浸润（图版 12G-1）。

NX_1 组：头节结构完整，但有嗜酸粒细胞侵入（图版 12G-2）；囊壁崩解、坏死（图版 12G-3）；虫体周围宿主反应非常严重，炎区内侧为一层凝固性坏死，中间层结缔组织增生，最外层有大量淋巴细胞、巨噬细胞、上皮样细胞及少量的嗜酸粒细胞浸润。

NX_2 组：未做检查。

3）用药后 5d

感染组：囊尾蚴结构及宿主反应未见异常。

NX_0 组：虫体表皮层有许多不规则突起，有的区域直接与炎区接触，致使表皮层破损；炎区内层靠近虫体一侧有血细胞渗出，并有淋巴细胞、嗜酸粒细胞及巨噬细胞浸润，外层以结缔组织增生为主，有少量淋巴细胞浸润（图版 12G-4）。

NX_1 组：炎区包围着整个虫体，虫体表皮层破损，皮下层细胞坏死，囊腔内充满大量已坏死的宿主炎性细胞；虫体周围上皮样细胞呈栅栏样排列，其中混杂有少量淋巴细胞和嗜酸粒细胞浸润，在虫体与上皮样细胞之间存在大量的嗜酸粒细胞，并已发生坏死，上皮样细胞周围结缔组织增生明显，最外层有大量淋巴细胞浸润（图版 12G-5）。

NX_2 组：未做检查。

4）用药后 10d

感染组：囊尾蚴结构及宿主反应未见异常。

NX_0、NX_1 组：两组病变相似，虫体变性、坏死，镜下观察呈红染，细节结构看不清，但可见石灰小体存在，崩解的囊腔内有大量坏死的炎性细胞，并可见巨噬细胞出现在坏死区；虫体周围有大量的上皮样细胞及少量的淋巴细胞和嗜酸粒细胞浸润，向外为结缔组织增生，最外层靠近宿主肌肉组织为大量的淋巴细胞、成纤维细胞及纤维细胞浸润，形成致密的包囊，周围肌肉组织水肿。

NX_2 组：同感染组。

5）用药后 45d

感染组：囊尾蚴结构及宿主反应未见异常；

NX_0、NX_1 组：两组病变相似，有的虫体呈凝固性坏死，并有少量钙盐沉着；周围有多量巨噬细胞、上皮样细胞和多核巨细胞聚集，并开始伸入坏死区，向外一层有多量淋巴细胞、浆细胞、嗜酸粒细胞和巨噬细胞浸润，压挤周围肌纤维萎缩。有的病变中心大面积钙化，钙化灶周围有大量成纤维细胞和纤维细胞围绕（图版 12G-6）。

NX_2 组：同感染组。

（3）药物体内作用后成熟期囊尾蚴的透射电镜结构变化

1）用药后 1d

感染组：皮层和实质区清晰可见，微毛排列整齐，形态结构正常；基质区内囊泡、内质网、线粒体等结构清楚，基质均匀，基底膜界限分明；实质区内肌束排列有序，肌丝清楚；细胞结构正常。

NX_0 组、NX_1 组：两组超微结构变化相似，微毛粘连、倒伏并有折断；基质区内基质模糊，基底膜界限不清；实质区内肌束出现扭曲、变形，并出现空泡；皮层细胞胞核移向胞体一端，细胞质中出现许多囊泡；实质细胞质中糖原颗粒减少；焰细胞纤毛束外围溶解，排泄管内微绒毛减少。

NX_2 组：同感染组。

2）用药后 5d

感染组：未见异常。

NX_0 组：损伤程度进一步加重，微毛粘连、折断或脱落，外质膜部分受损；基质区基质部分凝聚（图版 12H-1）；皮层细胞及实质细胞膜部分破损，细胞器变性、溶解（图版 12H-3、图版 12H-4）；焰细胞纤毛束外围溶解，排泄管内微绒毛减少（图版 12H-5）；实质肌束肿胀、变形，出现许多空泡（图版 12H-6）；

NX_1 组：囊尾蚴超微结构变化略重于 NX_0 组，微毛变短、折断或脱落；基质区结构模糊；实质区有的区域仅见退化变性的呈条纹状的结构（图版 12H-2）。

NX_2 组：同感染组。

3）用药后 45d

感染组：未见异常；

NX_0 组、NX_1 组：虫体全部坏死或钙化，未作检查。

NX_2 组：同感染组。

(4) 药物体内作用后成熟期囊尾蚴的扫描电镜结构变化

1) 用药后 1d

感染组：头颈部微毛密集，规则排列（图版 12I-1）；囊部微毛密布，规则排列，可见棘样尖端（图版 12I-2）。

NX_0 组：头颈部表面微毛排列稍不规则，呈龟裂状，表面有颗粒附着（图版 12I-3）；囊部微毛粘连，聚集成团，缩短排列紊乱（图版 12I-4）。

NX_1 组：头颈部微毛排列规则，表面有颗粒附着（图版 12I-5）；微毛严重损伤，粘连、倒伏、脱失等，外表面有溶蚀状（图版 12I-6）。

NX_2 组：同感染组。

2) 用药后 5d

感染组：未见异常变化。

NX_0 组：未见到头部；囊部微毛损伤加重，倒伏，略有溶蚀状(图版 12I-7)。

NX_1 组：未见到头部；囊部微毛严重粘连聚集成团，不规则排列(图版 12I-8)。

NX_2 组：同感染组。

3) 用药后 10d

感染组：未见异常变化。

NX_0 组：虫体无形态。

NX_1 组：虫体无形态。

NX_2 组：同感染组。

4.1.3 药物对猪带绦虫囊尾蚴形态发育影响的规律

本实验通过观察 7 种药物体外作用于猪囊尾蚴三个不同发育时期即体外培养 5d 的后期六钩蚴、体内发育 30d 的囊尾蚴及体内发育成熟的囊尾蚴的效果以及考虑到药物的不同类别，筛选出两种抗囊药物 NX_1——奥芬达唑（oxfendazole，OFZ）和 NX_2——三苯双脒（tribendimidine，TBM），并以传统治疗药物 NX_0——阿苯达唑（albendazole，ABZ）作对照，体内用于猪囊尾蚴不同发育时期（未成熟期和成熟期）所致的猪囊尾蚴病的治疗实验，结果发现 NX_0 组仅对成熟期囊尾蚴有显著疗效，而对未成熟期囊尾蚴虽也有一定作用，但效果不明显，多数未成熟期囊尾蚴在用药后75d时虫体结构仍完好，并能在胆汁刺激下头节翻出，NX_0 对成熟期囊尾蚴有效而对未成熟期囊尾蚴效果很差，这与马云祥等（1995）报道相似；NX_1 对未成熟期和成熟期囊尾蚴均有明显的杀灭作用，尤以对未成熟期囊尾蚴的作用效果显著，药物作用后2d虫体即开始坏死；NX_2 对两个时期的囊尾蚴均无明显杀灭作用，在用药后45d，两个时期的囊尾蚴在20%的胆汁刺激下，头节均能翻出，活动自如，与此时期未用药感染组无区别。

4.1.3.1 NX_0 对猪囊尾蚴形态发育影响的规律

NX_0 抗成熟期囊尾蚴的作用机制已研究清楚，其被动物体吸收后在肝内迅速代谢成中间产物，抑制囊尾蚴对葡萄糖的吸收，使得虫体糖原耗竭，以及抑制延胡索酸还原酶系统，导致ATP障碍，致使虫体无法生存和发育，直至死亡。由此可见，NX_0 发挥其抗囊效应的成分是其中间产物，但本实验发现在体外条件下，猪囊尾蚴经 NX_0 作用后组织结构和超微结构也发生了病理性改变，这与陈兆凌等（1988，1989）和陈佩惠和周述龙（1995）报道的丙硫咪唑对体外培养的猪囊尾蚴有直接作用是一致的。NX_0 对猪囊尾蚴的作用也可能如尤纪青等（1991）研究丙硫咪唑处理棘球蚴囊后得出的结论一样，虫体囊壁有将丙硫咪唑代谢为丙硫咪唑砜及丙硫咪唑亚砜的能力，进而发挥抗虫作用。NX_0 在体内对未成熟期囊尾蚴作用有疗效但不显著的机制还无人报道。另外，NX_0 对未成熟期囊尾蚴疗效差的原因也可能由于寄生了未成熟期囊尾蚴的猪体对 NX_0 的吸收和转化能力较低，致使杀伤虫体的能力降低，不过目前还无理论根据，因为 NX_0 作用于未成熟期囊尾蚴后猪体的药代动力学还有待研究。

4.1.3.2 NX_1 对猪囊尾蚴形态发育影响的规律

奥芬达唑（oxfendazole，OFZ）又称砜苯咪唑或磺苯咪唑，是一种新型的广谱抗寄生虫药，芬苯达唑（fenbendazole，FBZ）硫原子的氧化物，其化学名称为［5-(苯亚磺酰)-1H-苯并咪唑-2-基］氨基甲酸酯。目前该药在国外已被广泛用于家禽驱虫，国内尚属新合成药，我国在中国兽药典委员会和陕西汉江制药厂的共同合作下研制合成了此药。

研究发现，OFZ是芬苯达唑进入动物体内后在肝线粒体酶和

NADPH 的作用下转化而成的芬苯达唑亚砜代谢物（fenbendazole sulfoxide），它是预防寄生虫感染的有效成分，亚砜进一步转化成砜代谢物而失活，排出体外。Marriner 和 Bogan（1981a，1981b）研究 OFZ 的药代动力学时还发现，血浆中含有少量的芬苯达唑，说明 OFZ 可转化为芬苯达唑，但抗蠕虫活性主要为 OFZ。OFZ 口服后在血浆中的浓度要比 ABZ 口服后产生的 ABZ 亚砜在血浆中的浓度低，但 OFZ 持续时间较长，比 ABZ 亚砜维持时间长一倍以上。毒理学实验表明，本药毒性小、安全，无致畸作用。美国 Syntex 研究所首次发现 OFZ 具有抵抗消化道绦虫和线虫成虫及幼虫的特性。其后国外许多资料报道，该药对牛、羊、猪、马、骆驼等的多种消化道线虫具有极佳的驱虫效果。Gonzalez 和 Falcon（1997）将 OFZ 用于治疗猪体囊尾蚴病，效果显著。

根据本次实验结果，NX_1 组体内和体外对未成熟期及成熟期囊尾蚴均有极强的杀灭作用。本实验检测了 NX_1 体内作用后，猪囊尾蚴形态学、病理组织学、超微结构变化，初步探讨了 NX_1 抗囊作用的生物效应机制。

4.1.3.2.1 促进宿主炎性反应

NX_1 体内作用于未成熟期和成熟期囊尾蚴后，囊尾蚴活力很快降低或失去活性（用药后大约 2d），其新陈代谢减慢或停止，囊泡液分泌明显减少或停止，并不断地被囊壁吸收，使得囊泡体积逐渐变小，囊内的干物质成分增多，导致囊内压降低，弹性和可塑性变小，结果在肌纤维的压迫和牵引下，原来圆形或椭圆形的囊泡被牵张伸长，变成梭形。当囊壁被破坏后，囊内有毒物质释放到周围，引起大量的炎性细胞浸润和结缔组织增生。随着结缔组织大量增生，囊泡外包裹上一层灰白色外衣，形成坏死性囊尾蚴包囊。眼观，包囊为梭形，呈灰白色，存在于肌纤维之间，质地稍软。切开后，包囊中心为灰白色脓性物质。镜检发现，用药初期，囊尾蚴头节结构紊乱，囊壁被破坏，大量嗜酸粒细胞聚集，许多嗜酸粒细胞浸润到虫体吸盘等组织内，释放嗜酸性颗粒，使虫体结构受损，Molinari 等（1983）提出嗜酸粒细胞是使囊尾蚴变性和损伤的效应细胞。Aluja 和 Vargas（1988）认为嗜酸粒细胞在虫体周围局限性增加是虫体开始遭到破坏的最重要标志。嗜酸粒细胞对猪囊尾蚴的杀伤作用主要是通过细胞毒作用。嗜酸粒细胞是特种效应细胞，其细胞膜表面有 IgG 和 IgE 两种抗体的受体（即 Fc γ R，Fc ε R），可借助两种受体与存在于寄生虫表面的特异性 IgG 和 IgE 结合，使嗜酸粒细胞与虫体表面密切接触并脱颗粒，释放其中的毒性蛋白如髓鞘碱性蛋白(myelin basic protein，MBP)、嗜酸粒细胞阳离子蛋白（eosinophil cationic protein，ECP)、嗜酸粒细胞过氧化物酶（eosinophil peroxidase，EPO）等对环境虫体进行杀灭（刘影和沈一平 1999)。巨噬细胞往往在嗜酸粒细胞损伤虫体的基础上进一步发挥杀虫作用。巨噬细胞的效应机能，一方面表现为 T 细胞释放淋巴因子使巨噬细胞活化并且数量增多；另一方面在蠕虫感染时，首先产生 IgE 抗体与巨噬细胞膜上的特异性受体结合，而触发了巨噬细胞的有效的细胞毒作用（许阿莲等 1996)。随用药时间的延长，囊尾蚴坏死、崩解，周围有较多的上皮样细胞，淋巴细胞和一些嗜酸粒细胞浸润。当囊尾蚴完全破坏时，包囊的中心为坏死崩解的虫体，呈均质红染，陈旧的坏死上还附有蓝紫色钙盐。坏死组织周围浸润有大量淋巴细胞、上皮样细胞、单核细胞和一些嗜酸粒细胞，外周为大量增生的结缔组织，说明 NX_1 在引起虫体退化变性的同时，又刺激宿主加速并加厚周围结缔组织包囊的形成，以期限制虫体向外扩展。

4.1.3.2.2 激发广泛胞内效应

透射和扫描电镜观察发现，NX_1 作用于未成熟期和成熟期囊尾蚴后，猪囊尾蚴超微结构发生了明显改变。用药后 1d，未成熟囊尾蚴皮层基质区即消失，只剩下皮层外表面的一层质膜直接与实质区相接，微毛大部分消失，偶尔可见微毛基部断端；实质区肌束坏死；皮层细胞核移向一端，而胞质内充满与皮层区类似的囊泡；实质细胞核染色质及细胞质溶解，核膜及细胞核破损；焰细胞纤毛束外围溶解，微管模糊不清；实质区糖原颗粒减少，排泄管内微绒毛脱落、减少。NX_1 对成熟期囊尾蚴作用稍缓和，微毛粘连，并有折断及脱落现象，基质区依然存在，其他变化与 NX_1 对未成熟期囊尾蚴的作用相似，但较轻。随用药时间的延长囊尾蚴变性、坏死，结构无法辨认。根据以上超微结构变化说明，NX_1 作用于囊尾蚴后，猪囊尾蚴吸收、排泄及能量代谢均发生了严重障碍。许多学者认为，微毛同哺乳动物小肠内微绒毛一样，在营养物质的吸收上发挥主要的作用（Siddiqui，1963；Lumsden，1966；

Baron，1968)。微毛的早期形成和维持与皮层基质区的囊泡有关（Blitz and Smyth，1973；Lumsden et al.，1974；Verheyen et al.，1976)，而囊泡是由皮层细胞产生并通过胞质通道转运到皮层基质区的，随着皮层细胞不断产生囊泡，使皮层不断得到更新（Oaks and Lumsden，1971)。NX_1 作用于囊尾蚴后，微毛及基质区的缺失可能与囊泡的运输阻断有关，因为作者研究发现 NX_1 作用后，皮层细胞大量凋亡，并且发现皮层细胞质内堆积有大量的囊泡。Lumsden 等（1968）和 Bogitsh (1967）在皮层及皮层表面分别发现了水解酶和胆碱酯酶。Borger 等 (1975）认为这两种酶是在皮层细胞内合成并向皮层转运的，它们的功能主要是进行营养物质的细胞外消化及吸收。当皮层细胞的运输功能发生障碍，大量的酶在细胞内长期贮存就会引起皮层细胞自溶，而皮层细胞崩解后释放出来的酶会破坏周围细胞，引起坏死。虫体排泄管壁上的微绒毛，除可增加吸收表面积和与管腔内液体重吸收有关外，尚可借助微绒毛的运动，加速排泄管内液体向管口外流动，有利于废物的排出。排泄管内微绒毛减少，引起代谢废物排泄受阻，囊内和外界的代谢交换调节遂发生障碍，从而使虫体丧失活力。另外糖原颗粒减少说明 NX_1 能抑制虫体对葡萄糖的摄取和利用，使虫体内贮存的糖原减少甚至耗尽，从而导致虫体生存所必需的 ATP 减少，使囊尾蚴无法生存而死亡。

至于 NX_1 对未成熟期囊尾蚴的作用优于对成熟期的作用，作者认为虫体未成熟前皮层及实质区均较薄，并且病理组织学观察其周围还未形成结缔组织包囊，因此极易受到药物作用而引起严重的组织损伤；虫体成熟后，其皮层及实质区增厚，虫体周围形成致密的结缔组织包囊即外囊，同时内囊和外囊之间不存在血液循环或淋巴管，NX_1 只能靠渗透或扩散机制进入，使得囊内药物浓度减少，以致降低治疗效果。因此在使用 NX_1 进行猪囊尾蚴病治疗时，越早治疗效果越好，由此也可以看出，猪囊尾蚴病的早期诊断是非常有意义的。

本实验结果表明，NX_1 抗猪囊尾蚴的生物效应机制是多方面的，可能相互配合，共同发挥作用。

4.1.3.3 NX_2 对猪囊尾蚴形态发育影响的规律

根据体内外药物对未成熟期和成熟期囊尾蚴的作用实验结果，作者发现，NX_2 组在体外对两个时期囊尾蚴均有效，尤以对未成熟期囊尾蚴效果显著，而于体内作用则无效，说明体外筛选为有效的药物体内作用却未必有效。用体外培养的蠕虫筛选药物一直存在着不同的看法。20世纪40年代初，在吩噻嗪的抗线虫作用被发现后，一些实验室曾用体外培养的线虫观察药物的作用或筛选药物，所获得的结果与体内实验的不完全符合。陈佩惠和周述龙（1995）认为，有些体外无效的药物，可能在体内转变成有效药物，而有些在体外有效的药物却可能因化学性状不稳定不能用于动物体内治疗。至于 NX_2 为什么体外有效而体内却无效的原因目前还不清楚，但根据 NX_2 体内作用于未成熟期和成熟期囊尾蚴后不同时期各项指标如形态学、病理组织学、超微结构的检测发现，NX_2 作用后与感染未用药组各项指标结果无显著差异，因此作者推测可能 NX_2 不易被猪体吸收，或者其被吸收后转变成无效成分而对囊尾蚴无杀伤作用。

4.2　药物对猪带绦虫囊尾蚴物质代谢的影响

4.2.1　药物对猪带绦虫囊尾蚴物质代谢影响的实验

4.2.1.1　药物对猪带绦虫囊尾蚴物质代谢影响的实验内容

4.2.1.1.1　药物体外对猪带绦虫囊尾蚴物质代谢的影响

(1) 猪带绦虫六钩蚴的体外培养及药物作用

剪碎绦虫节片取出六钩蚴作脱壳处理后，置于不同培养液中培养。分组如下：对照组（C组）：此组六钩蚴用 PRMI 1640 完全培养液，在培养箱中培养；

囊效0号组（NX_0 组）：此组六钩蚴用含 $400\mu g \cdot ml^{-1}$ 囊效0号的 PRMI 1640 完全培养液，在培养箱中培养；

囊效1号组（NX_1 组）：此组六钩蚴用含 $400\mu g \cdot ml^{-1}$ 囊效1号的 PRMI 1640 完全培养液，在培养箱中培养；

囊效2号组（NX_2 组）：此组六钩蚴用含 $400\mu g \cdot ml^{-1}$ 囊效2号的 PRMI 1640 完全培养液，在培养箱中培养。

以上各组分别在24h、72h 取一定量虫卵备测。

（2）未成熟期猪囊尾蚴的体外培养及药物作用

将感染后30d患囊尾蚴病的猪屠宰，从肌肉中取出猪囊尾蚴，置于孵育液中，37℃孵育至头节伸出，取出后置于无菌生理盐水中洗涤4～5次，取外形相似、大小相同的猪囊尾蚴160个，随机分为4组（每组40个），放在不同的培养液中培养。分组如下：

C组：用RPMI1640完全培养液培养；

NX_0 组：用含 $400\mu g \cdot ml^{-1}$ NX_0 的RPMI1640完全培养液培养；

NX_1 组：用含 $400\mu g \cdot ml^{-1}$ NX_1 的RPMI1640完全培养液培养；

NX_2 组：用含 $400\mu g \cdot ml^{-1}$ NX_2 的RPMI1640完全培养液培养。

在培养24h、72h后，各组分别取出20个猪囊尾蚴备测。

（3）成熟期猪囊尾蚴的体外培养及药物作用

感染后80d的猪囊尾蚴400个，分成4组（每组100个），进行体外培养，分组方法同（2）。在培养12h、24h、36h、48h后，各组分别取出20个猪囊尾蚴备测。

4.2.1.1.2　药物体内对猪带绦虫囊尾蚴物质代谢的影响

（1）药物对体内未成熟期猪囊尾蚴的作用

选无猪囊尾蚴感染的仔猪，人工感染猪带绦虫卵后，于不同时期检测抗猪囊尾蚴抗体效价。当抗体效价达到1：16以上时，开始用药。每个用药组设6头猪，感染后不用药组5头，未感染也未用药组3头。不同组处理如下：

C组：不用任何药物；

NX_0 组：取 NX_0 按100mg/kg分三次口服；

NX_1 组：取 NX_1 按30mg/kg一次口服；

NX_2 组：取 NX_2 按30mg/kg一次口服。

以上各组分别在用药后24h、48h、120h、240h屠宰，取猪囊尾蚴、猪囊尾蚴周围肌肉组织、宿主健康肌肉组织备测。

（2）药物对体内成熟期猪囊尾蚴的作用

选无猪囊尾蚴感染的仔猪，人工感染猪带绦虫卵后，间断屠宰判断猪囊尾蚴成熟率。当猪囊尾蚴成熟率达到80%以上后开始用药。每个用药组设6头猪，感染后不用药组5头，未感染也未用药组5头。不同组处理如下：

C组：感染后不用任何药物；

NX_0 组：取 NX_0 按 100mg/kg 分三次口服；

NX_1 组：取 NX_1 按 30mg/kg 一次口服。

以上各组分别在用药后 24h、48h、120h、240h 屠宰，取猪囊尾蚴、猪囊尾蚴周围肌肉组织、宿主健康肌肉组织备测。

4.2.1.2　药物对猪带绦虫囊尾蚴物质代谢影响的实验方法

4.2.1.2.1　实验材料处理

1）将各组取得的血液在室温下静置析出血清，取血清应用 AEROSET™ 自动生化分析仪（美国雅培公司，1999 年 3 月 15 日出厂）检测 ALP、葡萄糖（Glucose，Glc）、LDH、Lac、GOT、GPT、尿素氮（urea nitrogen，UN）、UA、TG。

2）将各组取得的猪囊尾蚴分为头颈节、囊壁、囊液三部分，将头颈节和囊壁用 0.9%NaCl 溶液匀浆。以 3 000r·min^{-1} 离心 15min，取上清液分别检测。一部分上清液的检测方法及指标同血清；另一部分用 7230 型分光光度计（惠普上海分析仪器厂，1997 年 8 月 25 日出厂）检测 Na^+K^+-ATPase、Mg^{2+}-ATPase、Ca^{2+}-ATPase、已糖激酶（hexokinase，HK）、PK、MDH、6-磷酸葡萄糖脱氢酶（glucose-6-phosphatase dehydrogenase，G6PDH）、谷氨酸脱氢酶（glutamate dehyrogenase，GDH）、黄嘌呤氧化酶（xanthine oxidase，XOD）。

3）将各组取得的囊液稀释 5～8 倍，应用 AEROSET™ 自动生化分析仪检测 Glc、Lac、UN、UA、TG。

4）各组取得虫卵的处理、检测同猪囊尾蚴。

5）将各组取得的囊周组织和健康组织用 0.9%NaCl 溶液匀浆。以 3 000r·min^{-1} 离心 15min，取上清液检测，方法、指标同囊液。

4.2.1.2.2　数据处理

采用美国 SAS 软件公司出版的 SAS 统计软件进行差异显著性检验。实验结果各表中大写字母不同为差异极显著（$P<0.01$），小写字母不同为差异显著（$P<0.05$），小写字母相同为差异不显著（$P>$

0.05)。

4.2.2　药物对猪带绦虫囊尾蚴物质代谢影响的结果

4.2.2.1　药物体外对猪带绦虫囊尾蚴物质代谢的影响

4.2.2.1.1　药物体外对猪带绦虫六钩蚴物质代谢的影响

抗囊药物对猪带绦虫六钩蚴物质代谢的影响见表 4-2。

表 4-2　抗囊药物对体外培养六钩蚴物质代谢的影响

Table 4-2　Effects of drugs against cysticercus on biochemical metabolism of oncosphere cultured *in vitro*

指标 Index	组别 Group	时间/小时 Time/h 24	72	指标 Index	组别 Group	时间/小时 Time/h 24	72
Glc /(mmol/mgprot)	C	2.86 ± 0.24^{a}	2.83 ± 0.27^{A}	GPT /(IU/mgprot)	C	0.22 ± 0.02^{a}	0.28 ± 0.02^{a}
	NX_0	1.76 ± 0.16^{b}	0.98 ± 0.07^{Ba}		NX_0	0.19 ± 0.01^{a}	0.11 ± 0.01^{b}
	NX_1	1.81 ± 0.13^{b}	1.06 ± 0.09^{Ba}		NX_1	0.26 ± 0.03^{a}	0.13 ± 0.01^{b}
	NX_2	1.53 ± 0.11^{b}	0.81 ± 0.07^{Ba}		NX_2	0.20 ± 0.02^{a}	0.11 ± 0.01^{b}
PK /(U/mgprot)	C	5.58 ± 0.42^{a}	5.23 ± 0.39^{a}	GDH /(U/mgprot)	C	6.64 ± 0.49^{a}	6.33 ± 0.47^{a}
	NX_0	4.89 ± 0.33^{a}	3.72 ± 0.21^{b}		NX_0	6.52 ± 0.46^{a}	5.88 ± 0.44^{a}
	NX_1	5.15 ± 0.44^{a}	3.06 ± 0.24^{b}		NX_1	7.21 ± 0.55^{a}	7.55 ± 0.58^{a}
	NX_2	6.14 ± 0.46^{a}	3.22 ± 0.21^{b}		NX_2	6.67 ± 0.47^{a}	6.28 ± 0.51^{a}
LDH /(U/mgprot)	C	1.14 ± 0.07^{a}	0.98 ± 0.07^{a}	UN /(mmol/mgprot)	C	0.18 ± 0.02^{a}	0.22 ± 0.02^{a}
	NX_0	1.25 ± 0.11^{a}	0.66 ± 0.06^{b}		NX_0	0.22 ± 0.02^{a}	0.44 ± 0.03^{b}
	NX_1	0.92 ± 0.06^{a}	0.63 ± 0.05^{b}		NX_1	0.41 ± 0.03^{b}	0.47 ± 0.03^{b}
	NX_2	1.07 ± 0.10^{a}	0.51 ± 0.04^{b}		NX_2	0.17 ± 0.02^{a}	0.42 ± 0.03^{b}
Lac /(mg/mgprot)	C	1.12 ± 0.07^{a}	1.26 ± 0.11^{a}	XOD /(U/mgprot)	C	1.14 ± 0.07^{a}	0.92 ± 0.06^{a}
	NX_0	1.56 ± 0.09^{b}	1.84 ± 0.17^{b}		NX_0	0.87 ± 0.07^{a}	0.79 ± 0.06^{a}
	NX_1	1.61 ± 0.12^{b}	1.93 ± 0.16^{b}		NX_1	0.92 ± 0.06^{a}	0.78 ± 0.06^{a}
	NX_2	1.72 ± 0.11^{b}	2.37 ± 0.22^{b}		NX_2	0.93 ± 0.08^{a}	0.72 ± 0.06^{a}
GOT /(IU/mgprot)	C	0.66 ± 0.04^{a}	0.68 ± 0.04^{a}	TG /(mmol/mgprot)	C	0.14 ± 0.02^{a}	0.17 ± 0.02^{a}
	NX_0	0.88 ± 0.07^{a}	0.63 ± 0.03^{a}		NX_0	0.16 ± 0.02^{a}	0.19 ± 0.03^{a}
	NX_1	0.81 ± 0.07^{a}	0.32 ± 0.04^{b}		NX_1	0.14 ± 0.02^{a}	0.17 ± 0.02^{a}
	NX_2	0.71 ± 0.06^{a}	0.39 ± 0.04^{b}		NX_2	0.15 ± 0.02^{a}	0.22 ± 0.03^{a}

糖类物质代谢：用药后 24h 各用药组的 Glc 含量显著低于 C 组（$P<0.05$），Lac 含量显著高于 C 组（$P<0.05$），PK、LDH 活性与 C 组差异不显著（$P>0.05$）；Glc、Lac 含量及 PK、LDH 活性在各用药组间差异不显著（$P>0.05$）。用药后 72h 各用药组的 Lac 含量显著高于 C 组（$P<0.05$），PK、LDH 活性及 Glc 含量显著低于 C 组（$P<0.05$，$P<0.01$），PK、LDH 活性及 Glc、Lac 含量在各用药组间差异不显著（$P>0.05$）。

氨基酸代谢：用药后 24h，GOT、GPT、GDH 活性在各用药组间差异不显著（$P>0.05$），NX_1 组 UN 含量显著高于 C、NX_0、NX_2 组（$P<0.05$），而在 C、NX_0、NX_2 组间差异不显著（$P>0.05$）；用药后 72h 各用药组的 GOT、GPT 活性低于（差异不显著）或显著低于对照组（$P>0.05$，$P<0.05$），GDH 活性与对照组差异不显著（$P>0.05$），UN 含量显著高于对照组（$P<0.05$）。

脂类物质代谢的 TG 含量、嘌呤代谢的 XOD 活性用药后 24h、72h 在各组间差异不显著（$P>0.05$）。

实验证实三种药物对体外培养六钩蚴都有效果，影响体外六钩蚴生化代谢的药效顺序为 $NX_1>NX_0$、NX_2。实验表明糖类物质代谢首先受影响，药物抑制虫体糖类物质代谢、能量物质生成，影响物质吸收运转。随着培养时间的延长，各用药组进而影响氨基酸代谢、脂类物质代谢、核酸代谢及代谢产物的排出。

4.2.2.1.2　药物体外对未成熟期猪囊尾蚴物质代谢的影响

药物对体外培养未成熟期猪囊尾蚴物质代谢的影响见表 4-3。

物质转运系统　各用药组的三种 ATPase 和 ALP 活性用药后 24h 显著低于 C 组（$P<0.05$），且在各用药组间差异不显著（$P>0.05$）；用药后 72h 极显著低于 C 组（$P<0.01$），而 NX_1 组的 Mg^{2+}-ATPase、Ca^{2+}-ATPase 活性消失。

糖类物质代谢　各用药组的 HK、PK、LDH、MDH、G6PDH 活性及 Glc 含量用药后 24h、72h 显著低于 C 组（$P<0.05$，$P<0.01$），NX_1 组的 PK 活性用药后 72h 极显著低于 NX_0、NX_2 组（$P<0.01$），各用药组的 MDH 活性和 NX_1 组的 G6PDH 活性用药后 72h 消失。各用药组的 Lac 含量用药后 24h、72h 显著高于 C 组（$P<0.05$，$P<0.01$）。

表 4-3 药物体外对未成熟期猪囊尾蚴物质代谢的影响

Table 4-3 Effects of drugs against cysticercus on biochemical metabolism of immature cysticercus cultured *in vitro*

指 标 Index	组别 Group	时间/小时 Time/h 24	72	指标 Index	组 别 Group	时间/小时 Time/h 24	72
$Na^{+}K^{+}$	C	3.6 ± 0.21^{a}	2.98 ± 0.23^{A}	MDH	C	1.62 ± 0.14^{a}	1.49 ± 0.13^{A}
-ATPase	NX_0	2.4 ± 0.17^{b}	0.55 ± 0.04^{Ba}	/(U/mgprot)	NX_0	1.1 ± 0.08^{b}	0
/(μmolPi	NX_1	2.2 ± 0.16^{b}	0.38 ± 0.02^{Ba}	$\times10^{-4}$	NX_1	0.9 ± 0.07^{b}	0
/mgprot/h)	NX_2	2.3 ± 0.15^{b}	0.42 ± 0.09^{Ba}		NX_2	1.34 ± 0.11^{b}	0
Mg^{2+}	C	2.63 ± 0.16^{a}	1.94 ± 0.16^{A}	G6PDH	C	2.31 ± 0.26^{a}	2.6 ± 0.21^{A}
-ATPase	NX_0	1.5 ± 0.12^{b}	0.36 ± 0.03^{Ba}	/(U/	NX_0	2.1 ± 0.16^{b}	1.24 ± 0.03^{Ba}
/(μmolPi/	NX_1	1.46 ± 0.11^{b}	0	mgprot)	NX_1	2.0 ± 0.14^{b}	0
mgprot/h)	NX_2	0.4 ± 0.14^{b}	0.42 ± 0.05^{Ba}	$\times10^{-4}$	NX_2	2.13 ± 0.11^{b}	1.02 ± 0.09^{Ba}
Ca^{2+}	C	0.43 ± 0.04^{a}	0.47 ± 0.04^{A}	GOT	C	10.2 ± 0.69^{Aa}	9.28 ± 0.77^{A}
-ATPase	NX_0	0.22 ± 0.02^{b}	0.15 ± 0.01^{Ba}	/(IU/	NX_0	7.51 ± 0.55^{b}	2.69 ± 0.16^{Ba}
/(μmolPi	NX_1	0.29 ± 0.02^{b}	0	mgprot)	NX_1	4.62 ± 0.36^{Bc}	1.33 ± 0.09^{C}
/mgprot/h)	NX_2	0.27 ± 0.04^{b}	0.12 ± 0.02^{Ba}		NX_2	6.85 ± 0.92^{b}	2.73 ± 0.14^{Ba}
ACP	C	7.51 ± 0.55^{a}	8.82 ± 0.63^{A}	GPT	C	3.66 ± 0.24^{a}	2.94 ± 0.17^{A}
/(U/	NX_0	5.47 ± 0.33^{b}	2.99 ± 0.17^{Ba}	/(IU/	NX_0	2.03 ± 0.17^{b}	1.16 ± 0.09^{Ba}
mgprot)	NX_1	4.53 ± 0.29^{b}	1.17 ± 0.08^{C}	mgprot)	NX_1	2.58 ± 0.11^{b}	0.83 ± 0.07^{Ba}
	NX_2	4.82 ± 0.31^{b}	2.54 ± 0.19^{Ba}		NX_2	2.14 ± 0.05^{b}	1.09 ± 0.10^{Ba}
Glc	C	1.98 ± 0.14^{A}	1.76 ± 0.12^{A}	GDH	C	5.22 ± 0.36^{a}	4.86 ± 0.35^{A}
/(mmol/	NX_0	0.92 ± 0.07^{Ba}	0.36 ± 0.03^{Ba}	/(U/	NX_0	3.16 ± 0.30^{b}	2.20 ± 0.14^{Ba}
mgprot)	NX_1	1.17 ± 0.09^{Ba}	0.28 ± 0.02^{Ba}	mgprot)	NX_1	3.28 ± 0.21^{b}	0.76 ± 0.06^{C}
	NX_2	0.87 ± 0.03^{Ba}	$0.42\pm0..03^{Ba}$		NX_2	3.02 ± 0.24^{b}	2.15 ± 0.09^{Ba}
HK	C	3.11 ± 0.24^{Aa}	2.93 ± 0.21^{A}	UN	C	0.31 ± 0.02^{Aa}	0.33 ± 0.03^{a}
/(U/	NX_0	1.02 ± 0.16^{Bb}	0.11 ± 0.01^{Ba}	/(mmol/	NX_0	0.44 ± 0.04^{b}	0.49 ± 0.03^{b}
mgprot)	NX_1	1.86 ± 0.15^{C}	0.24 ± 0.02^{Ba}	mgprot)	NX_1	0.68 ± 0.05^{Bc}	0.56 ± 0.04^{b}
$\times10^{-4}$	NX_2	1.14 ± 0.08^{Bb}	0.13 ± 0.01^{Ba}		NX_2	0.59 ± 0.04^{Bc}	0.52 ± 0.04^{b}
PK	C	16.23 ± 1.04^{a}	14.57 ± 1.12^{A}	XOD	C	5.06 ± 0.39^{Aa}	4.47 ± 0.36^{A}
/(U/	NX_0	9.37 ± 1.14^{b}	7.25 ± 0.44^{Ba}	/(U/	NX_0	3.41 ± 0.31^{Bb}	1.66 ± 0.15^{Ba}
mgprot)	NX_1	10.05 ± 0.69^{b}	3.46 ± 0.22^{C}	mgprot)	NX_1	2.86 ± 0.21^{C}	1.39 ± 0.11^{Ba}
	NX_2	11.03 ± 1.09^{b}	5.34 ± 0.47^{Ba}		NX_2	3.11 ± 0.23^{Bb}	1.54 ± 0.08^{Ba}

续表

指 标 Iindex	组别 Group	时间/小时 Time/h 24	72	指标 Index	组 别 Group	时间/小时 Time/h 24	72
LDH /(U/ mgprot)	C	6.51±0.42^{A}	5.39±0.37^{A}	UA /(μmol /mgprot)	C	0.20±0.02^{a}	0.23±0.02^{a}
	NX_0	3.53±0.26^{Ba}	2.76±0.27^{Ba}		NX_0	0.39±0.03^{b}	0.41±0.03^{b}
	NX_1	3.52±0.28^{Ba}	0		NX_1	0.34±0.03^{b}	0.39±0.03^{b}
	NX_2	2.92±0.37^{Ba}	3.11±0.25^{Ba}		NX_2	0.38±0.04^{b}	0.36±0.03^{b}
Lac /(mg /mgprot)	C	2.21±0.14^{Aa}	2.57±0.16^{a}	TG /(mmol /mgprot)	C	0.16±0.02^{a}	0.21±0.02^{a}
	NX_0	3.05±0.26^{b}	3.97±0.26^{b}		NX_0	0.09±0.02^{a}	0.36±0.02^{b}
	NX_1	4.65±0.37^{Bb}	3.68±0.21^{b}		NX_1	0.11±0.01^{a}	0.33±0.03^{b}
	NX_2	3.94±0.41^{b}	3.91±0.32^{b}		NX_2	0.11±0.02^{a}	0.39±0.03^{b}

氨基酸代谢　各用药组的 GOT、GPT、GDH 活性用药后 24h、72h 显著低于 C 组（$P<0.05$，$P<0.01$），而 NX_1 组的 GOT、GDH 活性用药后 72h 极显著低于 NX_0、NX_2 组（$P<0.01$），各用药组 UN 含量用药后 24h、72h 显著高于 C 组（$P<0.05$，$P<0.01$）。

脂类物质代谢　TG 含量用药后 24h 各组间差异不显著（$P>0.05$），用药后 72h 各用药组显著低于 C 组（$P<0.05$）。

嘌呤代谢　各用药组的 XOD 活性用药后 24h、72h 显著低于 C 组（$P<0.05$，$P<0.01$），UA 含量用药后 24h、72h 显著高于 C 组（$P<0.05$）。

药物体外作用影响未成熟期猪囊尾蚴物质代谢的药效顺序为 $NX_1>NX_0$、NX_2。随着用药时间的延长各用药组的各代谢系统均受影响。

4.2.2.1.3　药物体外对成熟期猪囊尾蚴物质代谢的影响

（1）药物体外对成熟期猪囊尾蚴囊壁物质代谢的影响

抗囊药物对体外培养成熟期猪囊尾蚴囊壁物质代谢的影响见表 4-4。

物质转运系统：各用药组的三种 ATPase 和 ALP 活性用药后 6h 与 C 组差异不显著（$P>0.05$），用药后 12h、24h、36h、48h 各用药组低于或显著低于 C 组（$P>0.05$；$P<0.05$，$P<0.01$）。用药后 12h、24h、36h、48h 三种 ATPase 和 ALP 活性在 NX_0、NX_1 组低于或显著低于 NX_2 组（$P>0.05$；$P<0.05$，$P<0.01$），NX_1 组低于或显著低于 NX_0 组（$P>0.05$；$P<0.05$，$P<0.01$）。

表 4-4　药物体外对成熟期猪囊尾蚴囊壁物质代谢的影响

Table 4-4　Effects of drugs against cysticercus on biochemical metabolism of bladder wall of mature cysticercus cultured *in vitro*

指标 Index	组别 Group	时间/小时 Time/h				
		6	12	24	36	48
$Na^{+}K^{+}$-ATPase /(μmolPi/mgprot/h)	C	4.42 ± 0.33^{a}	4.23 ± 0.31^{Aa}	3.92 ± 0.28^{A}	4.11 ± 0.30^{A}	3.76 ± 0.27^{A}
	NX_0	3.77 ± 0.32^{a}	2.44 ± 0.18^{Bb}	1.66 ± 0.09^{Ba}	0.88 ± 0.07^{Ba}	0.09 ± 0.01^{D}
	NX_1	3.96 ± 0.31^{a}	2.26 ± 0.17^{Bb}	1.22 ± 0.11^{Ba}	0.74 ± 0.06^{Ba}	0.26 ± 0.02^{C}
	NX_2	4.36 ± 0.35^{a}	3.12 ± 0.32^{b}	2.79 ± 0.18^{C}	2.68 ± 0.17^{C}	1.59 ± 0.12^{Ba}
Mg^{2+}-ATPase /(μmolPi/mgprot/h)	C	3.90 ± 0.28^{a}	3.96 ± 0.27^{A}	3.75 ± 0.25^{A}	3.88 ± 0.24^{A}	4.02 ± 0.31^{A}
	NX_0	3.75 ± 0.28^{a}	2.02 ± 0.16^{Ba}	1.29 ± 0.11^{Ba}	0.76 ± 0.06^{B}	0.20 ± 0.02^{B}
	NX_1	3.63 ± 0.25^{a}	1.68 ± 0.13^{Ba}	0.99 ± 0.07^{Ba}	0.21 ± 0.02^{C}	0
	NX_2	3.81 ± 0.29^{a}	3.70 ± 0.29^{A}	2.66 ± 0.17^{C}	1.59 ± 0.06^{D}	0.55 ± 0.02^{C}
Ca^{2+}-ATPase /(μmolPi/mgprot/h)	C	2.69 ± 0.21^{a}	2.78 ± 0.22^{a}	2.54 ± 0.20^{a}	2.65 ± 0.22^{A}	2.71 ± 0.23^{A}
	NX_0	2.65 ± 0.28^{a}	1.99 ± 0.30^{b}	1.21 ± 0.12^{b}	1.55 ± 0.11^{Ba}	0.76 ± 0.04^{Ba}
	NX_1	2.78 ± 0.22^{a}	1.86 ± 0.13^{b}	1.03 ± 0.11^{b}	1.13 ± 0.09^{Ba}	0.63 ± 0.05^{Ba}
	NX_2	2.71 ± 0.22^{a}	2.11 ± 0.24^{a}	1.49 ± 0.21^{b}	1.71 ± 0.09^{Ba}	0.80 ± 0.02^{Ba}
ACP /(U/mgprot)	C	17.76 ± 1.13^{a}	18.12 ± 1.33^{A}	16.66 ± 1.16^{A}	20.40 ± 1.36^{A}	18.36 ± 1.22^{A}
	NX_0	15.22 ± 1.16^{a}	10.4 ± 0.69^{Ba}	7.27 ± 0.41^{Ba}	4.36 ± 0.28^{B}	2.67 ± 0.13^{B}
	NX_1	14.47 ± 1.06^{a}	9.26 ± 0.57^{Ba}	4.46 ± 0.31^{Bb}	2.19 ± 0.17^{C}	1.33 ± 0.09^{C}
	NX_2	18.14 ± 1.55^{a}	16.3 ± 1.09^{Ba}	10.87 ± 1.23^{C}	8.58 ± 0.96^{D}	4.17 ± 0.13^{D}
Glc /(mmol/mgprot)	C	1.43 ± 0.11^{a}	1.70 ± 0.12^{Aa}	1.36 ± 0.13^{A}	1.41 ± 0.13^{A}	1.61 ± 0.14^{A}
	NX_0	1.04 ± 0.07^{b}	0.85 ± 0.06^{Bb}	0.42 ± 0.03^{C}	0.22 ± 0.02^{Ba}	0.09 ± 0.01^{B}
	NX_1	0.87 ± 0.06^{b}	0.57 ± 0.04^{Bc}	0.21 ± 0.02^{B}	0.23 ± 0.01^{Ba}	0
	NX_2	0.96 ± 0.08^{b}	0.94 ± 0.05^{Bb}	0.81 ± 0.06^{D}	0.57 ± 0.02^{C}	0.35 ± 0.01^{C}
HK /(U/mgprot) $\times10^{-4}$	C	9.36 ± 0.59^{a}	6.63 ± 0.44^{Aa}	7.14 ± 0.46^{A}	6.49 ± 0.41^{A}	6.21 ± 0.40^{A}
	NX_0	6.04 ± 0.41^{b}	4.22 ± 0.41^{b}	3.33 ± 0.17^{Ba}	1.49 ± 0.12^{Ba}	0.41 ± 0.03^{B}
	NX_1	5.53 ± 0.37^{b}	3.21 ± 0.22^{Bb}	1.87 ± 0.11^{C}	1.92 ± 0.01^{Ba}	0
	NX_2	6.09 ± 0.46^{ab}	4.66 ± 0.34^{b}	4.28 ± 0.11^{Ba}	2.16 ± 0.13^{Ba}	1.03 ± 0.09^{C}

续表

指标 Index	组别 Group	时间/小时 Time/h				
		6	12	24	36	48
PK /(U/mgprot)	C	36.67±2.88^{a}	38.41±2.79^{a}	29.92±2.23^{Aa}	31.20±3.41^{A}	28.73±2.04^{A}
	NX_0	56.60±3.77^{b}	52.2±4.01^{Ab}	26.63±1.78^{Aa}	10.37±0.63^{B}	1.79±0.13^{B}
	NX_1	51.12±3.79^{b}	22.4±1.13^{Bc}	1.07±0.96^{B}	4.49±0.23^{C}	0.57±0.04^{C}
	NX_2	36.08±2.55^{a}	30.46±4.41^{a}	27.23±1.79^{Aa}	18.33±0.96^{D}	19.91±0.49^{D}
LDH /(U/mgprot)	C	3.47±0.28^{a}	3.55±0.29^{a}	3.58±0.31^{Aa}	4.11±0.30^{A}	3.87±0.28^{A}
	NX_0	5.55±0.41^{b}	4.89±0.42^{b}	2.81±0.19^{B}	1.11±0.09^{B}	0.42±0.03^{B}
	NX_1	5.67±0.31^{b}	3.31±0.26^{a}	1.60±0.11^{C}	0.36±0.03^{C}	0.11±0.01^{C}
	NX_2	3.79±0.03^{ab}	3.42±0.36^{a}	2.94±0.37^{Aa}	2.13±0.18^{D}	1.07±0.20^{D}
Lac /(mg/mgprot)	C	6.67±0.46^{a}	6.51±0.51^{a}	6.96±0.49^{a}	5.75±0.42^{A}	6.44±0.47^{A}
	NX_0	7.99±0.49^{ab}	8.63±0.42^{b}	8.26±0.57^{b}	9.92±0.70^{Ba}	11.46±0.79^{Ba}
	NX_1	8.83±0.51^{b}	8.79±0.54^{b}	8.82±0.60^{b}	10.31±0.71^{Ba}	12.22±0.83^{Ba}
	NX_2	6.71±0.46^{a}	7.21±0.50^{ab}	9.27±0.51^{b}	10.04±0.68^{Ba}	11.46±0.51^{Ba}
MDH /(U/mgprot) $\times10^{-4}$	C	10.51±0.94^{a}	10.34±0.86^{A}	9.82±0.76^{Aa}	11.26±0.78^{A}	8.84±0.61^{A}
	NX_0	8.46±0.81^{b}	5.53±0.60^{B}	3.22±0.26^{B}	1.73±0.11^{B}	0.46±0.04^{B}
	NX_1	8.57±0.63^{b}	4.31±0.26^{B}	1.63±0.11^{C}	0.84±0.06^{C}	0
	NX_2	12.55±1.11^{a}	10.66±0.71^{A}	6.18±0.73^{Ab}	5.17±0.21^{D}	2.99±0.02^{C}
G6PDH /(U/mgprot) $\times10^{-4}$	C	9.14±0.67^{a}	9.41±0.61^{a}	7.99±0.56^{a}	7.21±0.49^{Aa}	7.54±0.51^{Aa}
	NX_0	7.84±0.56^{a}	6.01±0.49^{b}	6.19±0.40^{b}	5.42±0.31^{b}	4.36±0.27^{Bb}
	NX_1	8.55±0.52^{a}	6.43±0.46^{b}	5.22±0.39^{b}	3.76±0.26^{Bc}	3.11±0.22^{Bc}
	NX_2	9.36±0.63^{a}	8.22±0.61^{a}	4.64±0.25^{b}	3.12±0.11^{Bc}	4.88±0.19^{Bb}
GOT /(IU/mgprot)	C	67.10±4.93^{a}	54.24±4.73^{a}	57.57±4.26^{a}	49.00±2.89^{Aa}	53.22±3.31^{A}
	NX_0	62.82±4.63^{a}	38.81±4.37^{b}	40.66±3.79^{b}	24.77±3.54^{Bb}	28.88±2.01^{Ba}
	NX_1	60.37±4.44^{a}	34.29±4.21^{b}	35.57±0.83^{b}	27.39±1.98^{Bb}	15.93±1.16^{C}
	NX_2	69.90±5.01^{a}	62.91±4.56^{a}	54.43±4.52^{a}	31.26±4.13^{b}	28.83±1.83^{Ba}

续表

指标 Index	组别 Group	时间/小时 Time/h				
		6	12	24	36	48
GPT /(IU/mgprot)	C	8.51 ± 0.67^{a}	7.66 ± 0.58^{a}	8.32 ± 0.66^{A}	7.445 ± 0.51^{A}	7.20 ± 0.49^{A}
	NX_0	7.21 ± 0.58^{a}	7.03 ± 0.56^{a}	4.76 ± 0.44^{Ba}	4.95 ± 0.41^{Ba}	3.44 ± 0.26^{Ba}
	NX_1	7.72 ± 0.54^{a}	7.16 ± 0.51^{a}	3.89 ± 0.46^{Ba}	4.24 ± 0.31^{Ba}	2.01 ± 0.13^{C}
	NX_2	8.44 ± 0.63^{a}	8.17 ± 0.61^{a}	4.47 ± 0.39^{Ba}	4.23 ± 0.43^{Ba}	4.36 ± 0.47^{Ba}
GDH /(U/mgprot)	C	12.12 ± 0.84^{a}	10.81 ± 0.76^{a}	11.38 ± 0.79^{a}	10.44 ± 0.71^{a}	9.98 ± 0.70^{A}
	NX_0	10.88 ± 0.79^{a}	9.44 ± 0.71^{a}	8.81 ± 0.66^{ab}	6.23 ± 0.56^{b}	5.52 ± 0.37^{Ba}
	NX_1	10.41 ± 0.77^{a}	9.13 ± 0.69^{a}	7.66 ± 0.61^{b}	6.16 ± 0.42^{b}	2.69 ± 0.21^{C}
	NX_2	11.89 ± 0.82^{a}	10.49 ± 0.79^{a}	8.10 ± 0.72^{b}	6.91 ± 0.51^{b}	4.67 ± 0.19^{Ba}
UN /(mmol/mgprot)	C	0.13 ± 0.01^{a}	0.13 ± 0.01^{a}	0.15 ± 0.02^{A}	0.14 ± 0.01^{A}	0.13 ± 0.01^{Aa}
	NX_0	0.15 ± 0.01^{a}	0.15 ± 0.01^{a}	0.26 ± 0.02^{C}	0.37 ± 0.03^{Ba}	0.47 ± 0.04^{C}
	NX_1	0.15 ± 0.01^{a}	0.26 ± 0.02^{b}	0.36 ± 0.03^{Ba}	0.48 ± 0.04^{Ba}	0.77 ± 0.04^{B}
	NX_2	0.14 ± 0.01^{a}	0.23 ± 0.02^{a}	0.35 ± 0.01^{Ba}	0.35 ± 0.03^{Ba}	0.34 ± 0.04^{D}
XOD /(U/mgprot)	C	15.60 ± 1.14^{a}	17.55 ± 1.23^{a}	16.68 ± 1.22^{a}	15.51 ± 1.06^{Aa}	15.82 ± 1.13^{A}
	NX_0	15.02 ± 1.06^{a}	14.82 ± 1.11^{a}	14.29 ± 1.04^{a}	8.27 ± 0.22^{Bb}	6.39 ± 0.44^{B}
	NX_1	14.94 ± 1.07^{a}	13.86 ± 0.89^{a}	13.66 ± 0.81^{b}	7.86 ± 0.49^{Bb}	2.23 ± 0.14^{Ca}
	NX_2	15.92 ± 1.17^{a}	15.23 ± 1.06^{a}	14.82 ± 0.94^{a}	14.01 ± 0.97^{Aa}	2.27 ± 0.11^{Ca}
UA /(μmol/mgprot)	C	0.20 ± 0.02^{a}	0.17 ± 0.02^{a}	0.19 ± 0.02^{Aa}	0.23 ± 0.02^{A}	0.24 ± 0.02^{A}
	NX_0	0.20 ± 0.02^{a}	0.25 ± 0.02^{ab}	0.39 ± 0.03^{Bb}	0.51 ± 0.04^{Ba}	0.59 ± 0.05^{Ba}
	NX_1	0.21 ± 0.02^{a}	0.32 ± 0.03^{b}	0.48 ± 0.04^{Bc}	0.57 ± 0.04^{Ba}	0.66 ± 0.05^{Ba}
	NX_2	0.21 ± 0.02^{a}	0.22 ± 0.02^{ab}	0.22 ± 0.02^{Aa}	0.44 ± 0.05^{Ba}	0.56 ± 0.04^{Ba}
TG /(mmol/mgprot)	C	0.33 ± 0.03^{a}	0.31 ± 0.03^{a}	0.29 ± 0.02^{a}	0.30 ± 0.03^{Aa}	0.28 ± 0.02^{A}
	NX_0	0.31 ± 0.02^{a}	0.32 ± 0.03^{a}	0.26 ± 0.02^{ab}	0.15 ± 0.02^{Bb}	0.08 ± 0.01^{Ba}
	NX_1	0.31 ± 0.03^{a}	0.30 ± 0.03^{a}	0.16 ± 0.02^{b}	0.09 ± 0.01^{Bc}	0
	NX_2	0.31 ± 0.03^{a}	0.29 ± 0.03^{a}	0.30 ± 0.03^{a}	0.18 ± 0.03^{Bb}	0.10 ± 0.02^{Ba}

糖类物质代谢：各用药组的 HK 活性和 Glc 含量从用药后 6～48h 均低于或显著低于 C 组（$P>0.05$；$P<0.05$，$P<0.01$）；NX_0、NX_1 组的 MDH 活性从用药后 6～48h 显著低于 C 组（$P<0.05$，$P<0.01$），

NX_0、NX_1 组的 PK、LDH 活性用药后 6h 显著高于 C 组（$P<0.05$），各用药组的 Lac 含量从用药后 6～48h 高于或显著高于 C 组（$P>0.05$；$P<0.05$，$P<0.01$）。用药后 24h、36h、48h，HK、PK、LDH、MDH、G6PDH 活性在各用药组低于或显著低于 C 组（$P>0.05$；$P<0.05$，$P<0.01$），NX_0、NX_1 组低于或显著低于 NX_2 组（$P>0.05$；$P<0.05$，$P<0.01$），NX_1 组低于或显著低于 NX_0 组（$P>0.05$；$P<0.05$，$P<0.01$）。

氨基酸代谢：各用药组的 GOT、GPT、GDH 活性用药后 24h、36h、48h 低于或显著低于 C 组（$P>0.05$；$P<0.05$，$P<0.01$）。NX_1 组的 GOT、GPT、GDH 活性用药后 48h 极显著低于 NX_0、NX_2 组（$P<0.01$）。各用药组的 UN 含量用药后 24h、36h、48h 极显著高于 C 组（$P<0.01$）。

脂类物质代谢：各用药组的 TG 含量用药后 24h、36h、48h 低于或显著低于 C 组（$P>0.05$；$P<0.05$，$P<0.01$）。

嘌呤代谢：各用药组的 XOD 活性用药后 24h、36h、48h 低于或显著低于 C 组（$P>0.05$；$P<0.05$，$P<0.01$）。各用药组的 UA 含量用药后 12h、24h、36h、48h 高于或显著高于 C 组（$P>0.05$；$P<0.05$，$P<0.01$）。

（2）药物体外对成熟期猪囊尾蚴头颈节物质代谢的影响

抗囊药物对体外培养成熟期猪囊尾蚴头颈节物质代谢的影响见表 4-5。

物质转运系统：各用药组的三种 ATPase 和 ALP 活性用药后 6h 与对照组差异不显著（$P>0.05$），用药后 12h、24h、36h、48h 各用药组低于或显著低于 C 组（$P>0.05$；$P<0.05$，$P<0.01$）。用药后 36h、48h，NX_0、NX_1 组的三种 ATPase 和 ALP 活性极显著低于 NX_2 组（$P<0.01$），NX_1 组显著低于 NX_0 组（$P<0.05$，$P<0.01$）。

糖类物质代谢：各用药组的 HK 活性及 Glc 含量从用药后 6～48h 显著低于 C 组（$P<0.05$，$P<0.01$），NX_0、NX_1 组的 MDH 活性从用药后 6～48h 极显著低于 C 组（$P<0.01$），NX_0、NX_1 组的 PK、LDH 用药后 6h、12h 高于或显著高于 C 组（$P>0.05$，$P<0.05$），各用药组的 Lac 含量从用药后 6～48h 高于或显著高于 C 组（$P>0.05$；$P<0.05$，$P<0.01$）。用药后 24h、36h、48h，HK、PK、LDH、MDH、

表 4-5 药物体外对成熟期猪囊尾蚴头颈节物质代谢的影响

Table 4-5 Effects of drugs against cysticercus on biochemical metabolism of scolex of mature cysticercus cultured *in vitro*

指标 Index	组别 Group	时间/小时 Time/h				
		6	12	24	36	48
$Na^{+}K^{+}$-ATPase /(μmolPi/mgprot/h)	C	4.50 ± 0.34^{a}	4.38 ± 0.31^{A}	3.74 ± 0.29^{A}	4.07 ± 0.31^{A}	3.85 ± 0.26^{A}
	NX_0	4.66 ± 0.35^{a}	3.83 ± 0.27^{Ba}	2.14 ± 0.16^{Ba}	1.31 ± 0.11^{Bb}	0.63 ± 0.05^{B}
	NX_1	4.84 ± 0.37^{a}	2.67 ± 0.18^{Ba}	1.46 ± 0.13^{Bb}	0.92 ± 0.07^{Ba}	0.34 ± 0.03^{C}
	NX_2	4.70 ± 0.35^{a}	2.62 ± 0.14^{Ba}	2.01 ± 0.21^{Ba}	2.42 ± 0.28^{C}	1.70 ± 0.06^{D}
Mg^{2+}-ATPase /(μmolPi/mgprot/h)	C	3.77 ± 0.26^{a}	3.91 ± 0.27^{Aa}	3.86 ± 0.26^{A}	4.01 ± 0.30^{A}	3.81 ± 0.26^{A}
	NX_0	3.41 ± 0.22^{a}	1.82 ± 0.16^{Bb}	1.19 ± 0.08^{Ba}	0.55 ± 0.05^{Ba}	0.21 ± 0.02^{B}
	NX_1	3.27 ± 0.21^{a}	1.55 ± 0.12^{Bb}	0.86 ± 0.07^{Bb}	0.29 ± 0.02^{Bb}	0.07 ± 0.01^{C}
	NX_2	3.66 ± 0.24^{a}	2.55 ± 0.24^{Aa}	2.41 ± 0.13^{C}	1.29 ± 0.09^{C}	1.07 ± 0.08^{D}
Ca^{2+}-ATPase /(μmolPi/mgprot/h)	C	1.68 ± 0.13^{a}	1.84 ± 0.13^{Aa}	1.92 ± 0.14^{A}	1.77 ± 0.13^{A}	1.75 ± 0.12^{A}
	NX_0	2.01 ± 0.22^{a}	0.96 ± 0.06^{Bb}	0.85 ± 0.04^{Ba}	0.41 ± 0.11^{C}	0.90 ± 0.07^{B}
	NX_1	1.96 ± 0.14^{a}	0.77 ± 0.05^{Bb}	0.79 ± 0.06^{Ba}	0.88 ± 0.07^{Ba}	0.24 ± 0.02^{Ca}
	NX_2	1.91 ± 0.16^{a}	1.77 ± 0.16^{Aa}	1.43 ± 0.14^{Ba}	0.65 ± 0.14^{Ba}	0.26 ± 0.03^{Ca}
ACP /(U/mgprot)	C	14.54 ± 1.13^{a}	13.77 ± 1.08^{a}	15.23 ± 1.19^{A}	14.49 ± 1.11^{A}	13.56 ± 1.04^{A}
	NX_0	13.50 ± 0.92^{a}	8.66 ± 0.53^{b}	5.29 ± 0.31^{Ba}	2.77 ± 0.16^{Ba}	1.22 ± 0.09^{Ba}
	NX_1	12.63 ± 0.86^{a}	7.48 ± 0.49^{b}	3.63 ± 0.24^{Bb}	1.88 ± 0.13^{Bb}	0.91 ± 0.07^{Bb}
	NX_2	14.20 ± 1.11^{a}	12.91 ± 1.07^{a}	4.96 ± 0.49^{Bab}	8.77 ± 0.94^{C}	5.21 ± 0.11^{C}
Glc /(mmol/mgprot)	C	1.47 ± 0.09^{a}	1.39 ± 0.10^{A}	1.22 ± 0.09^{A}	1.26 ± 0.11^{A}	1.21 ± 0.10^{A}
	NX_0	1.04 ± 0.04^{b}	0.86 ± 0.07^{Bb}	0.43 ± 0.04^{Ba}	0.41 ± 0.02^{Ba}	0.09 ± 0.01^{B}
	NX_1	1.11 ± 0.03^{b}	0.63 ± 0.05^{Ba}	0.27 ± 0.02^{Bb}	0.08 ± 0.01^{C}	0
	NX_2	0.93 ± 0.02^{b}	0.78 ± 0.03^{Bab}	0.76 ± 0.05^{C}	0.47 ± 0.03^{Ba}	0.34 ± 0.04^{C}
HK /(U/mgprot) $\times10^{-4}$	C	8.11 ± 0.46^{a}	6.77 ± 0.43^{Aa}	7.26 ± 0.48^{A}	6.28 ± 0.42^{A}	6.44 ± 0.41^{A}
	NX_0	5.83 ± 0.41^{b}	4.44 ± 0.26^{b}	2.87 ± 0.16^{Ba}	1.49 ± 0.11^{B}	0.72 ± 0.06^{Ba}
	NX_1	5.21 ± 0.37^{b}	3.47 ± 0.28^{Bb}	1.93 ± 0.14^{Bb}	0.86 ± 0.07^{Ca}	0.22 ± 0.02^{C}
	NX_2	5.89 ± 0.45^{b}	3.47 ± 0.44^{Bb}	3.21 ± 0.42^{C}	0.67 ± 0.20^{Ca}	0.88 ± 0.08^{Ba}

续表

指标 Index	组别 Group	时间/小时 Time/h				
		6	12	24	36	48
PK /(U/mgprot)	C	65.46±4.21^{a}	57.28±4.07^{a}	53.50±4.01^{Aa}	56.22±4.09^{A}	51.11±3.98^{A}
	NX_0	81.23±5.76^{b}	83.13±5.14^{b}	46.67±2.96^{Aa}	23.31±1.17^{Ba}	10.10±0.63^{Ba}
	NX_1	93.39±6.07^{b}	61.21±5.33^{a}	28.57±1.93^{B}	9.92±0.56^{C}	1.66±0.11^{C}
	NX_2	67.65±4.41^{a}	65.61±4.32^{a}	57.70±4.06^{Aa}	22.28±1.81^{Ba}	8.80±0.67^{Ba}
LDH /(U/mgprot) $\times 10^{-4}$	C	13.26±1.03^{a}	12.88±0.96^{a}	11.38±0.84^{a}	12.12±0.91^{A}	11.17±0.80^{A}
	NX_0	19.27±1.34^{b}	17.85±1.21^{b}	10.81±0.81^{a}	4.18±0.32^{Ba}	2.36±0.19^{Ba}
	NX_1	18.69±1.22^{b}	11.41±0.89^{a}	7.17±0.49^{b}	3.33±0.16^{Ba}	1.08±0.07^{C}
	NX_2	14.07±1.06^{a}	12.97±0.98^{a}	12.22±0.87^{a}	3.56±0.23^{Ba}	2.03±0.17^{Ba}
Lac /(U/mgprot)	C	7.38±0.51^{a}	6.82±0.49^{a}	6.40±0.47^{a}	6.76±0.47^{a}	6.32±0.43^{A}
	NX_0	8.64±0.57^{a}	9.11±0.60^{b}	9.92±0.66^{b}	10.83±0.72^{b}	13.33±0.82^{Ba}
	NX_1	8.83±0.57^{b}	8.79±0.54^{b}	9.63±0.61^{b}	11.07±0.68^{b}	12.27±0.71^{Ba}
	NX_2	7.57±0.52^{a}	7.63±0.53^{a}	10.87±1.56^{b}	11.01±0.97^{b}	12.22±1.59^{Ba}
MDH /(U/mgprot) $\times 10^{-4}$	C	13.36±1.02^{Aa}	13.75±1.07^{Aa}	12.49±0.98^{A}	12.66±0.99^{A}	12.13±0.97^{A}
	NX_0	8.49±0.73^{Bb}	8.24±0.57^{Bb}	4.93±0.27^{Ba}	2.69±0.16^{Ba}	1.15±0.07^{B}
	NX_1	7.92±0.56^{Bb}	5.06±0.37^{Bc}	2.88±0.13^{C}	1.65±0.11^{Bb}	0.34±0.03^{C}
	NX_2	12.76±0.89^{Aa}	12.53±0.86^{Aa}	4.72±0.79^{Ba}	6.63±0.47^{C}	3.20±0.09^{D}
G6PDH /(U/mgprot) $\times 10^{-4}$	C	11.11±0.71^{a}	11.92±0.78^{a}	11.26±0.73^{A}	10.86±0.68^{A}	10.47±0.64^{A}
	NX_0	9.81±0.52^{a}	6.14±0.43^{b}	4.63±0.29^{Ba}	3.11±0.20^{Ba}	1.46±0.11^{Ba}
	NX_1	9.03±0.56^{a}	6.76±0.49^{b}	4.31±0.26^{Ba}	3.89±0.21^{Ba}	1.62±0.11^{Ba}
	NX_2	12.06±0.78^{a}	11.83±0.76^{a}	5.07±0.69^{Ba}	6.92±0.46^{C}	1.63±0.19^{Ba}
GOT /(IU/mgprot)	C	79.37±4.62^{a}	79.46±4.34^{a}	68.10±4.16^{A}	64.64±4.04^{A}	71.03±4.27^{A}
	NX_0	60.77±3.82^{a}	48.79±3.71^{b}	41.31±2.73^{Ba}	25.52±1.66^{Ba}	9.75±0.48^{B}
	NX_1	62.85±4.06^{a}	52.14±3.78^{b}	28.69±1.73^{Bb}	11.16±0.72c	2.74±0.13^{C}
	NX_2	78.79±4.55^{a}	74.18±4.32^{a}	73.27±4.19^{A}	31.36±3.86^{Ba}	24.29±2.78^{D}

续表

指标 Index	组别 Group	时间/小时 Time/h				
		6	12	24	36	48
GPT /(IU/mgprot)	C	12.70 ± 0.83^{a}	11.67 ± 0.81^{a}	11.33 ± 0.79^{a}	10.86 ± 0.77^{A}	10.19 ± 0.71^{A}
	NX_0	11.72 ± 0.76^{a}	10.63 ± 0.72^{a}	9.88 ± 0.65^{ab}	3.63 ± 0.59^{Ba}	4.78 ± 0.26^{Ba}
	NX_1	12.31 ± 0.81^{a}	10.95 ± 0.71^{a}	7.26 ± 0.29^{b}	5.80 ± 0.31^{Bb}	2.68 ± 0.14^{C}
	NX_2	11.81 ± 0.77^{a}	11.55 ± 0.75^{a}	11.01 ± 0.74^{a}	4.26 ± 0.71^{Bab}	6.46 ± 0.63^{Ba}
GDH /(U/mgprot)	C	10.17 ± 0.69^{a}	10.33 ± 0.71^{a}	9.87 ± 0.68^{a}	9.96 ± 0.68^{a}	9.71 ± 0.66^{Aa}
	NX_0	9.75 ± 0.61^{a}	9.86 ± 0.64^{a}	9.38 ± 0.60^{a}	5.86 ± 0.57^{b}	5.42 ± 0.26^{B}
	NX_1	9.83 ± 0.65^{a}	9.62 ± 0.64^{a}	6.11 ± 0.62^{b}	6.25 ± 0.41^{b}	2.33 ± 0.16^{C}
	NX_2	11.24 ± 0.67^{a}	11.06 ± 0.65^{a}	10.83 ± 0.61^{a}	10.66 ± 0.59^{a}	4.20 ± 0.24^{D}
UN /(mmol/mgprot)	C	0.18 ± 0.02^{a}	0.15 ± 0.01^{a}	0.21 ± 0.02^{a}	0.22 ± 0.02^{Aa}	0.19 ± 0.02^{A}
	NX_0	0.18 ± 0.02^{a}	0.26 ± 0.02^{b}	0.31 ± 0.03^{b}	0.44 ± 0.04^{b}	0.56 ± 0.05^{Ba}
	NX_1	0.19 ± 0.02^{a}	0.29 ± 0.03^{b}	0.41 ± 0.04^{b}	0.55 ± 0.05^{Bb}	0.67 ± 0.06^{Ba}
	NX_2	0.17 ± 0.01^{a}	0.08 ± 0.02^{a}	0.41 ± 0.02^{b}	0.54 ± 0.04^{Ba}	0.65 ± 0.03^{Ba}
XOD /(U/mgprot)	C	17.88 ± 1.14^{a}	18.92 ± 0.16^{a}	18.26 ± 1.09^{a}	19.07 ± 1.16^{a}	19.13 ± 1.18^{A}
	NX_0	18.51 ± 1.12^{a}	17.06 ± 1.02^{a}	16.86 ± 0.98^{a}	15.35 ± 0.94^{b}	10.20 ± 0.57^{Ba}
	NX_1	18.18 ± 1.07^{a}	16.79 ± 1.01^{a}	16.20 ± 0.97^{a}	12.55 ± 0.71^{b}	6.26 ± 0.37^{Bb}
	NX_2	19.35 ± 1.22^{a}	18.83 ± 1.19^{a}	16.74 ± 1.06^{a}	16.03 ± 1.01^{a}	8.78 ± 0.96^{Bab}
UA /(μmol/mgprot)	C	0.12 ± 0.01^{a}	0.14 ± 0.01^{a}	0.15 ± 0.01^{A}	0.14 ± 0.01^{A}	0.17 ± 0.02^{A}
	NX_0	0.13 ± 0.01^{a}	0.17 ± 0.02^{a}	0.29 ± 0.03^{Ba}	0.36 ± 0.03^{Ba}	0.48 ± 0.04^{Ba}
	NX_1	0.14 ± 0.01^{a}	0.26 ± 0.02^{b}	0.37 ± 0.03^{Bb}	0.46 ± 0.04^{Ba}	0.69 ± 0.06^{Ba}
	NX_2	0.12 ± 0.01^{a}	0.16 ± 0.02^{a}	0.17 ± 0.03^{A}	0.39 ± 0.02^{Ba}	0.44 ± 0.03^{Ba}
TG /(mmol/mgprot)	C	0.27 ± 0.02^{a}	0.24 ± 0.02^{a}	0.25 ± 0.02^{a}	0.21 ± 0.02^{Aa}	0.20 ± 0.02^{A}
	NX_0	0.26 ± 0.02^{a}	0.23 ± 0.02^{a}	0.22 ± 0.02^{a}	0.08 ± 0.01^{Bb}	0.08 ± 0.02^{Ba}
	NX_1	0.25 ± 0.02^{a}	0.21 ± 0.02^{a}	0.14 ± 0.01^{b}	0.07 ± 0.01^{Bb}	0
	NX_2	0.26 ± 0.02^{a}	0.24 ± 0.02^{a}	0.22 ± 0.02^{a}	0.21 ± 0.02^{Aa}	0.12 ± 0.02^{Ba}

G6PDH 活性在各用药组低于或显著低于 C 组（$P>0.05$；$P<0.05$，

$P<0.01$)，NX_0、NX_1 组低于或显著低于 NX_2 组（$P>0.05$；$P<0.05$，$P<0.01$)，NX_1 组低于或显著低于 NX_0 组（$P>0.05$；$P<0.05$，$P<0.01$)。

氨基酸代谢：NX_0、NX_1 组的 GOT、GPT、GDH 用药后 24h、36h、48h 低于或显著低于 C 组（$P>0.05$；$P<0.05$，$P<0.01$)，NX_2 组的 GOT、GPT 活性用药后 36h、48h 极显著低于 C 组（$P<0.01$)，NX_2 组的 GDH 用药后 48h 极显著低于 C 组（$P<0.01$)。NX_1 组的 GOT、GPT、GDH 活性用药后 48h 极显著低于 NX_0、NX_2 组（$P<0.01$)，各用药组的 UN 含量用药后 24h、36h、48h 显著高于 C 组（$P<0.05$，$P<0.01$)。

脂类物质代谢：各用药组的 TG 含量用药后 24h、36h、48h 低于或显著低于 C 组（$P>0.05$；$P<0.05$，$P<0.01$)。

嘌呤代谢：各用药组的 XOD 活性用药后的 36h 低于或显著低于 C 组（$P>0.05$；$P<0.05$，$P<0.01$)，各用药组的 UA 含量用药后 12h、24h、36h、48h 高于或显著高于 C 组（$P>0.05$；$P<0.05$，$P<0.01$)。

（3）药物体外对成熟期猪囊尾蚴囊液物质代谢的影响

抗囊药物对体外培养成熟期猪囊尾蚴囊液物质代谢的影响见表 4-6。

糖类物质代谢　各用药组的 Glc 含量用药后 6h、12h、24h、36h、48h 低于或显著低于 C 组（$P>0.05$；$P<0.05$，$P<0.01$)，Lac 含量用药后 12h、24h、36h、48h 高于或显著高于 C 组（$P>0.05$；$P<0.05$，$P<0.01$)。

氨基酸代谢　各用药组的 UN 含量用药后 12h、24h、36h、48h 高于或显著高于 C 组（$P>0.05$；$P<0.05$，$P<0.01$)。

脂类物质代谢　各用药组的 TG 含量用药后 36h、48h 显著高于 C 组（$P<0.05$，$P<0.01$)。

嘌呤代谢　各用药组的 UA 含量用药后 12h、24h、36h、48h 高于或显著高于 C 组（$P>0.05$；$P<0.05$，$P<0.01$)。

体外作用并影响成熟期猪囊尾蚴物质代谢的药效顺序为 $NX_1>NX_0>NX_2$。NX_0、NX_1 组用药后首先糖类物质代谢系统受影响，HK、MDH 活性和 Glc 含量降低，PK、LDH 活性升高，进而其他代谢系统受影响。

表 4-6 药物体外对成熟期猪囊尾蚴囊液物质代谢的影响

Table 4-6 Effects of drugs against cysticercus on biochemical metabolism of bluid of mature cysticercus cultured *in vitro*

指标 Index	组别 Group	时间/小时 Time/h				
		6	12	24	36	48
Glc /(mmol/mgprot)	C	0.45±0.04[a]	0.46±0.04[a]	0.45±0.04[a]	0.47±0.04[A]	0.44±0.04[A]
	NX_0	0.29±0.04[b]	0.28±0.03[b]	0.26±0.01[b]	0.17±0.02[Bab]	0.08±0.01[Ba]
	NX_1	0.27±0.03[b]	0.21±0.02[b]	0.16±0.02[b]	0.09±0.01[Ba]	0
	NX_2	0.42±0.04[a]	0.24±0.04[b]	0.23±0.02[b]	0.21±0.01[Bb]	0.14±0.01[Ba]
Lac /(mg/mgprot)	C	6.01±0.44[a]	6.57±0.46[a]	6.30±0.45[a]	5.98±0.44[A]	6.77±0.43[A]
	NX_0	7.84±0.50[a]	8.43±0.54[b]	9.63±0.57[b]	10.8±0.60[Ba]	10.88±0.66[Ba]
	NX_1	8.11±0.52[a]	9.86±0.57[b]	10.19±0.61[b]	10.76±0.64[Ba]	11.55±0.69[Ba]
	NX_2	6.16±0.46[a]	6.68±0.49[a]	9.92±0.50[b]	11.11±0.52[Ba]	12.19±0.55[Ba]
UN /(mmol/mgprot)	C	0.24±0.02[a]	0.21±0.02[a]	0.21±0.02[a]	0.22±0.02[A]	0.21±0.02[A]
	NX_0	0.25±0.02[a]	0.39±0.02[b]	0.35±0.03[b]	0.41±0.03[Ba]	0.49±0.05[Ba]
	NX_1	0.27±0.02[a]	0.38±0.03[b]	0.44±0.04[b]	0.51±0.05[Ba]	0.63±0.06[Ba]
	NX_2	0.25±0.02[a]	0.25±0.04[a]	0.36±0.02[b]	0.47±0.02[Ba]	0.49±0.03[Ba]
UA /(μmol/mgprot)	C	0.25±0.02[A]	0.27±0.02[a]	0.21±0.02[A]	0.20±0.01[A]	0.30±0.03[A]
	NX_0	0.26±0.02[a]	0.42±0.03[b]	0.47±0.04[Ba]	0.55±0.05[Bab]	0.62±0.06[Bb]
	NX_1	0.24±0.02[a]	0.44±0.04[b]	0.56±0.05[Ba]	0.64±0.06[Ba]	0.81±0.07[Ba]
	NX_2	0.25±0.03[a]	0.38±0.02[ab]	0.49±0.03[Ba]	0.44±0.03[Bb]	0.64±0.04[Bb]
TG /(mmol/mgprot)	C	0.26±0.02[a]	0.27±0.02[a]	0.26±0.02[a]	0.25±0.02[a]	0.28±0.02[A]
	NX_0	0.26±0.02[a]	0.26±0.02[a]	0.24±0.02[a]	0.47±0.03[b]	0.68±0.02[Ba]
	NX_1	0.25±0.02[a]	0.27±0.02[a]	0.43±0.03[b]	0.49±0.03[b]	0.59±0.03[Ba]
	NX_2	0.26±0.02[a]	0.26±0.02[a]	0.25±0.02[a]	0.48±0.03[b]	0.77±0.02[Ba]

4.2.2.2 药物体内对猪带绦虫囊尾蚴物质代谢的影响

4.2.2.2.1 药物体内对未成熟期猪囊尾蚴物质代谢的影响

(1) 药物体内对未成熟期猪囊尾蚴囊壁物质代谢的影响

抗囊药物体内对未成熟期猪囊尾蚴囊壁物质代谢的影响见表 4-7。

表 4-7 药物体内对未成熟期猪囊尾蚴囊壁物质代谢的影响

Table 4-7 Effects of drugs against cysticercus on biochemical metabolism of bladder wall of immature cysticercus cultured *in vivo*

指标 Index	组别 Group	时间/小时 Time/h 24	48	120	240
Na^+K^+-ATPase /(μmolPi/mgprot/h)	C	2.11±0.10[a]	1.74±0.13[a]	1.56±0.14[a]	1.62±0.17[Aa]
	NX_0	2.19±0.08[a]	1.88±0.04[a]	1.23±0.13[b]	1.02±0.14[B]
	NX_1	1.75±0.11[b]	0	0	0
	NX_2	2.05±0.14[a]	1.83±0.12[a]	1.64±0.11[a]	1.89±0.15[Aa]
Mg^{2+}-ATPase /(μmolPi/mgprot/h)	C	3.02±0.27[Aa]	2.71±0.14[Aa]	2.19±0.11[Aa]	1.25±0.11[Aa]
	NX_0	2.77±0.16[Aa]	2.03±0.07[Aa]	0.44±0.03[B]	0.65±0.04[B]
	NX_1	1.68±0.14[B]	0.82±0.06[B]	0	0
	NX_2	2.96±0.21[Aa]	2.64±0.15[Aa]	2.25±0.13[Aa]	2.14±0.19[Aa]
Ca^{2+}-ATPase /(μmolPi/mgprot/h)	C	2.04±0.16[Aa]	1.89±0.18[Aa]	1.40±0.16[Aa]	1.39±0.09[a]
	NX_0	1.87±0.08[Aa]	1.63±0.05[Aa]	1.42±0.13[Aa]	1.48±0.12[a]
	NX_1	0.89±0.03[B]	0.47±0.02[B]	0	0
	NX_2	1.95±0.14[Aa]	1.71±0.12[Aa]	1.37±0.11[Aa]	1.58±0.11[a]
ACP /(U/mgprot)	C	83.35±6.52[Aa]	86.72±7.43[Aa]	69.81±5.11[Aa]	65.50±4.43[Aa]
	NX_0	85.85±3.21[Aa]	72.35±1.13[Aa]	52.67±5.13[B]	22.14±6.01[B]
	NX_1	31.50±2.36[B]	9.44±0.65[B]	0	0
	NX_2	78.67±5.04[Aa]	98.14±6.63[Aa]	75.31±4.49[Aa]	70.60±5.51[Aa]

续表

指标 Index	组别 Group	时间/小时 Time/h			
		24	48	120	240
Glc /（mmol/mgprot）	C	0.84±8.09^{Aa}	0.81±0.04^{Aa}	0.62±0.05^{Aa}	0.59±0.05^{Aa}
	NX_0	0.75±0.04^{Aa}	0.58±0.02^{B}	0.47±0.03^{B}	0.20±0.01^{B}
	NX_1	0.41±0.03^{B}	0	0	0
	NX_2	0.89±0.06^{Aa}	0.79±0.06^{Aa}	0.60±0.07^{Aa}	0.65±0.04^{Aa}
HK /（U/mgprot）$\times10^{-4}$	C	6.90±0.54^{Aa}	6.77±0.38^{Aa}	6.49±0.52^{Aa}	6.17±0.49^{Aa}
	NX_0	6.29±0.31^{Aa}	4.55±0.16^{B}	1.74±0.05^{B}	0.35±0.02^{B}
	NX_1	3.64±0.22^{B}	0	0	0
	NX_2	7.43±0.59^{Aa}	6.89±0.54^{Aa}	7.32±0.58^{Aa}	6.21±0.66^{Aa}
PK /（U/mgprot）	C	80.35±6.61^{Aa}	79.42±4.35^{Aa}	75.47±6.74^{a}	60.52±4.04^{a}
	NX_0	74.76±3.61^{Aa}	76.56±2.44^{Aa}	69.09±1.45^{a}	66.73±5.82^{a}
	NX_1	42.38±3.01^{B}	27.06±1.98^{B}	0	0
	NX_2	76.02±4.58^{Aa}	81.80±6.03^{Aa}	67.92±5.21^{a}	68.14±6.33^{a}
LDH /（U/mgprot）	C	74.92±6.77^{Aa}	79.40±4.52^{Aa}	72.66±6.01^{a}	64.59±0.30^{a}
	NX_0	76.75±6.63^{Aa}	78.87±5.86^{Aa}	73.11±1.22^{a}	71.45±6.96^{a}
	NX_1	21.38±6.41^{B}	7.41±0.56^{B}	0	0
	NX_2	72.68±5.02^{Aa}	87.57±6.38^{Aa}	77.63±5.55^{a}	68.43±4.59^{a}
Lac /（mg/mgprot）	C	14.71±1.36^{Aa}	13.25±2.71^{Aa}	12.58±1.34^{Aa}	12.09±1.61^{a}
	NX_0	17.18±1.02^{Ab}	13.51±0.63^{Aa}	18.17±0.73^{B}	15.26±1.34^{b}
	NX_1	19.50±1.33^{B}	4.23±1.25^{B}	0	0
	NX_2	13.33±1.17^{Aa}	13.67±0.88^{Aa}	13.02±1.06^{Aa}	12.21±1.25^{a}
MDH /（U/mgprot）$\times10^{-4}$	C	15.94±2.01^{a}	14.71±1.32^{a}	13.22±1.05^{Aa}	11.19±1.20^{Aa}
	NX_0	15.64±3.63^{a}	12.29±1.17^{b}	8.61±0.40^{B}	2.72±0.39^{B}
	NX_1	0	0	0	0
	NX_2	16.07±1.21^{a}	13.27±1.06^{a}	12.35±0.89^{Aa}	12.90±1.01^{Aa}
G6PDH /（U/mgprot）$\times10^{-4}$	C	6.02±0.25^{Aa}	6.17±0.31^{Aa}	5.94±0.46^{a}	5.10±0.82^{a}
	NX_0	6.36±0.25^{Aa}	6.25±0.53^{Aa}	6.07±0.06^{a}	5.02±0.49^{a}
	NX_1	3.03±0.24^{B}	1.43±0.08^{B}	0	0
	NX_2	6.14±0.36^{Aa}	6.78±0.45^{Aa}	6.15±0.48^{a}	5.44±0.39^{a}

续表

指标 Index	组别 Group	时间/小时 Time/h			
		24	48	120	240
GOT / (IU/mgprot)	C	74.35 ± 5.21^{Aa}	76.25 ± 5.52^{Aa}	70.44 ± 4.91^{a}	64.99 ± 3.47^{a}
	NX_0	74.51 ± 5.88^{Aa}	77.50 ± 4.39^{Aa}	69.78 ± 0.83^{a}	68.89 ± 4.32^{a}
	NX_1	23.80 ± 1.56^{B}	12.32 ± 1.06^{B}	0	0
	NX_2	76.67 ± 6.04^{Aa}	78.14 ± 6.83^{Aa}	75.31 ± 0.56^{a}	70.60 ± 5.24^{a}
GPT / (IU/mgprot)	C	9.03 ± 0.92^{Aa}	8.97 ± 0.15^{Aa}	8.14 ± 0.20^{a}	8.01 ± 0.47^{a}
	NX_0	4.01 ± 0.44^{Aa}	9.25 ± 0.71^{Aa}	8.53 ± 0.14^{a}	7.76 ± 0.51^{a}
	NX_1	5.32 ± 0.36^{B}	2.30 ± 0.15^{B}	0	0
	NX_2	9.93 ± 0.76^{Aa}	7.71 ± 0.49^{Aa}	8.02 ± 0.61^{a}	9.24 ± 0.66^{a}
GDH / (U/mgprot)	C	5.11 ± 0.31^{Aa}	5.17 ± 0.46^{Aa}	4.75 ± 0.39^{a}	3.94 ± 0.43^{Aa}
	NX_0	5.57 ± 0.44^{Aa}	4.84 ± 0.19^{Aa}	4.76 ± 0.36^{a}	0.16 ± 0.01^{B}
	NX_1	2.11 ± 0.16^{B}	1.07 ± 0.06^{B}	0	0
	NX_2	4.89 ± 0.26^{Aa}	4.63 ± 0.22^{Aa}	5.06 ± 0.56^{a}	4.34 ± 0.28^{Aa}
UN / (mmol/mgprot)	C	0.21 ± 0.02^{Aa}	0.24 ± 0.01^{Aa}	0.21 ± 0.03^{Aa}	0.23 ± 0.02^{Aa}
	NX_0	0.20 ± 0.02^{Aa}	0.21 ± 0.02^{Aa}	0.35 ± 0.02^{B}	0.42 ± 0.02^{B}
	NX_1	0.34 ± 0.02^{B}	0.10 ± 0.03^{B}	0.14 ± 0.01^{C}	0
	NX_2	0.19 ± 0.01^{Aa}	0.26 ± 0.02^{Aa}	0.22 ± 0.02^{Aa}	0.21 ± 0.02^{Aa}
XOD / (U/mgprot)	C	12.04 ± 0.59^{a}	9.77 ± 0.43^{Aa}	8.04 ± 0.65^{a}	8.11 ± 0.74^{a}
	NX_0	11.68 ± 0.46^{a}	1.99 ± 0.78^{Aa}	8.21 ± 0.24^{a}	9.12 ± 0.69^{a}
	NX_1	9.17 ± 0.34^{b}	2.12 ± 0.16^{B}	0	0
	NX_2	11.41 ± 0.76^{a}	9.38 ± 0.61^{Aa}	8.21 ± 0.58^{a}	10.24 ± 0.81^{a}
UA / (μmol/mgprot)	C	0.30 ± 0.02^{Aa}	0.30 ± 0.01^{Aa}	0.30 ± 0.02^{Aa}	0.28 ± 0.01^{Aa}
	NX_0	0.29 ± 0.02^{Aa}	0.26 ± 0.03^{Aa}	0.54 ± 0.02^{B}	0.47 ± 0.03^{B}
	NX_1	0.71 ± 0.02^{B}	0.20 ± 0.01^{B}	0.16 ± 0.01^{C}	0
	NX_2	0.28 ± 0.02^{Aa}	0.28 ± 0.02^{Aa}	0.32 ± 0.03^{Aa}	0.29 ± 0.02^{Aa}
TG / (mg/mgprot)	C	0.70 ± 0.04^{a}	0.68 ± 0.03^{Aa}	0.62 ± 0.04^{Aa}	0.69 ± 0.05^{a}
	NX_0	0.74 ± 0.04^{a}	0.67 ± 0.04^{Aa}	0.59 ± 0.03^{Aa}	0.71 ± 0.05^{a}
	NX_1	0.64 ± 0.03^{a}	0.34 ± 0.03^{B}	0.17 ± 0.02^{B}	0
	NX_2	0.69 ± 0.05^{a}	0.58 ± 0.04^{Aa}	0.61 ± 0.05^{Aa}	0.73 ± 0.06^{a}

NX_0 组：用药后 48h，HK、MDH 活性及 Glc 含量显著低于 C 组（$P<0.05$，$P<0.01$），用药后 120h，Na^+K^+-ATPase、Mg^{2+}-ATPase、ALP、HK、MDH 活性及 Glc 含量显著低于 I 组（$P<0.05$，$P<0.01$），用药后 240h，Na^+K^+-ATPase、Mg^{2+}-ATPase、ALP、HK、MDH、GDH 活性及 Glc 含量极显著低于 C 组（$P<0.01$），Lac、UN、UA 含量用药后 120h、240h 极显著高于 C 组（$P<0.01$）。

NX_1 组：各指标在用药后 24h、48h、120h、240h 显著低于 C、NX_0、NX_2 组（$P<0.05$，$P<0.01$），用药后 24h 到 240h 各种酶活性相继消失，各种代谢物含量相继变为 0。

NX_2 组：各指标与 C 组差异不显著（$P>0.05$）。

（2）药物体内对未成熟期猪囊尾蚴头颈节物质代谢的影响

抗囊药物体内对未成熟期猪囊尾蚴头颈节物质代谢的影响见表 4-8。

表 4-8 药物体内对未成熟期猪囊尾蚴头颈节物质代谢的影响

Table 4-8 Effects of drugs against cysticercus on biochemical metabolism of scolex of immature cysticercus cultured *in vivo*

指标 Index	组别 Group	时间/小时 Time/h 24	48	120	240
Na^+K^+-ATPase /（μmolPi/mgprot/h）	C	3.84±0.20[Aa]	2.97±0.31[a]	3.07±0.34[Aa]	2.82±0.41[Aa]
	NX_0	3.48±0.16[Aa]	3.77±0.12[a]	2.96±0.07[B]	1.53±0.09[B]
	NX_1	2.25±0.14[B]	0	0	0
	NX_2	3.96±0.25[Aa]	3.28±0.02[a]	3.49±0.26[Aa]	4.31±0.25[Aa]
Mg^{2+}-ATPase /（μmolPi/mgprot/h）	C	3.19±0.11[Aa]	3.02±0.24[Aa]	2.44±0.10[Aa]	2.39±0.10[Aa]
	NX_0	2.85±0.14[Aa]	2.62±0.17[Aa]	1.31±0.02[B]	1.04±0.13[B]
	NX_1	1.93±0.12[B]	0.43±0.03[B]	0	0
	NX_2	2.97±0.17[Aa]	2.73±0.14[Aa]	2.38±0.15[Aa]	2.68±0.19[Aa]
Ca^{2+}-ATPase /（μmolPi/mgprot/h）	C	2.01±0.13[Aa]	2.14±0.15[Aa]	1.83±0.10[Aa]	1.76±0.14[Aa]
	NX_0	1.74±0.17[Aa]	2.29±0.15[Aa]	1.22±0.11[B]	1.53±0.10[B]
	NX_1	1.17±0.08[B]	0.57±0.04[B]	0	0
	NX_2	1.82±0.12[Aa]	2.21±0.14[Aa]	1.92±0.14[Aa]	1.88±0.16[Aa]

续表

指标 Index	组别 Group	时间/小时 Time/h 24	48	120	240
ACP / (U/mgprot)	C	25.47±1.68^{Aa}	20.35±1.29^{a}	20.62±1.94^{a}	16.33±0.96^{a}
	NX_0	24.35±1.68^{Aa}	24.50±1.62^{a}	27.26±3.81^{a}	26.94±0.45^{a}
	NX_1	17.20±1.06^{B}	0	0	0
	NX_2	26.34±1.25^{Aa}	22.58±1.16^{a}	29.38±2.05^{a}	27.08±1.11^{a}
Glc / (mmol/mgprot)	C	0.79±0.05^{Aa}	0.74±0.06^{Aa}	0.65±0.03^{Aa}	0.69±0.04^{Aa}
	NX_0	0.19±0.09^{B}	0.42±0.05^{b}	0.23±0.01^{B}	0.12±0.01^{B}
	NX_1	0.31±0.02^{C}	0	0	0
	NX_2	0.84±0.07^{Aa}	0.69±0.04^{Aa}	0.67±0.04^{Aa}	0.62±0.06^{Aa}
HK / (U/mgprot) $\times 10^{-4}$	C	7.49±0.98^{Aa}	6.55±0.43^{Aa}	5.03±0.61^{Aa}	4.82±0.45^{Aa}
	NX_0	8.56±0.41^{Aa}	2.40±0.16^{B}	2.04±0.05^{B}	1.41±0.02^{B}
	NX_1	4.38±0.26^{B}	1.02±0.07^{C}	0	0
	NX_2	6.63±.054^{Aa}	7.62±0.58^{Aa}	6.30±0.45^{Aa}	5.15±0.34^{Aa}
PK / (U/mgprot)	C	131.10±7.04^{Aa}	125.23±9.37^{Aa}	110.02±10.44^{a}	94.92±5.71^{a}
	NX_0	123.56±6.21^{Aa}	129.40±8.06^{Aa}	120.12±5.69^{a}	129.82±7.50^{a}
	NX_1	70.13±5.22^{B}	25.48±1.36^{B}	0	0
	NX_2	125.25±9.65^{Aa}	116.77±7.93^{Aa}	130.50±10.61^{a}	98.26±7.25^{a}
LDH / (U/mgprot)	C	74.84±7.95^{Aa}	70.07±6.35^{Aa}	69.33±8.09^{a}	65.15±7.34^{a}
	NX_0	73.56±8.74^{Aa}	64.56±6.04^{Aa}	61.66±4.12^{a}	70.53±6.92^{a}
	NX_1	28.33±1.36^{B}	12.25±0.79^{B}	0	0
	NX_2	63.90±4.45^{Aa}	75.38±5.63^{Aa}	65.81±5.22^{a}	74.33±5.95^{a}
Lac / (mg/mgprot)	C	15.94±1.37^{a}	16.82±1.10^{Aa}	17.87±1.48^{Aa}	17.40±1.23^{Aa}
	NX_0	16.65±1.24^{a}	19.73±1.15^{Aa}	25.44±1.07^{B}	23.21±1.44^{B}
	NX_1	17.41±1.16^{a}	6.69±0.93^{B}	0	0
	NX_2	17.46±1.55^{a}	16.34±1.76^{Aa}	16.82±1.37^{Aa}	16.41±1.56^{Aa}

续表

指标 Index	组别 Group	时间/小时 Time/h			
		24	48	120	240
MDH / (U/mgprot) $\times 10^{-4}$	C	6.54±0.39^{a}	6.01±0.37^{a}	5.25±0.23^{Aa}	5.23±0.26^{Aa}
	NX_0	6.36±0.31^{a}	6.79±0.13^{a}	2.04±0.15^{B}	0.73±0.02^{B}
	NX_1	0	0	0	0
	NX_2	6.82±0.47^{a}	5.36±0.39^{a}	4.91±0.28^{Aa}	5.44±0.36^{Aa}
G6PDH / (U/mgprot) $\times 10^{-4}$	C	11.37±0.74^{Aa}	11.04±0.82^{Aa}	10.20±0.89^{a}	8.72±0.54^{a}
	NX_0	11.42±0.95^{Aa}	9.35±0.67^{Aa}	8.02±0.96^{a}	9.82±0.72^{a}
	NX_1	5.77±0.36^{B}	2.96±0.16^{B}	0	0
	NX_2	12.12±0.89^{Aa}	10.51±0.65^{Aa}	9.25±0.77^{a}	9.79±0.65^{a}
GOT / (IU/mgprot)	C	71.52±6.40^{Aa}	74.85±4.37^{Aa}	76.05±6.92^{a}	70.34±5.30^{a}
	NX_0	78.81±6.26^{Aa}	69.19±5.68^{Aa}	68.43±5.24^{a}	70.92±4.66^{a}
	NX_1	32.02±1.84^{B}	14.22±1.13^{B}	0	0
	NX_2	74.31±5.45^{Aa}	79.14±6.04^{Aa}	63.34±4.59^{a}	69.25±5.32^{a}
GPT / (IU/mgprot)	C	14.05±0.81^{Aa}	13.97±0.54^{Aa}	13.01±0.10^{a}	10.45±0.48^{a}
	NX_0	14.13±1.56^{Aa}	12.76±0.84^{Aa}	12.77±0.41^{a}	10.34±0.12^{a}
	NX_1	7.81±0.42^{B}	3.52±0.26^{B}	0	0
	NX_2	15.43±1.07^{Aa}	12.15±0.65^{Aa}	12.87±0.65^{a}	9.72±0.65^{a}
GDH / (U/mgprot)	C	8.37±0.39^{Aa}	8.05±0.46^{Aa}	9.25±0.14^{a}	9.11±0.65^{Aa}
	NX_0	7.56±0.41^{Aa}	8.01±0.48^{Aa}	8.16±0.64^{a}	4.31±0.44^{B}
	NX_1	3.37±0.24^{B}	2.43±0.17^{B}	0	0
	NX_2	8.26±0.44^{Aa}	7.41±0.59^{Aa}	8.79±0.63^{a}	9.55±0.71^{Aa}
UN / (mmol/mgprot)	C	0.50±0.05^{Aa}	0.52±0.05^{Aa}	0.38±0.03^{Aa}	0.49±0.05^{Aa}
	NX_0	0.58±0.04^{Aa}	0.43±0.04^{Aa}	0.48±0.02^{B}	0.64±0.02^{B}
	NX_1	0.61±0.03^{B}	0.29±0.03^{B}	0.22±0.04^{C}	0
	NX_2	0.47±0.04^{Aa}	0.41±0.04^{Aa}	0.36±0.03^{Aa}	0.47±0.04^{Aa}
XOD / (mg/mgprot)	C	19.44±1.46^{Aa}	17.37±1.82^{Aa}	18.03±1.45^{a}	18.49±1.82^{a}
	NX_0	17.98±1.85^{Aa}	17.36±1.46^{Aa}	17.38±1.26^{a}	16.45±1.07^{a}
	NX_1	10.40±0.68^{B}	5.17±0.34^{B}	0	0
	NX_2	18.71±1.34^{Aa}	16.32±1.55^{Aa}	19.91±1.54^{a}	16.39±1.06^{a}

续表

指标 Index	组别 Group	时间/小时 Time/h			
		24	48	120	240
UA / (μmol/mgprot)	C	0.94±0.06[Aa]	0.90±0.03[Aa]	0.87±0.05[Aa]	0.86±0.07[Aa]
	NX_0	0.87±0.16[Aa]	1.25±0.14[Aa]	1.35±0.12[B]	1.34±0.01[B]
	NX_1	1.84±0.07[B]	0.56±0.04[B]	0.13±0.01[C]	0
	NX_2	0.89±0.07[Aa]	0.95±0.16[Aa]	0.74±0.13[Aa]	0.94±0.13[Aa]
TG / (mmol/mgprot)	C	0.16±0.03[a]	0.15±0.02[Aa]	0.15±0.03[Aa]	0.14±0.02[a]
	NX_0	0.16±0.01[a]	0.13±0.02[Aa]	0.14±0.03[Aa]	0.20±0.01[a]
	NX_1	0.19±0.02[a]	0.09±0.01[B]	0.08±0.01[B]	0
	NX_2	0.17±0.02[a]	0.12±0.01[Aa]	0.13±0.01[Aa]	0.12±0.01[a]

NX_0 组：用药后 24h，Glc 含量极显著低于 C 组（$P<0.01$），用药后 48h，HK 活性及 Glc 含量显著低于 C 组（$P<0.05$，$P<0.01$），用药后 120h，Na^+ K^+-ATPase、Mg^{2+}-ATPase、Ca^{2+}-ATPase、HK、MDH 活性及 Glc 含量极显著低于 I 组（$P<0.01$），用药后 240h，Na^+ K^+-ATPase、Mg^{2+}-ATPase、Ca^{2+}-ATPase、HK、MDH、GDH 活性及 Glc 含量极显著低于 C 组（$P<0.01$），Lac、UN、UA 含量用药后 120h、240h 极显著高于 C 组（$P<0.01$）。

NX_1 组：各指标用药后 24h、48h、120h、240h 显著低于 C、NX_0、NX_2 组（$P<0.05$，$P<0.01$）用药后 24～240h 各种酶活性相继消失，各种代谢物含量相继变为 0。

NX_2 组：各指标在各时间与 C 组差异不显著（$P>0.05$）。

（3）药物体内对未成熟期猪囊尾蚴囊液物质代谢的影响

抗囊药物体内对未成熟期猪囊尾蚴囊液物质代谢的影响见表 4-9。

NX_0 组：用药后 24h、48h、120h、240h，Glc 含量极显著低于 C 组（$P<0.01$），用药后 24h、48h、120h、240h，Lac、UN、UA、TG 含量极显著高于 C 组（$P<0.01$）。

NX_1 组：Glc 含量用药后 24h 极显著低于 C 组（$P<0.01$），用药后 48h、120h、240h，Glc 含量为 0。Lac、UN、UA、TG 含量用药后 24h 极显著高于 C 组（$P<0.01$），在用药后 48h 极显著低于 C 组（$P<$

0.01)，用药后 120h、240h 含量变为 0。

表 4-9 药物体内对未成熟期猪囊尾蚴囊液物质代谢的影响

Table 4-9 Effects of drugs against cysticercus on biochemical metabolism of fluid of immature cysticercus cultured *in vivo*

指标 Index	组别 Group	时间/小时 Time/h			
		24	48	120	240
Glc /（mmol/mgprot)	C	0.82±0.05^{Aa}	0.87±0.04^{Aa}	0.87±0.07^{Aa}	0.80±0.04^{Aa}
	NX_0	0.44±0.05^{Bb}	0.39±0.08^{B}	0.18±0.01^{B}	0.09±0.01^{B}
	NX_1	0.39±0.02^{Bb}	0	0	0
	NX_2	0.77±0.06^{Aa}	0.92±0.07^{Aa}	1.03±0.09^{Aa}	0.72±0.06^{Aa}
Lac /（mg/mgprot)	C	9.87±0.37^{Aa}	10.02±0.48^{Aa}	0.34±0.58^{Aa}	8.74±0.35^{Aa}
	NX_0	13.14±1.68^{B}	14.05±1.56^{B}	16.88±1.44^{B}	18.84±0.53^{B}
	NX_1	7.91±0.94^{C}	3.32±0.44^{C}	0	0
	NX_2	10.0±0.76^{Aa}	11.74±0.81^{Aa}	8.21±0.69^{Aa}	8.81±0.54^{Aa}
UN /（mmol/mgprot)	C	0.19±0.02^{Aa}	0.22±0.01^{Aa}	0.20±0.02^{Aa}	0.14±0.02^{Aa}
	NX_0	0.24±0.02^{B}	0.29±0.03^{B}	0.33±0.05^{B}	0.38±0.04^{B}
	NX_1	0.29±0.02^{C}	0.14±0.01^{C}	0	0
	NX_2	0.20±0.01^{Aa}	0.23±0.03^{Aa}	0.17±0.01^{Aa}	0.15±0.01^{Aa}
UA /（μmol/mgprot)	C	0.23±0.01^{Aa}	0.24±0.07^{Aa}	0.22±0.01^{Aa}	0.20±0.02^{Aa}
	NX_0	0.27±0.01^{B}	0.31±0.04^{B}	0.34±0.05^{B}	0.39±0.04^{B}
	NX_1	0.31±0.01^{C}	0.15±0.02^{C}	0	0
	NX_2	0.20±0.02^{Aa}	0.23±0.02^{Aa}	0.19±0.02^{Aa}	0.21±0.02^{Aa}
TG /（mmol/mgprot)	C	0.24±0.02^{Aa}	0.30±0.02^{Aa}	0.25±0.02^{Aa}	0.24±0.02^{Aa}
	NX_0	0.28±0.02^{Aa}	0.32±0.02^{Aa}	0.35±0.03^{B}	0.38±0.04^{B}
	NX_1	0.34±0.01^{B}	0.20±0.02^{B}	0	0
	NX_2	0.25±0.01^{Aa}	0.27±0.01^{Aa}	0.27±0.01^{Aa}	0.26±0.02^{Aa}

NX_2 组：各指标在各时间与 C 组差异不显著（$P>0.05$）。

作用并影响体内未成熟期猪囊尾蚴物质代谢的药效顺序为 $NX_1>NX_0$，NX_2 无效。NX_1、NX_0 组猪囊尾蚴首先糖类物质代谢障碍，进而整个代谢系统紊乱。

4.2.2.2.2 药物体内对成熟期猪囊尾蚴物质代谢的影响

(1) 药物体内对成熟期猪囊尾蚴囊壁物质代谢的影响

抗囊药物体内对成熟期猪囊尾蚴囊壁物质代谢的影响见表 4-10。

表 4-10 药物体内对成熟期猪囊尾蚴囊壁物质代谢的影响

Table 4-10 Effects of drugs against cysticercus on biochemical metabolism of bladder wall of mature cysticercus cultured *in vivo*

指标 Index	组别 Group	时间/小时 Time/h			
		24	48	120	240
$Na^{+}K^{+}$-ATPase / (μmolPi/mgprot/h)	C	3.15±0.17[a]	2.98±0.25[A]	2.75±0.26[A]	3.01±0.21[A]
	NX_0	2.34±0.11[a]	0.44±0.03[B]	0.14±0.01[B]	0
	NX_1	2.21±0.08[a]	0.08±0.01[C]	0	0
Mg^{2+}-ATPase / (μmolPi/mgprot/h)	C	2.31±0.18[a]	2.45±0.20[Aa]	2.64±0.19[A]	2.06±0.11[A]
	NX_0	2.43±0.16[a]	2.16±0.19[Aa]	0.48±0.04[B]	0.07±0.01[B]
	NX_1	2.01±0.14[a]	0.87±0.06[C]	0.08±0.01[C]	0
Ca^{2+}-ATPase / (μmolPi/mgprot/h)	C	1.31±0.10[A]	1.29±0.16[A]	1.14±0.08[A]	1.35±0.06[A]
	NX_0	1.07±0.09[B]	0.86±0.07[B]	0.41±0.03[B]	0
	NX_1	0.78±0.06[C]	0.43±0.03[C]	0.12±0.01[C]	0
ACP / (U/mgprot)	C	13.14±1.56[a]	14.67±1.85[a]	14.02±0.74[A]	13.29±1.10[A]
	NX_0	14.21±1.58[a]	14.33±1.14[a]	8.21±1.63[B]	2.43±1.15[B]
	NX_1	9.20±1.16[a]	9.93±0.66[b]	2.32±0.31[C]	0
Glc / (mmol/mgprot)	C	1.13±0.28[A]	1.30±0.14[A]	0.97±0.12[A]	0.94±0.08[A]
	NX_0	0.59±0.04[Ba]	0.24±0.03[Ba]	0.11±0.01[B]	0
	NX_1	0.44±0.03[Ba]	0.26±0.02[Bb]	0	0
HK / (U/mgprot) $\times10^{-4}$	C	4.34±0.50[A]	3.95±0.44[A]	4.18±0.62[A]	4.03±0.19[A]
	NX_0	3.65±0.27[Ba]	2.07±0.14[B]	1.13±0.08[B]	0.16±0.01[B]
	NX_1	2.11±0.16[Bb]	0.78±0.06[C]	0	0
PK / (U/mgprot)	C	73.92±4.01[A]	80.05±5.74[A]	74.70±5.48[A]	70.32±4.49[A]
	NX_0	45.8±3.31[Ba]	26.95±1.66[Ba]	7.33±0.58[Ba]	0
	NX_1	39.9±2.78[Ba]	16.19±1.34[Bb]	2.64±0.57[Ba]	0

续表

指标 Index	组别 Group	时间/小时 Time/h			
		24	48	120	240
LDH /(U/mgprot)	C	27.71±2.04[a]	25.35±1.58[A]	23.10±1.36[A]	26.14±3.21[A]
	NX_0	26.92±2.06[a]	15.00±1.23[B]	2.49±0.16[B]	0
	NX_1	24.75±1.13[b]	6.69±0.54[C]	1.52±0.09[C]	0
Lac /(mg/mgprot)	C	10.3±1.18[Aa]	9.42±1.05[a]	12.54±1.44[A]	13.63±1.10[A]
	NX_0	12.6±0.88[Aa]	13.77±0.54[b]	4.71±0.32[B]	1.91±0.13[B]
	NX_1	20.75±1.56[B]	13.31±1.16[b]	3.52±0.24[B]	0
MDH /(U/mgprot) $\times10^{-4}$	C	10.34±2.06[A]	11.07±2.15[A]	9.48±1.25[A]	9.74±1.62[A]
	NX_0	6.34±0.49[Ba]	2.46±0.15[Ba]	0.67±0.04[B]	0
	NX_1	7.23±0.66[Ba]	1.73±0.12[Bb]	0	0
G6PDH /(U/mgprot) $\times10^{-4}$	C	7.25±0.43[a]	7.01±0.72[A]	6.59±0.38[A]	6.94±0.71[A]
	NX_0	7.21±0.58[a]	4.35±0.29[B]	2.26±0.17[B]	0.84±0.06[B]
	NX_1	6.43±0.47[a]	1.35±0.11[C]	1.05±0.04[C]	0
GOT /(IU/mgprot)	C	65.44±3.65[A]	69.87±3.03[A]	67.40±2.25[A]	70.29±4.51[A]
	NX_0	46.7±3.23[Ba]	38.67±2.56[C]	12.82±1.13[B]	10.71±1.06[B]
	NX_1	52.2±3.78[Ba]	5.30±1.25[B]	2.75±0.16[C]	0
GPT /(IU/mgprot)	C	9.52±0.76[Aa]	10.34±0.39[A]	11.20±1.53[A]	10.22±1.01[A]
	NX_0	8.75±0.56[Aa]	4.24±0.37[B]	2.00±0.13[B]	2.16±0.15[B]
	NX_1	4.97±0.34[B]	1.25±0.09[C]	0.65±0.04[C]	0
GDH /(U/mgprot)	C	3.62±0.47[a]	3.25±0.31[a]	3.75±0.29[A]	4.01±0.54[A]
	NX_0	3.11±0.22[a]	2.63±0.19[b]	1.06±0.08[Ba]	0
	NX_1	3.46±0.28[a]	2.33±0.16[b]	0.98±0.04[Ba]	0
UN /(mmol/mgprot)	C	0.15±0.02[A]	0.18±0.02[A]	0.20±0.02[Aa]	0.17±0.01[A]
	NX_0	0.30±0.02[Ba]	0.30±0.01[Ba]	0.24±0.02[Aa]	0.12±0.02[Ba]
	NX_1	0.25±0.01[Ba]	0.29±0.02[Ba]	0.16±0.01[B]	0.13±0.02[Ba]
XOD /(U/mgprot)	C	11.37±0.65[a]	10.89±0.72[a]	11.54±0.47[Aa]	11.29±0.62[A]
	NX_0	9.72±0.67[a]	8.89±0.71[b]	8.96±0.63[Ab]	0.47±0.03[B]
	NX_1	10.65±0.82[a]	8.64±0.73[b]	2.26±0.14[B]	0

续表

指标 Index	组别 Group	时间/小时 Time/h			
		24	48	120	240
UA / (μmol/mgprot)	C	0.35±0.02[a]	0.30±0.01[a]	0.34±0.02[A]	0.29±0.02[A]
	NX_0	0.31±0.02[a]	0.39±0.01[Ba]	0.07±0.02[Ba]	0
	NX_1	0.39±0.03[a]	0.44±0.02[Ba]	0.06±0.02[Ba]	0
TG / (mmol/mgprot)	C	0.32±0.01[a]	0.33±0.02[a]	0.28±0.04[A]	0.31±0.07[a]
	NX_0	0.31±0.03[a]	0.32±0.02[a]	0.09±0.01[Ba]	0
	NX_1	0.25±0.03[a]	0.36±0.03[a]	0.11±0.01[Ba]	0

NX_0 组：用药后 24h，Ca^{2+}-ATPase、HK、PK、MDH、GOT 活性及 Glc 含量极显著低于 C 组（$P<0.01$），UN 含量极显著高于 C 组（$P<0.01$）。用药后 48h、120h、240h 各种酶及 Glc、TG 含量低于或显著低于 C 组（$P>0.05$；$P<0.05$，$P<0.01$）。Lac、UN、UA 含量用药后 48h 极显著高于 C 组（$P<0.01$），120h、240h 极显著低于 C 组（$P<0.01$）。

NX_1 组：用药后 24h，Ca^{2+}-ATPase、HK、PK、LDH、MDH、GOT、GPT 活性及 Glc 含量显著低于 C 组（$P<0.05$，$P<0.01$），且 Ca^{2+}-ATPase、HK、LDH、GPT 活性显著低于 NX_0 组（$P<0.05$，$P<0.01$），Lac、UN 含量极显著高于 C 组（$P<0.01$），用药后 48h、120h、240h 各种酶活性及 Glc、TG 含量低于或显著低于 C、NX_0 组（$P>0.05$；$P<0.05$，$P<0.01$）。Lac、UN、UA 含量用药后 48h 极显著高于 C 组（$P<0.01$），用药后 120h、240h 极显著低于 C 组（$P<0.01$）。

（2）药物体内对成熟期猪囊尾蚴头颈节物质代谢的影响

抗囊药物体内对成熟期猪囊尾蚴头颈节物质代谢的影响见表 4-11。

NX_0 组：用药后 24h，Na^+ K^+-ATPase、Ca^{2+}-ATPase、HK、PK、MDH、GOT、GDH 活性及 Glc 含量显著低于 C 组（$P<0.05$，$P<0.01$），用药后 48h、120h、240h 各种酶活性及 Glc、TG 含量低于或显著低于 C 组（$P>0.05$；$P<0.05$，$P<0.01$）。Lac、UN、UA 含量在 48h 极显著高于 C 组（$P<0.01$），用药后 120h，240h 显

著低于 C（$P<0.05$，$P<0.01$）。

表 4-11 物体内对成熟期囊尾蚴头颈节物质代谢的影响

Table 4-11 Effects of drugs against cysticercus on biochemical metabolism of scolex of Mature cysticercus cultured *in vivo*

指标 Index	组别 Group	时间/小时 Time/h			
		24	48	120	240
Na^+K^+-ATPase /（μmolPi/mgprot/h）	C	3.40 ± 0.52^{a}	3.44 ± 0.65^{A}	3.31 ± 0.37^{A}	2.95 ± 0.44^{A}
	NX_0	3.14 ± 0.11^{b}	2.39 ± 0.16^{B}	1.18 ± 0.09^{B}	0.52 ± 0.03^{B}
	NX_1	3.09 ± 0.24^{b}	1.06 ± 0.07^{C}	0	0
Mg^{2+}-ATPase /（μmolPi/mgprot/h）	C	3.20 ± 0.35^{a}	3.11 ± 0.47^{A}	3.14 ± 0.56^{A}	2.94 ± 0.41^{A}
	NX_0	2.97 ± 0.33^{a}	2.26 ± 0.15^{B}	0.84 ± 0.07^{B}	0.11 ± 0.01^{B}
	NX_1	2.81 ± 0.64^{a}	1.50 ± 0.09^{C}	0.34 ± 0.02^{C}	0
Ca^{2+}-ATPase /（μmolPi/mgprot/h）	C	1.84 ± 0.17^{A}	1.39 ± 0.10^{A}	1.52 ± 0.20^{A}	1.31 ± 0.14^{A}
	NX_0	1.06 ± 0.11^{Ba}	0.78 ± 0.06^{Ba}	0.47 ± 0.03^{B}	0
	NX_1	0.92 ± 0.07^{Ba}	0.64 ± 0.05^{Bb}	0.13 ± 0.01^{C}	0
ACP /（U/mgprot）	C	15.90 ± 1.47^{a}	14.37 ± 1.29^{A}	14.52 ± 1.13^{A}	12.57 ± 1.27^{A}
	NX_0	15.82 ± 1.33^{a}	6.40 ± 0.52^{B}	1.61 ± 0.13^{B}	0.73 ± 0.06^{B}
	NX_1	12.93 ± 1.17^{a}	3.44 ± 0.26^{C}	0.71 ± 0.06^{C}	0
Glc /（mmol/mgprot）	C	1.04 ± 0.32^{A}	1.18 ± 0.41^{Ba}	0.97 ± 0.12^{A}	0.99 ± 0.08^{A}
	NX_0	0.68 ± 0.08^{Ba}	0.51 ± 0.04^{Ba}	0.14 ± 0.02^{B}	0
	NX_1	0.52 ± 0.06^{Ba}	0.37 ± 0.03^{C}	0	0
HK /（U/mgprot）$\times10^{-4}$	C	5.43 ± 0.86^{A}	6.72 ± 0.45^{A}	6.01 ± 0.37^{A}	6.92 ± 0.56^{A}
	NX_0	3.06 ± 0.22^{B}	1.85 ± 0.14^{B}	0.43 ± 0.03^{B}	0
	NX_1	2.60 ± 0.19^{C}	0.11 ± 0.01^{C}	0	0
PK /（U/mgprot）	C	63.84 ± 7.58^{A}	66.09 ± 6.98^{A}	65.32 ± 4.47^{A}	62.75 ± 3.04^{A}
	NX_0	49.92 ± 3.63^{B}	37.32 ± 2.26^{B}	10.38 ± 0.82^{B}	3.52 ± 0.26^{B}
	NX_1	40.70 ± 2.55^{C}	24.00 ± 1.58^{C}	7.31 ± 0.56^{C}	0
LDH /（U/mgprot）	C	31.42 ± 3.25^{Aa}	29.75 ± 2.74^{A}	28.42 ± 2.71^{A}	27.73 ± 2.19^{A}
	NX_0	28.54 ± 2.27^{Aa}	20.76 ± 1.48^{B}	3.50 ± 0.26^{B}	0.82 ± 0.07^{B}
	NX_1	13.70 ± 1.14^{B}	11.92 ± 0.92^{C}	2.11 ± 0.13^{C}	0

续表

指标 Index	组别 Group	时间/小时 Time/h 24	48	120	240
Lac / (mg/mgprot)	C	10.85±1.34^{A}	11.47±1.65^{A}	11.02±1.04^{A}	9.37±1.76^{A}
	NX_0	12.62±1.19^{a}	17.77±0.55^{B}	3.25±0.22^{B}	0
	NX_1	15.78±1.31^{b}	19.71±0.21^{C}	0.52±0.04^{C}	0
MDH / (U/mgprot) ×10^{-4}	C	9.43±0.66^{A}	11.52±1.05^{A}	12.37±1.59^{A}	13.20±0.82^{A}
	NX_0	6.70±0.52^{Ba}	2.88±0.17^{B}	0.85±0.07^{B}	0
	NX_1	5.51±0.33^{Bb}	1.37±0.11^{C}	0	0
G6PDH / (U/mgprot) ×10^{-4}	C	15.43±2.21^{a}	14.82±1.59^{A}	19.26±3.03^{A}	13.81±1.03^{A}
	NX_0	18.00±2.84^{a}	5.72±0.33^{B}	2.78±0.16^{B}	0
	NX_1	19.74±2.66^{a}	1.32±0.11^{C}	0.91±0.02^{C}	0
GOT / (IU/mgprot)	C	65.50±5.06^{a}	63.37±2.98^{A}	71.29±6.04^{A}	70.32±4.38^{A}
	NX_0	52.39±3.03^{b}	24.80±1.63^{Ba}	11.37±0.82^{B}	5.01±0.39^{B}
	NX_1	55.61±5.20^{b}	27.02±1.55^{Ba}	1.25±0.11^{C}	0
GPT / (IU/mgprot)	C	12.47±1.62^{a}	10.38±0.96^{Aa}	10.92±1.74^{A}	10.29±0.70^{A}
	NX_0	10.84±1.41^{a}	10.43±0.79^{Aa}	6.24±0.49^{B}	3.95±0.26^{B}
	NX_1	10.45±1.12^{a}	5.08±0.41^{B}	2.31±0.17^{C}	0
GDH / (U/mgprot)	C	12.04±1.35^{A}	11.37±1.03^{A}	9.05±0.82^{A}	10.31±1.84^{A}
	NX_0	8.88±0.71^{Ba}	6.33±0.46^{B}	2.21±0.17^{B}	0
	NX_1	10.01±0.82^{Ba}	2.62±0.06^{C}	1.32±0.11^{C}	0
UN / (mmol/mgprot)	C	0.19±0.02^{A}	0.23±0.02^{A}	0.27±0.01^{A}	0.28±0.03^{a}
	NX_0	0.25±0.02^{B}	0.27±0.01^{Ba}	0.17±0.01^{C}	0.24±0.04^{a}
	NX_1	0.39±0.01^{C}	0.29±0.02^{Ba}	0.21±0.01^{B}	0
XOD / (U/mgprot)	C	15.29±1.46^{a}	14.37±1.87^{A}	15.37±1.62^{A}	16.55±1.80^{A}
	NX_0	13.49±1.15^{a}	5.85±0.34^{Ba}	3.21±0.26^{B}	0.61±0.05^{B}
	NX_1	14.22±1.81^{a}	4.31±0.26^{Ba}	0.51±0.04^{C}	0
UA / (μmol/mgprot)	C	0.16±0.02^{a}	0.18±0.01^{A}	0.21±0.02^{Aa}	0.23±0.01^{a}
	NX_0	0.15±0.01^{a}	0.29±0.02^{Ba}	0.16±0.02^{Ab}	0.21±0.02^{a}
	NX_1	0.81±0.02^{b}	0.24±0.01^{Ba}	0.17±0.01^{B}	0

续表

指标 Index	组别 Group	时间/小时 Time/h			
		24	48	120	240
TG /（mmol/mgprot）	C	0.20±0.02^{a}	0.21±0.02^{A}	0.23±0.01^{A}	0.19±0.03^{A}
	NX_0	0.21±0.02^{a}	0.09±0.02^{B}	0.07±0.01^{Ba}	0.07±0.01^{B}
	NX_1	0.22±0.02^{a}	0.08±0.02^{B}	0.06±0.01^{Ba}	0

NX_1 组：用药后 24h，Na^+ K^+-ATPase、Ca^{2+}-ATPase、HK、PK、LDH、MDH、GOT、GDH 活性及 Glc 含量显著低于 C 组（$P<0.05$，$P<0.01$），且 HK、PK、LDH、MDH 活性显著低于 NX_0 组（$P<0.05$，$P<0.01$），Lac、UN、UA 含量显著高于 C 组（$P<0.05$，$P<0.01$），用药后 48h、120h、240h 各种酶活性及 Glc、TG 含量低于或显著低于 C、NX_0 组（$P>0.05$；$P<0.05$，$P<0.01$），Lac、UN、UA 含量用药后 48h 极显著高于 C 组（$P<0.01$），用药后 120h，240h 极显著低于 C 组（$P<0.01$）。

（3）药物对体内成熟期猪囊尾蚴囊液物质代谢的影响

抗囊药物对体内成熟期猪囊尾蚴囊液物质代谢的影响见表 4-12。

表 4-12 抗囊药物对体内成熟期猪囊尾蚴囊液物质代谢的影响

Table 4-12 Effects of drugs against cysticercus on biochemical metabolism of fluid of mature cysticercus cultured *in vivo*

指标 Index	组别 Group	时间/小时 Time/h			
		24	48	120	240
Glc /（mmol/mgprot）	C	0.65±0.03^{A}	0.71±0.02^{A}	0.64±0.05^{A}	0.67±0.04^{A}
	NX_0	0.42±0.04^{Ba}	0.27±0.02^{B}	0.07±0.01^{Ba}	0
	NX_1	0.31±0.003^{Ba}	0.18±0.02^{C}	0.08±0.01^{Ba}	0
Lac /（mg/mgprot）	C	2.35±0.20^{A}	1.96±0.27^{Aa}	2.18±0.25^{A}	2.24±0.02^{A}
	NX_0	2.89±0.21^{B}	3.34±0.11^{B}	0.98±0.07^{Ba}	0.25±0.02^{B}
	NX_1	3.87±0.24^{C}	2.15±0.17^{Aa}	0.77±0.06^{Ba}	0

续表

指标 Index	组别 Group	时间/小时 Time/h			
		24	48	120	240
UN / (mmol/mgprot)	C	0.27±0.02[A]	0.25±0.02[A]	0.19±0.01[Aa]	0.20±0.02[A]
	NX_0	0.37±0.04[Ba]	0.42±0.03[Ba]	0.30±0.02[B]	0.16±0.01[B]
	NX_1	0.39±0.02[Ba]	0.37±0.02[Ba]	0.21±0.01[Aa]	0.11±0.01[C]
UA / (μmol/mgprot)	C	0.18±0.02[a]	0.20±0.01[A]	0.16±0.02[Aa]	0.22±0.02[A]
	NX_0	0.23±0.02[b]	0.28±0.03[Ba]	0.38±0.03[B]	0.06±0.02[B]
	NX_1	0.25±0.02[b]	0.27±0.02[Ba]	0.19±0.02[Aa]	0.14±0.02[C]
TG / (mmol/mgprot)	C	0.20±0.02[a]	0.21±0.01[A]	0.18±0.02[A]	0.19±0.02[A]
	NX_0	0.26±0.02[b]	0.31±0.03[Ba]	0.06±0.02[Ba]	0.11±0.01[B]
	NX_1	0.29±0.02[b]	0.27±0.01[Ba]	0.08±0.01[Ba]	0

NX_0 组：用药后 24h、48h、120h、240h，Glc 含量极显著低于 C 组（$P<0.01$），UN、UA 含量用药后 24h、48h、120h 极显著高于 C 组（$P<0.01$）。Lac、TG 含量用药 24h、48h 极显著高于 C 组（$P<0.01$），用药后 120h、240h 极显著低于 C 组（$P<0.01$）。

NX_1 组：用药后 24h、48h、120h、240h，Glc 含量极显著低于 C 组（$P<0.01$）。Lac、UN、UA、TG 含量用药后 24h、48h 高于或显著高于 C 组（$P>0.05$；$P<0.05$，$P<0.01$），用药后 120h、240h 低于或显著低于 C 组（$P>0.05$，$P<0.01$）。

作用并影响体内成熟期猪囊尾蚴物质代谢的药效顺序为 $NX_1>NX_0$。NX_1、NX_0 组猪囊尾蚴随着用药时间的延长各代谢系统均受影响。

4.2.3 药物对猪带绦虫囊尾蚴物质代谢影响的规律

对猪囊尾蚴的基础研究特别是猪囊尾蚴物质代谢方面研究较少，现有的资料都是应用酶组织化学、电泳的方法等对糖代谢、蛋白质氨基酸代谢的个别酶、底物在药物作用下的变化进行研究。例如，观察猪囊尾蚴匀浆中 GPT、GOT 吡喹酮作用前后的变化（张夏英等，1986），药物作用下猪囊尾蚴 SDH、LDH、ALP 等活性变化和游离氨基酸含量变化（陈佩惠等，1994；1996；1997）。以上工作都仅仅停留在对每个代谢通路的简单阐述，缺乏对主要代谢通路全面系统的研究，猪囊尾蚴发育过程中物质代谢变化的研究以及各阶段用药后对物质代谢影响的研究资料更少。本实验通过检测体内外不同发育时期不同处理情况下的猪囊尾蚴物质代谢指标，全面系统地阐释了猪囊尾蚴的物质代谢规律及药物作用机制，为猪囊尾蚴的发育生物学研究、有效药物选择及临床应用提供重要的实验和理论依据。

近 20 年来猪囊尾蚴的化学治疗药物普遍采用吡喹酮和阿苯达唑，并且已取得较好的疗效。但两种药物都有一定的毒副作用，尤其对早期幼虫效果不理想。因此有必要选择及研制一种或多种对猪囊尾蚴各个时期均有效果且毒副作用小的药物。从物质代谢角度阐明药物作用机制，了解药物阻断抑制或增强某个代谢通路对药物的合理筛选具有重要的指导作用。本实验对药物的筛选分为体外筛选、体内筛选两个步骤，分别观察药物对体外培养六钩蚴、未成熟期囊尾蚴、成熟期囊尾蚴物质代谢作用和药物对体内发育的未成熟期囊尾蚴、成熟期囊尾蚴物质代谢的作用。

4.2.3.1 药物体外对猪带绦虫囊尾蚴物质代谢的影响

4.2.3.1.1 药物体外对六钩蚴和未成熟期猪囊尾蚴物质代谢的影响

于 24h、72h 观察药物体外对培养六钩蚴、未成熟期囊尾蚴物质代谢的影响，阿苯达唑（NX_0）、奥芬达唑（NX_1）、三苯双脒（NX_2）三种药均使 Glc 含量显著低于对照组（$P<0.05$，$P<0.01$），ATPase、HK、PK、LDH、MDH、G6PDH 活性显著低于对照组（$P<0.05$，$P<0.01$），Lac 含量显著高于对照组（$P<0.05$，$P<0.01$），表明药物抑制虫体糖类物质代谢和能量物质生成，并且影响物质吸收和转运。GOT、GPT、GDH、XOD 活性显著低于对照组（$P<0.05$，$P<0.01$），UN、UA、TG 含量高于或显著高于对照组（$P>0.05$，$P<0.05$）表明药物干扰蛋白质代谢、脂类物质代谢、核酸代谢及代谢产物的排出。实验证实 3 种药物体外对培养六钩蚴、未成熟期囊尾蚴都有效

果，对体外培养六钩蚴 3 种药物杀灭效果无差异，而对体外培养未成熟期猪囊尾蚴 72h，NX_1 组有部分酶活性消失，NX_1 效果优于 NX_0 和 NX_2。实验结果表明，药物发挥药效可能与其抑制虫体物质代谢及转运系统有关。

4.2.3.1.2 药物体外对成熟期猪囊尾蚴物质代谢的影响

在观察药物体外对培养成熟期囊尾蚴物质代谢的影响时，选取 6h、12h、24h、36h、48h 五个检测时间点，由此得出对药物作用机制较清晰的认识。

（1）NX_0 抗囊作用机制

用药物后 6h，出现 HK、MDH 活性及 Glc 含量极显著低于对照组（$P<0.01$），PK、LDH 活性显著高于对照组（$P<0.05$）；用药后 12h，Na^+ K^+-ATPase、Mg^{2+}-ATPase、Ca^{2+}-ATPase、ALP、LDH 活性及 Lac、UA 含量显著高于对照组（$P<0.05$，$P<0.01$）；用药后 24h，Na^+ K^+-ATPase、Mg^{2+}-ATPase、Ca^{2+}-ATPase、ALP、HK、LDH、MDH、GOT、GPT 性及 UN、UA 含量显著低于对照组（$P<0.05$，$P<0.01$），TG 含量与对照组差异不显著（$P>0.05$）；用药后 36h、48h 各种酶活性及 Glc、TG 含量显著低于对照组（$P<0.05$，$P<0.01$），Lac、UN、UA 含量显著高于对照组（$P<0.05$，$P<0.01$）。从总的变化趋势上看与 NX_1 对虫体物质代谢影响相同，只是作用发挥较慢。推测 NX_0 具有与 NX_1 相同的作用机制，两者为化学本质相似的药物。

（2）NX_1 抗囊作用机制

用药初期 6h，HK、MDH 活性及 Glc 含量显著低于对照组（$P<0.05$，$P<0.01$），PK、LDH 活性和 Lac 含量显著高于对照组（$P<0.05$，$P<0.01$），HK 活性降低抑制了虫体葡萄糖分解代谢，可能是药物作用后虫体糖原因消耗和异生不足而急剧减少，葡萄糖随之大量消耗致使 HK 活性降低。MDH 活性降低可能与酶本身受到药物的抑制作用有关，致使草酰乙酸至苹果酸这一可逆通路受阻，直接影响到糖异生或虫体糖的有氧分解（逆向三羧酸循环）。罗恩杰和李秉正（1889）已证实 SDH 和 MDH 分布颇为一致，通常在皮层、皮下肌层以及实质中，对药物的反应性也一致。SDH 又称延胡索酸还原酶复合体，催化琥珀酸→延胡索酸和延胡索酸→琥珀酸。刘约翰（1988）报道阿苯达唑对绦

虫、囊尾蚴、线虫、吸虫等多种寄生虫均有较高的杀伤作用，其通过抑制寄生虫延胡索酸还原酶复合体，从而阻断糖分解代谢通路。由实验结果和其他寄生蠕虫防治药物作用机制的研究推测药物可能通过抑制猪囊尾蚴虫体的延胡索酸还原酶复合体，使延胡索酸还原酶复合体活性降低，逆向三羧酸循环受阻，进而引起 MDH、HK 活性的抑制。本实验 PK、LDH 活性及 Lac 含量在此时升高表明虫体 MDH 所在的通路受阻后虫体为了满足各组织器官对 ATP 的需求而代偿性地使无氧分解通路活跃。由于 PEPCK、MDH、TR 催化的逆向三羧酸循环固定二氧化碳通路受阻，转而进入由 PK、LDH 催化生成 Lac 的无氧分解通路。Lac 含量升高与虫体药物作用后乳酸生成代谢通路活跃及虫体代谢产物正常排泄途径受阻有关。郝艳红等（2000）研究表明，NX_1 作用于猪囊尾蚴引起虫体细胞功能变化，细胞膜物质转运功能受到损害，这可能是代谢产物蓄积的原因。陈佩惠等（1997）采用组织化学方法观察了阿苯达唑治疗后的人体猪囊尾蚴，发现 SDH 活性下降、LDH 活性上升。陈小宁等（1999）用组织化学方法观察阿苯达唑对小鼠旋毛虫囊包幼虫的作用时同样显示 SDH 活性下降和 LDH 活性上升。以上研究与本实验研究结果基本一致。其他生物生化指标 GOT、GPT、GDH、UN、TG、XOD、UA 与对照组差异不显著（$P>0.05$），说明药物首先抑制糖类物质代谢的 MDH 所在通路，而对蛋白质、脂类、核酸代谢无直接影响。

用药后 12h，Na^+K^+-ATPase、Mg^{2+}-ATPase、Ca^{2+}-ATPase、ALP、HK、PK、MDH、GOT 活性及 Glc 含量显著低于对照组（$P<0.05$，$P<0.01$），Lac、UN、UA 含量显著高于对照组（$P<0.05$，$P<0.01$）。Na^+K^+-ATPase、Mg^{2+}-ATPase、Ca^{2+}-ATPase、ALP 都与物质的吸收转运有关。ATPase 活性的高低在一定程度上也可代表能量代谢的活跃程度。上述几种酶活性下降表明虫体产能过程发生抑制，ATP 生成减少物质转运功能障碍。MDH 活性下降说明所在通路受到抑制，而后期 PK 活性下降可能与 Lac 大量蓄积有关，因为 Lac 是 PK 的抑制剂。在头颈节中还检测到 G6PDH 活性显著低于对照组（$P<0.05$），表明药物也干扰了磷酸戊糖途径。GOT 活性下降可能与糖代谢通路中草酰乙酸参与的代谢通路障碍有关，表明药物由于阻碍了糖代谢而干扰了氨基酸代谢。Lac、UN、UA 含量升高与虫体排泄功能障碍有关，是虫体细胞膜及囊壁物质转运功能受抑制的结果。用药后 24h、

36h、48h 虫体细胞各种酶活性及 Glc、TG 含量显著低于对照组（$P<0.05$，$P<0.01$），Lac、UN、UA 含量显著高于对照组（$P<0.05$，$P<0.01$），说明虫体在糖分解代谢及能量代谢受抑制后进而影响到其他物质代谢。TG 含量降低可能与虫体体细胞代谢紊乱溶酶体释放大量溶酶导致 TG 降解有关，囊液中 TG 含量极显著高于对照组（$P<0.01$），可能系虫体细胞自溶后释放 TG 至囊液中。

NX_1 对体外培养的成熟期囊尾蚴作用机制为：NX_1 首先抑制 MDH 所在的糖有氧分解代谢和糖异生通路，由于糖类物质分解代谢抑制，能量生成减少和糖异生不足，糖原迅速消耗致使信息转导和物质转运障碍，糖的无氧分解代偿加强，从而使糖原和 Glc 耗竭，进一步导致其他物质代谢发生障碍，虫体死亡。

(3) NX_2 抗囊作用机制

用药后 6h，Glc 含量显著低于对照组（$P<0.05$），可能为虫体受药物作用后糖原迅速减少，Glc 消耗增加；用药后 12h，Na^+K^+-ATPase、ALP、HK 活性及 Glc 含量显著低于对照组（$P<0.05$，$P<0.01$），表明药物抑制虫体膜的物质转运功能和糖类物质代谢，使 Glc 吸收减少；用药后 24h、36h、48h，Na^+K^+-ATPase、Mg^{2+}-ATPase、Ca^{2+}-ATPase、ALP、HK、MDH、G6PDH、GPT 活性及 Glc 含量显著低于对照组（$P<0.05$，$P<0.01$），Lac、UN 含量极显著高于对照组（$P<0.01$），表明虫体物质转运、糖类物质代谢、能量代谢受到抑制，虫体将由于代谢紊乱、能量耗竭而死亡。实验结果表明 NX_2 作用机制也可能是通过影响糖类物质代谢及能量代谢进而阻碍其他代谢途径。

综上所述，自 12h 开始 NX_0、NX_1 组的部分酶活性显著低于 NX_2 组（$P<0.01$，$P<0.05$），NX_1 组的部分酶活性显著低于 NX_0 组（$P<0.01$，$P<0.05$），表明 NX_1 的药效优于 NX_0、NX_2，NX_0 的药效优于 NX_2。

4.2.3.2 药物体内对猪带绦虫囊尾蚴物质代谢的影响

宿主体内由于有宿主的免疫系统和代谢系统参与以及药物自身代谢的原因，使猪囊尾蚴物质代谢变化结果显著有别于体外用药的情况。刘永杰等（2002a）发现体外用药囊尾蚴头颈节、囊壁细胞多数发生凋亡很少发现坏死，而体内药物作用则引起猪囊尾蚴首先出现凋亡而后发生坏死，在宿主体内用药组宿主血清 NO 值显著高于感染组。Stamler 等（1992，1994）认为 NO 作用于虫体内的代谢关键酶，与这些酶的活性部位 Fe-S 中心结合而形成铁-亚硝酰基复合物引起代谢酶中的铁活性丧失，酶的活性受抑制，继而阻断猪囊尾蚴细胞的能量合成，从而抑制和杀伤猪囊尾蚴。总之，在宿主体内由于宿主各系统的参与，加速了虫体死亡的进程。本实验结果显示用药后 NX_0、NX_1 组部分酶活性显著低于 C 组（$P<0.01$，$P<0.05$）甚至消失，特别是糖代谢的酶类和代谢物尤为明显，表明药物抑制和干扰猪囊尾蚴的糖代谢，继而导致物质、能量代谢的全面抑制。体内用药时，更能体现药物对猪囊尾蚴的作用效果。

体内未成熟期猪囊尾蚴用药后 NX_2 组的各生化指标与 C 组比较差异均不显著（$P>0.05$），这与猪体对 NX_2 的吸收能力过低和药物本身的代谢转变有关，因而在成熟期囊尾蚴未应用此药。体内两个用药时期自 24h 开始 NX_0、NX_1 组的部分酶活性显著低于 C 组（$P<0.01$，$P<0.05$），NX_1 组的部分酶活性显著低于 NX_0 组（$P<0.01$，$P<0.05$）。实验结果显示对体内猪囊尾蚴 NX_1 的药效优于 NX_0，NX_2 无效。

本实验结果表明，NX_1 体内对未成熟期、成熟期猪囊尾蚴均有明显的杀灭作用，尤其对未成熟期的作用效果显著，药物作用后 48h 出现部分酶活性消失，作用后 120h 酶活性全部消失。NX_0 对成熟期囊尾蚴有显著的效果，用药后 24h 开始大部分酶活性显著低于对照组（$P<0.05$，$P<0.01$），到 240h 有几种酶活性已消失。NX_0 对未成熟期也有一定作用但效果不佳，用药后 48h 才开始出现酶活性降低（$P<0.01$）。NX_0 对成熟期猪囊尾蚴的疗效优于未成熟期猪囊尾蚴。

总而言之，三种药物在体外实验时对猪囊尾蚴均有杀灭作用，NX_1 优于 NX_0 和 NX_2。体内实验时，NX_2 无效，NX_0 对成熟期猪囊尾蚴疗效优于未成熟期猪囊尾蚴，NX_1 对未成熟期猪囊尾蚴优于成熟期猪囊尾蚴，NX_1 优于 NX_0。NX_1 和 NX_0 对体内发育猪囊尾蚴的药效机制同体外发育猪囊尾蚴。

4.3 药物对猪带绦虫囊尾蚴质膜代谢的影响

4.3.1 药物对猪带绦虫囊尾蚴质膜代谢影响的实验

4.3.1.1 药物体外对不同发育时期猪囊尾蚴质膜代谢的影响

4.3.1.1.1 体外用药的配制

称取 NX_0、NX_1、NX_2 各 40mg，分别溶于 0.4ml 二甲基甲酰胺中，配成 $100mg \cdot ml^{-1}$ 的药液，使用时稀释药液至其所需终浓度。

4.3.1.1.2 药物体外对六钩蚴质膜代谢的影响

体外培养 5d 的六钩蚴，设对照组和用药组，用药组设 3 组：即经体外筛选确证有效的 NX_0、NX_1、NX_2（刘永杰等，2002b）。分别于用药后 24h 分析药物对六钩蚴膜分子生物学的影响，分析指标和方法同 3.3.1 猪带绦虫囊尾蚴的质膜代谢实验。

4.3.1.1.3 药物体外对未成熟期猪囊尾蚴质膜代谢的影响

选用体内发育 30d 的猪囊尾蚴为未成熟期猪囊尾蚴实验样品，取外形、体积相似的猪囊尾蚴分组用药。其他处理同药物对六钩蚴的影响。

4.3.1.1.4 药物体外对成熟期猪囊尾蚴质膜代谢的影响

从人工感染发育 95d 的感染猪体内选取成熟期猪囊尾蚴，经 20% 胆汁作用，翻出头节较长活动自如者为活的成熟期猪囊尾蚴，分组用药及处理同药物对六钩蚴的影响。

4.3.1.2 药物体内对不同发育时期猪囊尾蚴质膜代谢的影响

4.3.1.2.1 药物体内对未成熟期猪囊尾蚴质膜代谢的影响

选取无猪囊尾蚴感染的仔猪，人工感染猪带绦虫卵后，于不同时期检测抗体（Ab）效价。当 Ab 效价达到 1∶16 以上时开始用药，药物选用经体外筛选的三种药物 NX_0、NX_1 和 NX_2。三种用药组不同处理猪于药物作用后 24h，分别剖杀并进行猪囊尾蚴质膜分子生物学研究。

4.3.1.2.2 药物体内对成熟期猪囊尾蚴质膜代谢的影响

选取无猪囊尾蚴感染的仔猪，人工感染猪带绦虫虫卵后 60d、70d、80d 分别剖杀 1 头，检查猪囊尾蚴成熟情况。成熟标准为：20％胆汁刺激头节翻出较长，压片观察可见 4 个吸盘，且吸盘直径不再随感染时间的延长而增大，头钩数量为 25～50 个，角质化程度很高。当猪囊尾蚴 80％以上成熟时，即开始用药。用药和检测指标及其方法均同 4.3.1.2.1 药物体内对未成熟期猪囊尾蚴质膜代谢的影响。

4.3.1.3 数据处理

所得数据应用美国 SAS 软件中的 DUNCAN 软件进行单因素、二因素和三因素无重复比较，应用 GLM 和 Anova 过程进行方差分析。

4.3.2 药物对猪带绦虫囊尾蚴质膜代谢影响的结果

4.3.2.1 药物体外对猪囊尾蚴质膜代谢的影响

4.3.2.1.1 药物体外对猪带绦虫六钩蚴质膜代谢的影响

（1）药物对体外发育六钩蚴膜糖——唾液酸含量的影响

体外发育的六钩蚴药物作用后，其膜脂和膜蛋白均未检测出，仅检测出膜糖和膜流动性。NX_0 和 NX_1 作用后其膜 SA 含量减少（$P>0.05$），NX_2 作用后 SA 显著增多（$P<0.05$）（表 4-13）。

表 4-13 药物对体外发育六钩蚴膜糖——唾液酸的影响

Table 4-13 Effects of drugs against cysticercus on the membrane slialic asid (SA) in the oncosphere development *in vitro*

指标 Index	组别 Group C	NX_0	NX_1	NX_2
SA	0.3962±0.0320[b]	0.2704±0.0328[b]	0.2358±0.0689[b]	0.7438±0.1222[a]

注：单位为 mgNANA · dl-1。

Note: Unit is mgNANA · dl-1.

（2）药物对体外发育六钩蚴膜流动性的影响

体外发育六钩蚴 3 种药物作用后细胞膜流动性都有增大，NX_1 作用后膜流动性显著增大（$P<0.05$）（表 4-14）。

表 4-14　药物对体外发育六钩蚴膜流动性的影响

Table 4-14　Effects of drugs against cysticercus on the membrane fluidity of the oncospheres *in vitro*

指标 Index	组别 Group			
	C	NX_0	NX_1	NX_2
偏振度（P）	0.1280 ± 0.1169^a	0.1238 ± 0.0122^a	0.1118 ± 0.0203^a	0.1160 ± 0.0041^a
微黏度（η）	0.7578 ± 0.0901^a	0.7512 ± 0.1026^a	0.6794 ± 0.1495^a	0.6760 ± 0.0312^a
向异度（γ）	0.0920 ± 0.0075^a	0.0890 ± 0.0076^a	0.0804 ± 0.0144^a	0.0830 ± 0.0014^a
流动度（LFU）	23.0834 ± 3.7401^a	25.6084 ± 5.0463^a	65.2926 ± 4.2739^a	26.7190 ± 1.1412^a

4.3.2.1.2　药物体外对未成熟期猪囊尾蚴质膜代谢的影响

（1）药物体外对未成熟期猪囊尾蚴膜脂组分与含量的影响

未成熟期猪囊尾蚴体外用药后 NX_0 组 PE 增多（$P>0.05$），PC、LDL 和 TG 减少到 0，CHO 则显著增多（$P<0.05$）；NX_1 组 PE、CHO 均显著减少（$P<0.05$），PC、LDL 和 TG 减少到 0；NX_2 组 PE 显著增多（$P<0.05$），CHO 显著减少（$P<0.05$），PC、LDL 和 TG 减少到 0（表 4-15）。

表 4-15　药物体外对未成熟期猪囊尾蚴膜脂组分与含量的影响

Table 4-15　Effects of drugs against cysticercus on the mrembrane lipid in the immature *C. cellulosae in vitro*

指标 Index	组别 Group			
	C	NX_0	NX_1	NX_2
PE	108.584 ± 3.0200^b	117.192 ± 2.2427^b	68.691 ± 9.219^c	184.064 ± 2.5798^a
PC	68.755 ± 2.4230^a	70.381 ± 1.908^a	0	47.802 ± 5.390^b
PS	0	0	0	0
SP	0	0	0	0
CHO	0.015 ± 0.002^b	0.049 ± 0.0147^a	0.001 ± 0.001^c	0.012 ± 0.004 cb
LDL	0.01 ± 0	0	0	0
TG	0.010 ± 0	0	0	0

注：PE、PC、PS、SP 单位为 $\times 10^{-7} \mu g \cdot$ 蛋白含量 $600 \mu g^{-1} \cdot ml^{-1}$；CHO、LDL、TG 单位为 $mmol \cdot L^{-1}$。

Note: Unit of PE, PC, PS and SP is $\times 10^{-7} \mu g \cdot$ protein level $600 \mu g^{-1} \cdot ml^{-1} \cdot$ unit of CHO, LDL and TG is $mmol \cdot L^{-1}$.

(2) 药物体外对未成熟期猪囊尾蚴膜 ATPase 活性的影响

未成熟期猪囊尾蚴体外用药后 NX_0 和 NX_1 组 ATPase 活性低于或显著低于对照组（$P>0.05$，$P<0.05$），NX_1 组的 ATPase 活性比 NX_0 组更弱（$P<0.05$），NX_2 组的 ATPase 活性与对照组无显著差异（$P>0.05$）（表 4-16）。

表 4-16 药物体外对未成熟期猪囊尾蚴膜 ATPase 活性的影响

Table 4-16 Effects of drugs against cysticercus on the ATPase activity in the immature *C. cellulosae in vitro*

指标 Index	组别 Group			
	C	NX_0	NX_1	NX_2
Na^+K^+-ATPase	2.4663 ± 0.2935^{ab}	2.2575 ± 0.3669^{b}	0.5000 ± 0.3307^{c}	2.8063 ± 0.3782^{a}
$Mg2^+$-ATPase	2.5263 ± 0.2208^{a}	1.7138 ± 0.3459^{b}	0.6075 ± 0.2820^{c}	2.5938 ± 0.1097^{a}
$Ca2^+$-ATPase	1.8075 ± 0.0996^{a}	1.6475 ± 0.1155^{a}	0.3875 ± 0.1640^{b}	1.8113 ± 0.0903^{a}

注：单位为 $\mu molPi\cdot mgprot^{-1}\cdot h^{-1}$。

Note: Unit is $\mu molPi\cdot mgprot^{-1}\cdot h^{-1}$.

(3) 药物体外对未成熟期猪囊尾蚴膜糖——唾液酸含量的影响

未成熟期猪囊尾蚴体外用药后膜糖-SA 含量 NX_1 和 NX_2 组均低于或显著低于对照组（$P>0.05$，$P<0.05$）（表 4-17）。

表 4-17 药物体外对未成熟期猪囊尾蚴膜糖——唾液酸含量的影响

Table 4-17 Effects of drugs against cysticercus on the membrane slialic acid (SA) in the immature *C. cellulosae in vitro*

指标 Index	组别 Group			
	C	NX_0	NX_1	NX_2
SA	0.5133 ± 0.0818^{ab}	0.6411 ± 0.0607^{a}	0.5056 ± 0.0486^{ab}	0.3209 ± 0.0831^{b}

注：单位为 $mgNANA\cdot dl^{-1}$。

Note: Unit is $mgNANA\cdot dl^{-1}$.

(4) 药物体外对未成熟期猪囊尾蚴膜流动性的影响

未成熟期猪囊尾蚴体外用药后膜流动性 NX_1 组比 NX_0 组低（$P>0.05$），NX_2 组最高（表 4-18）。

表 4-18　药物体外对未成熟期猪囊尾蚴细胞膜流动性的影响

Table 4-18　Effects of drugs against cysticercus on the membrane fliudity in the immature *C. cellulosae in vitro*

指标 Index	组别 Group			
	C	NX_0	NX_1	NX_2
偏振度（P）	0.197 ±0.004[a]	0.189±0.007[ab]	0.187±0.002[ab]	0.164±0.012[b]
微黏度（η）	1.199±0.149[a]	1.343 ±0.093[a]	1.677±0.317[a]	1.148±0.118[a]
向异度（γ）	0.145 ±0.004[a]	0.139±0.007[a]	0.143±0.002[ab]	0.123±0.010[b]
流动度（LFU）	8.710±0.452[b]	10.065±1.001[b]	9.004±0.210[b]	18.00±0.622[a]

4.3.2.1.3　药物体外对成熟期猪囊尾蚴质膜代谢的影响

（1）药物体外对成熟期猪囊尾蚴膜脂组分与含量的影响

成熟期猪囊尾蚴体外用药后除 PE 外，用药后各组分均减少至 0，NX_1、NX_0 组 PE 含量均低于或显著低于对照组（$P>0.05$；$P<0.05$，$P<0.01$），NX_2 则高于对照组（$P>0.05$）（表 4-19）。

表 4-19　药物体外对成熟期猪囊尾蚴膜脂组分与含量的影响

Table 4-19　Effects drugs agaist cysticercus on the membrane lipids in the mature *C. cellulosae in vitro*

指标 Index	组别 Group			
	C	NX_0	NX_1	NX_2
PE	155.546±1.359[a]	110.516±1.088[b]	96.082±1.285[c]	196.715 ±2.398[a]
PC	73.869 ±1.564[a]	0	0	90.854 ±2.963[a]
PS	0	0	0	0
SP	0	0	0	0
CHO	0.189±0.017[a]	0.134 ±0.035[a]	0.115±0.006[a]	0.118±0.021[a]
LDL	0.040±0.002[a]	0	0	0
TG	0.055±0.001[a]	0	0	0

注：PE、PC、PS、SP 单位为$\times10^{-7}\mu g$·蛋白含量 $600\mu g^{-1}\cdot ml^{-1}$；CHO、LDL、TG 单位为 $mmol\cdot L^{-1}$。

Note：Uint of PE，PC，PS and SP is $\times10^{-7}\mu g$ · protein level $600\mu g^{-1}\cdot ml^{-1}$；unite of CHO，LDL and TG is $mmol\cdot L^{-1}$.

（2）药物体外对成熟期猪囊尾蚴 ATPase 活性的影响

各用药组体外作用成熟期猪囊尾蚴，NX_1 组 ATPase 活性较 NX_0 和 NX_2 组显著比对照组降低（$P<0.05$，$P<0.01$）（表 4-20）。

表 4-20　药物体外对成熟期猪囊尾蚴 ATPase 活性的影响

Table 4-20　Effects drugs agaist cysticercus on the the ATPase activity in the mature *C. cellulosae in vitro*

指标 Index	组别 Group			
	C	NX_0	NX_1	NX_2
Na^+K^+-ATPase	4.0980 ± 0.0881^a	2.1410 ± 0.4824^c	1.8670 ± 0.4908^a	4.0503 ± 0.2854^a
Mg^{2+}-ATPase	3.8870 ± 0.0294^a	1.5200 ± 0.3947^c	1.4570 ± 0.4783^c	3.679 ± 0.7031^a
Ca^{2+}-ATPase	2.2330 ± 0.1494^a	1.3290 ± 0.2218^{cb}	1.2070 ± 0.2414^c	2.121 ± 0.1060^a

注：单位为 μmolPi · $mgprot^{-1}$ · h^{-1}。

Note：Unit is μmolPi · $mgprot^{-1}$ · h^{-1}.

（3）药物体外对成熟期猪囊尾蚴膜糖——唾液酸含量的影响

成熟期猪囊尾蚴体外用药后膜糖——唾液酸（SA）含量 3 种药物显著低于对照组（$P<0.05$）（表 4-21）。

表 4-21　药物体外对成熟期猪囊尾蚴膜糖——唾液酸含量的影响

Table 4-21　Effects of drugs against cysticercus on the content of membrane sliaic asid (SA) in the mature *C. celulosae in vitro*

指标 Index	组别 Group			
	C	NX_0	NX_1	NX_2
SA	1.0900 ± 0.1183^a	0.7045 ± 0.1586^a	0.6388 ± 0.1660^a	1.0505 ± 0.0060^a

注：单位为 mgNANA · dl^{-1}。

Note：Unit is mgNANA · dl^{-1}.

（4）药物体外对成熟期猪囊尾蚴膜流动性的影响

成熟期猪囊尾蚴体外用药后，用药组膜流动性则显著小于对照组（$P<0.05$）（表 4-22）。

表 4-22 药物体外对成熟期猪囊尾蚴膜流动性的影响

Table 4-22 Effects of drugs against cysticercus on the membrane fluidity in the mature *C. celulosae in vivo*

指标 Index	组别 Group			
	C	NX_0	NX_1	NX_2
偏振度（P）	0.1098±0.0033[a]	0.1552±0.0134[b]	0.1616±0.0120[b]	0.1783±0.0231[a]
微黏度（η）	0.4107±0.0411[a]	1.0736±0.1400[b]	1.0225±0.1434[b]	1.5390±0.0935[a]
向异度（γ）	0.0353±0.0025[a]	0.1091±0.0098[b]	0.1142±0.1434[b]	0.1297±0.00809[a]
流动度（LFU）	18.752±0.4061[a]	18.532±3.4777[b]	17.924±0.1436[b]	9.9438±5.4304[a]

4.3.2.2 药物体内对猪囊尾蚴质膜代谢的影响

4.3.2.2.1 药物体内对未成熟期猪囊尾蚴质膜代谢的影响

(1) 药物体内对未成熟期猪囊尾蚴膜脂组分与含量的影响

未成熟期猪囊尾蚴体内用药后，NX_0 组膜脂均减少（$P>0.05$），NX_1 组则显著减少（$P<0.05$），且于用药后 5、10d 虫体死亡已无形态，检测指标均为 0（表 4-23）。

表 4-23 药物体内对未成熟期猪囊尾蚴膜脂组分与含量的影响

Table 4-23 Effects of drugs against cysticercus on the membrane lipid in the immature *C. cellulosae in vivo*

指标 Index	组别 Group			
	C	NX_0	NX_1	NX_2
PE	67.8935±3.0809[a]	106.5750±1.3776[a]		60.9943±3.2384[a]
PC	64.6610±1.1447[a]	70.3068±1.5447[a]		25.3809±1.1015[a]
PS	0	0		0
SP	0	0		0
CHO	0.1750±0.0958[a]	0.0838±0.0344[a]		0.0275±0.0125[a]
LDL	0.0155±0.0049[a]	0.0088±0.0035[a]		0
TG	0.0206±0.0024[a]	0.0138±0.0098[a]		0.0063±0.0026[a]

注：PE、PC、PS、SP 单位为 $\times10^{-7}\mu g$ · 蛋白含量 $600\mu g^{-1}\cdot ml^{-1}$；CHO、LDL、TG 单位为 $mmol\cdot L^{-1}$。

Note: Unit of PE, PC, PS and SP is $\times10^{-7}\mu g$ · protein level $600\mu g^{-1}\cdot ml^{-1}$.

（2）药物体内对未成熟期猪囊尾蚴膜 ATPase 活性的影响

各用药组体内作用未成熟期猪囊尾蚴，ATPase 活性用药组均显著低于对照组（$P<0.05$，$P<0.01$），NX_1 组活性最低（$P<0.01$）（表 4-24）。

表 4-24　药物体内对未成熟期猪囊尾蚴膜 ATPase 活性的影响

Table 4-24　Effects of drugs against cysticercus on the ATPase activity in the immature *C. cellulosae in vivo*

指标 Index	组别 Group			
	C	NX_0	NX_1	NX_2
Na^+K^+-ATPase	2.4663±0.2935[ba]		2.2575±0.3669[b]	0.5000±0.3307[c]
$Mg2^+$-ATPase	2.5263±0.2208[a]		1.7138±0.3459[b]	0.6075±0.2820[c]
$Ca2^+$-ATPase	1.8075±0.0996[a]		1.6475±0.1155[a]	0.3875±0.1640[b]

注：单位为 μmolPi · mgprot^{-1} · h^{-1}。

Note：unit is μmolPi · mgprot^{-1} · h^{-1}.

（3）药物体内对未成熟期猪囊尾蚴膜糖——唾液酸含量的影响

未成熟期猪囊尾蚴体内用药后，膜 SA 的含量 NX_0 组高于对照组（$P>0.05$），NX_1 组则显著高于对照组（$P<0.05$）（表 4-25）。

表 4-25　药物体内对未成熟期猪囊尾蚴膜糖——唾液酸含量的影响

Table 4-25　Effects of drugs against cysticercus on the membrane sliaic acid（SA）in the immature *C. cellulosae in vivo*

指标 Index	组别 Group			
	C	NX_0	NX_1	NX_2
SA	0.6916±0.1781[ab]		0.8896±0.1416[a]	2.3180±0.0723[b]

注：单位为 mgNANA · dl^{-1}。

Note：Unit is mgNANA · dl^{-1}.

（4）药物体内对未成熟期猪囊尾蚴膜流动性的影响

未成熟期猪囊尾蚴体内用药后，膜流动性两种药物组均小于对照组（$P>0.05$）（表 4-26）。

表 4-26 药物体内对未成熟期猪囊尾蚴膜流动性的影响

Table 4-26 Effects of drugs against cysticercus on the membrane fluidity in the immature *C. cellulosae in vivo*

指标 Index	组别 Group			
	C	NX_0	NX_1	NX_2
偏振度（P）	0.1804±0.0061[a]		0.2523±0.0380[a]	0.2050 ±0.0132[a]
微黏度（η）	1.3028 ±0.0704[a]		3.1335 ±0.9681[a]	1.6390±0.2009[a]
向异度（γ）	0.12778±0.0045[a]		0.1857±0.0299[a]	0.1468 ±0.0103[a]
流动度（LFU）	10.1775 ±0.9712[a]		8.4790±4.8731[a]	7.3785 ±1.1408[a]

4.3.2.2.2 药物体内对成熟期猪囊尾蚴质膜代谢的影响

（1）药物体内对成熟期猪囊尾蚴膜脂组分与含量的影响

成熟期猪囊尾蚴体内用药后，除 PC 外，NX_0 组的各指标均低于对照组（$P>0.05$，$P<0.05$），除 CHO 外，NX_1 组各指标显著低于对照组（$P<0.05$）（表 4-27）。

表 4-27 药物体内对成熟期猪囊尾蚴细胞膜磷脂组分与含量的影响

Table 4-27 Effects of drugs against cysticercus on the membrane lipid in the mature *C. cellulosae in vivo*

指标 Index	组别 Group			
	C	NX_0	NX_1	NX_2
PE	190.968 ±7.7137[a]		157.9418±1.1428[a]	40.5254±1.3835[b]
PC	49.2835±4.9748[a]		63.6192±1.6796[a]	35.3343±6.3523[b]
PS	0		0	0
SP	0		0	0
CHO	0.1535±0.0622[a]		0.0783±0.0224[a]	0.1100±0.0349[a]
LDL	0.0193 ±0.0087[a]		0.0150 ±0.0067[b]	0.0150±0.0067[b]
TG	0.0468[a]±0.0180		0.0400±0.0141[a]	0.0350±0.0143[b]

注：PE、PC、PS、SP 单位为 $\times10^{-7}\mu g$ · 蛋白含量 $600\mu g^{-1}\cdot ml^{-1}$；CHO、LDL、TG 单位为 $mmol\cdot L^{-1}$。

Note：Unit of PE，PC，PS and SP is $\times10^{-7}\mu g$ · protein level $600\mu g^{-1}\cdot ml^{-1}$

(2) 药物体内对成熟期猪囊尾蚴膜 ATPase 活性的影响

成熟期猪囊尾蚴体内用药后，两种药物组的 ATPase 活性显著低于对照组（$P<0.05$，$P<0.01$）（表 4-28）。

表 4-28　药物体内对成熟期猪囊尾蚴膜 ATPase 活性的影响

Table 4-28　Effects of drugs against cysticercus on the membrane ATPase ativity in the mature *C. cellulosae in vivo*

指标 Index	组别 Group			
	C	NX_0	NX_1	NX_2
Na^+K^+-ATPase	3.1238±0.0861[a]	1.2688±0.4235[b]	0.8050±0.4305[c]	
Mg^{2+}-ATPase	2.7313±0.1517[a]	1.4113±0.4095[b]	0.9513±0.3738[c]	
Ca^{2+}-ATPase	1.3938±0.0739[a]	0.5813±0.1525[a]	0.3775±0.1296[a]	

注：单位为 μmolPi · mgprot^{-1} · h^{-1}。

Note: Unit is μmolPi · mgprot^{-1} · h^{-1}.

(3) 药物体内对成熟期猪囊尾蚴膜糖——唾液酸含量的影响

成熟期猪囊尾蚴体内用药后，两种用药组的 SA 含量均高于对照组（$P>0.05$）（表 4-29）。

表 4-29　药物体内对成熟期猪囊尾蚴膜糖——唾液酸含量的影响

Table 4-29　Effects of drugs against cysticercus on the content of membrane sliaic acid (SA) in the mature *C. cellulosae in vivo*

指标 Index	组别 Group			
	C	NX_0	NX_1	NX_2
SA	1.0330±0.1233[a]	1.5497±0.2030[a]	2.0298±0.5212[a]	

注：单位为 mgNANA · dl^{-1}。

Note: Unit is mgNANA · dl^{-1}.

(4) 药物体内对成熟期猪囊尾蚴膜流动性的影响

成熟期猪囊尾蚴体内用药后，用药组膜流动性均显著小于对照组（$P<0.05$），NX_1 组显著小于 NX_0 组（$P<0.05$）（表 4-30）。

表 4-30 药物体内对成熟期猪囊尾蚴膜流动性的影响

Table 4-30 Effects of drugs against cysticercus on the membrane fliudity in the mature *C. celluosae in vivo*

指标 Index	组别 Group			
	C	NX_0	NX_1	NX_2
偏振度（P）	1.0108 ± 0.0845^{a}	0.1415 ± 0.0174^{b}	1.1882 ± 0.0095^{c}	
微黏度（η）	2.7313 ± 0.1517^{a}	0.9355 ± 0.1732^{a}	1.4048 ± 0.1173^{b}	
向异度（γ）	0.0210 ± 0.0048^{aa}	0.0993 ± 0.0129^{b}	0.1338 ± 0.0072^{c}	
流动度（LFU）	17.8580 ± 0.6634^{b}	12.7855 ± 1.2039^{a}	6.3578 ± 1.3644^{c}	

4.3.3 药物对猪带绦虫囊尾蚴质膜代谢影响的规律

本研究通过观察 7 种药物体外作用体外培养 5d 的后期六钩蚴、体内发育 30d 的未成熟期猪囊尾蚴和体内发育 95d 的成熟期猪囊尾蚴的效果，并考虑药物种类的全面性，筛选出 2 种抗囊药物奥芬达唑（NX_1）和三苯双脒（NX_2），并与现正用于临床治疗的药物阿苯达唑（NX_0）进行比较，观察 NX_1 和 NX_2 体内对未成熟期和成熟期猪囊尾蚴的作用，结果发现，NX_1 对未成熟期和成熟期猪囊尾蚴均有明显的杀灭作用，尤其对未成熟期猪囊尾蚴的作用显著，用药后 2d 虫体即被杀灭。NX_0 仅对成熟期猪囊尾蚴有显著的杀灭作用，对未成熟期猪囊尾蚴虽有一定的损伤，但虫体仍存活，用药后 75d 的猪囊尾蚴在胆汁刺激下仍可翻出头节，这与马云祥等（1995）的报道一致。NX_2 对两个时期的猪囊尾蚴均无灭杀作用，用药后 80d 的猪囊尾蚴在胆汁刺激下仍可翻出头节，活动自如。

4.3.3.1 抗囊药物对未成熟期猪囊尾蚴质膜代谢的影响

4.3.3.1.1 抗囊药物体外对未成熟期猪囊尾蚴质膜代谢的影响

（1）NX_1 体外对未成熟期猪囊尾蚴质膜代谢的影响

透射电镜和扫描电镜超微结构研究表明，NX_1 体外作用未成熟期猪囊尾蚴后，囊壁损伤严重，药物首先损伤虫体表面，头颈部微毛发生粘连，裂沟增宽加深，继之呈龟裂状。囊壁部外表面附着颗粒样物，且有分泌小泡，微毛发生严重紊乱，粘连，聚集成团，有的部位微毛脱失，并见许多深浅不一的溶蚀样孔道，随着药物作用时间的延长，微毛全部脱失，溶蚀加重。皮层基质区消失，裸露基膜。有的部位基膜严重受损，有的部位基膜伸出许多伪足，包吞颗粒样物质，并在实质区可见大量膜包裹的颗粒和大量的溶酶体，此颗粒样物电子密度与 NX_1 的电子密度相似，是否 NX_1 被质膜包裹有待进行电镜组化观察。皮层细胞胀大，导致质膜破裂，糖原颗粒散在，细胞核膨胀，核膜破裂，细胞的内质网、线粒体溶解形成空泡样结构。肌束变性，其外被的质膜溶解，肌丝部分溶解呈小空泡样。实质细胞胀大，质膜轻微损伤，核膜完整，溶酶体增多，细胞器完整。随着药物作用时间的延长，实质细胞胀破，核也胀破。神经索外鞘质膜轻微受损，焰细胞纤毛束外围质膜溶解，纤毛微管结构不清。此结果表明，NX_1 首先引起猪囊尾蚴囊壁部外表面的结构损伤，破坏皮层的保护屏障功能及营养吸收功能，使之基膜发生复杂的质膜运动伸出伪足包裹吞噬 NX_1 药物颗粒，NX_1 被吞噬进入间质层与皮层区，有的吞噬颗粒外质膜破裂释放出 NX_1，直接损伤其中的细胞，有的吞噬颗粒则与细胞质膜融合，NX_1 进入细胞内，直接损伤细胞器和细胞核膜。与此同时细胞受刺激溶酶体数量增多吞噬进入细胞内的 NX_1，并通过胞吐作用外运 NX_1。随着药物作用时间延长，有些溶酶体中的 NX_1 损伤溶酶体膜而释放出 NX_1，溶解体对进入细胞中的 NX_1 无能为力。可见 NX_1 原药是通过损伤细胞质膜结构，导致细胞期溶解，核膜破裂，质膜破裂进而破坏细胞的功能而发挥其杀灭虫体作用的（参阅 4.1 药物对猪带绦虫囊尾蚴形态发育的影响）。

膜分子生物学研究表明，未成熟期猪囊尾蚴受到 NX_1 药物作用后，膜磷脂、膜蛋白、膜糖类和膜流动性均受到不同程度的影响。膜磷脂 PE、PC 含量减少和显著减少，PC 含量减少至 0，表明 NX_1 对猪囊尾蚴膜 PE 和 PC 代谢有效强的抑制作用，尤其对 PC 代谢抑制作用更强。由于 PE、PC 和 CHO 减少，导致膜骨架结构和功能的改变，膜流动减小，膜酶（3 种 ATP 酶）功能下降，进而引起一系列的生理改变，导致细胞损害而发挥杀虫作用。研究结果提示，NX_1 体外作用未成熟期猪尾蚴主要是通过抑制膜磷脂代谢，改变膜化学组成和酶活性而导致生物膜功能的损害或丧失，即首先损伤膜结构，继而改变膜功能，相对而言，膜功能损伤甚于结构损伤。

(2) NX_0 体外对未成熟期猪囊尾蚴质膜代谢的影响

NX_0 体外对未成熟猪囊尾蚴有杀灭作用。电镜观察，NX_0 对虫体囊壁部损伤程度不及 NX_1 严重，微毛发生粘连但未见溶蚀状。NX_0 同 NX_1 一样首先损伤虫体外表面，使微毛粘连，脱失，继之损伤细胞内部。但与 NX_1 比较，用药过程中间质层与实质区细胞比较完整，清晰可见细胞结构。尽管 NX_0 原药对虫体损伤程度不如 NX_1 严重，从结构损伤分析 NX_0 以原药形式损伤虫体与 NX_1 相似。NX_0 对囊尾蚴头部损伤较囊壁部严重（参阅 4.1 药物对猪带绦虫囊尾蚴形态发育的影响）。膜分子生物学研究表明，NX_0 体外作用未成熟期猪囊尾蚴效果与 NX_1 不同。药物作用后膜 PE 含量显著升高，PC 含量略有升高，3 种 ATP 酶活性略有减弱。提示 NX_0 体外作用未成熟期猪囊尾蚴主要是通过强烈损伤猪囊尾蚴头部结构导致影响其功能而发挥杀虫作用，而不是通过抑制膜磷脂代谢。

(3) NX_2 体外对未成熟期猪囊尾蚴质膜代谢的影响

电镜观察，NX_2 作用后未成熟期猪囊尾蚴微毛略有损伤、减少。内部结构虽有损伤，但不严重（参阅 4.1 药物对猪带绦虫囊尾蚴形态发育的影响）。膜分子生物学结果表明，NX_2 作用后膜 PE 含量显著增多，3 种 ATP 酶的活性也略有增强。提示 NX_2 体外对囊尾蚴的结构和功能损伤均较轻微，加之体外药物实验中 NX_2 组虫体死亡时间在用药后 36h 以后（郝艳红等，1999），死亡时间较晚，故提出 NX_2 组的猪囊尾蚴死亡可能与 NX_2 作用无关，而与营养物质耗竭有关。

4.3.3.1.2 抗囊药物体内对未成熟期猪囊尾蚴质膜代谢的影响

(1) NX_1 体内对未成熟期猪囊尾蚴质膜代谢的影响

NX_1 体内作用 1d，虫体外表面严重受损，纤毛排列不规则，严重粘连，聚集成团。囊壁部微毛脱失，外表呈溶蚀状。2d 时损伤加重，微毛全部脱失，溶蚀状严重。皮层基质区溶解，基膜伸出许多伪足，包吞颗粒样物，肌束排列紊乱，结构不清，肌膜降解，肌丝散乱；皮层细胞中出现大量囊泡，皮层细胞破裂，糖原颗粒逸出。实质细胞膜破损，细胞器变性溶解，出现许多空泡，核膜破裂，排泄管内壁微毛减少。用药 5d，虫体已无形态（参阅 4.1 药物对猪带绦虫囊尾蚴形态发育的影响）。膜分子生物学研究发现，用药后膜中磷脂 PE、PC 含量减少，PC

含量显著减少，CHO 含量也减少，膜流动性减小。3 种 ATPase 活性显著减弱，说明 NX_1 对未成熟期猪囊尾蚴体内杀虫机制与体外相似，也是通过抑制膜磷脂代谢实现的。

（2）NX_0 体内对未成熟期猪囊尾蚴质膜代谢的影响

NX_0 体内对未成熟期猪囊尾蚴无杀灭作用。电镜观察，颈部、囊壁部结构损伤较轻，仅见微毛排列不规则，轻微粘连，随着用药时间的延长，损伤没有加重。细胞内部结构完整，没有严重损伤（参阅 4.1 药物对猪带绦虫囊尾蚴形态发育的影响）。膜分子生物学研究表明，用药后膜脂 PE、PC 含量显著增多，CHO 含量略有减少，膜流动性略有减小，膜 ATPase 活性稍有减弱，表明 NX_0 体内对猪囊尾蚴膜磷脂无显著抑制作用。NX_0 体外对未成熟期猪囊尾蚴有杀灭作用，体内却无杀灭作用。分析原因之一是 NX_0 被机体吸收后，代谢分解为其他成分，而不是原药形式存在，故体内外作用有别；原因之二是 NX_0 对虫体的头部结构损伤严重，体内发育的未成熟期猪囊尾蚴头部凹陷于囊中，药物作用较小或作用不到头部，故 NX_0 体内不能杀灭虫体。

4.3.3.2 抗囊药物对成熟期猪囊尾蚴质膜代谢的影响

4.3.3.2.1 抗囊药物体外对成熟期猪囊尾蚴质膜代谢的影响

（1）NX_1 体外对成熟期猪囊尾蚴质膜代谢的影响

NX_1 体外作用成熟期猪囊尾蚴后，头颈部顶突上微毛排列不整齐，小钩有的脱鞘、有的脱落，吸盘稍有变形。囊壁部损伤较严重，与未成熟期猪尾蚴相似。表明 NX_1 对头颈部和囊壁部均有损失作用（参阅 4.1 药物对猪带绦虫囊尾蚴形态发育的影响）。膜分子生物学研究发现，与未成熟期相似，PE 含量减少，PC 减少至零，CHO 也减少，膜流动性显著增大。提示 NX_1 体外对成熟期猪囊尾蚴的结构和功能影响与未成熟期相似，杀虫机制也相同，NX_1 也是通过抑制猪囊尾蚴膜磷脂代谢而杀灭虫体的。

（2）NX_0 体外对成熟期猪囊尾蚴质膜代谢的影响

NX_0 体外对成熟期猪囊尾蚴有杀灭作用。用药后，成熟期猪囊尾蚴的头颈部结构损伤严重，头部严重变形，头钩全部脱落，吸盘严重变形外突，微毛脱失，微毛倒伏，排列紊乱。头颈部内部结构损伤较囊壁部严重（参阅 4.1 药物对猪带绦虫囊尾蚴形态发育的影响）。膜分子生物学研究表明，用药后效果与 NX_1 相似，但不及其严重。用药后，成熟期猪囊尾蚴的头颈部结构损伤严重，头部严重变形，头钩全部脱落，吸盘严重变形外突，微毛脱失，微毛倒伏，排列紊乱。头颈部内部结构损伤较囊壁部严重（参阅 4.1 药物对猪带绦虫囊尾蚴形态发育的影响）。表明 NX_0 体内对成熟期猪囊尾蚴的杀灭作用一方面是通过直接损伤头部结构，损害头部细胞；另一方面则是通过抑制膜磷脂代谢而致虫体死亡。

(3) NX_2 体外对成熟期猪囊尾蚴质膜代谢的影响

与 NX_0 和 NX_1 比较，损伤时间较晚，损伤程度也较轻。膜分子生物学研究发现，除 NX_2 组 PE 含量显著增多外其他无显著变化，说明 NX_2 体外对成熟期猪囊尾蚴无杀灭作用。

4.3.3.2.2 抗囊药物体内对成熟期猪囊尾蚴质膜代谢的影响

(1) NX_1 体内对成熟期猪囊尾蚴质膜代谢的影响

NX_1 体内对猪囊尾蚴有杀灭作用。体内使用 NX_1 后，成熟期猪囊尾蚴壁部结构破坏严重，微毛严重损伤，粘连倒伏，脱失，外表呈严重溶蚀状。皮层细胞、实质细胞空泡化，结构不清。用药后 10d 虫体已无形态（参阅 4.1 药物对猪带绦虫囊尾蚴形态发育的影响）。膜分子生物学研究发现，用药后细胞膜磷脂 PE、PC 含量显著减少，CHO 含量减少，膜流动性增大，3 种 ATP 酶活性显著减弱。说明 NX_1 体内对成熟期猪囊尾蚴膜与功能的影响与体外相似，且比体外作用显著减弱。提示 NX_1 被机体吸收后，一方面以原药发挥杀虫作用，另一方面其代谢产物也可通过抑制膜磷脂代谢而发挥杀虫作用。

(2) NX_0 体内对成熟期猪囊尾蚴质膜代谢的影响

NX_0 体内对猪囊尾蚴也有杀灭作用。体内使用 NX_0 后，头颈部结构损伤严重，微毛倒伏，折断，溶蚀状。用药后 10d 虫体无形态（参阅 4.1 药物对猪带绦虫囊尾蚴形态发育的影响）。膜分子生物学研究发现，用药后细胞膜磷脂 PE 含量略有减少，PC 含量则有增多，CHO 含量减少很多，膜流动性显著增大，膜 ATPase 活性稍有减弱，表明 NX_0 体内对成熟期猪囊尾蚴膜磷脂代谢无显著抑制作用。研究结果提示，由于体内成熟期猪囊尾蚴的头节翻出，NX_0 能直接损伤头部结构进而导致虫体死亡。

4.3.3.3　唾液酸检测的临床意义

由于唾液酸在范围极广的许多生理或病理过程中发挥作用，因而越来越引起人们的关注。目前，在临床上已用于诊断和鉴别诊断某些疾病以及某些疾病的病因学研究。

4.3.3.3.1　唾液酸与猪囊尾蚴病的早期诊断

研究结果发现，人工感染猪囊尾蚴病猪在感染后 95d 之前血清唾液含量高于未感染猪，说明血清唾液酸含量与猪囊尾蚴感染有关。在猪囊尾蚴感染早期，带虫宿主的血清唾液酸含量较高，感染后期则较低，提示血清唾液酸对猪囊尾蚴感染早期诊断有一定意义。虽然还不能作为特异性诊断指标，但与临床检查相配合，可作为猪囊尾蚴早期诊断的辅助指标。

4.3.3.3.2　唾液酸与猪囊尾蚴衰老

研究结果发现，在猪囊尾蚴成熟之前，随着猪囊尾蚴的发育，猪囊尾蚴细胞膜上唾液酸含量逐渐增多，成熟后至 95d，膜唾液酸含量继续增多，95d 后则逐渐减少。结果表明，随着猪囊尾蚴年龄的增长，其膜唾液酸含量显著减少。膜上唾液酸含量的显著减少，提示膜的结构出现异常。猪囊尾蚴发育后期虽然还没有明显的生理改变，但在分子水平上已有反应，可能分子水平的变化是细胞水平变化的前兆。猪囊尾蚴膜唾液酸含量变化规律与带虫宿主血清唾液酸含量的变化规律呈正相关，提示血清唾液酸含量变化可作为猪囊尾蚴衰老的一项鉴定指标。

4.3.3.3.3　唾液酸与抗囊药物早期治疗疗效判断

研究结果发现用药后血清唾液酸含量发生改变。NX_1 使用后未成熟期猪囊尾蚴病猪血清唾液酸含量显著降低，NX_0 使用后则使血清唾液酸升高。提示血清唾液酸含量降低可作为抗囊药物早期治疗疗效判断的一项参考指标。

4.4 药物对猪带绦虫囊尾蚴能量代谢的影响

4.4.1 药物对猪带绦虫囊尾蚴能量代谢影响的实验

4.4.1.1 药物对猪带绦虫囊尾蚴能量代谢影响的实验内容

4.4.1.1.1 猪囊尾蚴的体内发育

选取无猪囊尾蚴感染仔猪，分别经口服感染 3 节猪带绦虫孕卵节片(每节片约含 40 000 个猪带绦虫卵)，于不同时间检测猪囊尾蚴抗体效价以确定是否感染。于感染后 30d、40d、60d、80d、95d 等不同时间屠宰，从肌肉中取出囊尾蚴备测。

4.4.1.1.2 未成熟期猪囊尾蚴的体外培养及药物作用

将感染后 30d 患囊尾蚴病的猪屠宰，从肌肉中取出猪囊尾蚴，置于孵育液中，37℃孵育至头节伸出，取出后置于无菌生理盐水中洗涤 4～5 次，取外形相似、大小相同的猪囊尾蚴 160 个，随机分为 4 组（每组 40 个），放在不同的培养液中培养。在培养 24h、72h 后，各组分别取出 20 个猪囊尾蚴备测。分组如下：

对照组（C 组）：用 RPMI1640 完全培养液培养；

NX_0 组：用含 $400\mu g \cdot ml^{-1}$ NX_0 的 RPMI1640 完全培养液培养；

NX_1 组：用含 $400\mu g \cdot ml^{-1}$ NX_1 的 RPMI1640 完全培养液培养；

NX_2 组：用含 $400\mu g \cdot ml^{-1}$ NX_2 的 RPMI1640 完全培养液培养。

4.4.1.1.3 成熟期猪囊尾蚴的体外培养及药物作用

感染后 80d 的猪囊尾蚴 400 个，分成 4 组（每组 100 个），进行体外培养，方法同 4.4.1.1.2。在培养 12h、24h、36h、48h 后，各组分别取出 20 个猪囊尾蚴备测。

4.4.1.1.4 药物对体内未成熟期猪囊尾蚴的作用

选无猪囊尾蚴感染的仔猪，人工感染猪带绦虫卵后，于不同时期检测抗猪囊尾蚴抗体效价。当抗体效价达到 1:16 以上时，开始用药。每个用药组设 6 头猪，感染后不用药组 5 头，未感染也未用药组 3 头。不同组处理如下：

C 组：不用任何药物；

NX_0 组：取 NX_0 按 100mg/kg 分三次口服；

NX_1 组：取 NX_1 按 30mg/kg 一次口服；

NX_2 组：取 NX_2 按 30mg/kg 一次口服。

以上各组分别在用药后 24h、48h、72h、120h 屠宰，取猪囊尾蚴、猪囊尾蚴周围肌肉组织、宿主健康肌肉组织备测。

4.4.1.1.5 药物对体内成熟期猪囊尾蚴的作用

选无猪囊尾蚴感染的仔猪，人工感染猪带绦虫卵后，间断屠宰判断猪囊尾蚴成熟率。当猪囊尾蚴成熟率达到 80%以上后开始用药。每个用药组设 6 头猪，感染后不用药组 5 头，未感染也未用药组 5 头。不同组处理如下：

C 组：不用任何药物；

NX_0 组：取 NX_0 按 100mg/kg 分三次口服；

NX_1 组：取 NX_1 按 30mg/kg 一次口服；

NX_2 组：取 NX_2 按 30mg/kg 一次口服。

以上各组分别在用药后 24h、48h、120h、240h 屠宰，取猪囊尾蚴、猪囊尾蚴周围肌肉组织、宿主健康肌肉组织备测。

4.4.1.1.6 LDH、SDH 、ICD 同工酶电泳观察

分别取成熟期猪囊尾蚴组织匀浆、猪肌肉组织匀浆，进行 LDH、SDH、ICD 同工酶电泳比较观察。

4.4.1.1.7 抗囊药物对延胡索酸还原酶复合体的抑制作用

取成熟期猪囊尾蚴组织匀浆，测定不同浓度 NX_0、NX_1 对延胡索酸还原酶活性的抑制作用和一定浓度的 NX_0、NX_1 对不同底物浓度的延胡索酸还原酶活性的抑制作用。

4.4.1.2 药物对猪带绦虫囊尾蚴能量代谢影响的实验方法

4.4.1.2.1 猪囊尾蚴组织匀浆的制备

将各组取得的猪囊尾蚴全虫用 0.9%NaCl 匀浆。以 3 000r · min^{-1} 离心 15min，取上清液分别检测或于－20℃冻存备测。

4.4.1.2.2 猪囊尾蚴冰冻切片的制备

将各组取得的猪囊尾蚴连同周围的肌肉组织用生理盐水洗净，置于液氮中保存，取出后用冰冻切片机切片，厚度为 7.5μm。

4.4.1.2.3 猪囊尾蚴能量代谢酶活性定量测定

采用连续性紫外分光光度测定法测定各组猪囊尾蚴组织匀浆 PEPCK、PK、ICD、ME、FR 的活性。

各酶反应孵育液的配制如下（所列出的浓度均为孵育液最终浓度）：

（1）PK：1.62mmol · L^{-1} PEP，5.0mmol · L^{-1} ADP，1U · ml^{-1} LDH，0.1mol · L^{-1} Tris-HCl（pH 7.4）。

（2）PEPCK：2mmol · L^{-1} IDP，5.0mmol · L^{-1} $MnCl_2$，1.1 U · ml^{-1} MDH，2.5mmol · L^{-1} PEP，0.12mmol · L^{-1} NADH，0.1mol · L^{-1} Tris-HCl（pH 7.4）。

（3）FR：0.1mmol · L^{-1} ADP，0.04mmol · L^{-1} NADH，0.125mol · L^{-1} 延胡索酸，0.1mol · L^{-1} Tris-HCl（pH 7.4）。

（4）ME：1.0mmol · L^{-1} α-SH-C_2H_4OH，10mmol · L^{-1} L-苹果酸，4.0mmol · L^{-1} $MnCl_2$，0.25mmol · L^{-1} NAD^+，0.1mol · L^{-1} Tris-HCl（pH 7.4）。

（5）ICD：0.125mmol · L^{-1} 异柠檬酸，0.04mmol · L^{-1} NAD^+，4.0mmol · L^{-1} $MnCl_2$，1.0mmol · L^{-1} α-SH-C_2H_4OH，0.1mol · L^{-1} Tris-HCl（pH 7.4）。

将加好的孵育液各管在 37℃的恒温水浴中保温 2min 以上，待管内温度恒定后，向测定管内加入囊虫匀浆液（0.10ml/3ml），迅速混匀并计时，在分别精确读取 1min、2min、3min 的数值后，于 340nm 处读取光密度，确定每分钟平均吸光度的变化 $\Delta A \cdot min^{-1}$，计算出各酶活力

(U/L)。公式：

$$U = (\Delta A/6.3) \times (Vt/Vs) \times 1\,000$$

公式中 Vt 表示反应总体积，Vs 表示样品体积，NADH 在 340nm 的毫克分子消光系数为 6.3。

4.4.1.2.4　猪囊尾蚴能量代谢物质含量测定

采用自动生化分析仪测定各组猪囊尾蚴组织匀浆葡萄糖（glucose，Glc）、乳酸（lactate，Lac）的含量。

4.4.1.2.5　猪囊尾蚴能量代谢酶组织化学观察

采用酶组织化学技术定性（半定量）测定乳酸脱氢酶（lactate dehydrogenase，LDH）、琥珀酸脱氢酶（succinate dehydrogenase，SDH）、谷氨酸脱氢酶（glutamic acid dehydrogenase，GDH）、三磷酸腺苷酶（adenosine triphosphatase，ATPase）、酸性磷酸酶（acid phosphatase，ACP）、碱性磷酸酶（alkaline phosphatase，AKP）、6-磷酸葡萄糖酶（glucose-6-phosphatase，G6Pase）、黄嘌呤氧化酶（xanthine oxidase，XOD）、脂酶（fat enzyme，FE）的活性。

（1）四唑盐法

各酶反应孵育液的配制（下面列出的浓度均为孵育液最终浓度）：

1）LDH 反应孵育液：0.1mol·L^{-1} D，L-乳酸钠，0.04mg·ml^{-1} NAD^+，0.025mol·L^{-1} 磷酸盐缓冲液（pH 7.0），1mg·ml^{-1} NBT，0.01mol·L^{-1} KCN，0.05mol·L^{-1} $MgCl_2$，7.5mg·ml^{-1} 聚乙烯吡咯烷酮。

2）SDH 反应孵育液：0.04mol·L^{-1} 琥珀酸钠，1mg·ml^{-1} NBT，0.08mol·L^{-1} 磷酸盐缓冲液（pH 7.0），0.04mg·ml^{-1} NAD^+。

3）GDH 反应孵育液：0.1mol·L^{-1} L-谷氨酸钠，0.04mg·ml^{-1} NAD^+，0.05mol·L^{-1} $MgCl_2$，1mg·ml^{-1} NBT，0.01mol·L^{-1} KCN，7.5mg·ml^{-1} 聚乙烯吡咯烷酮。

4）XOD 反应孵育液：0.34mg·ml^{-1} 次黄嘌呤，0.04mg·ml^{-1} NAD^+，1mg·ml^{-1} NBT，0.2mol·L^{-1} 磷酸盐缓冲液（pH 7.4）。

主要操作步骤：将各组取得的猪囊尾蚴连同周围的肌肉组织切成 1cm×1cm×0.5cm 小块，用生理盐水洗净，置于液氮中保存，取出后用冰冻切片机切片，厚度为 7.5μm。切片入孵育液，于暗处反应 5min，37℃反应 60～120min，洗涤、脱水、甘油明胶封固、镜检。

(2) 铅法

各酶反应孵育液的配制（下面列出的浓度均为孵育液最终浓度）：

1) G6Pase 反应孵育液：0.1mol · L^{-1} 6-磷酸葡萄糖钾盐，0.1 mol · L^{-1} Tris-HCl（pH6.7），2% Pb $(NO_3)_2$。

2) FE 反应孵育液：0.25%吐温 60 水溶液，0.02mol · L^{-1} Tris-HCl（pH7.4），0.4%$CaCl_2$，2% Pb $(NO_3)_2$。

3) ATPase 反应孵育液：0.5mg · ml^{-1} 三磷酸腺苷钠盐，0.05 mol · L^{-1} Tris-HCl（pH7.2），2% Pb $(NO_3)_2$，0.01mol · L^{-1} $MgSO_4$。

4) ACP 反应孵育液：3% β-甘油磷酸钠盐，0.4mg · ml^{-1} 蔗糖，0.05mol · L^{-1} 醋酸盐缓冲液（pH5.0），2% Pb $(NO_3)_2$。

5) AKP 反应孵育液：3% β-甘油磷酸钠盐，0.05mol · L^{-1} Tris-HCl（pH7.2），2% Pb $(NO_3)_2$，0.01mol · L^{-1} $MgSO_4$。

主要操作步骤：将各组取得的猪囊尾蚴连同周围的肌肉组织切成 1cm×1cm×0.5cm 小块，用生理盐水洗净，置于液氮中保存，取出后用冰冻切片机切片，厚度为 7.5μm。切片入孵育液，37℃反应 30～60min，蒸馏水洗 2～3min，入 1% $(NH_4)_2S$ 1min，流水冲洗，脱水、甘油明胶封固、镜检。

(3) 酶组织化学结果的观察方法

四唑盐法酶反应阳性部位被染成蓝色，铅法酶反应阳性部位被染成棕黑色。利用半定量法观察酶组织化学结果，即对酶活性进行评级。“－”示阴性；“＋”示阳性，全部胞质均着色，或为呈色较致密的片状沉着，但只占胞质容积的一半左右；“＋＋”示强阳性，胞质内充满了呈色沉着物，分布均匀，含有呈色颗粒，密度较低，致密的块状沉着物较少；“＋＋＋”示极强阳性，全部胞质深染，并充满了致密的团块状沉着物。

4.4.1.2.6　药物对延胡索酸还原酶活性抑制作用的测定方法

(1) 药物对猪囊尾蚴组织匀浆延胡索酸还原酶活性的影响

测定不同浓度的药物对猪囊尾蚴组织匀浆延胡索酸还原酶活性的抑

制作用。有关反应液为：0.1mmol · L^{-1} ADP，0.04mmol · L^{-1} NADH，0.125mol · L^{-1} 延胡索酸，0.1mol · L^{-1} Tris-HCl（pH7.4）。将 NX_0、NX_1 分别溶于二甲基甲酰胺，配成 5mmol · L^{-1} 的溶液。取囊虫匀浆上清液，以 0.1/4ml 孵育液加囊虫匀浆，取猪肌肉匀浆作为对照。

按表 4-31 顺序加样，将加好的孵育液各管在 37℃的恒温水浴中保温 2min 以上，待管内温度恒定后，向测定管内加入 0.1ml 囊虫匀浆溶液，迅速混匀并计时，在分别精确读取 1min、2min、3min 的数值后，于波长 340nm 处读取光密度，确定每分钟平均吸光度的变化 $\Delta A \cdot min^{-1}$。样品中延胡索酸还原酶的活力：

$$F_R\ (U/L) = (\Delta A \cdot min^{-1}/消光系数) \times (Vt/Vs) \times 1\,000$$
$$= \Delta A \cdot min^{-1} \times F$$

公式中 Vt 为反应总体积，Vs 为样品体积，NADH 在 340nm 处的毫克分子消光系数＝ 6.3，F ＝(Vt/Vs)×(1/消光系数)×1 000＝1 764。

表 4-31 不同浓度药物对猪囊尾蚴组织匀浆延胡索酸还原酶活性的影响

Table 4-31 The influences of different concentrations of drugs on the activities of fumaric reductase of tissue homogenate of cysticerci

管号 No.	缓冲液 Buffer /ml	加入底物体积 Volume of substrate /ml	药物体积 Volume of drug /ml	NADH /ml	ADP /ml	匀浆溶液 Tissue homogente /ml
1	2.6425	0.6	0.0075	0.4	0.25	0.1
2	2.64	0.6	0.01	0.4	0.25	0.1
3	2.635	0.6	0.015	0.4	0.25	0.1
4	2.62	0.6	0.03	0.4	0.25	0.1
5	2.59	0.6	0.06	0.4	0.25	0.1
6	2.53	0.6	0.12	0.4	0.25	0.1
7	2.41	0.6	0.24	0.4	0.25	0.1
8	2.29	0.6	0.36	0.4	0.25	0.1
9	2.17	0.6	0.48	0.4	0.25	0.1

（2）药物抑制猪囊尾蚴组织匀浆延胡索酸还原酶的动力学观察

在不同底物浓度溶液中，分别测定 NX_0、NX_1 抑制猪囊尾蚴组织匀浆延胡索酸还原酶的动力学数据。各物质浓度同上，延胡索酸配成系列浓度。按表 4-32 顺序加样，测定方法同 4.4.1.2.7 中（1）。

表 4-32 药物对不同底物浓度猪囊尾蚴组织匀浆延胡索酸还原酶活性的影响

Table 4-32 The influences of drugs on the activities of fumaric reductase of tissue homogenate of cysticerci in different concentrations of substract

管号 No.	缓冲液 Buffer /ml	加入底物浓度和体积 Concentration and volume of substrate/ml		药物体积 Volume of drug /ml	NADH /ml	ADP /ml	匀浆溶液 Tissue homogenate /ml
		浓度 Concentration /mmol · L^{-1}	体积 Volume /ml				
1	1.5	0.01	1.0	0.75	0.4	0.25	0.1
2	1.5	0.05	1.0	0.75	0.4	0.25	0.1
3	1.5	0.25	1.0	0.75	0.4	0.25	0.1
4	1.5	1.25	1.0	0.75	0.4	0.25	0.1
5	1.5	6.25	1.0	0.75	0.4	0.25	0.1
6	1.5	30	1.0	0.75	0.4	0.25	0.1
7	1.5	100	1.0	0.75	0.4	0.25	0.1
8	1.5	300	1.0	0.75	0.4	0.25	0.1
9	1.5	500	1.0	0.75	0.4	0.25	0.1

4.4.1.2.7 数据处理及图版制作

采用微软公司出版的 OFFICE97 软件中的 Excel 电子表格及美国 SAS 软件公司出版的 SAS 统计软件进行有关图表的绘制、差异显著性检验；照片扫描后，经 ACDSee 软件处理制成图版；采用 Cw3 化学软件绘制有关分子式和代谢流程图。

4.4.2 药物对猪带绦虫囊尾蚴能量代谢影响的结果

4.4.2.1 药物体外作用后猪囊尾蚴能量代谢的变化

4.4.2.1.1 药物体外作用后未成熟期猪囊尾蚴能量代谢的变化

药物体外作用后未成熟期猪囊尾蚴能量代谢有关酶活性和物质含量的变化见表 4-33。

表 4-33 药物对体外发育未成熟期猪囊尾蚴能量代谢的影响

Table 4-33 Changes of enzyme activity and substance content of energy metabolism of immature *C. cellulosae* in the development *in vitro* with drugs

指 标 Index	组 别 Group	时间/小时 Time/h 24	72
PK / (U/mgprot)	C	8.94 ± 0.70^{a}	9.74 ± 0.85^{Aa}
	NX_0	12.73 ± 0.99^{a}	9.87 ± 5.10^{Aa}
	NX_1	7.80 ± 1.47^{a}	2.38 ± 0.15^{B}
PEPCK / (U/mgprot)	C	16.23 ± 1.05^{a}	14.57 ± 1.13^{A}
	NX_0	9.37 ± 1.15^{b}	7.25 ± 0.45^{B}
	NX_1	10.05 ± 0.70^{b}	3.42 ± 0.22^{C}
PK/PEPCK	C	0.55	0.67
	NX_0	1.36	1.36
	NX_1	0.78	0.68
FR / (U/mgprot)	C	49.71 ± 8.71^{B}	40.13 ± 2.63^{A}
	NX_0	122.78 ± 1.01^{A}	14.15 ± 0.85^{B}
	NX_1	52.78 ± 4.69^{B}	20.14 ± 3.77^{B}
ME / (U/mgprot)	C	1.59 ± 0.11^{b}	2.33 ± 0.20^{A}
	NX_0	2.18 ± 0.31^{ab}	1.02 ± 0.10^{B}
	NX_1	2.79 ± 0.04^{a}	1.04 ± 0.08^{B}
Glc / (mmol/mgprot)	C	1.98 ± 0.14^{A}	1.76 ± 0.12^{A}
	NX_0	0.92 ± 0.07^{B}	0.36 ± 0.03^{B}
	NX_1	1.17 ± 0.09^{B}	0.28 ± 0.02^{B}
Lac / (mmol/mgprot)	C	2.21 ± 0.14^{c}	2.57 ± 0.16^{B}
	NX_0	3.05 ± 0.26^{b}	3.97 ± 0.26^{A}
	NX_1	4.65 ± 0.37^{a}	3.68 ± 0.21^{A}

(1) 药物体外作用后未成熟期猪囊尾蚴 PK 活性的变化

药物体外作用 24h 后未成熟期猪囊尾蚴，NX_0 组和 NX_1 组与 C 组无显著差异（$P>0.05$）（图 4-1）。作用 72h 后，NX_0 组和 C 组无显著差异（$P>0.05$），NX_1 组极显著低于 C 组（$P<0.01$）（图 4-2）。

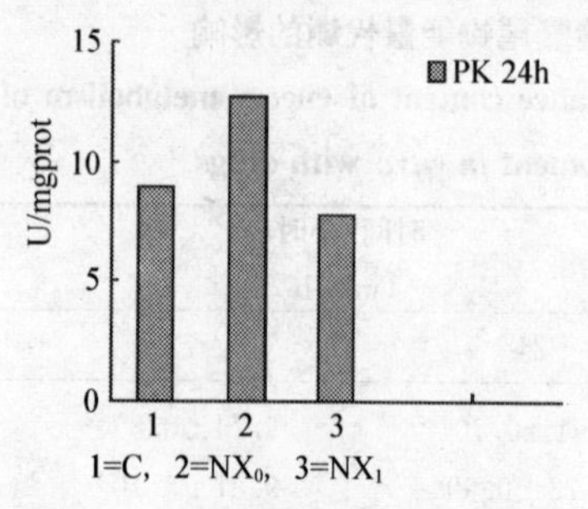

图 4-1　药物体外作用 24h 后未成熟期猪囊尾蚴丙酮酸激酶（PK）活性的变化

Figure 4-1　The changes of PK activity of immature *C. cellulosae in vitro* with drugs after 24 hours

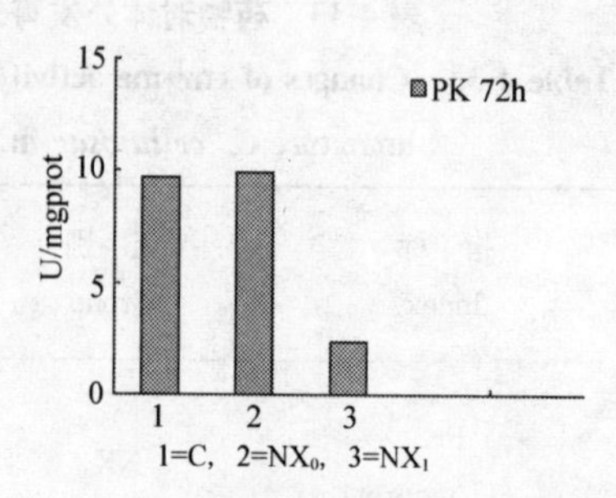

图 4-2　药物体外作用 72h 后未成熟期猪囊尾蚴丙酮酸激酶（PK）活性的变化

Figure 4-2　The changes of PK activity of immature *C. cellulosae in vitro* with drugs after 72 hours

（2）药物体外作用后未成熟期猪囊尾蚴 PEPCK 活性的变化

药物体外作用 24h 后未成熟期猪囊尾蚴，NX_0 组和 NX_1 组显著低于 C 组（$P<0.05$）（图 4-3）。作用 72h 后，NX_0 组极显著低于 C 组（$P<0.01$），NX_1 组极显著低于 NX_0 组（$P<0.01$）（图 4-4）。

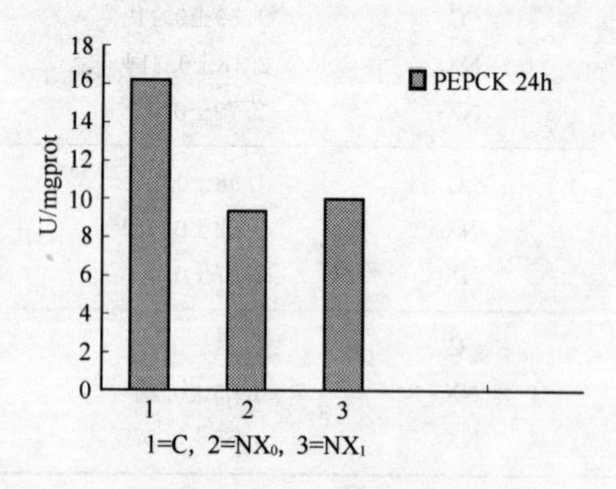

图 4-3　药物体外作用 24h 后未成熟期猪囊尾蚴磷酸烯醇式丙酮酸羧激酶（PEPCK）活性的变化

Figure 4-3　The changes of PEPCK activity of immature *C. cellulosae in vitro* with drugs after 24 hours

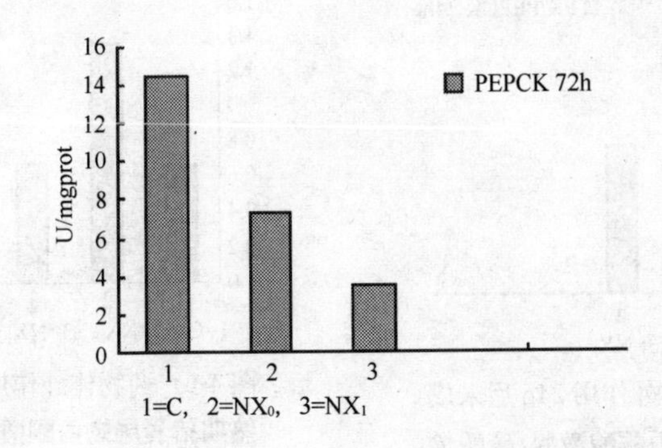

图 4-4 药物体外作用 72h 后未成熟期猪囊尾蚴磷酸烯醇式丙酮酸羧激（PEPCK）活性的变化

Figure 4-4 The changes of PEPCK activity of immature *C. cellulosae in vitro* with drugs after 72 hours

(3) 药物体外作用后未成熟期猪囊尾蚴 PK 活性/PEPCK 活性比值的变化

药物体外作用 24h 后未成熟期猪囊尾蚴，NX_0 组和 NX_1 组 PK/PEPCK 比值均有不同升高，NX_0 组升高较大（图 4-5）。作用 72h 后，NX_0 组和 NX_1 组 PK/PEPCK 均有不同升高，NX_0 组升高显著，NX_1 组升高不显著（图 4-6）。

(4) 药物体外作用后未成熟期猪囊尾蚴 FR 活性的变化

药物体外作用 24h 后未成熟期猪囊尾蚴，FR 活性 NX_0 组极显著高于 C 组（$P<0.01$），NX_1 组与 C 组相比升高不显著（$P>0.05$）(图4-7)。作用 72h 后，NX_0 组和 NX_1 组极显著低于 C 组（$P<0.01$）(图4-8)。

(5) 药物体外作用后未成熟期猪囊尾蚴 ME 活性的变化

药物体外作用 24h 后未成熟期猪囊尾蚴，NX_1 组显著高于 C 组（$P<0.05$），NX_0 组高于 C 组不显著（$P>0.05$）（图 4-9）。作用 72h 后，NX_0 组和 NX_1 组极显著低于 C 组（$P<0.01$）(图 4-10)。

(6) 药物体外作用后未成熟期猪囊尾蚴 Glc 含量的变化

药物体外作用 24h 后未成熟期猪囊尾蚴 Glc 含量，NX_0 组和 NX_1 组极显著低于 C 组（$P<0.01$）（图 4-11）。作用 72h 后，NX_0 组和

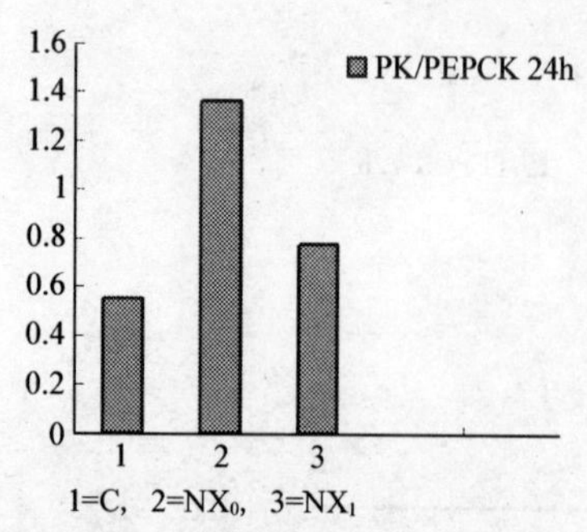

图 4-5 药物体外作用 24h 后未成熟期猪囊尾蚴丙酮酸激酶/磷酸烯醇式丙酮酸羧激酶活性（PK/PEPCK）的变化

Figure 4-5 The changes of PK/PEPCK activity of immature *C. cellulosae in vitro* with drugs after 24 hours

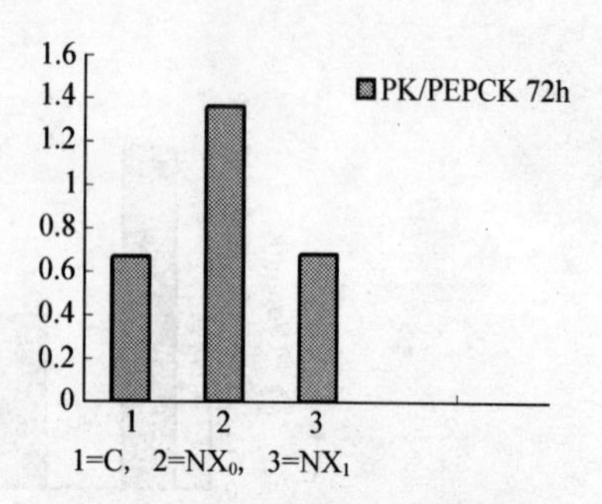

图 4-6 药物体外作用 72h 后未成熟期猪囊尾蚴丙酮酸激酶/磷酸烯醇式丙酮酸羧激酶活性的变化

Figure 4-6 The changes of PK/PEPCK activity of immature *C. cellulosae in vitro* with drugs after 72 hours

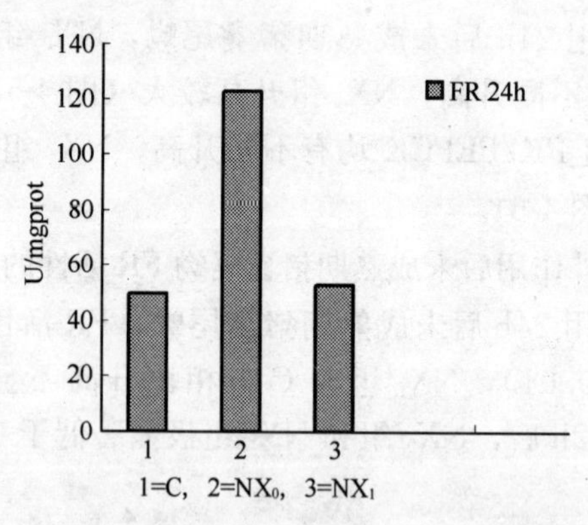

图 4-7 药物体外作用 24h 后未成熟期猪囊尾蚴延胡索酸还原酶（FR）活性的变化

Figure 4-7 The changes of FR activity of immature *C. cellulosae in vitro* with drugs after 24 hours

NX_1 组极显著低于 C 组（$P<0.01$）（图 4-12）。

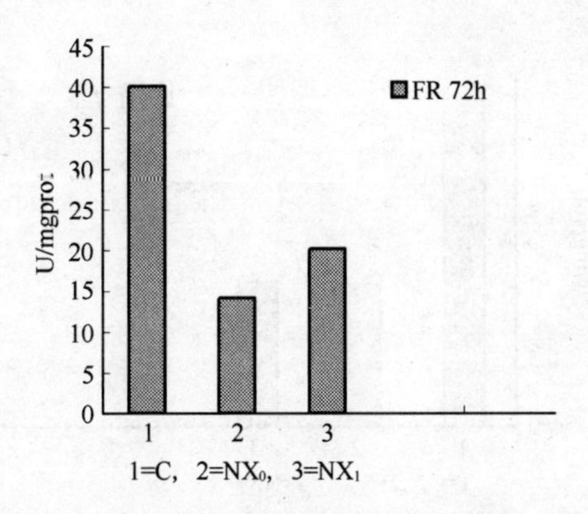

图 4-8　药物体外作用 72h 后未成熟期猪囊尾蚴延胡索酸还原酶（FR）活性的变化

Figure 4-8　The changes of FR activity of immature *C. cellulosae* *in vitro* with drugs after 72 hours

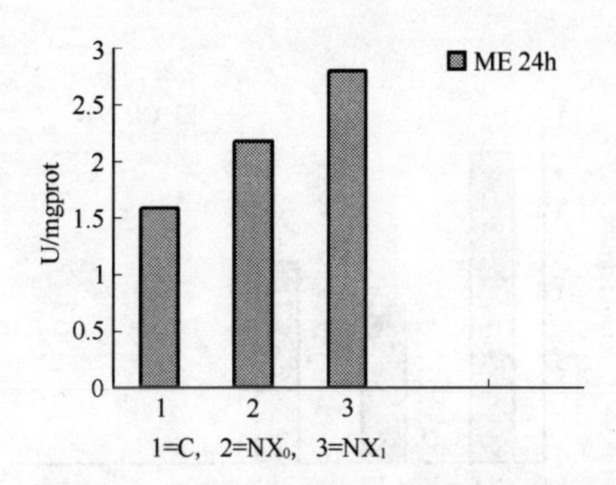

图 4-9　药物体外作用 24h 后未成熟期猪囊尾蚴苹果酸酶（ME）活性的变化

Figure 4-9　The changes of ME activity of immature *C. cellulosae* *in vitro* with drugs after 24 hours

（7）药物体外作用后未成熟期猪囊尾蚴 Lac 含量的变化

药物体外作用 24h 后未成熟期猪囊尾蚴 Lac 含量，NX_0 组和 NX_1 组显著高于C组（$P<0.05$），NX_1 组显著高于 NX_0 组（$P<0.05$）（图 4-13）。作用 72h 后，NX_0 组和 NX_1 组极显著高于 C 组（$P<0.01$）（图 4-14）。

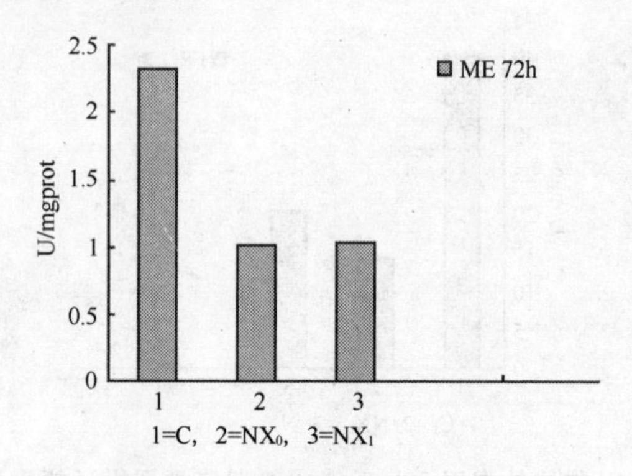

图 4-10　药物体外作用 72h 后未成熟期猪囊尾蚴苹果酸酶（ME）活性的变化

Figure 4-10　The changes of ME activity of immature *C. cellulosae in vitro* with drugs after 72 hours

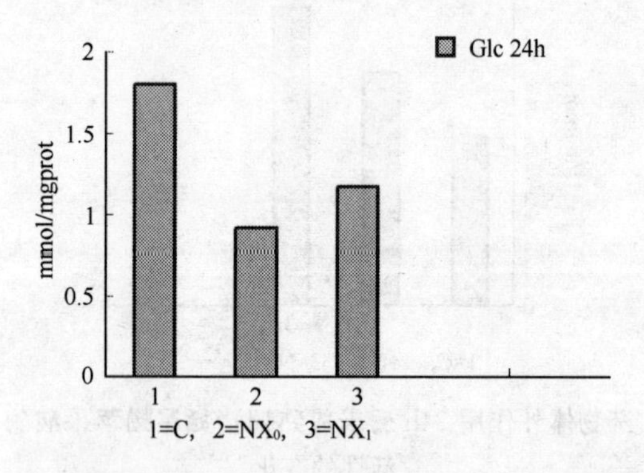

图 4-11　药物体外作用 24h 后未成熟期猪囊尾蚴葡萄糖（Glc）含量的变化

Figure 4-11　The changes of Glc content of immature *C. cellulosae in vitro* with drugs after 24 hours

4.4.2.1.2　药物体外作用后成熟期猪囊尾蚴能量代谢的变化

药物体外作用后成熟期猪囊尾蚴能量代谢有关酶活性的变化见表 4-34。

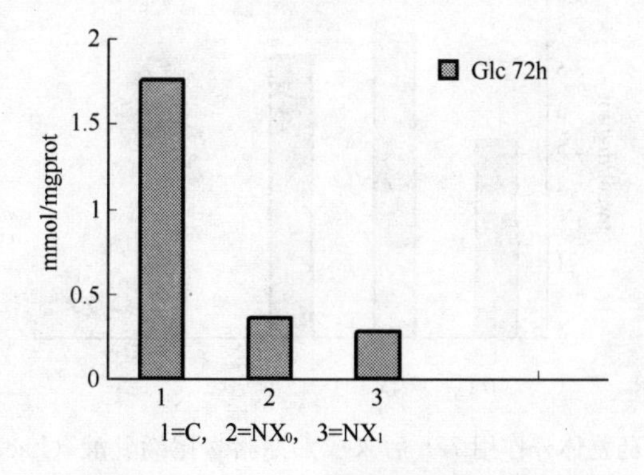

图 4-12　药物体外作用 72h 后未成熟期猪囊尾蚴葡萄糖（Glc）含量的变化

Figure 4-12　The changes of Glc content of immature *C. cellulosae in vitro* with drugs after 72 hours

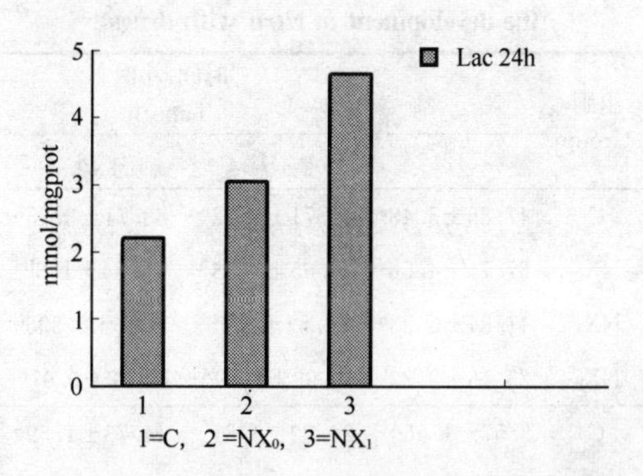

图 4-13　药物体外作用 24h 后未成熟期猪囊尾蚴乳酸（Lac）含量的变化

Figure 4-13　The changes of Lac content of immature *C. cellulosae in vitro* with drugs after 24 hours

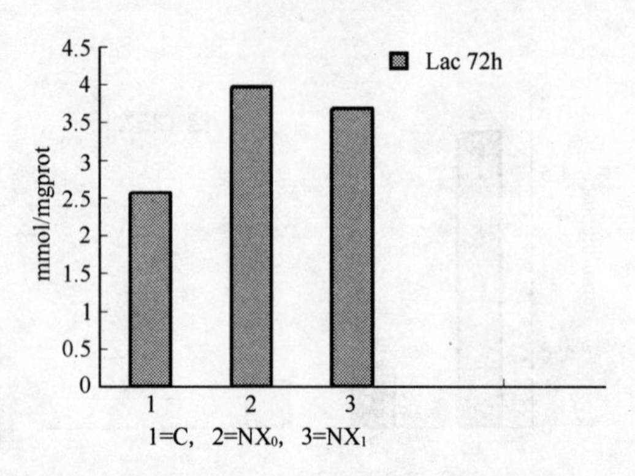

图 4-14 药物体外作用 72h 后未成熟期猪囊尾蚴乳酸（Lac）含量的变化

Figure 4-14 The changes of Lac content of immature C. *cellulosae in vitro* with drugs after 72 hours

表 4-34 药物对体外发育成熟期猪囊尾蚴能量代谢的影响

Table 4-34 Changes of enzyme activity of energy metabolism of mature C. cellulosae in the development *in vitro* with drugs

指标 Index	组别 Group	时间/小时 Time/h			
		12	24	36	48
PK / (U/mgprot)	C	47.85±3.43[a]	41.71±3.12[Aa]	43.71±3.75[A]	39.92±3.02[A]
	NX_0	67.71±4.58[a]	36.65±2.38[Aa]	16.84±1.8[Ba]	5.95±0.38[Ba]
	NX_1	41.84±3.23[b]	14.82±1.45[B]	7.21±0.395[C]	1.12±0.08[C]
	NX_2	35.16±2.32[b]	30.99±2.09[Ab]	12.22±0.97[Ba]	4.92±0.38[Ba]
PEPCK / (U/mgprot)	C	8.57±1.56[Ab]	26.92±4.81[Aa]	14.73±1.59[A]	12.06±1.83[A]
	NX_0	3.31±1.71[B]	4.45±1.15[Bb]	2.41±0.66[Bb]	1.82±0.68[Ba]
	NX_1	13.02±1.93[Aa]	29.97±2.80[Aa]	6.60±1.50[Ba]	3.49±1.87[Ba]
	NX_2	8.44±3.75[Ab]	5.33±0.84[Bb]	3.39±1.42[Bab]	1.69±0.77[Ba]
PK/ PEPCK	C	5.56	1.55	2.97	3.31
	NX_0	20.4	8.24	6.99	3.27
	NX_1	3.21	0.50	1.08	0.32
	NX_2	4.17	5.83	3.61	2.88

续表

指标 Index	组别 Group	时间/小时 Time/h			
		12	24	36	48
FR /（U/mgprot）	C	12.7 ± 1.68^{Bb}	11.99 ± 1.62^{Ba}	12.70 ± 0.83^{Ba}	17.78 ± 4.06^{Aa}
	NX_0	50.80 ± 3.61^{Aa}	35.03 ± 3.75^{A}	25.62 ± 8.99^{A}	19.91 ± 8.01^{Aa}
	NX_1	41.73 ± 9.27^{Aa}	12.7 ± 1.10^{Ba}	10.16 ± 0.82^{Ba}	6.35 ± 0.900^{B}
	NX_2	11.75 ± 2.75^{Bb}	13.97 ± 1.41^{Ba}	8.38 ± 2.65^{Ba}	17.14 ± 4.01^{Aa}
ME /（U/mgprot）	C	0.48 ± 0.21^{Bb}	2.381 ± 1.444^{ab}	4.32 ± 0.56^{a}	1.59 ± 0.54^{a}
	NX_0	3.18 ± 0.58^{Aa}	3.048 ± 0.355^{Aa}	8.64 ± 4.52^{a}	2.82 ± 1.43^{a}
	NX_1	2.54 ± 0.65^{Aa}	1.693 ± 0.182^{Bb}	5.50 ± 0.65^{a}	2.53 ± 0.88^{a}
	NX_2	1.91 ± 1.37^{ab}	1.273 ± 0.382^{Bb}	4.54 ± 0.92^{a}	2.90 ± 0.52^{a}

（1）药物体外作用后成熟期猪囊尾蚴丙酮酸激酶活性的变化

药物体外作用后成熟期猪囊尾蚴，12h，NX_0 组与 C 组相比无显著差异（$P>0.05$），NX_1 组和 NX_2 组显著低于 C 组（$P<0.05$）。作用 24h 后，NX_0 组和 C 组无显著差异（$P>0.05$），NX_1 组和 NX_2 组显著低于 C 组和 NX_0 组（$P<0.01$，$P<0.05$），NX_1 组极显著低于 NX_2 组（$P<0.01$）。作用 36h 后，NX_0 组、NX_1 组和 NX_2 组极显著低于 C 组（$P<0.01$），NX_1 组极显著低于 NX_0 组和 NX_2 组（$P<0.01$）。作用 48h 后，NX_0 组、NX_1 组和 NX_2 组极显著低于 C 组（$P<0.01$），NX_1 组极显著低于 NX_0 组和 NX_2 组（$P<0.01$）（图 4-15）。

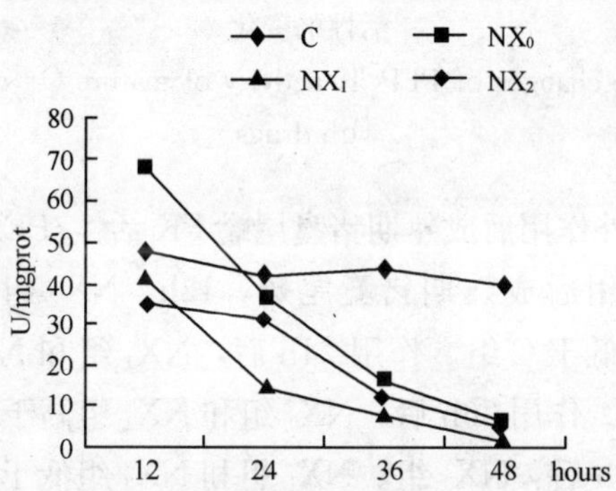

图 4-15　药物体外作用后成熟期猪囊尾蚴丙酮酸激酶（PK）活性的变化

Figure 4-15　The changes of PK activity of mature *C. cellulosae in vitro* with drugs

（2）药物体外作用后成熟期猪囊尾蚴磷酸烯醇式丙酮酸羧激酶活性的变化

药物体外作用后成熟期猪囊尾蚴，12h，NX_0 组极显著低于 C 组（$P<0.01$），NX_1 组显著高于 C 组（$P<0.05$），NX_2 组和 C 组差异不显著（$P>0.05$），NX_1 组显著高于 NX_0 组和 NX_2 组（$P<0.01$，$P<0.05$），NX_2 组极显著高于 NX_0 组（$P<0.01$）。作用 24h 后，NX_1 组和 C 组差异不显著（$P>0.05$），NX_0 组和 NX_2 组极显著低于 C 组（$P<0.01$）。作用 36h 后，NX_0 组、NX_1 组和 NX_2 组极显著低于 C 组（$P<0.01$），NX_0 组显著低于 NX_1 组（$P<0.05$）。作用 48h 后，NX_0 组、NX_1 组和 NX_2 组极显著低于 C 组（$P<0.01$），NX_0 组、NX_1 组和 NX_2 组彼此间差异不显著（$P>0.05$）（图 4-16）。

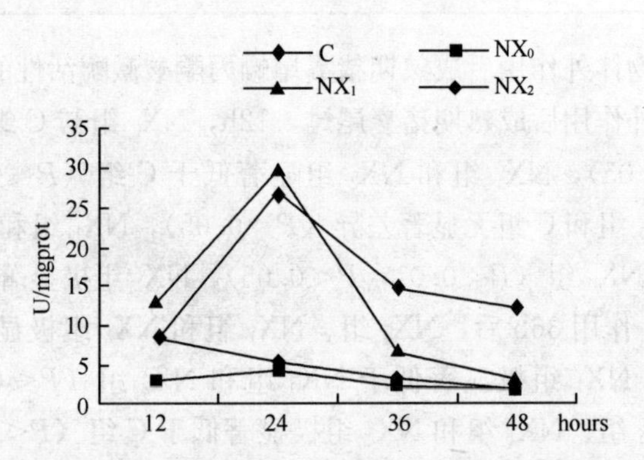

图 4-16 药物体外作用后成熟期猪囊尾蚴磷酸烯醇式丙酮酸激酶（PEPCK）活性的变化

Figure 4-16 The changes of PEPCK activity of mature *C. cellulosae in vitro* with drugs

（3）药物体外作用后成熟期猪囊尾蚴 PK 活性/PEPCK 活性的变化

药物体外作用后成熟期猪囊尾蚴，12h，NX_0 组显著高于 C 组，NX_1 组、NX_2 组低于 C 组。作用 24h 后，NX_0 组和 NX_2 组高于 C 组，NX_1 组低于 C 组。作用 36h 后，NX_0 组和 NX_2 组高于 C 组，NX_1 组低于 C 组。作用 48h 后，NX_0 组、NX_1 组和 NX_2 组低于 C 组（图 4-17）。

（4）药物体外作用后成熟期猪囊尾蚴 FR 活性的变化

药物体外作用后成熟期猪囊尾蚴，12h，NX_0 组和 NX_1 组极显著高

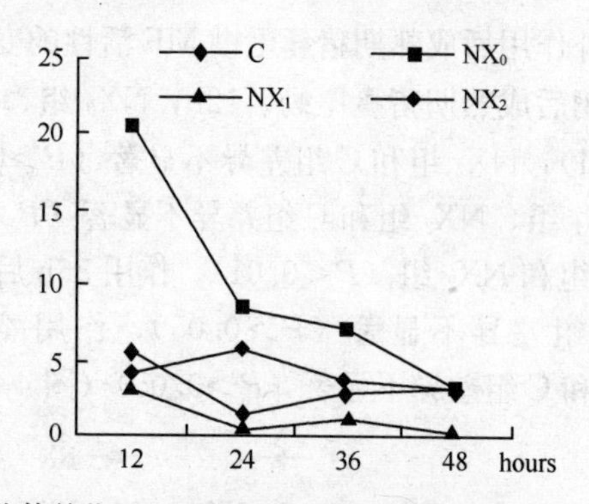

图 4-17 药物体外作用后成熟期猪囊尾蚴丙酮酸激酶/磷酸烯醇式丙酮酸羧激酶（PK/PEPCK）活性的变化

Figure 4-17 The changes of PK/PEPCK activity of mature *C. cellulosae in vitro* with drugs

于C组（P<0.01），NX_2 组和C组差异不显著（P>0.05）。作用 24h 后，NX_0 组极显著高于C组（P<0.01），NX_1 组、NX_2 组和C组差异不显著（P>0.05）。作用 36h 后，NX_0 组极显著高于 C 组（P<0.01），NX_1 组、NX_2 组和C组差异不显著（P>0.05）。作用 48h 后，NX_1 组极显著低于C组（P<0.01）NX_0 组、NX_2 组和 C 组差异不显著（P>0.05）（图 4-18）。

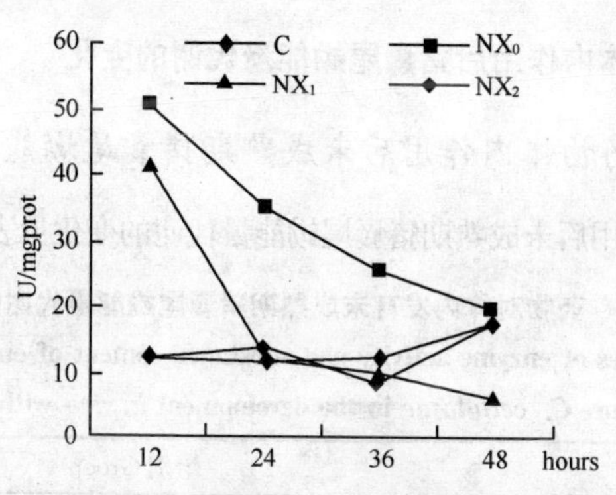

图 4-18 药物体外作用后成熟期猪囊尾蚴延胡索酸还原酶（FR）活性的变化

Figure 4-18 The changes of FR activity of mature *C. cellulosae in vitro* with drugs

(5) 药物体外作用后成熟期猪囊尾蚴 ME 活性的变化

药物体外作用后成熟期猪囊尾蚴，12h，NX_0 组、NX_1 组极显著高于 C 组（$P<0.01$），NX_2 组和 C 组差异不显著（$P>0.05$）。作用 24h 后，NX_0 组、NX_1 组、NX_2 组和 C 组差异不显著（$P>0.05$），NX_0 组极显著高于 NX_1 组和 NX_2 组（$P<0.01$）。作用 36h 后，NX_0 组、NX_1 组、NX_2 组和 C 组差异不显著（$P>0.05$），作用 48h 后，NX_0 组、NX_1 组、NX_2 组和 C 组差异不显著（$P>0.05$）（图 4-19）。

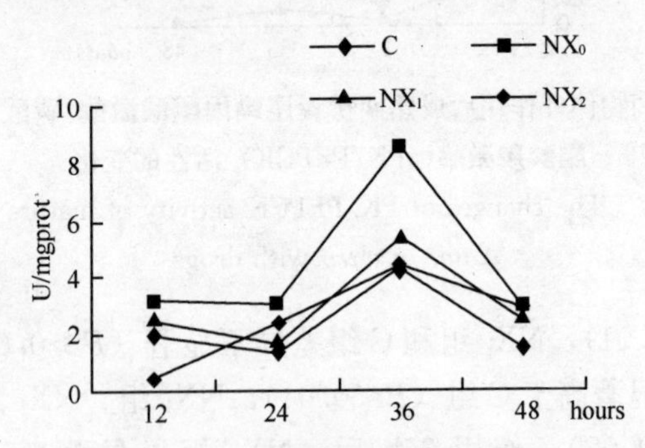

图 4-19 药物体外作用后成熟期猪囊尾蚴苹果酸酶（ME）活性的变化

Figure 4-19 The changes of ME activity of mature *C. cellulosae in vitro* with drugs

4.4.2.2 药物体内作用后猪囊尾蚴能量代谢的变化

4.4.2.2.1 药物体内作用后未成熟期猪囊尾蚴能量代谢的变化

药物体内作用后未成熟期猪囊尾蚴能量代谢的变化见表 4-35、表 4-36。

表 4-35 药物对体内发育未成熟期猪囊尾蚴能量代谢的影响

Table 4-35 Changes of enzyme activity and substance content of energy metabolism of immature *C. cellulosae* in the development *in vivo* with drugs

指标 Index	组别 Group	
	C	$NX_0$72
PK	79.25 ± 4.83^A	25.45 ± 0.87^B
PEPCK	15.24 ± 1.95^A	6.35 ± 0.79^B
PK/ PEPCK	5.200	4.008

续表

指标 Index	组别 Group	
	C	$NX_0$72
FR	11.11±3.23[A]	3.81±0.35[B]
ME	2.54±0.17[a]	1.98±0.47[a]
ICD	1.03±0.19[b]	2.15±0.45[a]

注：$NX_0$72 表示 NX_0 作用于未成熟期猪囊尾蚴 72h。

Note: $NX_0$72 means immature *C. cellulosae* was treated for 72h *in vivo* with NX_0.

表 4-36 药物作用下未成熟期猪囊尾蚴能量代谢有关酶组织化学半定量观察

Table 4-36 Semiquantitative histochemical observation on enzyme activity of energy metabolism of immature *C. cellulosae in vivo* with drugs

指标 Index	反应强度 Intensity of reaction					
	C	$NX_1$48	$NX_0$72	$NX_0$120	$NX_2$24	$NX_2$120
琥珀酸脱氢酶 SDH	+	+	+	−	+	
乳酸脱氢酶 LDH	+	+	+	+	++	++
6-磷酸葡萄糖酶 G6Pase	−	+++	++		++	+++
脂酶 FE	−	+	++		+	
三磷酸腺苷酶 Mg^{2+}-ATPase	−	++	+	−	++	
酸性磷酸酶 ACP	−	++	+			
碱性磷酸酶 AKP	−	−	+	+	+	+++
谷氨酸脱氢酶 GDH	+	++	+		+++	
黄嘌呤氧化酶 XOD	+	+	++	+	+	

注：$NX_1$48 表示 NX_1 作用于未成熟期猪囊尾蚴 48h，$NX_0$72、$NX_0$120 分别表示 NX_0 作用于未成熟期猪囊尾蚴 72h 和 120h，$NX_2$24、$NX_2$120 分别表示 NX_2 作用于未成熟期猪囊尾蚴 24h 和 120h；一代表阴性；＋阳性；＋＋代表强阳性；＋＋＋代表极强阳性。

Note: $NX_1$48 represented immature *C. cellulosae* was treated by NX_1 in vivo for 48h; $NX_0$72 and $NX_0$120 represent immature *C. cellulosae* were treated for 72h and 120h respectively in vivo with NX_0; $NX_2$24 and $NX_2$120 represented immature *C. cellulosae* were treated for 24h and 120h respectively in vivo with NX_2; − represents native; + represents positive; ++ represents stong positive; +++ represents super positive.

（1）药物体内作用后未成熟期猪囊尾蚴能量代谢酶活性定量观察

NX_0 体内作用 72h 后未成熟期猪囊尾蚴，PK 活性极显著低于 C 组（$P<0.01$）（图 4-20），PEPCK 活性极显著低于 C 组（$P<0.01$）（图 4-21），PK/ PEPCK 比值降低（图 4-22），FR 活性极显著低于 C 组（$P<0.01$）（图 4-23），ME 活性和 C 组差异不显著（$P>0.05$）（图 4-24），ICD 活性显著高于 C 组（$P<0.05$）（图 4-25）。

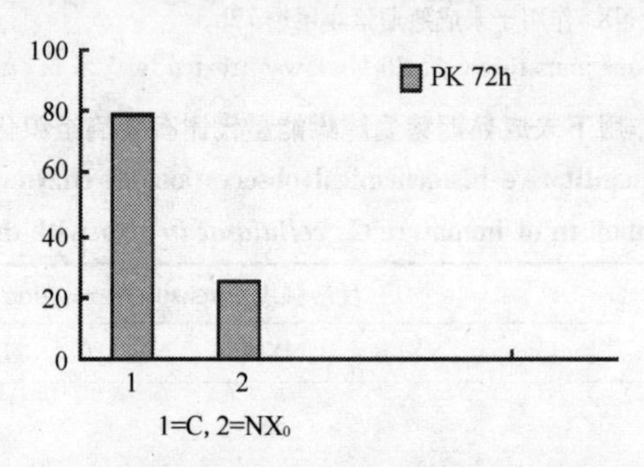

图 4-20 NX_0 体内作用后未成熟期猪囊尾蚴丙酮酸激酶（PK）活性的变化

Figure 4-20 The changes of PK activity of immature *C. cellulosae in vivo* with NX_0 after 72 hours

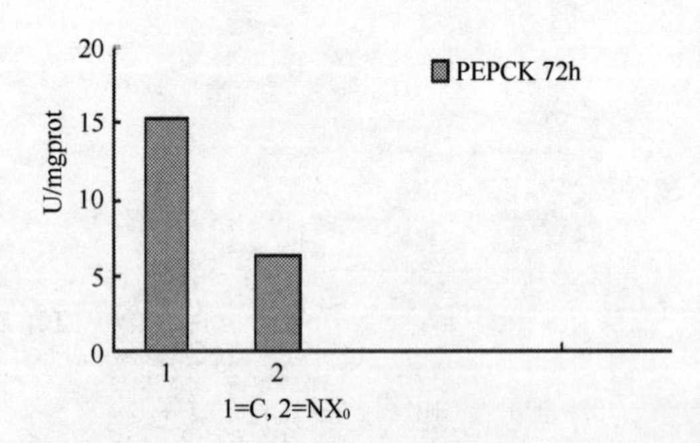

图 4-21 NX_0 体外作用后未成熟期猪囊尾蚴磷酸烯醇式丙酮酸羧激酶（PEPCK）活性的变化

Figure 4-21 The changes of PEPCK activity of immature *C. cellulosae in vivo* with NX_0 after 72 hours

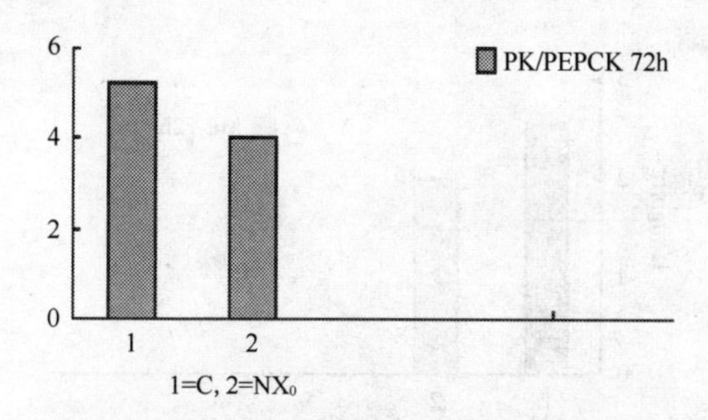

图 4-22 NX_0 体外作用后未成熟期猪囊尾蚴丙酮酸激酶/磷酸烯醇式丙酮酸羧激酶（PK/PEPCK）活性的变化

Figure 4-22 The changes of PK/PEPCK activity of immature *C. cellulosae in vivo* with NX_0 after 72 hours

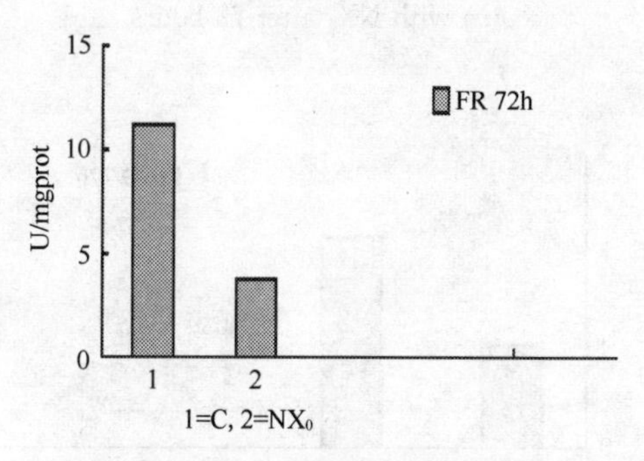

图 4-23 NX_0 体外作用后未成熟期猪囊尾蚴延胡索酸还原酶（FR）活性的变化

Figure 4-23 The changes of FR activity of immature *C. cellulosae in vivo* with NX_0 after 72 hours

（2）药物体内作用后未成熟期猪囊尾蚴能量代谢酶组织化学观察

琥珀酸脱氢酶活性的变化：猪囊尾蚴 SDH 活性在 NX_1 作用于未成熟期 48h 呈阳性；在 NX_0 作用于未成熟期 72h 呈阳性反应，在 NX_0 作用于未成熟期 120h 呈阴性；在 NX_2 作用于未成熟期 24h 呈阳性反应(图版 7A)。

乳酸脱氢酶活性的变化：猪囊尾蚴 LDH 活性在 NX_1 作用于未成熟期 48h 呈阳性，在 NX_0 作用于未成熟期 72h、120h 呈阳性反应，在 NX_2 作用于未成熟期 24h 和 120h 呈强阳性反应（图版 7B)。

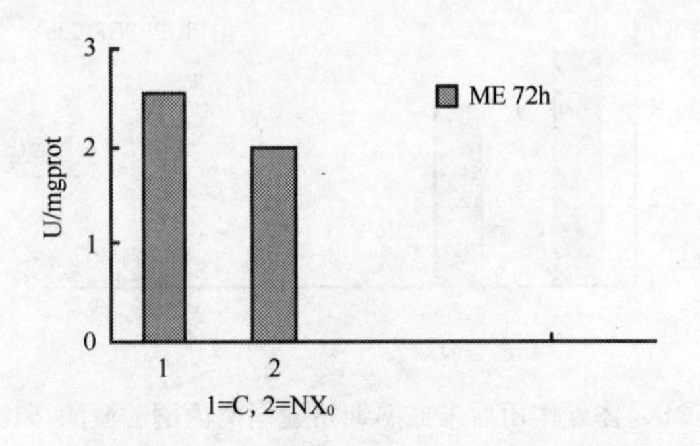

图 4-24　NX_0 体外作用后未成熟期猪囊尾蚴苹果酸酶（ME）活性的变化

Figure 4-24　The changes of ME activity of immature *C. cellulosae in vivo* with NX_0 after 72 hours

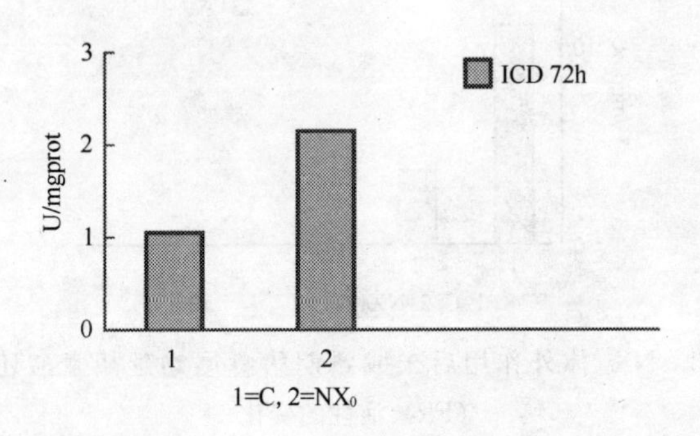

图 4-25　NX_0 体外作用后未成熟期猪囊尾蚴异柠檬酸脱氢酶（ICD）活性的变化

Figure 4-25　The changes of ICD activity of immature *C. cellulosae in vivo* with NX_0 after 72 hours

6-磷酸葡萄糖酶活性的变化：猪囊尾蚴 G-6-Pase 活性在 NX_1 作用于未成熟期 48h 呈极强阳性，在 NX_0 作用于未成熟期 72h 呈强阳性反应，在 NX_2 作用于未成熟期 48h 呈强阳性反应，在 NX_2 作用于未成熟期 120h 呈极强阳性反应（图版 7C）。

脂酶活性的变化：猪囊尾蚴 FE 活性在 NX_1 作用于未成熟期 48h 呈阳性，在 NX_0 作用于未成熟期 72h 呈强阳性反应，在 NX_2 作用于未成熟期 24h 呈阳性反应（图版 7D）。

三磷酸腺苷酶活性的变化：猪囊尾蚴 ATPase 活性在 NX_1 作用于未成熟期 48h 呈强阳性，在 NX_0 作用于未成熟期 72h 呈阳性反应，在 NX_0 作用于未成熟期 120h 呈阴性反应，在 NX_2 作用于未成熟期 24h 呈强阳性反应（图版 7E）。

酸性磷酸酶活性的变化：猪囊尾蚴 ACP 活性在 NX_1 作用于未成熟期 48h 呈强阳性，在 NX_0 作用于未成熟期 72h 呈阳性反应（图版 7F）。

碱性磷酸酶活性的变化：猪囊尾蚴 AKP 活性在 NX_1 作用于未成熟期 48h 呈阴性，在 NX_0 作用于未成熟期 72h、120h 呈阳性，在 NX_2 作用于未成熟期 24h 呈阳性反应，在 NX_2 作用于未成熟期 120h 呈极强阳性反应（图版 7G）。

谷氨酸脱氢酶活性的变化：猪囊尾蚴 GDH 活性在 NX_1 作用于未成熟期 48h 呈强阳性，在 NX_0 作用于未成熟期 72h 呈阳性反应，在 NX_2 作用于未成熟期 24h 呈极强阳性反应（图版 7H）。

黄嘌呤氧化酶活性的变化：猪囊尾蚴 XOD 活性在 NX_1 作用于未成熟期 48h 呈阳性，在 NX_0 作用于未成熟期 72h 呈强阳性反应，在 NX_0 作用于未成熟期 120h 呈阳性，在 NX_2 作用于未成熟期 24h 呈阳性反应（图版 7I）。

4.4.2.2.2　药物体内作用后成熟期猪囊尾蚴能量代谢的变化

药物体内作用后成熟期猪囊尾蚴能量代谢的变化见表 4-37、表 4-38。

（1）药物体内作用后成熟期猪囊尾蚴能量代谢酶活性定量观察

PK 活性：NX_0 和 NX_1 体内作用 24h 后成熟期猪囊尾蚴 PK 活性极显著高于 C 组（$P<0.01$），NX_0 组显著高于 NX_1 组。NX_0 体内作用 48h 后 PK 活性显著低于 C 组（$P<0.05$）。NX_0 体内作用 120h 后 PK 活性和 C 组差异不显著（$P>0.05$）（图 4-26）。

PEPCK 活性：NX_0 和 NX_1 体内作用 24h 后成熟期猪囊尾蚴 PEPCK 活性和 C 组差异不显著（$P>0.05$）。NX_0 体内作用 48h、120h 后 PEPCK 活性极显著低于 C 组（$P<0.01$）。NX_1 体内作用 24h 后 PEPCK 活性显著高于 NX_0 体内作用 24h、48h、120h 后 PEPCK 活性（$P<0.05$，$P<0.01$）（图 4-27）。

表 4-37 药物对体内发育成熟期猪囊尾蚴能量代谢的影响

Table 4-37 Changes of enzyme activity and substance content of energy metabolism of mature *C. cellulosae* in the development *in vivo* with drugs

指标 Index	组别 Group				
	C	$NX_1 24$	$NX_0 24$	$NX_0 48$	$NX_0 120$
PK(U/mgprot)	35.56 ± 6.56^{Ca}	222.25 ± 17.87^{B}	382.69 ± 36.85^{A}	20.83 ± 1.70^{Cb}	42.91 ± 0.24^{Ca}
PEPCK(U/mgprot)	25.40 ± 7.20^{ABa}	39.91 ± 8.73^{Aa}	19.05 ± 0.46^{Ba}	13.97 ± 1.16^{Cb}	9.53 ± 2.02^{Cb}
PK/PEPCK	1.40	5.569	20.09	1.491	4.505
FR(U/mgprot)	23.28 ± 3.19^{A}	11.79 ± 1.32^{Ba}	15.24 ± 2.34^{Ba}	5.08 ± 0.39^{C}	13.86 ± 2.45^{Ba}
ME(U/mgprot)	3.56 ± 0.34^{Bb}	9.88 ± 1.39^{Aa}	1.99 ± 0.26^{C}	3.60 ± 0.59^{Bb}	7.26 ± 1.38^{Aa}
ICD(U/mgprot)	6.58 ± 0.91^{C}	3.46 ± 0.40^{D}	9.68 ± 1.74^{ABb}	10.80 ± 2.09^{Ab}	17.32 ± 3.99^{Aa}

注：$NX_1 24$表示 NX_1作用于成熟期猪囊尾蚴24h，$NX_0 24$、$NX_0 48$、$NX_0 72$分别表示 NX_0作用于成熟期猪囊尾蚴24h、48h 和120h。

Note：$NX_1 24$ represented mature *C. cellulosae* was treated by NX_1 *in vivo* for 24h; $NX_0 24$，$NX_0 48$ and $NX_0 72$ represented mature *C. cellulosae* was treated for 24h，48h and 72h respectively *in vivo* with NX_0.

表 4-38 药物作用下成熟期猪囊尾蚴能量代谢有关酶组织化学半定量观察

Table 4-38 Semiquantitative histochemical observation on NX_2 enzyme activity of energy metabolism of immature *C. cellulosae in vivo* with drugs

指标 Index	反应强度 Intensity of reaction			
	C	$NX_1 48$	$NX_0 24$	$NX_2 240$
琥珀酸脱氢酶 SDH	+	++	+++	+
乳酸脱氢酶 LDH	+	++	++	++
6-磷酸葡萄糖酶 G6Pase	−	++	+++	
脂酶 FE	+	++	+++	+++
三磷酸腺苷酶 Mg^{2+}-ATPase	−	−	++	
酸性磷酸酶 ACP	+	+	+++	+++
碱性磷酸酶 AKP	+	+	++	++

续表

指标 Index	反应强度 Intensity of reaction			
	C	$NX_1$48	$NX_0$24	$NX_2$240
谷氨酸脱氢酶 GDH	＋	＋	＋＋	
黄嘌呤氧化酶 XOD	＋	＋＋	＋	

注：$NX_1$48 表示 NX_1 作用于成熟期猪囊尾蚴 48h，$NX_0$24 表示 NX_0 作用于成熟期猪囊尾蚴 24h，$NX_2$240 表示 NX_2 作用于成熟期猪囊尾蚴 240h；一代表阴性；＋阳性；＋＋代表强阳性；＋＋＋代表极强阳性。

Note：$NX_1$48 represents mature *C. cellulosae* was treated for 48h *in vivo* with NX_1；$NX_0$24 represents mature *C. cellulosae* was treated for 24h *in vivo* with NX_0；$NX_0$240 represents mature *C. cellulosae* was treated for 240h *in vivo* with NX_0；－represents native；＋ represents positive；＋＋ represents stong positive；＋＋＋ represents super positive.

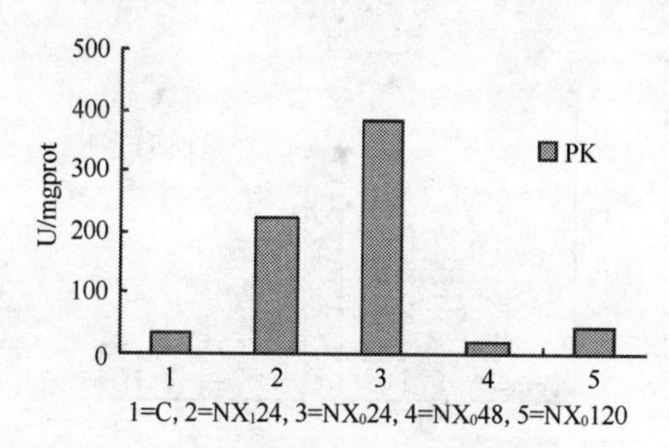

图 4-26　药物体外作用后成熟期猪囊尾蚴丙酮酸激酶（PK）活性的变化

Figure 4-26　The changes of PK activity of mature *C. cellulosae in vivo* with drugs

PK/ PEPCK：NX_0 和 NX_1 体内作用后成熟期猪囊尾蚴不同时间 PK/PEPCK 活性比值均高于 C 组。NX_0 作用 24h 后最高，其次为 NX_1 作用 24h（图 4-28）。

FR 活性：NX_0 和 NX_1 体内作用后成熟期猪囊尾蚴不同时间 FR 活性比值均显著低于 C 组（$P<0.05$，$P<0.01$）（图 4-29）。

ME 活性：NX_1 体内作用 24h 后 ME 活性极显著高于 C 组（$P<0.01$）。NX_0 体内作用后从 24h、48h 到 120h 后 ME 活性逐渐升高，NX_0 作用 24h 后 ME 活性极显著低于 C 组（$P<0.01$），NX_0 作用 120h 后 ME 活性极显著高于 C 组（$P<0.01$）。NX_1 体内作用 24h，ME 活性显著高于 NX_0 作用 24h 和 48h（图 4-30）。

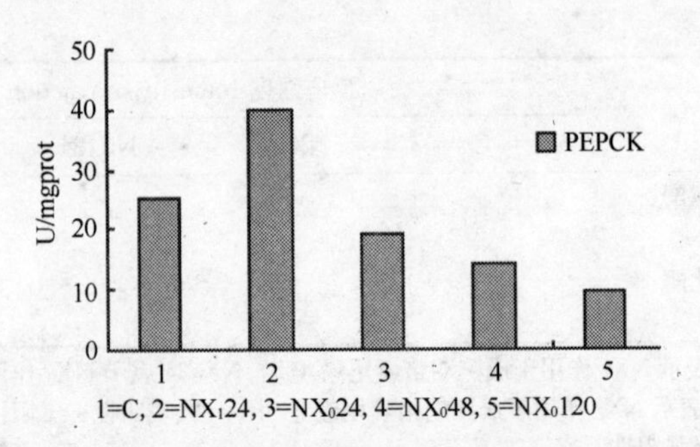

图 4-27　药物体外作用后成熟期猪囊尾蚴磷酸烯醇式丙酮酸羧激酶（PEPCK）活性的变化

Figure 4-27　The changes of PEPCK activity of mature *C. cellulosae in vivo* with drugs

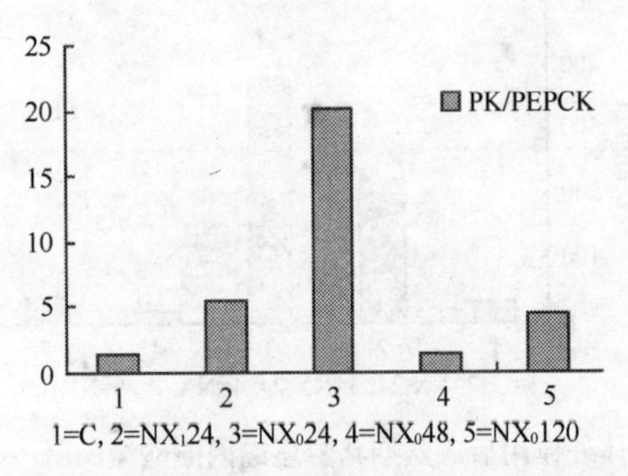

图 4-28　药物体外作用后成熟期猪囊尾蚴丙酮酸激酶/磷酸烯醇式丙酮酸羧激酶（PK/PEPCK）活性的变化

Figure 4-28　The changes of PK/PEPCK activity of mature *C. cellulosae in vivo* with drugs

ICD 活性：NX_1 体内作用 24h 后 ICD 活性极显著低于 C 组（$P<0.01$）。NX_0 体内作用后从 24h、48h 到 120h 后 ICD 活性逐渐升高，活性显著高于 C 组（$P<0.05$，$P<0.01$）（图 4-31）。

（2）药物体内作用后成熟期猪囊尾蚴能量代谢酶组织化学观察

琥珀酸脱氢酶活性的变化：猪囊尾蚴 SDH 活性在 NX_1 作用于成熟期 48h 呈强阳性，在 NX_0 作用于成熟期 24h 呈极强阳性，在 NX_2 作用于成熟期 240h 呈阳性反应（图版 7A）。

乳酸脱氢酶活性的变化：猪囊尾蚴 LDH 活性在 NX_1 作用于成熟期

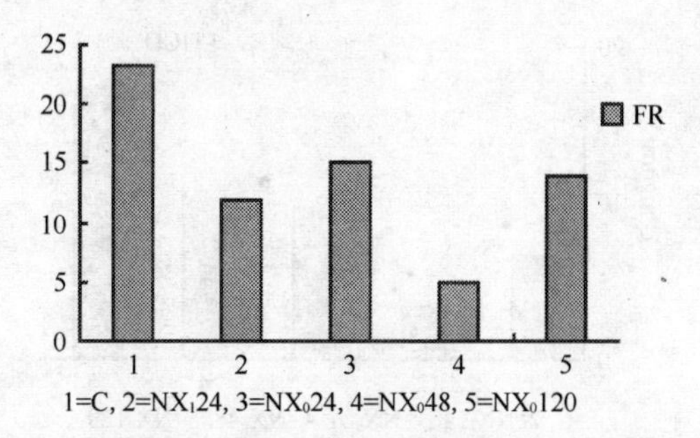

图 4-29 药物体外作用后成熟期猪囊尾蚴延胡索酸还原酶（FR）活性的变化

Figure 4-29 The changes of FR activity of mature *C. cellulosae in vivo* with drugs

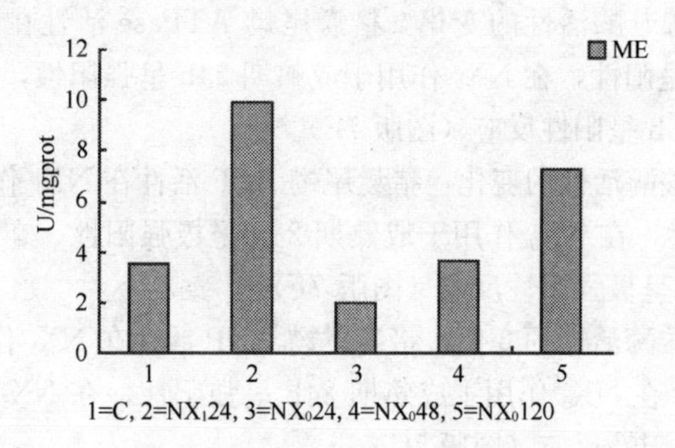

图 4-30 药物体外作用后成熟期猪囊尾蚴苹果酸酶（ME）活性的变化

Figure 4-30 The changes of ME activity of mature *C. cellulosae in vivo* with drugs

48h 呈强阳性，在 NX_0 作用于成熟期 24h 呈强阳性，在 NX_2 作用于成熟期 240h 呈强阳性反应（图版 7B）。

6-磷酸葡萄糖酶活性的变化：猪囊尾蚴 G-6-Pase 活性在 NX_1 作用于成熟期 48h 呈强阳性，在 NX_0 作用于成熟期 24h 呈极强阳性（图版 7C）。

脂酶活性的变化：猪囊尾蚴 FE 活性在 NX_1 作用于成熟期 48h 呈强阳性，在 NX_0 作用于成熟期 24h 呈极强阳性，在 NX_2 作用于成熟期 240h 呈极强阳性反应（图版 7D）。

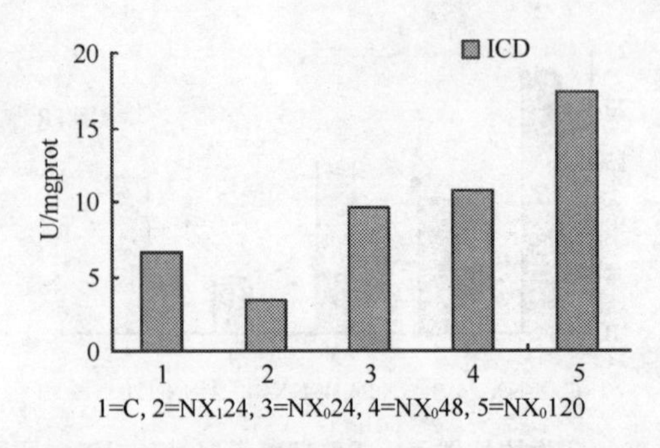

图 4-31　药物体外作用后成熟期猪囊尾蚴异柠檬酸脱氢酶（ICD）活性的变化

Figure 4-31　The changes of ICD activity of mature *C. cellulosae in vivo* with drugs

三磷酸腺苷酶活性的变化：猪囊尾蚴 ATPase 活性在 NX_1 作用于成熟期 48h 呈阳性，在 NX_0 作用于成熟期 24h 呈强阳性，在 NX_2 作用于成熟期 240h 呈阳性反应（图版 7E）。

酸性磷酸酶活性的变化：猪囊尾蚴 ACP 活性在 NX_1 作用于成熟期 48h 呈强阳性，在 NX_0 作用于成熟期 24h 呈极强阳性，在 NX_2 作用于成熟期 240h 呈极强阳性反应（图版 7F）。

碱性磷酸酶活性的变化：猪囊尾蚴 AKP 活性在 NX_1 作用于成熟期 48h 呈阳性，在 NX_0 作用于成熟期 24h 呈强阳性，在 NX_2 作用于成熟期 240h 呈强阳性反应（图版 7G）。

谷氨酸脱氢酶活性的变化：猪囊尾蚴 GDH 活性在 NX_1 作用于成熟期 48h 呈阳性，在 NX_0 作用于成熟期 24h 呈强阳性（图版 7H）。

黄嘌呤氧化酶活性的变化：猪囊尾蚴 XOD 活性在 NX_1 作用于成熟期 48h 呈强阳性，在 NX_0 作用于成熟期 24h 呈阳性（图版 7I）。

4.4.2.3　NX_1 和 NX_0 对 FR 活性的抑制作用

4.4.2.3.1　不同浓度 NX_1 和 NX_0FR 活性的影响

测定不同浓度的 NX_1 和 NX_0 猪囊尾蚴匀浆 FR 活性的抑制作用，结果见表 4-39。

NX_0 和 NX_1 对猪肌肉匀浆 FR 活性的抑制作用不显著，而对猪囊尾蚴匀浆 FR 活性的抑制作用比较显著。NX_0 在浓度为 0.07 mmol·L^{-1}时达到最大抑制率 47.8%，而 NX_1 在浓度为 0.035mmol·L^{-1}时达到最大抑制率 51.6%。

表 4-39 不同浓度 NX_1 和 NX_0 对成熟期猪囊尾蚴匀浆 FR 活性的影响

Table 4-39 Effects on the activity of fumaric reductase in tissue homogenate of mature *C. cellulosae* with different concentrations of NX_1 and NX_0

药物 Drug	药物浓度 Concentration of drug /(mmol·L^{-1})	肌肉匀浆酶活力 Enzyme activity of muscle homogenate /(ΔA·min^{-1})	肌肉匀浆酶抑制率 Enzyme inhabiting ratio of muscle homogenate/%	囊虫匀浆酶活力 Enzyme activity of *C. cellulosae* homogenate /(ΔA·min^{-1})	囊虫匀浆酶抑制率 Enzyme inhabiting ratio of *C. cellulosae* homogenate/%
Control	—	0.0028	—	0.02067	—
NX_0	0.0088	0.0026	7.1	0.01467	29.0
	0.012	0.0026	7.1	0.015	27.4
	0.018	0.0022	21.4	0.015	27.4
	0.035	0.0024	14.3	0.0156	27.6
	0.070	0.0028	0	0.0108	47.8
	0.140	0.0025	10.7	0.01325	35.9
	0.280	0.0030	−7.1	0.01296	37.3
	0.420	0.0028	0	0.01333	35.5
	0.560	0.0032	−14.3	0.01467	29.0
NX_1	0.0088	0.0028	0	0.01621	21.6
	0.012	0.0018	35.7	0.0160	22.6
	0.018	0.0026	7.1	0.01733	16.2
	0.035	0.0022	21.4	0.010	51.6
	0.070	0.0032	−14.3	0.01233	40.3
	0.140	0.0024	14.3	0.0154	25.5
	0.280	0.0028	0	0.0095	54.0
	0.420	0.0020	28.6	0.01333	35.5
	0.560	0.0026	7.1	0.012	41.9

4.4.2.3.2　NX_1 和 NX_0 对不同底物浓度 FR 的活性的影响

在不同延胡索酸底物浓度溶液中，分别测定 NX_1 和 NX_0 抑制猪囊尾蚴组织匀浆 FR 的动力学数据，结果见表 4-40 及图 4-32，抑制曲线说明 NX_1 和 NX_0 非竞争性抑制猪囊尾蚴组织匀浆 FR 活性，NX_1 和 NX_0 的抑制曲线基本类似，抑制程度接近。

表 4-40　NX_1 和 NX_0 对不同底物浓度成熟期猪囊尾蚴组织匀浆 FR 的活性的影响

Table 4-40　Effects on the activity of fumaric reductase in tissue homogenate of mature *C. cellulosae* in different concentrations of substrate with NX_1 and NX_0

序号 No.	底物浓度 Concentration of substrate /（$mmol \cdot L^{-1}$）	猪囊尾蚴组织匀浆 FR 活性 The activity of fumaric reductase of tissue homogenate of *C. cellulosae*/（$\Delta A \cdot min^{-1}$）		
		对照（未加药物） Control	囊效 1 号 （NX_1）	囊效 0 号 （NX_0）
1	0.0025	0.0092	0.0124	0.0124
2	0.0125	0.008	0.0073	0.007
3	0.0625	0.0076	0.01	0.01
4	0.3075	0.0155	0.008	0.014
5	1.5375	0.0612	0.012	0.015
6	7.5	0.0756	0.0175	0.024
7	25	0.0768	0.0396	0.0396
8	75	0.0822	0.0431	0.0443
9	125	0.0825	0.0438	0.0439

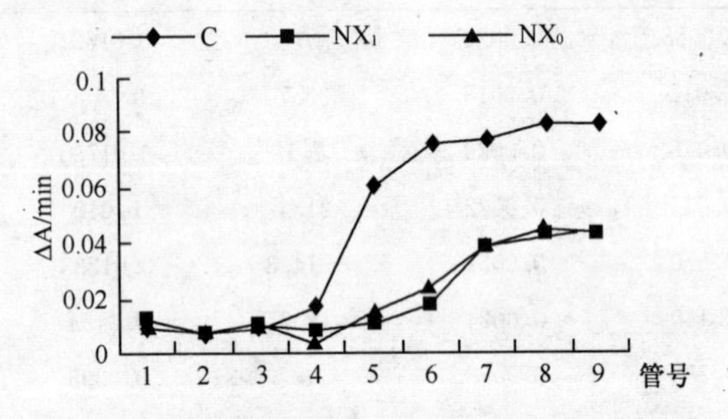

图 4-32　NX_1 和 NX_0 对不同底物浓度延胡索酸还原酶的影响

Figure 4-32　Effects on fumaric reductase activity of *C. cellulosae* in different concentrations of substrates with NX_1 and NX_0

4.4.3　药物对猪带绦虫囊尾蚴能量代谢影响的规律

对少数抗蠕虫药物的确切生化作用方式已有所了解。大多数抗蠕虫药物似乎有多种作用，不同种的寄生虫对于抗蠕虫药物的许多显著差异可能反映药物动力学的差异而非其生化本质的不同。不同药物对不同发育阶段的猪囊尾蚴疗效不同，这可能与发育过程中猪囊尾蚴能量代谢的变化有关。在已报道的抗蠕虫药物中，极少有单一的作用方式，大多数药物立即破坏几种不同类型的细胞活性。抗蠕虫药就其本质而言，对寄生虫有毒害作用，因此在垂死的寄生虫，其多种代谢过程已被破坏。所以，鉴定一种抗蠕虫药的主要作用（如果它确实只有一种作用）并非易事。商业上新抗蠕虫药的发现要随机筛选大量的化合物，以期发现一种新药。勿庸赘言，这种经验方法耗资巨大亦极费时（一般筛选 10 000 种化合物，仅得一种显示抗蠕虫活性）。近年来，随着寄生虫生物化学知识的增长，已有可能对蠕虫化学药物治疗的研究采取一种更为合理的途径，其理由是，寄生虫的生物化学与其哺乳动物宿主的生物化学之间的任何差异均可作为化学药物治疗可能的作用部位。一旦发现了这种差异，就有可能合成针对寄生虫代谢途径的特异性抑制剂。现在已知寄生蠕虫和哺乳动物之间的许多生物化学差异，但合理的研究途径应用于寄生虫生物化学治疗尚有待于产生有效的药物（Barrett，1987；Cox，1987）。研究发育过程中猪囊尾蚴能量代谢的变化规律，将有助于筛选作用于不同时期猪囊尾蚴的药物。

现在普遍使用的抗囊药物如吡喹酮、阿苯达唑等对成熟期猪囊尾蚴的疗效比较显著，而对未成熟期疗效不明显，这可能与未成熟期猪囊尾蚴 PK 催化的通路较强而 FR 催化的通路较为次要。虫体整体能量代谢水平较低有关。由于吡喹酮、阿苯达唑等药物对未成熟期疗效不明显，因而在脑囊虫病等的治疗上存在缺憾。急需筛选一种或多种对成熟期和未成熟期猪囊尾蚴均有效的药物，以满足囊虫病临床治疗的需要。了解药物阻断抑或增强某个代谢通路对药物的合理筛选具有重要的指导作用。本实验研究了两种苯并咪唑类药物阿苯达唑（NX_0）和奥芬达唑（NX_1）与一种苯脒类药物——三苯双脒（NX_2）对体内外猪囊尾蚴发育过程中的能量代谢变化的影响，并研究了 NX_0 和 NX_1 对延胡索酸还原酶的抑制作用。结果显示 NX_1 对两个时期囊尾蚴均有显著杀灭作用，尤以对未成熟期疗效最佳，而 NX_2 则对两个时期囊尾蚴均无明显疗效。本实验成功筛选了抗未成熟期猪囊尾蚴的药物 NX_1。

在国内有关猪囊尾蚴病的研究文献中，苯并咪唑类药物对猪囊尾蚴的杀灭作用被解释为药物能不可逆性抑制虫体对葡萄糖的摄取，使虫体内源性糖原耗竭同时还抑制延胡索酸还原酶，阻止三磷酸腺苷产生，导致虫体死亡，此外还可引起虫体肠细胞胞浆微管变性，并与微管蛋白结合，造成细胞内运输堵塞，致使高尔基器内分泌颗粒积累，胞浆渐趋溶解，虫体死亡（潘孝彰，1998）。但该论点可能来自于药物对其他寄生蠕虫如线虫的作用结果（Bricker et al.，1982；Lacey，1987），国内外尚未有苯并咪唑类药物杀灭猪囊尾蚴的作用机理的直接研究，由于猪囊尾蚴可能具有不同于其他寄生蠕虫的代谢途径，因而研究苯并咪唑类药物的作用机理对于药物的筛选和应用具有重要的价值。

4.4.3.1 抗囊药物对猪囊尾蚴发育过程中的能量代谢变化的影响

本实验发现，NX_0 和 NX_1 在体内和体外作用条件下可显著改变未成熟期及成熟期猪囊尾蚴的能量代谢。NX_0 和 NX_1 在体外作用于未成熟期猪囊尾蚴，可引起虫体能量代谢发生障碍，PK、PEPCK 活性下降，PK/PEPCK 升高，能源物质如葡萄糖含量下降和酸性产物增多。NX_0 和 NX_1 在体外作用于成熟期猪囊尾蚴，对能量产生主要途径的影响更复杂一些，在药物作用初期引起某些产能酶的活性升高，然后迅速下降，这与药物通过抑制延胡索酸还原酶系统阻断能量的产生，并与激活其他能量代谢途径中的酶有关。药物作用后，Glc 含量的下降及 ATPase、ACP、AKP 的变化说明药物可能干扰了 Glc 的摄取过程。由于 NX_0 和 NX_1 对猪囊尾蚴具有强烈的杀伤作用，虫体结构在药物作用后短时间内很快崩解或受到不同程度的破坏，在体内作用后多数情况下难以定量检测猪囊尾蚴能量代谢途径酶的活性，因而本实验采用酶组织化学法来反映药物作用于体内囊尾蚴后虫体能量代谢酶活性的变化。结果发现，NX_0、NX_1 和 NX_2 可引起虫体能量代谢酶活性先出现显著升高，而后随着虫体死亡而迅速降低。说明药物直接影响了虫体的能量代谢过程，这是导致虫体死亡的直接原因。

药物作用于虫体后，能量代谢酶活性能够迅速升高这一事实表明，猪囊尾蚴和其他寄生蠕虫一样，具有物质代谢的调节机制以适应环境的变化，其基因组的许多基因通常情况下是沉默的或低水平表达的，当环境变化后可能被显著激活，极大地改变代谢途径的强度。由此推测NX_2等药物对猪囊尾蚴疗效不佳的原因可能与其并非作用于虫体产能的关键部位，尽管能抑制虫体的代谢途径，但未能导致虫体能源耗竭有关。

4.4.3.1.1 药物对猪囊尾蚴的乳酸发酵途径的影响

NX_0和NX_1作用于体外发育未成熟期猪囊尾蚴24h和72h，PK活性无显著变化；NX_0作用于体内发育未成熟期猪囊尾蚴72h，NX_1作用于体内发育未成熟期猪囊尾蚴48h，LDH活性无显著变化；两种药物于体内外作用后Lac含量呈现显著升高。结果说明苯并咪唑类药物对虫体PK、LDH活性无直接影响，NX_0和NX_1不抑制糖无氧酵解生成乳酸的代谢途径，由于其他产能途径被抑制，导致乳酸产生增多并出现排泄障碍而蓄积。NX_0作用于体内发育未成熟期猪囊尾蚴72h，PK活性显著下降，这与药物在体内能够更强地杀伤虫体，当药物作用一定时间后导致PK失活有关。NX_0、NX_1和NX_2作用于体外发育成熟期猪囊尾蚴，PK活性随作用时间逐渐下降；NX_0和NX_1作用于体内发育成熟期猪囊尾蚴，作用初期，PK、LDH活性显著升高。说明NX_0、NX_1和NX_2通过杀灭体外培养的成熟期猪囊尾蚴，导致PK失活，而体内发育成熟期猪囊尾蚴则因药物的作用情况不同对药物有更好的耐受，由于能量代谢被抑制可引起有关酶如PK、LDH活性的代偿性增强，这与其基因被激活而大量表达酶有关抑或PEP、ADP等的堆积引起酶的变构激活或酶型变化。郝艳红等（1999，2000a，2000b）研究表明，NX_1作用于猪囊尾蚴引起虫体细胞功能变化，细胞膜物质转运受到损害，这是代谢产物蓄积的原因。

4.4.3.1.2 药物对猪囊尾蚴的PEP羧化支路和逆向三羧酸循环途径的影响

NX_0和NX_1作用于体外发育未成熟期猪囊尾蚴24h和72h，PEP-CK活性显著降低，ME和FR活性出现一定升高然后迅速降低；NX_0作用于体内发育未成熟期猪囊尾蚴72h，PEPCK、ME和FR活性显著降低，说明NX_0和NX_1抑制了虫体PEP羧化支路。NX_0、NX_1和

NX_2 作用于体外发育成熟期猪囊尾蚴，PEPCK 活性变化不完全一致，NX_0 和 NX_2 的 PEPCK 活性迅速降低，而 NX_1 作用后的 PEPCK 活性则呈现先升高然后迅速降低，NX_0 和 NX_1 作用后 FR 活性也呈现先升高然后迅速降低，但 NX_2 的 FR 活性无显著变化，ME 活性在药物作用后变化不显著。NX_1 作用于体内发育成熟期猪囊尾蚴 24h，PEPCK 活性无显著变化，NX_0 作用后 PEPCK 随作用时间逐渐降低，NX_0 和 NX_1 作用于体内发育成熟期猪囊尾蚴，FR 活性迅速降低，而 ME 活性变化不显著。结果说明 NX_0 和 NX_1 通过抑制虫体 FR 活性而抑制 PEP 羧化支路，作用初期可能由于虫体的应答而引起虫体 FR 活性的一定升高，之后由于药物的持续抑制作用和虫体能量的耗竭而使 FR 活性迅速下降，进而反馈抑制了 PEPCK 活性。

4.4.3.1.3 药物对猪囊尾蚴的 PK/PEPCK 比值的影响

NX_0 和 NX_1 作用于体外发育未成熟期猪囊尾蚴 24h 和 72h，PK/PEPCK 比值呈现不同程度的升高，而 NX_0、NX_1 和 NX_2 作用于体外发育成熟期猪囊尾蚴 PK/PEPCK 变化不一致，NX_0 组 PK/PEPCK 在药物作用的不同时间均高于对照，NX_1 组 PK/PEPCK 在药物作用的不同时间均低于对照，NX_2 组 PK/PEPCK 在药物作用初期升高，随后降低。NX_0 作用于体内发育未成熟期猪囊尾蚴 72h，PK/PEPCK 活性变化不显著，NX_1 作用于体内发育成熟期猪囊尾蚴 24h，PK/PEPCK 显著升高，NX_0 作用后 PK/PEPCK 显著升高并随作用时间延长有降低的趋势。根据实验结果推测，未成熟期猪囊尾蚴糖分解代谢较为简单，药物抑制 FR 活性后可直接导致 PEPCK 活性下降和 PK 活性升高，使 PK/PEPCK 出现升高，而成熟期猪囊尾蚴糖分解代谢较为复杂，糖分解代谢的中间产物有更多的流向，糖分解代谢的关键酶受到更多的调控。陈佩惠等（1997）采用组织化学方法观察了阿苯达唑治疗后的人体囊尾蚴，发现 SDH 活性下降、LDH 活性上升，其结论与本实验研究结果一致。

4.4.3.1.4 药物对猪囊尾蚴的三羧酸循环途径的影响

NX_0 作用于体内发育未成熟期猪囊尾蚴 72h，ICD 活性显著升高；NX_1 作用于体内发育成熟期猪囊尾蚴 24h，ICD 活性显著降低；NX_0 作用于体内发育成熟期猪囊尾蚴后，ICD活性显著升高并随作用时间延长呈现升高的趋势。NX_0、NX_1 和 NX_2 作用于体内发育未成熟期猪囊尾蚴SDH活性变化不显著，NX_0、NX_1 作用于体内发育成熟期猪囊尾蚴，SDH活性呈现显著升高。结果说明，药物抑制了FR所在的能量代谢通路后，未成熟期猪囊尾蚴代偿性地增强PK所在的通路或ICD有关的脂类共发酵等途径，三羧酸循环途径增强不显著，而成熟期猪囊尾蚴受到不同药物的不同作用，ICD活性由于药物作用效果较强致使虫体能量代谢发生严重障碍导致代谢体系紊乱而失活，或药物作用效果尚未使能量代谢发生严重障碍而代偿性地激活了ICD和SDH所在的脂类分解、三羧酸循环途径和糖异生途径。SDH酶活性强弱表明生物机体三羧酸循环的活跃程度，且间接反映细胞有氧糖代谢；它是线粒体和胞质内所含的一种氧化还原酶。电镜观察所示，经阿苯达唑作用人体内、外的囊虫，均出现线粒体溶解或肿胀及胞质受损，成空泡化等病变；因而，SDH活性减弱可证明阿苯达唑干扰囊虫组织的三羧酸循环，导致其氧化受障碍（邵萍等，1996）。LDH参与糖的无氧酵解，陈佩惠等（1997）发现用药组囊虫组织LDH酶活性升高，认为与SDH酶活性减弱，糖的有氧代谢减弱而以无氧糖酵解代偿的方式提供能量有关。

4.4.3.1.5　药物对猪囊尾蚴糖异生途径的影响

NX_0、NX_1 和 NX_2 作用于体内发育未成熟期和成熟期猪囊尾蚴，G6Pase活性显著升高，NX_0、NX_1 作用于体外发育未成熟期猪囊尾蚴，Glc含量显著降低。结果表明，NX_0、NX_1 和 NX_2 由于抑制了虫体的糖分解产生能量的代谢，使G6Pase活性代偿性升高，这是虫体的自我保护机制。G6Pase活性升高的机制是ADP等的堆积对酶活性的直接激活或刺激基因表达的结果。G6Pase活性的升高似与Glc含量的降低产生矛盾，但实际上是不矛盾的。由于虫体在药物作用后的能量匮乏，使得即便途径酶活性升高糖异生也难以发生而形成终产物，FR活性的抑制也阻断了一些物质糖异生的通路，细胞内环境包括酸性产物的堆积等也可破坏糖异生的代谢体系。G6Pase活性的升高与Glc含量的降低形成的鲜明对照恰恰说明，在药物作用下由于糖类等分解产生能量的代谢发生严重障碍而导致虫体细胞内代谢体系崩解，虫体正在走向死亡。刘永杰等（2002b）发现，NX_1 于猪体内作用后24h，未成熟期和成熟期猪囊尾蚴发生了明显的细胞凋亡，但未成熟期猪囊尾蚴于作用后48h即发生坏死，成熟期猪囊尾蚴于作用后10d发生坏死，说明NX_1体内作用后，首先引起猪囊尾蚴细胞发生凋亡，而后在宿主因素参与下导致猪囊尾蚴细胞发生坏死。说明猪囊尾蚴的能量代谢障碍可引起基因表达系统功能的失调而引发细胞凋亡并继发细胞坏死，引起不同酶活性和物质含量的显著变化。梁志慧和徐麟鹤（1995）应用电镜酶组织化学技术，发现经蒿甲醚作用的弓形虫，虫体内G6Pase反应强度减弱，表明药物对虫体酶活性有一定影响。围虫泡内G6Pase反应强度也减弱，说明药物可能通过围虫泡膜而影响其中的虫体。蒿甲醚抗弓形虫作用的机制之一可能是通过影响G6Pase的活性而干扰其能量代谢。

4.4.3.1.6 药物对猪囊尾蚴的蛋白质、脂类和核酸分解代谢途径的影响

药物作用于猪囊尾蚴初期GDH、FE和XOD活性在大多数情况下显著升高，这是由于糖类分解产生能量的代谢发生严重障碍，使得脂类、蛋白质和核酸代偿性地分解以补充能量不足的结果。Yao等（1994）发现甲苯达唑作用于鼠体内寄生虫细粒棘球绦虫，能引起囊壁和囊液丙氨酸、缬氨酸、赖氨酸含量升高，说明虫体存在糖类分解代谢和氨基酸分解代谢的耦联，甲苯达唑的作用机制与氨基酸分解代谢有关。

4.4.3.1.7 药物对猪囊尾蚴的物质与能量转运途径的影响

关于药物对猪囊尾蚴及其他寄生蠕虫ATPase、ACP、AKP活性的影响，报道较多（Kaur and Sood，1992）。刘永杰等（2002a）发现NX_1作用于猪体内作用后，猪囊尾蚴的吸收和分泌过程受阻，糖原减少。说明NX_1抑制了虫体糖原的吸收过程导致ATPase、ACP、AKP活性代偿性升高。郑时春和张敏如（1987）应用电镜酶技术，对吡喹酮作用后的家犬体内的斯氏狸殖吸虫的标志酶的动态变化作了探讨。实验表明，用药后24h，虫体皮层AKP活性消失、糖原含量显著下降、RNA减少，而ACP活性增强。AKP被抑制后，虫体对以核苷形式及磷酸酯补充的糖不能吸收利用，从而导致虫体死亡。ACP活性增强是虫体缺乏能源物质后细胞自噬现象作用加强的一种继发现象。谭苹等

(2000）研究槟榔碱灭螺增效的作用机制时发现，药物作用后，钉螺中枢神经节 Mg^{2+}-ATPase 被明显破坏，认为药物的杀螺位点在于阻断氧化磷酸化耦联生成 ATP，进而影响能量代谢，可能最终因 ATP 生成和利用障碍而使钉螺丧失机械运动及生物合成等生命功能而死亡。杨元清（1993a，1993b）报道，细粒棘球蚴囊壁的 ACP 活性经阿苯达唑作用后降低，而 AKP 活性增强。许正敏等（1998）应用虫体活力、产卵、幼虫孵化、形态学及组织化学方法，观察比较了芬苯达唑、氟苯达唑和阿苯达唑对隐藏管状线虫的杀虫机理。实验结果表明 3 种药物的作用机理相同，均能使排卵减弱、停止，幼虫不能孵化，虫体结构破坏、消失，对糖代谢有明显干扰作用，酸性磷酸酶、碱性磷酸酶活性无变化。陈佩惠等（1997）进行了阿苯达唑对人体内猪囊尾蚴作用的组织化学观察，对 10 例囊虫病患者，在阿苯达唑治疗前后从其皮下摘取囊虫进行组织化学研究，在光镜下作半定量观察。结果表明，糖原含量和三磷酸腺苷酶（Mg^{2+}-ATPase)、琥珀酸脱氢酶（SDH）的活性反应，用药组均下降；乳酸脱氢酶（LDH）的活性，用药组高于对照组；酸性磷酸酶（ACP）的活性二者无显著差异。用显微分光光度计对糖原和三磷酸腺苷酶作定量测定，其结果与上述相同，表明阿苯达唑可影响猪囊尾蚴的糖原吸收和能量代谢。陈兆凌等（1989）和陈佩惠等（1996）均发现阿苯达唑可致猪囊虫的糖原含量减少，ATPase 和 SDH 酶活性减弱。ATPase 也参与糖的吸收与物质转换过程，和能量代谢有密切关系，王鸣（1989）观察到 ATPase 主要在吸虫的口、腹吸盘和皮下肌层等肌肉组织较为丰富之处，陈佩惠等（1997）观察到在对照组的囊虫吸盘及颈节组织中 ATPase 活性反应较强，而用药组的活性降低，并从酶组化方面阐明阿苯达唑对猪囊虫的作用机理，即该药抑制囊虫对糖的吸收及延胡索酸还原系统，阻碍了 ATP 的产生等，从而影响虫体发育和生长，以致成为导致囊虫死亡原因之一。

本实验应用酶组织化学方法测定了发育过程中及不同药物作用不同时间后 ATPase、ACP、AKP 活性。同相关研究比较，本实验更加系统和全面，因而更可能反映药物作用的结果。药物作用于猪囊尾蚴初期，ATPase、ACP、AKP 活性在大多数情况下显著升高而 Glc 含量下降，这是 Glc 吸收受阻导致能量吸收与转运的有关酶活性代偿性升高的结果；于作用后期，虫体崩解，各种酶活性均逐渐下降并最终消失。

4.4.3.2 苯并咪唑氨基甲酸酯类抗囊药物作用的分子机理

驱虫药物是用来预防和治疗寄生虫感染的化学物质，其对寄生虫的驱除和杀灭作用，主要是通过刺激和麻痹虫体的神经肌肉组织，使虫体麻痹死亡或虫体痉挛，失去其吸附能力，或抑制虫体内酶的活性，或直接阻断其物质代谢而杀虫。驱虫药物在化学结构上的差异是产生其不同作用机理及作用虫体不同部位的基础所在。现代的驱虫药物，根据其对寄生虫的驱虫机理，可分为四类：①干扰虫体的神经生理或神经肌肉的协调；②干扰虫体的基本能量代谢途径；③干扰虫体的基本生物合成途径；④干扰虫体的基本细胞过程（郑润宽等，1995）。

苯并咪唑氨基甲酸酯类药物是一类近年来发展非常迅速的抗寄生虫防治药，是许多寄生蠕虫疾病治疗的首选药物。苯并咪唑类化合物包括一组广谱抗蠕虫药物，第一代药物如噻苯达唑，因毒性太大已被淘汰，目前应用的主要是甲苯达唑和阿苯达唑。苯并咪唑氨基甲酸酯类抗蠕虫药物的基本作用机理表现为多种作用，如噻苯达唑和阿苯达唑可抑制线虫的延胡索酸还原酶；噻苯达唑还抑制缩小膜壳绦虫和肝片形吸虫的延胡索酸还原酶，在人蛔虫延胡索酸还原酶被苯并硫咪唑抑制的部位看来是在深红醌被黄素蛋白1还原的水平上，在琥珀酸脱氢酶和终末氧化酶之间可能有第二个抑制部位。高浓度的苯并咪唑类是氧化磷酸化的解耦联剂，在肝片形吸虫和扩展莫尼茨绦虫上，甲苯咪唑和丙噻咪唑（cambendazole）可引起ATP水平的下降。从苯并咪唑的结构来看，它们可能是起嘌呤类似物的作用。甲苯咪唑可抑制线虫、某些吸虫和绦虫对葡萄糖的摄取。已证明，苯并咪唑与微管蛋白结合从而阻止微管形成（Vanden，1990；Barrett，1987）。

目前国内外对苯并咪唑氨基甲酸酯类药物的作用机理报道较多。苯并咪唑氨基甲酸酯类药物的作用机理之一是药物通过不可逆性抑制虫体对葡萄糖的摄取，使虫体内源性糖原耗竭。药物通过引起虫体肠细胞胞浆微管变性，并与微管蛋白结合，造成细胞内运输堵塞，致使高尔基体内的分泌颗粒积累，胞浆渐趋溶解，导致虫体死亡（Borgers et al.，1975；Sangster and Prichard，1985）。Jasmer 等（2000）研究了苯并咪唑类药物的作用机制，认为药物通过使虫体微管解聚来抑制吸收通道分泌颗粒的转运。Russell 等（1992）发现［^{3}H］标记的苯并咪唑氨基甲酸脂类药物对哺乳动物大脑组织微管蛋白具有较低的毒性，而对寄生蠕虫具有很强的毒性，能够形成不可逆转的复合物。Morgen 等（1993）研究了苯并咪唑氨基甲酸酯类药物和几种微管抑制剂在体内抗梨形鞭毛虫虫卵的作用，两种药物作用相似，均能导致滋养体分离、形态和基本结构破坏，说明苯并咪唑类具有一种可能的抗微管作用模式。甲苯达唑、阿苯达唑、芬苯达唑证实最为有效，对微管结构具有不可逆的改变，奥芬达唑和阿苯达唑砜以及其他的抗蠕虫药物，只显示对微管蛋白的短暂抑制。Lubega 和 Prichard（1990，1991）研究了苯并咪唑氨基甲酸酯类药物与捻转血矛线虫微管的相互作用，苯并咪唑系列衍生物芬苯达唑、甲苯达唑、奥芬达唑、阿苯达唑、阿苯达唑砜、阿苯达唑亚砜、噻苯达唑（thiabendazole）能够抑制［^{3}H］甲苯达唑或［^{3}H］奥芬达唑与捻转血矛线虫未孵化的卵及成虫匀浆液微管的结合。多数药物对微管具有显著的结合力，［^{3}H］阿苯达唑能与微管呈饱和状态结合，而［^{3}H］奥芬达唑对其只有低的结合力。Lacey 等（1995）比较了苯并咪唑氨基甲酸酯类药物对哺乳动物微管的抑制作用和对寄生蠕虫虫卵的杀灭作用，认为药物对哺乳动物微管的强抑制作用可能会抑制虫卵孵化。推测药物对寄生蠕虫虫卵作用的基本模式是通过抑制微管来阻碍虫卵发育过程。Ducommun 等（1990）研究了一种泡翼线虫细胞周期中微管蛋白合成的调节，发现微管蛋白合成具有自我调节机制，不受细胞 DNA 合成抑制剂的影响，甲苯咪唑可抑制 α-1-微管同工蛋白的合成。Gupta（1986）研究了中国仓鼠卵巢细胞对微管蛋白抑制剂的抗性，发现甲苯达唑、芬苯达唑、丁苯咪唑（parbendazole）、氧芬苯达唑（oxyfendazole）、阿苯达唑、丙噻咪唑都具有抗微管蛋白作用，而噻苯咪唑则可能具有不同的作用机制。Geary 等（1992）克隆了捻转血矛线虫 β-微管蛋白的 cDNA，认为药物的抗性可能与 β-微管蛋白基因的差异有关；Kwa 等（1993）和 Beech 等（1994）也发现药物的抗性大小与 β-微管蛋白基因的突变程度有关；Kwa 等（1995）报道药物的抗性与 β-微管蛋白的 GTP 结合位点的氨基酸突变（Phe→Tyr）有关。Watts 等（1982）发现苯并咪唑类抗蠕虫药物可抑制日本鼠圆线虫（*Nippostrongylus muris*）的乙酰胆碱酯酶分泌。将寄生虫在体外孵育，在培养基中加 0.1mmol · L^{-1} 的甲苯达唑、芬苯达唑、奥芬达唑、噻苯达唑、丁苯咪唑、丙噻咪唑均具有一致的效果，其中甲苯达唑、奥芬达唑在 1h 内就可显现，在寄生虫移到新鲜的、无药物的培养基中仍然能发挥 4h 以上的作用（郑时春和张敏如，1987）。不论是在体内还是在体外，分泌能力的降低导致虫体内酶活性升高，推测这些化合物对酶分泌的抑制作用可能是其影响微管作用的一个具体形式。Watts（1982）发现苯并咪唑类抗蠕虫药物（奥芬达唑、甲苯达唑、氟苯达唑、噻苯咪唑、丁苯咪唑、丙噻咪唑）可抑制日本鼠圆线虫的乙酰胆碱酯酶的分泌，奥芬达唑和甲苯达唑的作用较强，认为蛋白分泌的抑制可能是药物对微管系统作用的一种表现；Rapson 等（1981）发现奥芬达唑和甲苯达唑作用后，日本鼠圆线虫的乙酰胆碱酯酶活性显著增强，认为酶活性的增强可能是药物对酶分泌抑制的结果。

药物的作用机理之二是药物抑制延胡索酸还原酶，阻止三磷酸腺苷产生，导致虫体死亡。Davies 等（1989）发现实验中的苯并咪唑氨基甲酸酯类药物（CGP20376，21835，20308，21306，6140 等）能够在体外抑制棉鼠丝虫（*Litomosoides carinii*）组织细胞的线粒体呼吸，药物对虫体的杀灭作用与对呼吸的抑制程度成正比，而虫体细胞提取物产生乳酸的多少不受药物存在的影响，并发现抑制的位点可能是线粒体呼吸链的复合体Ⅰ，在复合体Ⅰ的黄素蛋白脱氢酶与还原型醌之间。Sharma 等（1986）报道甲苯达唑能引起禽的两种蠕虫鸡异刺线虫（*Heterakis gallinae*）和鸡蛔虫（*Ascaridia galli*）的 MDH 活性降低，推测其观察到的现象可能与甲苯达唑抑制 FR 活性而引起 MDH 活性被反馈抑制有关。Wani 和 Srivastava（1994）研究了缩小膜壳绦虫的与苹果酸代谢有关的酶类，包括 FR、NADH 氧化酶、ME、SDH、延胡索酸酶和 NADPH：NAD^+ 转氢酶的活性和甲苯达唑、芬苯达唑等苯并咪唑氨基甲酸酯类药物对这些酶活性的影响，结果发现这些药物可显著抑制这些酶的活性，但 ME 除外。由其结果推测甲苯达唑、芬苯达唑等可能抑制延胡索酸还原酶复合体活性，引起复合体中有关酶活性降低。Marriner（1980）报道苯并咪唑氨基甲酸酯类药物的作用机理是抑制寄生蠕虫糖原的摄取或抑制 FR 活性，也可能同时具有两种作用，他认为药物对寄生蠕虫糖原摄取的抑制可能是药物破坏虫体肠道细胞微管结构的结果。Omura 等（2001）报道一种抗蠕虫化合物萘氟瑞林（nafuredin）对许多蠕虫线粒体呼吸链复合体Ⅰ和Ⅱ具有抑制作用，通过竞争复合体Ⅰ的醌结合位点而对 FR 产生毒性。Ikuma 等（1993）发现一种抗蠕虫药物硫双二氯酚（bithionol）能够抑制蛔虫线粒体延胡索酸还原酶复合体的电子传递，其机理是与深红醌竞争。Cox（1987）报道噻苯达唑对蠕虫延胡索酸还原酶复合体具有抑制作用。Omura 等（2001）报道奥芬达唑对寄生蠕虫有齿结节线虫的 Glc 的吸收过程没有影响，而是降低了其对 Glc 的利用率。高文学等（2001）研究认为，NX_1 对体外培养的成熟期囊尾蚴作用机理为：NX_1 首先抑制 MDH 所在的糖分解代谢和糖异生通路，致使能量产生减少和糖异生不足，糖原迅速消耗致使信息转导和物质转运障碍，糖的乳酸酵解加强，从而使糖原和 Glc 耗竭，进一步导致其他物质代谢发生障碍而使虫体死亡。Davidse 和 Falch（1977）研究了一些真菌对甲苯达唑产生的抗性与药物同微管蛋白的结合力的关系，发现甲苯咪唑可与真菌菌丝体中的一种蛋白结合，这种蛋白显示了微管蛋白独有的特性，但一些微管蛋白抑制剂如鬼臼毒素、长春花碱、褪黑激素、灰黄霉素并不抑制甲苯达唑同蛋白的结合，真菌的抗性可能与微管蛋白结构的突变有关。Coles（1986）研究了三氯苯达唑（triclabendazole）的抗蠕虫作用，在体外和体内对线虫有不同的作用效果，其作用机制可能与其他苯并咪唑药物不同。Vanden（1990）分析了抗寄生蠕虫药物锑剂类（antimonials）、哌嗪、左旋咪唑（levamisole，LMS）、伊维菌素、水杨酰苯胺类（salicylanilides）、吡喹酮、苯并咪唑氨基甲酸酯类、奥沙尼喹、海恩酮的作用机制，认为药物是研究寄生蠕虫生物化学特性的一个工具。McCraken 和 Lipkowitz（1990）研究了噻昔达唑（tioxidazole，TIOX）对缩小膜壳绦虫的作用效果，发现治愈剂量的药物使小鼠体内虫体糖原减少，葡萄糖蓄积，蛋白质含量升高。体外实验表明，TIOX 处理的虫体吸收和代谢外源性葡萄糖的能力降低。他认为糖原浓度的降低和葡萄糖含量的升高是由于糖原分解过程加剧和糖原合成过程被抑制的结果。认为药物作用本质是抑制线粒体延胡索酸还原酶系统和与电子传递有关的磷酸化反应，而葡萄糖转运被抑制可能是 ATP 合成被抑制的结果。

本实验发现两种苯并咪唑氨基甲酸酯类药物 NX_0 和 NX_1 可直接抑制猪囊尾蚴组织匀浆延胡索酸还原酶活性，抑制动力学研究表明 NX_0 和 NX_1 非竞争性抑制延胡索酸还原酶。药物作用虫体后，Glc 吸收受阻，导致与能量吸收与转运的有关酶活性代偿性升高。苯并咪唑氨基甲酸酯类药物对猪囊尾蚴具有杀灭作用的机理可能是抑致虫体 Glc 吸收及抑制 FR 活性，导致虫体能量耗竭而死亡。苯并咪唑氨基甲酸酯类药物之所以同时具有两种不同的作用与其结构有关，推测药物可能作为腺嘌呤或鸟嘌呤及深红醌的生物电子等排体，一方面竞争性地抑制了微管蛋白同 ATP（GTP）的结合，从而导致 Glc 吸收受阻，另一方面通过竞争 FR 复合体中深红醌的电子传递过程，从而非竞争性地抑制了 FR 的活性。目前国内外尚无相关的文献报道。图 4-33 比较了阿苯达唑、深红醌及腺嘌呤的结构，结构特征显示三种分子可能是生物电子等排体，这可能就是苯并咪唑氨基甲酸酯类药物发挥作用的分子机制。奥芬达唑等苯并咪唑类抗蠕虫药物阻止微管形成和抑制蠕虫的延胡索酸还原酶似乎是矛盾的，学术界对苯并咪唑类抗蠕虫药物的作用机制也有上述两种不同的提法。McCracken 和 Lipkowitz（1990）认为苯并咪唑类抗蠕虫药物的本质作用机制是抑制蠕虫线粒体的电子传递体系和与电子传递体系耦联的磷酸化反应，而与微管形成有关的葡萄糖转运系统受阻则是 ATP 合成反应受抑制的结果。

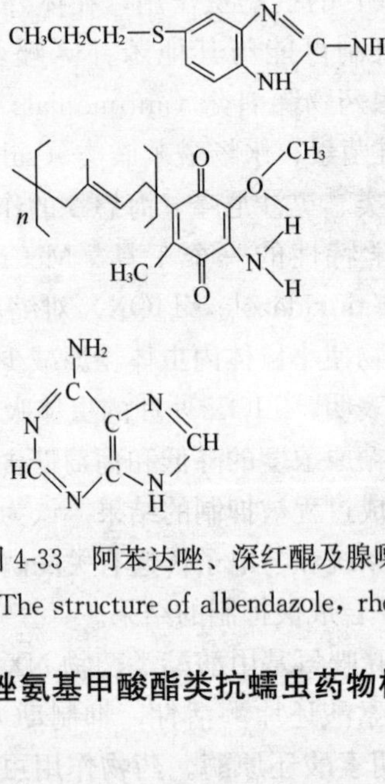

图 4-33　阿苯达唑、深红醌及腺嘌呤的结构

Figure 4-33　The structure of albendazole，rhodoquinone and adenine

4.4.3.3　苯并咪唑氨基甲酸酯类抗蠕虫药物构效关系、类型衍化与新药设计

自 20 世纪 80 年代以来，苯并咪唑氨基甲酸酯类抗蠕虫药物的研究取得了长足进展，甲苯咪唑、氟苯咪唑、阿苯达唑、芬苯达唑、奥芬达

唑等药物被相继研究出来，并均已作为广谱抗蠕虫药物应用于寄生虫的治疗，取得了很好的效果，但这些药物都有着这样或那样的缺点或不足，制约着其临床的应用，因而研究更为高效或特异的药物成为寄生虫病治疗的需要。目前广泛使用的苯并咪唑类药物（包括阿苯达唑和甲苯达唑）已出现药物过敏者，并有在大范围多次重复驱虫而在局部地区发生驱虫失败，出现了药物抗性的倾向，因此研究开发广谱、高效、低毒的驱虫药物仍是当前研究的方向。郭仁民（1997）报道，由于对寄生虫药物的滥用及对草地和畜群的盲目净化，几乎对每一类药物都出现了抗药虫株，包括苯并咪唑及前苯并咪唑类（噻苯唑、吩噻、甲苯咪唑、阿苯达唑、氟苯达唑、苯硫氨酯及苯硫脲等）、咪唑噻唑类（噻咪唑、左旋咪唑）、四羟咪啶类（甲噻吩咪啶、噻咪啶）、阿弗菌素类（伊维菌素）及水杨酰胺类（氯苯氧碘酰胺、碘氯氢胺）。Lacey（1987，1995）报道，自 1960 年以来，由于主要依靠苯并咪唑类治疗家畜寄生虫病，已引起靶寄生虫种的广泛抗药性。线虫对苯并咪唑的抗性已成为农业上日益严重的问题。防治寄生虫病的一个巨大挑战是抗药性问题。从地域角度看，这一问题遍及世界各大洲。不断研制新的药物和应用方法是解决寄生虫的抗药性的办法之一，合理用药的标准是高效、低污染与低残留，针对虫期、虫种及是否属滞育幼虫选择药物，优先使用特效窄谱药物，严格执行推荐剂量并尽量减少用药次数。依据苯并咪唑氨基甲酸酯类抗蠕虫药物的作用机理和药物构效关系，进行抗蠕虫药物的类型衍化将是开发新的抗蠕虫药物的捷径。结合原有药物的知识和类型衍化的结果，开发新的药物和新的剂型，必将为寄生虫的临床治疗提供更加锐利的武器。

McCraken 和 Lipkowitz（1990）研究了苯并噻唑和苯并咪唑类抗蠕虫药物的构效关系，并建立了药物体内作用的分子模型。分子模型显示苯并噻唑和苯并咪唑类抗蠕虫药物具有一致的带电性和结构。药物在体内的作用效果取决于分子偶极矩的大小和极性表面面积的大小。2-噻唑和 2-氨基甲酸酯基团具有结构和带电的相似性，它们和母环在同一平面，它们在药物运输到活性作用部位及和活性部位结合方面作用相同，这些基团在药效方面可能不起决定作用。母环 5′-取代基可能在药效中具有主要的作用，5′-取代基与母环垂直的药物（如 ABZ 亚砜、OFZ）远比 5′-取代基与母环在同一平面的药物（如 TIOX、OBZ）活性强。推测药物作用的活性部位存在一个高极性的、L-形裂缝，即药物的结合位点。比较 ABZ 亚砜和 OFZ 的立体结构，发现 5′ 位的丙基基团和苯基基团可能都能与同一个受体部位结合，这些氢原子的空间位置很相似（图 4-34）。

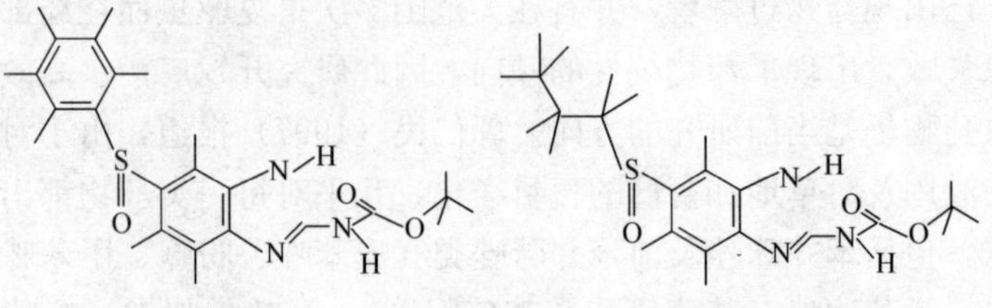

OFZ　　　　　　ALB

图 4-34　OFZ 和 ABZ 亚砜的立体结构示意图

Figure 4-34　The three-dimensional structure of OFZ and ABZ sulfoxide

McCraken 和 Lipkowitz（1990）应用量子化学方法详细研究了苯并噻唑和苯并咪唑类抗蠕虫药物的三维结构和带电性质，并比较了高活性药物和低活性药物这方面的差别（表 4-41），这方面的研究是对药物定量构效关系（quantitative structure-activity relation，QSAR）的一个补充。几种苯并噻唑和苯并咪唑类抗蠕虫药物的药效顺序是 ABZ⫅FBZ ＞OBZ（奥苯达唑，oxibendazole）＞CBZ＞TIOX＞TBZ（Stankiewicz，1994），实验发现 ABZ 在体内起活性作用的形式是其代谢物 ABZ 亚砜，FBZ 在体内起主要作用的是 FBZ 亚砜即奥芬达唑（OFZ）这与其分子模型特征的差异是一致的（表 4-41）。研究发现，分子偶极矩的对数和极性表面面积百分数的对数与用药剂量的对数成负相关，揭示这些结构因素可能主要影响药物和活性作用部位的结合，而不是药物到达作用部位的运输过程。药物分子的偶极和活性作用部位的受体分子的偶极相互作用，这可能是药物对结合位点进行分子识别的第一步。当药物结合到活性部位后，新形成的氢键和其他作用力则占据主导。

苯并咪唑母环具有较高能量的最高占有分子轨道（the highest occupied molecular orbital，HOMO），易受亲电试剂进攻。苯并噻唑母环具有较高能量的最低占有分子轨道（the lowest occupied molecular orbital，LUMO），易受亲核试剂进攻而破坏，在到达活性作用部位时浓度较低，因而药效较差。母环上 N-H 基团上的氢原子带正电荷，揭示

表 4-41 ABZ 亚砜、OFZ 、OBZ、CBZ 、TIOX、TBZ 计算机分子模型数据

Table 4-41 The data of computer molecular model of ABZ sulfoxides, OFZ, OBZ, CBZ, TIOX and TBI

分子 Molecule	剂量 Dose /(mg/kg)	偶极矩 Debye	极性表面面积 Å² Polarity surface area Å²	极性表面面积占表面面积百分比 Percentage of polarity surface area to surface area/%
ABZ	12.5	6.20	101.5	34
OFZ	12.5	6.09	104.7	32
OBZ	37.5	2.62	80.3	28
CBZ	50	1.67	77	25
TIOX	150	1.36	68	23
TBZ	250	2.17	38	19

注：剂量是指同对照相比荷虫率降低 75%所需的药量。

Note: Dose means the dosage of which made worm reduced 75% compare to control.

在活性作用部位有一个带负电荷的基团可与之结合。而 TIOX 结构与 OBZ 相同，但由于 S 代替了 N-H，导致药效显著下降（图 4-35）（Davies et al., 1989, Kohler and Bachmann, 1978）。

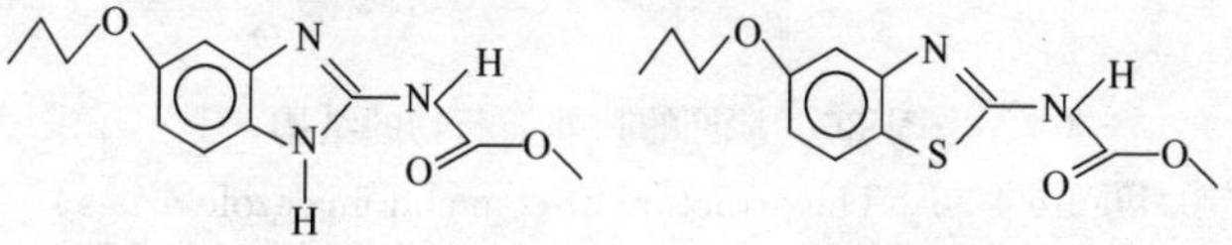

OBZ　　　　TIOX

图 4-35 OBZ 与 TIOX 结构的差异

Figure 4-35 The differences between the structure of OBZ and TIOX

图 4-36 显示了常见的咪唑类药物的结构：① 左旋咪唑；② 甲苯达唑；③ 氟苯达唑；④ 噻苯达唑；⑤ 阿苯达唑；⑥ 阿苯达唑亚砜；⑦ 阿苯达唑砜；⑧ 奥芬达唑；⑨ 芬苯达唑；⑩ 奥芬达唑砜。从这些药物的结构特征分析，左旋咪唑与其他苯并咪唑类药物显效化学结构不同，因而作用机理与药效不同，苯并咪唑氨基甲酸酯类是在模型化合物的基础上形成的一类作用机理相同的药物。

Latif（1993）研究了苯并咪唑氨基甲酸酯类近来发展的 8 种衍生物抗寄生蠕虫能力和它们结构之间的关系，8 种药物包括甲苯达唑、氟苯达唑、奥芬达唑、阿苯达唑、氧芬苯达唑、790163 氟苯达唑前药

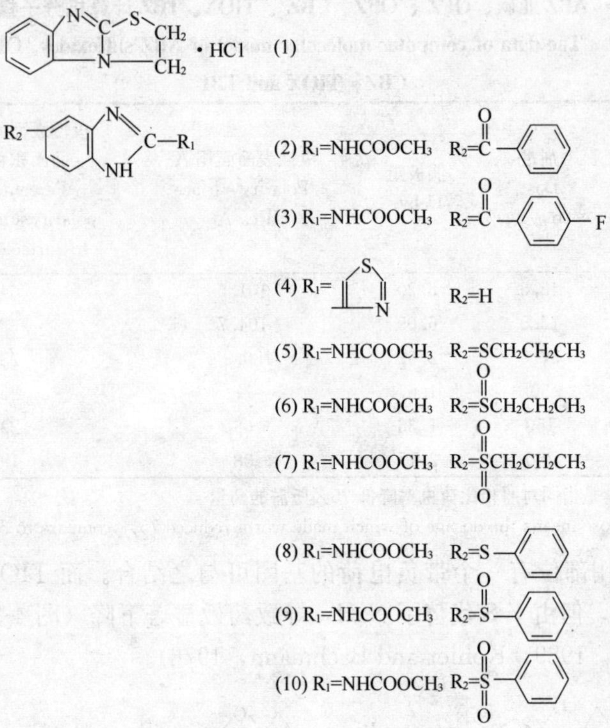

N=C—S—CH₂ · HCl (1)

(2) R_1=$NHCOOCH_3$ R_2=C(=O)—C_6H_5

(3) R_1=$NHCOOCH_3$ R_2=C(=O)—C_6H_4—F

(4) R_1= (thiazolyl, S, N) R_2=H

(5) R_1=$NHCOOCH_3$ R_2=$SCH_2CH_2CH_3$

(6) R_1=$NHCOOCH_3$ R_2=S(=O)$CH_2CH_2CH_3$

(7) R_1=$NHCOOCH_3$ R_2=S(=O)(=O)$CH_2CH_2CH_3$

(8) R_1=$NHCOOCH_3$ R_2=S—C_6H_5

(9) R_1=$NHCOOCH_3$ R_2=S(=O)—C_6H_5

(10) R_1=$NHCOOCH_3$ R_2=S(=O)(=O)—C_6H_5

图 4-36 常见的咪唑类药物的结构

Figure 4-36 The structure of common imidazole drugs

(proflubendazole)、780118 氰苯并咪唑（cyanide benzimidazole)、780120 硒苯并咪唑（selenium benzimidazole)，其中 6 种有一个芳环、另两个在苯并咪唑母体环上 5′位有两个烃基取代基。8 种药物分别口服后检测抗鼠肠道蠕虫幼虫和成虫的效果，取代基的结构本质对药物活性有直接影响。5′ 取代基连接有一个碳原子、硫原子或氧原子的化合物比连一个 Se 原子或带有一个-CN 基团的碳原子更为有效。实验结果显示苯并咪唑系列物均对肠道幼虫比对肠道成虫更为有效，这一发现将对有目的地合成抗丝虫（*Filaria*）等组织寄生的蠕虫的更新的、更有效的苯并咪唑氨基甲酸酯类药物具有重要意义。

Hennessy 等（1983）研究了肌肉注射 1-正丁基氨甲酰基奥芬达唑在牛体内的代谢动力学和抗寄生蠕虫效果。奥芬达唑经化学修饰为 4-

OFZ，可改进奥芬达唑的溶解性，并使之能够进行肌肉注射，4-OFZ 在体内可代谢为 OFZ，比口服 OFZ 在血液中具有更高的浓度并维持相当长的时间，抗蠕虫活性显著提高。

近年来国外已开发了一些新的苯并咪唑氨基甲酸酯类药物，国内也有一些应用实验报道。氧阿苯达唑（albendazole oxide，ABZO）也称瑞可苯达唑（ricobendazole，RBZ），即阿苯达唑在体内的活性代谢物亚砜，属新型苯并咪唑类驱虫药，据“Animal Pharm”报道已在新西兰、澳大利亚、英国等国家作为牛羊的驱蠕虫药上市，湖北省医药工业研究所新近研制出此药。氧阿苯达唑不需肝代谢即可发挥驱虫作用，绵羊内服氧阿苯达唑和阿苯达唑后，两药的吸收程度接近，吸收和消除速度氧阿苯达唑则较阿苯达唑快（邱银生等，2000）。三氯苯达唑是另一种苯丙咪唑类药物，最初用于牛、羊肝片吸虫即有很好疗效，毒性很低。动物实验证明三氯苯达唑对肝片吸虫与并殖吸虫（*Paragonimus*）有杀伤作用，临床上用于治疗人肝片吸虫与并殖吸虫感染也取得显著效果。郝艳红等（1999）研究了 7 种高效、广谱抗蠕虫药物对体外猪囊尾蚴的作用，发现磺苯咪唑（oxfendazole，OFZ）、苯硫咪唑（fenbendazole，FBZ）、氟苯咪唑、三苯双脒、阿苯达唑和吡喹酮均有抑制猪囊尾蚴作用，而伊维菌素无抑制猪囊尾蚴作用。磺苯咪唑用于治疗马圆形线虫（*Strongylus equinus*）、蛲虫、绵羊毛首线虫（*Trichuris suis*），驱虫率达 90%，对反刍动物消化道线虫的成虫和幼虫疗效显著，对肺线虫作用更强。苯硫咪唑对多数动物的多数线虫及其幼虫有较强的驱除作用，安全范围大（李涛等，1992）。郝艳红等（1999）发现磺苯咪唑对体外猪囊尾蚴的抑制作用发挥较早，在用药 6h 开始发挥作用，且用药 24h 杀死猪囊尾蚴；苯硫咪唑的抑制作用时间较晚，在用药 36h 才开始发挥作用，但作用强度大，同时作用于猪囊尾蚴的头节和虫体，很快杀死猪囊尾蚴。

苯脒类也是一类广谱抗蠕虫药物，苯脒类中甲氨苯脒（amidantel），其分子式见图 4-35（2），对钩虫、蛔虫、蛲虫、丝虫等均有效。三苯双脒，其分子式见图 4-37（2），对巴西日圆线虫（*Nippostrongylus brasiliensis*）剂量为 15mg/(kg · d)，驱虫率 100%，对钩虫、蛔虫驱虫效果极显著，对蛲虫亦有作用。郝艳红等（1999）发现三苯双脒对体外培养的猪囊尾蚴具有杀伤作用，但对猪体内的囊尾蚴无效，认为这种现象可能与三苯双脒在猪体内的吸收和代谢有关抑或与三苯双脒对体外培养的猪囊尾蚴具有非特异性的细胞毒作用而对猪体内培养的囊尾蚴缺乏关键的杀伤机制。

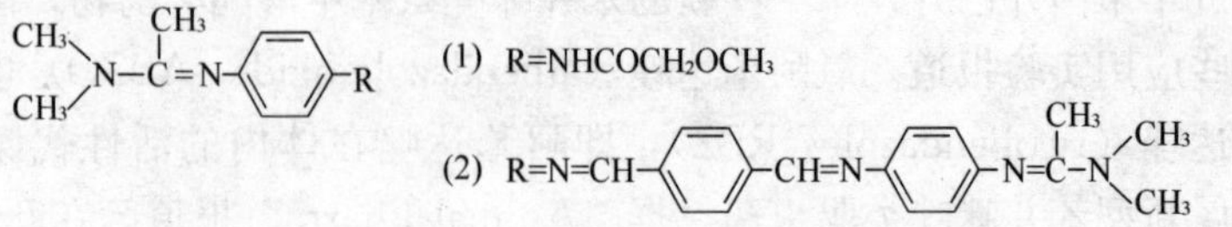

$(CH_3)_2N-C(CH_3)=N-C_6H_4-R$

(1) $R=NHCOCH_2OCH_3$

(2) $R=N=CH-C_6H_4-CH=N-C_6H_4-N=C(CH_3)-N(CH_3)_2$

图 4-37　苯脒类的化学结构

Figure 4-37　The chemical structure of benzene formamidines

近年国内通过对寄生蠕虫神经药理机制和生物化学机制的研究，引进和国内生产应用了伊维菌素、丙氧咪唑、氯氰碘柳胺钠、砜苯达唑、血防灵 881 青蒿素和青蒿琥酯等。与世界发达国家相比，目前我国寄生虫防治药物研究与开发还处于落后状态，原料药长期以仿制为主。药物专利法的实施将使我们面临制药侵权的困境，为了迎接这一挑战，在战略上必须以创制新药为主。

除开发新的药物外，现有药物的剂型改造和复方制剂的研究也是抗蠕虫药物开发的重要内容。在兽药新剂型的开发方面，脂质体制剂对寄生虫感染性疾病有导向和延效作用。缓释剂与长效控制剂有缓释丸剂、微型胶囊剂、缓释胶囊、瘤胃控释剂、脉冲控释剂等新剂型，如冯淇辉研制的阿苯达唑瘤胃控释装置剂型用于牛羊驱虫获得了满意的效果。透皮剂有左旋咪唑透皮剂、高效驱虫涂剂和驱蛔净透皮剂、阿苯达唑透皮剂。Hoechst 公司在英国上市了线虫控制药新的大药丸 Panacur（芬苯达唑的一种商业用名），1995 年进一步推广到其他欧洲国家（赵荣材，1996；李岩等，1999）。

具有新奇作用方式的新驱虫药不可能在短期内出现，为保持现有制剂的有效性、避免药物的抗性，应在驱虫药新剂型的开发上遵循如下选择原则：① 改变驱虫药的代谢，提高生物利用度（bioavailability，BA），例如添加用微管抑制剂处理的 OFZ；② 减慢消化物的流速，延长吸收，从而延长药物的生物利用度；在这个领域的研究是有希望的，而且其技术易于掌握应用；③ 将驱虫药结合到螯合复合体（chelate complex，CC）如硅酸铝上，可减慢驱虫药经过肠道的速度；④ 改变配方经皮给药；⑤ 用糖蜜饲料块（molasses feed block，MFB）和控制释放装置连续给药，并延长生物利用度；⑥ 将药物定向到起作用的部位，例如用 ABZ 脂质体抗旋毛虫已证明是成功的；⑦ 化合物的复合配方，例如 BZs＋LEV（即苯并咪唑类和左旋咪唑配伍）是很有效的；⑧ 用大丸剂的脉冲给药（pulse delivery，PD），在延长生物利用度方面是很有用的（靳家声，1995）。

包虫病由于其在全球的广泛分布，已经成为一个世界性的公共卫生问题。自 80 年代初由世界卫生组织协调的多中心临床研究，证实苯并咪唑类的阿苯达唑和甲苯达唑对包虫病有效以来，打破了传统的外科手术疗法，开创了包虫病的化疗。经过临床比较，认为阿苯达唑的疗效优于甲苯达唑，但由于阿苯达唑的胃肠道吸收差，导致其生物利用度低，治愈率仅 30%左右，故包虫病的化疗尚待改进和完善。为此，近年来一些学者致力于改善阿苯达唑生物利用度或筛选新药的实验研究，以期提高包虫病的化疗效果。即一方面通过改进阿苯达唑的剂型，提高其生物利用度和疗效。利用脂质体，特别是免疫脂质体制备的阿苯达唑剂型，无论是提高疗效，或是降低不良反应，均有明显的效果。而用多聚交酯微粒载体制备成的阿苯达唑针剂，因避开了肠道给药时的吸收问题，对提高阿苯达唑的生物利用度亦非常有效，虽然此种针剂还存在不足之处，但已为寻求阿苯达唑的非肠道给药疗法进行了有益的尝试。另一方面，将阿苯达唑与吡喹酮、西咪替丁、二肽甲基酯、阿苯达唑亚砜、左旋咪唑、地塞米松等多种化合物分别伍用，均能获得增强阿苯达唑抗包虫作用的效果。吡喹酮本身为一种广谱抗蠕虫药，对棘球蚴的原头节有很强的杀灭作用，对生发层亦有明显的损害。动物实验和临床试用结果表明，吡喹酮与阿苯达唑伍用，可通过改善阿苯达唑的药物动力学，达到增效的目的（闫玉涛等，2000）。此外，在药物筛选方面，由于开发新药所需的资金较为昂贵以及实验周期长，主要是从现用的药物中发掘出异丙肌苷、丝裂霉素 C、伊维菌素等一些抗包虫药物，同时发现了两种新类型的有效化合物烷基氨基乙醚和二肽甲基酯，为开发新药提供了线索。总之，迄今在提高苯并咪唑类药物的疗效以及寻求新药方面，已取得了一定的进展，但尚未实现突破（高建宁等，1999）。

本实验发现，猪囊尾蚴具有与大多数蠕虫相同的代谢规律，苯并咪唑氨基甲酸酯类药物杀灭虫体的作用机理与其他寄生蠕虫基本一致。本实验结果将有助于苯并咪唑氨基甲酸酯类药物的构效关系和类型衍化研究。猪囊尾蚴来源较容易，形态较大，研究人员不易被感染，因而猪囊尾蚴可能成为研究苯并咪唑氨基甲酸酯类药物作用机理、筛选新型药物的实验动物模型。苯并咪唑氨基甲酸酯类药物对猪囊尾蚴能量代谢的广泛影响以及药物对 FR 活性的抑制作用也可成为筛选药物的新的研究手段，这一手段可能会更快捷，将大大简化新药筛选的工作，而结果可能与常规筛选方法同样可靠（Hunter，1997）。本实验的结果也表明，药物也是研究寄生蠕虫生物化学的一个有力工具。在许多具有原始创新的研究基础上，我们有理由相信，不久的将来，猪囊尾蚴病将和血吸虫病（schistosomiasis）等寄生虫病一样在我国被彻底消灭。

4.5　药物对猪带绦虫囊尾蚴和宿主的其他影响

4.5.1　药物对猪带绦虫囊尾蚴和宿主其他影响的实验

4.5.1.1　药物体外对不同发育时期猪囊尾蚴的影响

4.5.1.1.1　药物体外对未成熟期猪囊尾蚴的影响

药物体外对未成熟期猪囊尾蚴作用设两个时期：第一个时期设在六钩蚴培养 5d 后开始用药；第二个时期设在囊尾蚴在猪体内发育 30d 时剖杀猪，取外形相似，大小相同的囊尾蚴分组用药。药物设 7 组：NX_0、NX_1、NX_2、NX_3、NX_4、NX_5、NX_6，药物浓度为 400 $\mu g \cdot ml^{-1}$。对照（C）组培养基中加入与用药组同等体积的二甲基甲酰胺。每 12h 检测一次虫体存活情况，选出两种最有效的药物 NX_1、NX_2 并以 NX_0 组作对照，以 HE 法和 TUNEL 试剂盒测定体外用药 12h、24h、36h、48h、72h 后猪囊尾蚴头节的凋亡细胞阳性率（apoptotic cell positive index，AI）和囊壁的凋亡细胞阳性率即 S-AI 和 W-AI。AI 是按每 10 个高倍（40×10）视野（high power field，hpf）中凋亡阳性细胞检出数占 10 个 hpf 细胞总数的百分比而计算出的。

4.5.1.1.2　药物体外对成熟期猪囊尾蚴的影响

从患有囊尾蚴病的猪体内选取成熟期囊尾蚴，经 20%猪胆汁作用，翻出头节较长，活动自如，证明为活的、成熟的囊尾蚴，然后开始用药

(用药剂量及分组同前)。药物作用 12h、24h、36h、48h、72h 后，检测猪囊尾蚴的 S-AI 和 W-AI。

4.5.1.2　药物体内对不同发育时期猪囊尾蚴的影响

4.5.1.2.1　药物体内对未成熟期猪囊尾蚴的影响

选无囊尾蚴感染的仔猪，人工感染猪带绦虫卵后，于不同时期检测抗猪囊尾蚴 Ab 效价。当 Ab 效价达到 1:16 以上时，开始用药，药物选用经体外筛选的三种药物。每个用药组设 6 头猪，感染后不用药（IF）组 5 头，不感染也不用药（C）组 3 头。药物作用前、作用后 5d、10d、30d、45d、80d 各组分别采血，测 Ab 效价、NO 水平及 L-AI。三种用药组于药物作用前、作用后 1d、2d、5d、10d、45d、80d 分别剖杀一头猪（IF 组于药物作用后 1d、5d、10d、45d、80d 各剖杀一头），观察药物作用后囊尾蚴形态结构变化（压片、病理切片、电镜检查），并检测药物作用后 S-AI、W-AI、M-AI、D. M-AI 的变化。分别分析三种药物作用后 Ab、NO、L-AI、S-AI、W-AI、M-AI 六种指标的相关性。

4.5.1.2.2　药物体内对成熟期猪囊尾蚴的影响

选无囊尾蚴感染的仔猪，人工感染猪带绦虫卵后 60d、70d、80d 分别剖杀一头，检查囊尾蚴成熟情况。成熟标准：头节翻出较长；压片观察可见 4 个吸盘且直径不再随感染时间的延长而增大：小钩数量为25～50 个且角质化程度很高。当囊尾蚴 80%以上成熟时，即开始用药。用药和检测指标及其方法同 4.5.1.2.1 药物体内对未成熟期猪囊尾蚴的影响实验一致。

4.5.2　药物对猪带绦虫囊尾蚴和宿主其他影响的结果

4.5.2.1　药物对不同发育时期猪囊尾蚴存活率的影响

7 种药物对不同发育时期猪囊尾蚴存活率（%）的影响见表 4-1。

4.5.2.2　药物体外对不同发育时期猪囊尾蚴凋亡细胞阳性率(AI)的影响

根据表 4-1，NX_1 和 NX_2 两种药物效果较好，杀虫率较高。选定

NX_1 和 NX_2 两种药物并以 NX_0 作对照，观察三种药物作用于不同发育时期猪囊尾蚴后，猪囊尾蚴头节细胞和囊壁细胞凋亡阳性率（%）即 S-AI 和 W-AI 的变化（图版 4B），其结果见表 4-42。

表 4-42　药物体外作用后不同时期囊尾蚴 S-AI、W-AI 的变化

Table 4-42　Changes of S-AI and W-AI of cysticerci treated individully *in vitro* with drugs in different developmental stages

用药时间/小时 Age of treatment/h	组别 Group	未成熟期囊尾蚴 Immature cysticerci		成熟期囊尾蚴 Mature cysticerci	
		S-AI/%	W-AI/%	S-AI/%	W-A/%
0	C	4.538 ± 0.124^{a}	12.515 ± 0.421^{a}	4.576 ± 0.156^{a}	8.544 ± 0.065^{a}
	NX_0	4.657 ± 0.056^{a}	12.233 ± 0.156^{a}	4.678 ± 0.102^{a}	8.608 ± 0.048^{a}
	NX_1	4.348 ± 0.125^{a}	12.385 ± 0.059^{a}	4.320 ± 0.213^{a}	8.635 ± 0.184^{a}
	NX_2	4.565 ± 0.235^{a}	12.436 ± 0.187^{a}	4.505 ± 0.026^{a}	8.493 ± 0.249^{a}
12	C	4.774 ± 0.049^{Cb}	12.145 ± 0.083^{D}	4.814 ± 0.014^{Ba}	8.764 ± 0.146^{Ca}
	NX_0	5.567 ± 0.154^{BCa}	15.304 ± 0.158^{C}	5.279 ± 0.068^{Ba}	10.594 ± 0.199^{B}
	NX_1	10.906 ± 0.236^{A}	28.562 ± 0.216^{A}	7.724 ± 0.189^{A}	12.385 ± 0.267^{A}
	NX_2	5.936 ± 0.177^{Ba}	16.724 ± 0.437^{B}	4.903 ± 0.177^{Ba}	8.800 ± 0.166^{Ca}
24	C	5.112 ± 0.115^{D}	13.078 ± 0.085^{D}	4.892 ± 0.143^{Cb}	8.655 ± 0.124^{C}
	NX_0	15.123 ± 0.110^{C}	35.624 ± 0.882^{C}	8.116 ± 0.175^{B}	40.446 ± 1.087^{Aa}
	NX_1	19.076 ± 0.744^{A}	47.416 ± 0.635^{A}	10.513 ± 0.174^{A}	40.739 ± 0.348^{Aa}
	NX_2	17.234 ± 0.756^{B}	37.627 ± 0.822^{B}	5.778 ± 0.116^{Ca}	15.172 ± 0.046^{B}
36	C	5.795 ± 0.144^{C}	14.760 ± 0.166^{D}	5.345 ± 0.183^{C}	9.624 ± 0.451^{C}
	NX_0	18.479 ± 0.243^{Ba}	63.687 ± 0.732^{C}	25.446 ± 0.536^{Aa}	43.456 ± 0.372^{Aa}
	NX_1	21.373 ± 0.156^{A}	73.518 ± 0.545^{A}	25.735 ± 0.435^{Aa}	44.117 ± 0.265^{Aa}
	NX_2	18.927 ± 0.350^{Ba}	70.778 ± 0.667^{B}	9.463 ± 0.348^{B}	14.925 ± 0.147^{B}
48	C	6.083 ± 0.126^{C}	14.956 ± 0.635^{D}	9.733 ± 0.225^{C}	15.911 ± 0.023^{Bb}
	NX_0	18.562 ± 0.185^{Bb}	65.017 ± 0.405^{C}	28.384 ± 0.253^{Aa}	50.894 ± 0.414^{Aa}
	NX_1	23.979 ± 0.348^{A}	79.936 ± 0.386^{A}	27.979 ± 0.274^{Aa}	49.032 ± 0.576^{Aa}
	NX_2	19.442 ± 0.153^{Ba}	72.803 ± 0.275^{B}	12.694 ± 0.384^{B}	16.524 ± 0.143^{Bb}
72	C	6.674 ± 0.112^{D}	15.095 ± 0.960^{D}	9.965 ± 0.132^{C}	15.057 ± 0.094^{Bb}
	NX_0	20.803 ± 0.780^{B}	65.784 ± 0.991^{C}	28.714 ± 0.430^{Aa}	46.625 ± 1.126^{Aa}
	NX_1	24.295 ± 0.821^{A}	81.316 ± 0.930^{A}	29.257 ± 0.430^{Aa}	45.654 ± 0.485^{Aa}
	NX_2	20.126 ± 0.805^{C}	73.295 ± 0.704^{B}	12.976 ± 0.064^{B}	15.842 ± 0.066^{Bb}

根据表 4-42，用药前，未成熟期和成熟期囊尾蚴的 S-AI、W-AI 在对照组和三种用药组之间均差异不显著（$P>0.05$）。三种药物作用于未成熟期囊尾蚴后不同时期，C 组的 S-AI、W-AI 均显著低于其他各组

($P<0.01$；$P<0.05$)；NX_1 组的 S-AI 和 W-AI 极显著高于其他各组 ($P<0.01$)；NX_2 组 S-AI 于用药后 24h、48h 显著高于 NX_0 组 ($P<0.01$；$P<0.05$)，于用药后 72h 极显著低于 NX_0 组 ($P<0.01$)，其余时期两组差异不显著 ($P>0.05$)，但 NX_2 组的 W-AI 在用药后各时期均极显著高于 NX_0 组 ($P<0.01$)。药物作用于成熟期囊尾蚴后，C 组 S-AI 除用药后 12h、W-AI 除用药后 12h、48h、72h 与 NX_2 组差异不显著 ($P>0.05$) 外，其余时期均显著低于 NX_2 组 ($P<0.01$；$P<0.05$)；NX_1 组和 NX_0 组的 S-AI 和 W-AI 于用药后各时期均极显著高于 NX_2 组 ($P<0.01$)；NX_1 组于药物作用 12h 和 24h 的 S-AI 及药物作用后 12h 的 W-AI 极显著高于 NX_0 组 ($P<0.01$)，其余时期两组的 S-AI 和 W-AI 差异不显著 ($P>0.05$)。

4.5.2.3　药物体内对不同发育时期猪囊尾蚴一些指标的影响

4.5.2.3.1　药物体内对未成熟期猪囊尾蚴一些指标的影响

(1) NO 水平、Ab 效价及 L-AI 的变化

药物体内作用于未成熟期囊尾蚴后宿主 NO、Ab 效价、L-AI 的检测结果见表 4-43。

NO：用药前及用药后 5d、10d、30d、45d，IF 组、NX_0 组、NX_1 组、NX_2 四组 NO 值均极显著高于 C 组 ($P<0.01$)；NX_1 组 NO 值于用药后各时期极显著高于其他各组 ($P<0.01$)；NX_0 组 NO 值于用药后 10d 和 30d 极显著高于 IF 组和 NX_2 组 ($P<0.01$)；于用药后 5d 和 45d，三组之间差异不显著 ($P>0.05$)；NX_2 组 NO 值除于用药后 10d 极显著高于 IF 组 ($P<0.01$) 外，其余各时期，两组之间差异不显著 ($P>0.05$)。C 组 NO 值在各时期变化不显著；NX_1 组 NO 值呈逐渐上升趋势，至用药后 45d 稍有下降；IF、NX_0、NX_2 三组 NO 值在用药后 5d 前呈上升趋势，以后逐渐下降。

Ab 效价：药物作用于未成熟期囊尾蚴后各时期抗猪囊尾蚴 Ab 效价在 IF、NX_0、NX_1、NX_2 四组之间差异不显著 ($P>0.05$)，四组抗体效价均呈逐渐上升趋势。

表 4-43　药物体内作用与未成熟期猪囊尾蚴后宿主 NO、Ab、L-AI 水平变化

Table 4-43　Changes of level of NO, Ab and L-AI in the hosts parasitized by immature *C. cellulosae* and treated *in vivo* with drugs

用药时间/日 Age of treatment/d	组别 Group	指标 Index		
		NO/ (μmol/L)	Ab (log2)	L-AI /%
0	C	0.507 ± 0.012^{B}	0.0 ± 0.0^{B}	4.519 ± 0.140^{A}
	IF	0.627 ± 0.008^{Aa}	4.2 ± 0.1^{Aa}	3.892 ± 0.162^{Ba}
	X_0	0.619 ± 0.006^{Aa}	4.5 ± 0.3^{Aa}	4.134 ± 0.253^{Ba}
	NX_1	0.613 ± 0.009^{Aa}	4.7 ± 0.3^{Aa}	4.006 ± 0.253^{Ba}
	NX_2	0.612 ± 0.005^{Aa}	4.2 ± 0.5^{Aa}	4.008 ± 0.107^{Ba}
5	C	0.494 ± 0.010^{C}	0.0 ± 0.0^{B}	4.387 ± 0.142^{A}
	IF	0.674 ± 0.009^{Bb}	6.0 ± 0.2^{Aa}	4.003 ± 0.147^{B}
	NX_0	0.713 ± 0.004^{Bb}	5.8 ± 0.1^{Aa}	3.408 ± 0.106^{Ca}
	NX_1	0.780 ± 0.146^{A}	5.6 ± 0.3^{Aa}	32.901 ± 0.105^{D}
	NX_2	0.676 ± 0.016^{Bb}	6.0 ± 0.4^{Aa}	3.635 ± 0.064^{Ca}
10	C	0.497 ± 0.004^{E}	0.0 ± 0.0^{B}	4.253 ± 0.180^{Bb}
	IF	0.587 ± 0.007^{D}	6.8 ± 0.2^{Aa}	4.906 ± 0.232^{A}
	NX_0	0.661 ± 0.003^{B}	7.0 ± 0.0^{Aa}	3.675 ± 0.064^{C}
	NX_1	0.795 ± 0.006^{A}	7.0 ± 0.2^{Aa}	3.142 ± 0.068^{D}
	NX_2	0.619 ± 0.004^{C}	7.5 ± 0.4^{Aa}	4.511 ± 0.087^{Ba}
30	C	0.429 ± 0.004^{D}	0.0 ± 0.0^{B}	4.375 ± 0.251^{D}
	IF	0.551 ± 0.009^{Ca}	7.7 ± 0.3^{Aa}	6.502 ± 0.207^{Aa}
	NX_0	0.574 ± 0.002^{B}	7.5 ± 0.1^{Aa}	5.938 ± 0.065^{B}
	NX_1	0.847 ± 0.005^{A}	7.6 ± 0.5^{Aa}	5.517 ± 0.072^{C}
	NX_2	0.548 ± 0.007^{Ca}	7.6 ± 0.6^{Aa}	6.053 ± 0.077^{Aa}
45	C	0.503 ± 0.009^{C}	0.0 ± 0.0^{B}	4.812 ± 0.062^{C}
	IF	0.553 ± 0.007^{Ba}	8.6 ± 0.3^{Aa}	5.956 ± 0.134^{Aab}
	NX_0	0.549 ± 0.007^{Ba}	8.8 ± 0.6^{Aa}	6.064 ± 0.108^{Aa}
	NX_1	0.826 ± 0.008^{A}	8.5 ± 0.4^{Aa}	3.122 ± 0.145^{D}
	NX_2	0.554 ± 0.006^{Ba}	8.5 ± 0.2^{Aa}	5.778 ± 0.186^{Ab}

L-AI：用药前及用药后 5d，C 组 L-AI 值显著高于其他四组（$P<$

0.05；$P<0.01$），而其他四组 L-AI 值于用药前差异不显著（$P>0.05$），于用药后 5d，四组间除 NX_0、NX_2 两组间差异不显著（$P>0.05$）外，其余各组间差异极显著（$P<0.01$），IF 组极显著高于 NX_0 和 NX_2 组（$P<0.01$），而 NX_1 组极显著低于 NX_0 和 NX_2 组（$P<0.01$），即四组 L-AI 值由高到低顺序为 IF 组>NX_2 组≈NX_0 组>NX_1 组；用药后 10d，五组间差异显著（$P<0.05$；$P<0.01$），五组的 L-AI 值由高到低顺序为 IF 组>NX_2 组>C 组>NX_0 组>NX_1 组；用药后 30d，五组中除 IF 和 NX_2 两组间差异不显著（$P>0.05$）外，其余各组间差异极显著（$P<0.01$），各组 L-AI 值先后顺序为 IF 组≈NX_2 组>NX_0 组>NX_1 组>C 组；用药后 45d，IF 与 NX_0 组以及 IF 与 NX_2 组间 L-AI 值差异不显著（$P>0.05$），其余各组间差异极显著（$P<0.01$），各组 L-AI 值先后顺序为 NX_0 组>NX_2 组>C 组>NX_1 组。C 组于各时期 L-AI 变化不显著；IF 组随用药时间的延长 L-AI 值逐渐上升，至用药后 45dL-AI 值下降；NX_0、NX_1、NX_2 组于用药后 5d 前 L-AI 值下降，以后随用药时间延长开始回升，于用药后 45d，NX_0 组 L-AI 值仍较高，而 NX_1 组与 NX_2 组 L-AI 值则降低。

（2）S-AI、W-AI、M-AI、D. M-AI 的变化

药物体内作用于未成熟期囊尾蚴后 S-AI、W-AI、M-AI、D. M-AI 的检测结果见表 4-44。

表 4-44 药物体内作用后未成熟猪囊尾蚴 S-AI、W-AI 及宿主 M-AI 、D. M-AI 的变化

Table 4-44 Changes of S-AI and W-AI of immature *C. cellulosae* and M-AI and D. M-AI in their hosts after treated *in vivo* with drugs

用药时间/日 Age of treatment/d	组别 Group	指标 Index			
		S-AI/%	W-AI/%	M-AI/%	D. M-AI/%
0	IF	6.824±0.071[a]	14.447±0.142[a]	2.711±0.132[a]	0.079±0.004[a]
	NX_0	6.635±0.152[a]	14.518±0.076[a]	2.548±0.124[a]	0.088±0.011[a]
	NX_1	6.632±0.127[a]	14.419±0.073[a]	2.675±0.140[a]	0.090±0.008[a]
	NX_2	6.756±0.063[a]	14.358±0.117[a]	2.614±0.087[a]	0.085±0.013[a]

续表

用药时间/日 Age of treatment/d	组别 Group	指标 Index			
		S-AI/%	W-AI/%	M-AI/%	D. M-AI/%
1	IF	6.204±0.164^{Ba}	14.865±0.182^{a}	4.251±0.182^{Ab}	0.115±0.018^{Aa}
	NX_0	6.167±0.105^{Ba}	14.927±0.178^{Ba}	4.234±0.130^{Ab}	0.096±0.012^{Aa}
	NX_1	11.805±0.123^{A}	20.404±0.166^{A}	4.189±0.252^{Ab}	0.076±0.005^{Ab}
	NX_2	6.186±0.112^{Ba}	14.760±0.149^{Ba}	4.474±0.143^{Aa}	0.107±0.011^{Aa}
2	IF	5.783±0.072^{a}	14.687±0.096^{a}	4.193±0.072^{Cb}	0.091±0.016^{a}
	NX_0	5.576±0.096^{a}	14.728±0.134^{a}	4.624±0.181^{Ba}	0.105±0.014^{a}
	NX_1	Δ	Δ	12.945±0.263^{A}	0.118±0.017^{a}
	NX_2	5.695±0.114^{a}	14.422±0.153^{a}	4.478±0.105^{Bca}	0.097±0.011^{a}
5	IF	5.314±0.082^{a}	13.958±0.112^{Ba}	4.667±0.125^{Ba}	0.143±0.019^{a}
	NX_0	5.326±1.690^{a}	14.625±0.125^{A}	4.812±0.201^{A}	0.132±0.005^{a}
	NX_1	Δ	Δ	11.895±0.206^{A}	0.132±0.005^{a}
	NX_2	5.284±0.115^{a}	13.019±0.176^{Ba}	4.856±0.142^{Ba}	0.140±0.010^{a}
10	IF	4.412±0.124^{Aa}	13.123±0.112^{a}	5.913±0.114^{Ba}	0.126±0.009^{Ab}
	NX_0	4.346±0.101^{Aa}	13.019±0.241^{a}	6.256±0.293^{Ba}	0.150±0.012^{Aa}
	NX_1	Δ	Δ	11.598±0.334^{A}	0.138±0.017^{Aa}
	NX_2	4.158±0.016^{Ba}	13.204±0.164^{a}	5.944±0.186^{Ba}	0.134±0.013^{Aa}
45	IF	3.426±0.089^{a}	7.654±0.174^{a}	8.405±0.093^{C}	0.165±0.023^{a}
	NX_0	3.472±0.205^{a}	7.650±0.275^{a}	11.726±0.190^{A}	0.154±0.010^{a}
	NX_1	Δ	Δ	0.165±0.034^{D}	0.163±0.006^{a}
	NX_2	3.456±0.077^{a}	7.710±0.186^{a}	10.798±0.553^{B}	0.159±0.014^{a}

注：Δ 表明细胞已发生坏死，全书同。
Note：Δ means that cells have been necrotic，and same in all contents.

S-AI、W-AI：用药前 S-AI 值和 W-AI 值在 IF、NX_0、NX_1、NX_2 四组间均差异不显著（P>0.05）；用药后 1d，NX_1 组 S-AI 和 W-AI 值均极显著高于其他三组（P<0.01），而其他三组间差异不显著（P>0.05）；用药后 2d 和 45d，S-AI 和 W-AI 值在 IF、NX_0、NX_2 三组间均差异不显著（P>0.05）；用药后 5d，IF、NX_0、NX_2 三组的 S-AI 值差异不显著（P>0.05），但 NX_0 组 W-AI 值显著高于 IF 和 NX_2 组（P<

0.05)，而 IF 和 NX_2 组 W-AI 值差异不显著（$P>0.05$）；用药后 10d，W-AI 值在 IF、NX_0、NX_2 三组间差异不显著（$P>0.05$），但 NX_2 组 S-AI 值显著低于 IF 和 NX_0 组（$P<0.05$），而 IF 和 NX_0 组 S-AI 值差异不显著（$P>0.05$）；NX_1 组在用药 2d 后，因虫体崩解，坏死或消失，S-AI、W-AI 值无法检测。IF、NX_0、NX_2 三组 S-AI 值随囊尾蚴发育及用药时间的延长呈逐渐下降趋势；三组 W-AI 值在用药后 2d 以前较平稳，用药后 5d 开始逐渐下降。

M-AI：用药前，各组间 M-AI 值差异不显著（$P>0.05$）；用药后 1d，NX_2 组 M-AI 值显著高于 IF、NX_0、NX_1 三组（$P<0.05$），而 IF、NX_0、NX_1 三组差异不显著（$P>0.05$）；用药后 2d，NX_1 组 M-AI 值极显著高于其他三组（$P<0.01$），其他三组中，NX_0 组与 NX_2 组 M-AI 值均显著高于 IF 组（$P<0.01$；$P<0.05$），而 NX_0 与 NX_2 组差异不显著（$P>0.05$）；用药后 5d 及 10d，NX_1 组 M-AI 值极显著高于其他三组（$P<0.01$），而其他三组间差异不显著（$P>0.05$）；用药后 45d，各组间差异极显著（$P<0.01$），其 M-AI 值由高到低顺序为 NX_0 组>NX_2 组>IF 组>NX_1 组。IF、NX_0、NX_2 三组 M-AI 值随用药时间的延长逐渐上升，而 NX_1 组 M-AI 值在用药后 2d 前迅速增加，以后随用药时间的延长，稍有下降，到用药后 45d，M-AI 值降至很低。

D. M-AI：D. M-AI 值除用药后 1d，NX_1 组显著低于 IF、NX_0、NX_2 三组（$P<0.05$）及用药后 10d，IF 组显著低于 NX_0、NX_1、NX_2 三组（$P<0.05$）外，其余各时期四组的 D. M-AI 值差异不显著（$P>0.05$）。各组 D. M-AI 值，随用药时间的延长稍有增加，但不显著。

（3）三种药物分别作用于未成熟期囊尾蚴后几种指标的相关性分析

1）NX_0 作用于未成熟期囊尾蚴后各种指标的相关性分析　将 NX_0 组用药后 0d、5d、10d、45d 的 NO、Ab、L-AT、S-AI、W-AI、M-AI 六种指标作相关性分析，其结果见表 4-45。

根据表 4-45，Ab 与 S-AI 呈显著负相关（$P<0.05$）；Ab 与 M-AI 呈显著正相关（$P<0.05$）；W-AI 与 M-AI 呈显著负相关（$P<0.05$）。

2）NX_1 作用于未成熟期囊尾蚴后几种指标的相关性分析　由于 NX_1 作用后，未成熟期囊尾蚴很快崩解、坏死或消失，S-AI 及 W-AI 无法检测，故仅将 NX_1 组用药后 0d、5d、10d、45d 的 NO、Ab、L-AI、M-AI 四种指标作相关性分析，其结果见表 4-46。

表 4-45 NX_0 作用于未成熟期囊尾蚴后几种指标的相关性分析

Table 4-45 Analysis on correlation among a few indexes in immature cysticerci and their hosts treated by NX_0

指标 Index	指标 Index					
	NO	Ab	L-AI	S-AI	W-AI	M-AI
NO	1					
Ab	−0.5457	1				
L-AI	−0.9411	0.7136	1			
S-AI	0.4031	−0.9849*	−0.5817	1		
W-AI	0.8260	−0.9111	−0.9388	0.8261	1	
M-AI	−0.6453	0.9807*	0.8211	−0.9353	−0.9634*	1

注：无标记表明差异不显著（$P>0.05$）；*表明差异显著（$P<0.05$）。

Note: No sign means no significant difference ($P>0.05$); * means significant difference ($P<0.05$).

表 4-46 NX_1 作用于未成熟期囊尾蚴后几种指标的相关性分析

Table 4-46 Analysis on correlation among a few indexes in immature cysticerci and their hosts treated by NX_1

指标 Index	指标 Index			
	NO	Ab	L-AI	M-AI
NO	1			
Ab	0.8281	1		
L-AI	−0.9235	−0.5541	1	
M-AI	0.2493	−0.2676	−0.5114	1

注：无标记表明差异不显著（$P>0.05$）。

Note: No sign means no significant difference ($P>0.05$).

根据表 4-46，四种指标均无显著相关性（$P>0.05$）。

3）NX_2 作用于未成熟期囊尾蚴后几种指标的相关性分析　将 NX_2 组用药后 0d、5d、10d、45d 的 NO、Ab、L-AI、S-AI、W-AI、M-AI 六种指标作相关性分析，其结果见表 4-47。

表 4-47　NX_2 作用于未成熟期囊尾蚴后几种指标的相关性分析

Table 4-47　Analysis on correlation among a few indexes in immature cysticerci and their hosts treated by NX_2

指标 Index	指标 Index					
	NO	Ab	L-AI	S-AI	W-AI	M-AI
NO	1					
Ab	−0.5052	1				
L-AI	−0.9232	0.7868	1			
S-AI	0.4775	−0.9995**	−0.7666	1		
W-AI	0.8139	−0.7940	−09534*	0.7769	1	
M-AI	−0.6821	0.9216	0.9074	−0.9119	−0.9629*	1

注：无标记表明差异不显著（P>0.05）。

Note：No sign means no significant difference（P>0.05）.

根据表 4-47，Ab 与 S-AI 呈极显著负相关（P<0.01）；L-AI 与 W-AI 呈显著负相关（P<0.05）；W-AI 与 M-AI 呈显著负相关（P<0.05）。

4.5.2.3.2　药物体内对成熟期猪囊尾蚴一些指标的影响

（1）NO 水平、Ab 效价、L-AI 的变化

药物体内作用于成熟期囊尾蚴后 NO 水平、Ab 效价及 L-AI 的检测结果见表 4-48。

表 4-48　药物体内作用于成熟期猪囊尾蚴后宿主 NO、Ab、L-AI 水平变化

Table 4-48　Changes of level of NO, Ab and L-AI in the hosts parasitized by mature *C. cellulosae* and treated *in vivo* with drugs

用药时间/日 Age of treatment/d	组别 Group	指标 Index		
		NO/（μmol/L）	Ab (log2)	L-AI /%
0	C	0.503 ± 0.009^{B}	0.0 ± 0.0^{B}	4.811 ± 0.062^{B}
	IF	0.552 ± 0.007^{Aa}	9.0 ± 0.1^{Aa}	5.954 ± 0.153^{Aa}
	NX_0	0.559 ± 0.005^{Aa}	9.0 ± 0.0^{Aa}	5.746 ± 0.083^{Ab}
	NX_1	0.554 ± 0.008^{Aa}	8.8 ± 0.3^{Aa}	5.725 ± 0.087^{Ab}
	NX_2	0.558 ± 0.004^{Aa}	9.0 ± 0.0^{Aa}	5.740 ± 0.080^{Ab}

续表

用药时间/日 Age of treatment/d	组别 Group	指标 Index NO/（μmol/L）	Ab (log2)	L-AI /%
5	c	0.551±0.001[C]	0.0±0.0[B]	4.722±0.085[C]
	IF	0.590±0.023[Bb]	9.0±0.0[Aa]	5.936±0.056[A]
	NX_0	0.718±0.010[Aa]	9.0±0.0[Aa]	3.855±0.103[Da]
	NX_1	0.714±0.013[Aa]	9.0±0.2[Aa]	3.794±0.084[Da]
	NX_2	0.597±0.007[Bb]	9.0±0.0[Aa]	5.126±0.142[B]
10	C	0.516±0.007[B]	0.0±0.0[B]	4.955±0.092[B]
	IF	0.617±0.006[C]	9.5±0.3[Aa]	5.924±0.153[Aa]
	NX_0	0.737±0.739[Ab]	9.3±0.5[Aa]	3.667±0.088[Cb]
	NX_1	0.753±0.014[Aa]	9.5±0.1[Aa]	3.745±0.106[Cb]
	NX_2	0.643±0.007[B]	9.5±0.4[Aa]	6.122±0.145[Aa]
30	C	0.513±0.007[D]	0.0±0.0[B]	4.995±0.092[C]
	IF	0.614±0.006[Ca]	10.0±0.0[Aa]	5.893±0.114[ABa]
	NX_0	0.699±0.012[B]	10.0±0.0[Aa]	5.672±0.051[Bb]
	NX_1	0.815±0.009[A]	9.7±0.1[Aa]	5.855±0.072[ABa]
	NX_2	0.620±0.011[Ca]	10.0±0.0[Aa]	5.953±0.113[Aa]
45	C	0.506±0.006[C]	0.0±0.0[B]	4.756±0.051[B]
	IF	0.594±0.009[Bb]	9.7±0.2[Aa]	5.903±0.175[Aa]
	NX_0	0.953±0.008[Aa]	10.0±0.0[Aa]	0.847±0.095[Aa]
	NX_1	0.966±0.010[Aa]	10.0±0.0[Aa]	5.908±0.054[Aa]
	NX_2	0.597±0.011[Bb]	10.0±0.0[Aa]	5.956±0.093[Aa]

NO：用药前，C组NO值极显著低于IF、NX_0、NX_1、NX_2四组（$P<0.01$），而IF、NX_0、NX_1、NX_2四组的NO值差异不显著（$P>0.05$）；用药后5d，NX_0、NX_1组的NO值极显著高于IF、NX_2、C组（$P<0.01$），IF与NX_2的NO值极显著高于C组（$P<0.01$），而NX_0与NX_1组及IF与NX_2组的NO值差异不显著（$P>0.05$）；用药后10d，NX_0与NX_1组NO值极显著高于IF、NX_2、C组（$P<0.01$），并且NX_1组NO值显著高于NX_0组（$P<0.05$），IF、NX_2、C组间也

存在极显著差异（P<0.01），NO 值在三组间的高低顺序为 NX_2 组>IF 组>C 组；用药后 30d，NX_1 组 NO 值极显著高于其他四组（P<0.01），其他四组除 IF 与 NX_2 组差异不显著（P>0.05）外，其余各组间存在极显著差异（P<0.01），NO 值在五组间的高低顺序为 NX_1 组>NX_0 组>NX_2 组≈IF 组>C 组；用药后 45d，NX_0 与 NX_1 组 NO 值极显著高于 IF、NX_2、C 组（P<0.01），IF 及 NX_2 组的 NO 值极显著高于 C 组（P<0.01），而 NX_0 与 NX_1 组及 IF 与 NX_2 组 NO 值差异不显著（P>0.05）。C 组在各时期 NO 值较稳定；NX_1 组 NO 值于用药后 45d 前呈逐渐上升趋势；NX_0 组 NO 值除用药后 30d 稍有降低外，其余各时期随用药时间的延长呈逐渐上升趋势；IF 组与 NX_2 组在用药后 10d 前缓慢上升，用药 30d 后缓慢下降，但在整个用药过程中，两组 NO 值变化不显著。

Ab 效价：药物作用于成熟期囊尾蚴后各时期抗猪囊尾蚴 Ab 效价在 IF、NX_0、NX_1、NX_2 四组间差异不显著（P>0.05），均呈缓慢上升趋势。

L-AI：用药前，C 组 L-AI 值极显著低于 IF、NX_0、NX_1、NX_2 四组（P<0.01），而 IF、NX_0、NX_1、NX_2 四组间差异不显著（P>0.05）；用药后 5d，除 NX_0 与 NX_1 组 L-AI 值差异不显著（P>0.05）外，其余各组差异极显著（P<0.01），各组 L-AI 值的高低顺序为 IF 组>NX_2 组>C 组>NX_0 组≈NX_1 组；用药后 10d，C 组 L-AI 值极显著低于 IF 和 NX_2 组（P<0.01），而极显著高于 NX_0 和 NX_1 组（P<0.01），IF 和 NX_2 组及 NX_0 和 NX_1 组间差异不显著（P>0.05）；用药后 30d，C 组 L-AI 值极显著低于其他各组（P<0.01），NX_0 组 L-AI 值显著低于 IF、NX_1、NX_2 组（P<0.05，P<0.01），而 IF、NX_1、NX_2 三组间差异不显著（P>0.05）；用药后 45d，C 组 L-AI 值极显著低于其他各组（P<0.01），而其他各组组差异不显著（P>0.05）。C 组和 IF 组随用药时间的延长 L-AI 值均变化不显著；NX_0 组与 NX_1 组 L-AI 值在用药后随用药时间的延长，L-AI 值降低，至用药后 30d，随用药时间的延长而缓慢升高；NX_2 组 L-AI 值在用药后 5d 降低，用药后 10d 升高，以后随用药时间的延长，L-AI 值变化不显著。

（2）S-AI、W-AI、M-AI、D. M-AI 的检测

药物体内作用于成熟期囊尾蚴后 S-AI、W-AI、M-AI、D. M-AI 的检测结果见表 4-49。

表 4-49　药物体内作用后成熟猪囊尾蚴 S-AI、W-AI 及宿主 M-AI 、D. M-AI 的变化

Table 4-49　Changes of S-AI and W-AI of mature *C. cellulosae* and M-AI and D. M-AI in their hosts after treated *in vivo* with drugs

用药时间/日 Age of treatment/d	组别 Group	指标 Index			
		S-AI/%	W-AI/%	M-AI/%	D. M-AI/%
0	IF	4.153±0.090[a]	7.078±0.172[a]	10.376±0.740[Aa]	0.070±0.011[a]
	NX_0	4.167±0.064[a]	7.024±0.094[a]	10.098±0.483[Ab]	0.078±0.013[a]
	NX_1	4.458±0.058[a]	7.085±0.143[a]	10.875±0.185[Aa]	0.087±0.009[a]
	NX_2	4.161±0.037[a]	7.050±0.033[a]	10.593±0.026[Aa]	0.082±0.004[a]
1	IF	4.395±0.112[B]	7.355±0.082[C]	11.980±0.453[A]	0.097±0.008[a]
	NX_0	5.638±0.156[Aa]	17.543±0.291[A]	9.734±0.116[Bb]	0.102±0.014[a]
	NX_1	5.347±0.124[Aa]	14.458±0.090[B]	10.235±0.234[Ba]	0.114±0.011[a]
	NX_2	—	—	—	—
2	IF	4.246±0.073[C]	7.286±0.093[C]	11.758±0.672[Aa]	0.132±0.019[Aa]
	NX_0	13.275±0.311[B]	20.105±0.323[B]	10.043±0.263[B]	0.129±0.005[Aa]
	NX_1	15.374±0.136[A]	25.167±0.211[A]	12.135±0.284[Aa]	0.106±0.011[B]
	NX_2	—	—	—	—
5	IF	4.225±0.295[C]	7.069±0.175[C]	13.207±0.192[A]	0.118±0.009[a]
	NX_0	17.598±0.137[B]	26.665±0.211[B]	10.596±0.134[C]	0.123±0.010[a]
	NX_1	19.095±0.608[A]	30.687±0.142[A]	12.443±0.162[B]	0.121±0.007[a]
	NX_2	—	—	—	—
10	IF	4.031±0.522[Bb]	7.196±0.025[Bb]	15.026±0.373[Aa]	0.097±0.011[a]
	NX_0	23.417±0.145[A]	33.024±0.122[A]	12.207±0.334[Bb]	0.111±0.014[a]
	NX_1	Δ	Δ	12.425±0.097[Bb]	0.106±0.007[a]
	NX_2	4.066±0.358[Bb]	7.224±0.146[Bb]	15.094±0.263[Aa]	0.101±0.006[a]
45	IF	4.288±0.126[a]	6.965±0.113[a]	31.336±0.493[A]	0.108±0.012[a]
	NX_0	Δ	Δ	0.187±0.062[Ca]	0.115±0.006[a]
	NX_1	Δ	Δ	0.183±0.045[Ca]	0.112±0.003[a]
	NX_2	4.305±0.174[a]	7.103±0.125[a]	27.474±0.336[B]	0.118±0.020[a]

注：— 表明未作检查，全书同。

Note: — means that the index has not been detected, and same in all contents.

S-AI、W-AI：用药前 S-AI 和 W-AI 值在 IF、NX_0、NX_1、NX_2 四组间均差异不显著（$P>0.05$）。用药后 1d，NX_0 和 NX_1 组 S-AI 值均极显著高于 IF 组（$P<0.01$），而 NX_0 和 NX_1 组间差异不显著（$P>0.05$）；IF、NX_0、NX_1 三组的 W-AI 值存在极显著差异（$P<0.01$），其高低顺序为 NX_0 组$>NX_1$ 组$>$IF 组，NX_2 组未作检测；用药后 2d 及 5d，S-AI 值及 W-AI 值在 IF、NX_0、NX_1 三组间均存在极显著差异（$P<0.01$），其高低顺序为 NX_1 组$>NX_0$ 组$>$IF 组，NX_2 未作检测；用药后 10d，NX_0 组 S-AI 及 W-AI 值均极显著高于 IF 和 NX_2 组（$P<0.01$），而 IF 和 NX_2 组间的 S-AI 及 W-AI 均差异不显著（$P>0.05$），NX_1 组由于虫体崩解、坏死而无法检测；用药后 45d，IF 和 NX_2 组的 S-AI 及 W-AI 值均差异不显著（$P>0.05$），NX_0 组与 NX_1 组由于虫体钙化而无法检测。IF 组的 S-AI 及 W-AI 值在用药后各时期变化不显著；NX_0 组和 NX_1 组的 S-AI 及 W-AI 值随用药时间的延长而迅速升高，用药后期因虫体坏死或钙化，S-AI 及 W-AI 值无法检测；NX_2 组仅检测了用药后 10d 及 45d，变化不显著。

M-AI：用药前，各组 M-AI 值差异不显著（$P>0.05$）；用药后 1d，IF 组 M-AI 值极显著高于 NX_0 和 NX_1 组（$P<0.01$），而 NX_1 组显著高于 NX_0 组（$P<0.05$），NX_2 组未作检测；用药后 2d，IF 和 NX_1 组 M-AI 值均极显著地高于 NX_0 组（$P<0.01$），而 IF 和 NX_1 组差异不显著（$P>0.05$），NX_2 组未作检测；用药后 5d，IF、NX_0、NX_1 三组 M-AI 值差异极显著（$P<0.01$），其高低顺序为 IF 组$>NX_1$ 组$>NX_0$ 组，NX_2 组未作检测；用药后 10d，IF 和 NX_2 组 M-AI 值极显著高于 NX_0 和 NX_1 组（$P<0.01$），而 IF 和 NX_2 及 NX_0 和 NX_1 组间均差异不显著（$P>0.05$）；用药后 45d，IF 组 M-AI 值极显著高于组 NX_0 与 NX_1 组（$P<0.01$），NX_2 组 M-AI 值极显著低于 NX_0 与 NX_1 组（$P<0.01$），而 NX_0 与 NX_1 两组 M-AI 值差异不显著（$P>0.05$）。IF 组 M-AI 值随感染时间的延长迅速上升；NX_0 和 NX_1 组 M-AI 值于用药后 1d 降低，以后随用药时间的延长而逐渐增加，到用药后 45d 降至很低；NX_2 组仅用药后 10d 和 45d 检测 M-AI 值，并呈迅速上升趋势。

D. M-AI：IF、NX_0、NX_1 三组除用药后 2d，NX_1 组 D. M-AI 值极显著低于 IF 和 NX_0 组（$P<0.01$）外，其余各时期三组差异不显著

（$P>0.05$）；NX_2 组仅检测用药后 10 和 45d，并且在此两个时期内，四组间差异不显著（$P>0.05$）。各组 D. M-AI 值随用药时间的延长变化不显著。

（3）三种药物分别作用于成熟期囊尾蚴后几种指标的相关性分析

1）NX_0 作用于成熟期囊尾蚴后几种指标的相关性分析　由于 NX_0 作用后 45d，囊尾蚴钙化，无法检测 S-AI 和 W-AI 值，故仅将 NX_0 组用药后 0d、5d、10d、45d 的 NO、Ab、L-AI、M-AI 四种指标作相关性分析，其结果见表 4-50。

表 4-50　NX_0 作用于成熟期囊尾蚴后几种指标的相关性分析

Table 4-50　Analysis on correlation among a few indexes in mature cysticerci and their hosts treated by NX_0

指标 Index	指标 Index			
	NO	Ab	L-AI	M-AI
NO	1			
Ab	0.9160	1		
L-AI	0.1330	0.4406	1	
M-AI	−0.7972	−0.8929	−0.6932	1

注：无标记表明差异不显著（$P>0.05$）。

Note: No sign means no significant difference ($P>0.05$).

根据表 4-50，四种指标无显著相关性（$P>0.05$）。

2）NX_1 作用于成熟期囊尾蚴后几种指标的相关性分析　由于 NX_1 作用后 10d 及 45d，囊尾蚴发生坏死或钙化，无法检测 S-AI 和 W-AI 值，故仅将 NX_1 组用药后 0d、5d、10d、45d 的 NO、Ab、L-AI、M-AI 四种指标作相关性分析，其结果见表 4-51。

根据表 4-51，NO 与 Ab 呈显著正相关（$P<0.05$），其余指标无显著相关性（$P>0.05$）。

3）NX_2 作用于成熟期囊尾蚴后几种指标的相关性分析　由于仅检测了 NX_2 作用后 10d 和 45d 的 S-AI、W-AI、M-AI 值，故无法将 S-AI、W-AI、M-AI 三种指标与 NO、Ab 和 L-AI 作相关性分析，故仅分析了 NX_2 作用后 0d、5d、10d、45d 的 NO、Ab、L-AI 三种指标的相关性，其结果见表 4-52。

表 4-51 NX_1 作用于成熟期囊尾蚴后各种指标的相关性分析

Table 4-51 Analysis on correlation among a few indexes in mature cysticerci and their hosts treated by NX_1

指标 Index	指标 Index			
	NO	Ab	L-AI	M-AI
NO	1			
Ab	0.9534*	1		
L-AI	0.1510	0.2118	1	
M-AI	−0.7930	−0.7818	−0.7195	1

注：无标记表明差异不显著（$P>0.05$）。

Note: No sign means no significant difference ($P>0.05$).

表 4-52 NX_2 作用于成熟期囊尾蚴后几种指标的相关性分析

Table 4-52 Analysis on correlation among a few indexes in mature cysticerci and their hosts treated by NX_2

指标 Index	指标 Index		
	NO	Ab	L-AI
NO	1		
Ab	0.4082	1	
L-AI	0.3874	0.6600	1

注：无标记表明差异不显著（$P>0.05$）。

Note: No sign shows no significant difference ($P>0.05$).

根据表 4 52，NO、Ab、L-AI 三种指标无显著相关性（$P>0.05$）。

4.5.3 药物对猪带绦虫囊尾蚴和宿主其他影响的规律

4.5.3.1 NX_0 对猪带绦虫囊尾蚴和宿主的其他影响

本实验研究发现 NX_0 作用于成熟期囊尾蚴后不同时期，NO 显著高于感染未用药组，而淋巴细胞凋亡率则显著低于感染未用药组，说明 NX_0 作用于成熟期囊尾蚴后能上调宿主的免疫功能；而 NX_0 作用于未成熟期囊尾蚴后，于用药后 10d 和 30d NO 值显著高于感染未用药组，用药后 5d 和 45d 两组 NO 值差异不显著，而淋巴细胞凋亡率除用药后 45d 两组差异不显著外，其余各时期显著低于感染未用药组，说明 NX_0

作用于未成熟期囊尾蚴后也能上调宿主的免疫功能，但不及作用于成熟期囊尾蚴后上调的显著，据此作者推断 NX_0 杀伤猪囊尾蚴的作用可能依赖于宿主免疫应答，免疫力水平高就有利于发挥其杀虫作用，反之，则治疗效果差。

4.5.3.2 NX_1 对猪带绦虫囊尾蚴和宿主的其他影响

通过检测体内外未成熟期和成熟期囊尾蚴头节和囊壁细胞的凋亡率，作者发现囊壁细胞凋亡率显著高于头节细胞凋亡率，而且发生凋亡的细胞多靠近表皮层，皮下层松散的纤维组织中分布的细胞凋亡率较低，经透射电镜观察，其细胞类型应属皮层细胞。体外用药后未成熟期囊尾蚴头节和囊壁细胞凋亡率显著高于成熟期，两个时期囊尾蚴细胞凋亡率随体外用药时间的延长而逐渐升高，用药后 72h，多数细胞已凋亡，很少发现坏死；而体内用药后 1d，未成熟期和成熟期囊尾蚴也发生了明显的细胞凋亡，但未成熟期囊尾蚴于用药后 2d，成熟期囊尾蚴于用药后 10d，大部分细胞出现坏死。通常认为凋亡和坏死是细胞相互排斥的选择，即细胞要么凋亡，要么坏死。但大量实验表明，凋亡和坏死可相继发生；许多因素既可引起凋亡，也可引起坏死；在一定条件下，凋亡模式的死亡还可转化为坏死模式的死亡（Fermandes and Cotter，1994）。根据本实验体内外使用 NX_1 后引起细胞凋亡和坏死的情况不同，作者认为猪囊尾蚴细胞发生坏死，需要有宿主因素的参与，并且 NX_1 体内作用后，引起猪囊尾蚴细胞首先出现凋亡，而后发生坏死。本实验检测了 NX_1 体内作用后，猪囊尾蚴细胞凋亡率以及宿主血清中 NO、Ab、淋巴细胞凋亡率的变化，初步探讨了 NX_1 抗囊作用的生物效应机理。

4.5.3.2.1 提高 NO 的抗囊作用

本实验研究发现，NX_1 作用后，宿主血清中 NO 值显著高于感染未用药组。许多资料表明，NO 有显著的抑制和杀伤寄生虫作用。Liew 等（1991）研究发现，宿主对利什曼原虫感染的敏感性与宿主细胞的诱导型一氧化氮合酶（inducible nitric oxide synthase，iNOS）活性高低有关。抗病系小鼠的巨噬细胞 iNOS 活性较高，经诱导后产生大量 NO 抑制和杀伤利什曼原虫；敏感系小鼠的巨噬细胞 iNOS 活性较低，感染利什曼原虫后因不能产生足量NO以抵御原虫感染，疾病呈进行性恶化。用抗iNOS抗体进行免疫组织化学和mRNA水平测定，发现抗病系小鼠的皮肤和淋巴结内iNOS有较高表达，高表达区域内很少或没有利什曼原虫感染。Oswald等（1994）发现血吸虫在肺内感染后，肺内特别在寄生虫周围的炎症灶内有高水平mRNA表达，用NO产生抑制剂氨基胍处理后，小鼠对血吸虫尾蚴的抵抗力显著降低，证明NO介导的效应机制在宿主抗血吸虫感染上起重要作用。NO升高可能对猪囊尾蚴也有明显的杀伤作用。陈学民（1999）研究发现猪囊尾蚴病活动期病人全身皮下囊结数越多，血清NO量就越高，反之则越低。他认为，猪囊尾蚴在组织内定植后，进行自身的物质代谢，代谢物为抗原刺激机体产生抗体，抗体的主要代表即IgG与虫体表面抗原结合，抗体游离的Fc段可与某些细胞表面的Fc受体结合，导致能释放NO的免疫细胞与虫体贴近，巨噬细胞在细胞因子（IFN、IL-2、TNF等）的诱导下，释放NO杀伤虫体。NO杀伤囊尾蚴的机理还不清楚。蒋波和楚正绪（1998）报道，NO能与细胞内巯基结合，发生胞内效应，尤其与谷胱甘肽，形成有稳定生物活性的中间介质而影响氧化物产量和葡萄糖代谢。NO还可抑制细胞内代谢关键酶，减少ATP的产生而导致细胞坏死（Brown，1995；Cross and Wolin，1995；Liu and Kotchkiss，1995）。有学者认为，细胞内ATP水平是决定细胞凋亡或细胞坏死的主要因素，ATP水平轻度下降时，细胞死亡表现为凋亡，只有ATP严重下降时，细胞死亡才为坏死。高文学等（2001）研究发现，NX_1作用于囊尾蚴后，主要抑制了猪囊尾蚴体内的延胡索酸还原酶，从而干扰其能量代谢，导致死亡。延胡索酸还原酶受到抑制很可能与NO的升高有关。另外，刘颖格等（1998）报道NO具有高度脂溶性，极易扩散至细胞的脂质成分中，破坏细胞膜上的多种脂质结构，影响膜的信号转导、分子识别和转运。NO与超氧阴离子O_2^-结合形成过氧化亚硝酸根阴离子（$ONOO^-$），$ONOO^-$和它的衍生物通过与膜脂发生过氧化反应，生成烷基过氧化硝基盐（LOONO），使膜的功能发生障碍（孔宪寿，1996）。郝艳红（2000）在研究NX_1作用于猪囊尾蚴后猪囊尾蚴细胞膜的功能变化时发现，猪囊尾蚴细胞膜的功能受到了严重破坏，可能也与NO的升高有关。此外，NO可通过氧化使胺亚硝基化，亚硝基化作用可使脱氧核苷、脱氧核苷酸和DNA的碱基发生脱氨基作用（Wink，1991）。

4.5.3.2.2 增强宿主免疫反应

本实验研究发现，NX_1 作用于囊尾蚴后，宿主淋巴细胞凋亡率显著低于感染未用药组，说明 NX_1 可能是一种免疫激活剂，增强宿主免疫功能，阻滞囊尾蚴的生长。Herbert 和 Oberg（1974）根据以链状带绦虫卵再次攻击已感染囊尾蚴的家猪后，其体内的囊尾蚴逐渐消失或再次重复感染后能加速虫体的变性与吸收，首先提出免疫反应可能参与消除猪囊尾蚴。Flisser 等（1979）实验表明，在囊尾蚴与宿主的关系中，免疫应答起很重要的作用，并提出在宿主免疫系统与囊尾蚴作用过程中，起决定因素的是宿主的免疫力，它决定着囊尾蚴病的转归。

4.5.3.3 NX_2 对猪带绦虫囊尾蚴和宿主的其他影响

NX_2 体内作用于未成熟期和成熟期囊尾蚴后不同时期 NO、Ab、L-AI、S-AI、W-AI、M-AI、D. M-AI 的检测发现，NX_2 作用后与感染未用药组各项指标结果无显著差异，因此作者推测可能 NX_2 不易被猪体吸收，或者其被吸收后转变成无效成分而对囊尾蚴无杀伤作用。

4.6 猪带绦虫囊尾蚴治疗药物疗效考核的判定标准

根据实验观察，作者总结出以下几点判定药物疗效的标准，谨供猪带绦虫囊尾蚴病临床治疗参考。

4.6.1 一般形态学观察

用压片镜检与培养两种方法检查。取囊尾蚴仔细剥去外囊作头节压片，于低倍显微镜下观察：变性、坏死的囊尾蚴外囊很厚，极难剥离；囊壁增厚，变黄，囊腔内液体浑浊；小钩排列紊乱，并有脱落；吸盘突出或凹陷；用 20%胆汁生理盐水于恒温箱中培养 4～6h，未见头节翻出。虫体被杀死后形成的残留物柔软，呈黄白色的干酪样。有些虫体形成白色的钙化点，质硬，手捻有砂粒感。

4.6.2 病理组织学检查

变性的囊尾蚴大体结构尚可以辨认，但囊壁纤维组织疏松，并有断裂，皮下层出现空泡，细胞核浓缩、变性或坏死。坏死的囊尾蚴大体结构模糊不清，有时在囊尾蚴轮廓上仅残存石灰小体，其他组织细胞核消失，为一片红染物质，囊腔内侵入大量宿主炎性细胞；也可表现为虫体完全崩解，碎片散落在炎性反应层中。钙化的虫体于病变部位表现为大量钙盐沉着。由于有些未用药治疗的囊尾蚴周围宿主反应也很强烈，因此囊尾蚴的外囊即宿主包囊主要代表机体反应，不能作为诊断囊尾蚴存亡的标准。

4.6.3 超微形态学观察

变性的囊尾蚴皮层外表面微毛粘连、折断或脱落，基质区变薄或消失，实质区肌束肿胀、变形，并形成空泡，皮层细胞质中堆积大量的囊泡或细胞质溶解，实质细胞胞质及核染色质溶解，焰细胞纤毛束外围溶解，排泄管内微绒毛减少等。

4.6.4 细胞凋亡率检查

根据本次实验观察，正常的未成熟期囊尾蚴（30d 的囊尾蚴）头节细胞凋亡率不足 7%，囊壁细胞凋亡率不足 15%；成熟期囊尾蚴头节细胞凋亡率不足 5%，囊壁细胞凋亡率 7%左右。若药物有显著疗效，细胞凋亡率将随用药时间的延长而增加，最终细胞出现坏死。

4.6.5 抗猪囊尾蚴抗体检测

本实验采用间接血凝实验（indirect hemagglutination test，IHT）检测了猪囊尾蚴发育过程中以及药物作用后不同时期宿主抗猪囊尾蚴抗体（Ab）效价的动态变化，结果显示 Ab 效价随猪囊尾蚴感染时间的延长而升高，且于感染组和三种用药组之间无显著差异（$P>0.05$），说明 Ab 效价的消长曲线与药物杀灭虫体的比率不成正相关系，即 Ab 效价不能反应和说明体内虫体被杀死变性和吸收转归的实际情况。许多实验表明，当动物体内虫体被杀死后，能释放出蛋白成分，起到虫体抗原的作用，诱发体内抗体滴度的增加。因此 IHT 检测体内抗体滴度高低和消长情况虽是生前诊断囊尾蚴病的重要指标和方法，但是不可做为判定药物疗效的指标。

4.7 药物毒理学研究

4.7.1 材料与方法

4.7.1.1 实验材料和仪器设备

4.7.1.1.1 实验材料

急性毒性实验用体重为18～24g的健康昆明小白鼠，蓄积毒性实验用体重为15～18g的健康昆明小白鼠。

4.7.1.1.2 实验药品

阿苯达唑（NX_0）原料药粉，奥芬达唑（NX_1）原料药粉，生理盐水、吐温-80，生理固定液、缓冲福尔马林（福尔马林、磷酸二氢钠、磷酸氢二钠、蒸馏水）。

4.7.1.1.3 实验用具

2ml注射器10支，灌胃针头2个，小烧杯5个，剪子、镊子、分析天平、一次性塑料手套、鼠笼、饮水瓶、饲料、饲草、鼠料。

4.7.1.1.4 实验仪器

灌胃管，2.5ml的注射器，Sartorius电子天平，Olympus万能显微镜。

4.7.1.2 实验方法

4.7.1.2.1 药品配制

内服用NX_0混悬液的配制　于当日给药前准确称取当日定量，一系列NX_0原料药粉于一系列小烧杯中，加入少量吐温-80湿润，再用1.0ml蒸馏水分别配制成悬浊液。

内服用NX_1混悬液的配制　同内服用NX_0混悬液的配制。

4.7.1.2.2 小鼠保定

固定小鼠时，用左手的拇指和食指抓住小鼠的颈部背侧，使小鼠在掌中腹部朝上，然后以无名指和小指夹住鼠尾，将灌胃针头沿上颌插入胃内灌药。

4.7.1.2.3 急性实验

(1) 预备实验

选择 126 只健康昆明小白鼠，设对照组，给予 1ml 生理盐水，NX_0、NX_1 药各取 10 组，每组雌雄各半，按下表给予一定药量，观察 7d，记录死亡结果。

组别 Group	NX_0 剂量 Dose/（mg/kg）	NX_1 剂量 Dose/（mg/kg）
1	1 320	2 400
2	1 560	3 000
3	1 920	3 720
4	2 400	4 560
5	3 000	5 520
6	3 720	6 600
7	4 560	7 800
8	5 520	9 120
9	6 600	10 560
10	7 800	12 120

(2) 正式实验

选择 132 只健康小鼠，体重 18～24g 健康小鼠（雌雄各半），按随即方法将其分为 11 组，每组 12 只，取一组为对照组，每 1 只小鼠给予 1ml 生理盐水灌胃。其余各组，按下表给予灌胃，观察 7d，记录结果。

组别 Group	NX_0 剂量 Dose/（mg/kg）	NX_1 剂量 Dose/（mg/kg）
1	2 400	3 720
2	3 120	4 836
3	4 056	6 287
4	5 273	8 173
5	6 855	10 625

灌药当日为 0d，分别取 1d、3d 活的小鼠内脏剖检观察，每只死鼠均剖检观察。

4.7.1.2.4　蓄积实验

采用固定剂量连续染毒法。根据急性毒性正式实验中测得的 LD_{50}，将实验小鼠分成两个大组（每组 36 只），采用固定剂量连续染毒法，给小鼠灌药。蓄积毒性实验以 0.1LD_{50} 作为开始量，以后按等比级数 1.5 倍递增，一般连续染毒 20d，若死亡动物未达半数，亦可结束实验，因此时分次染毒总剂量已达一次染毒 LD_{50} 的 5.3 倍，每天观察并纪录结果，每隔四天剖检 1 只活鼠，死亡的剖检观察内脏变化，做成标本。

组别 Group	日数（d）/ 染毒量（Toxicant dose）	1～4	5～8	9～12	13～16	17～20
NX_0 组	每日染毒量/（mg/kg）l Toxicant dose/day	505.8	758.7	1 138	1 707	2 560.5
	各期染毒总量/mg Tota/toxicant/period	2 023.2	3 034.8	4 552	6 828	10 242
	染毒各期蓄积总量/mg Total accumulation/period	2 023.2	5 058	9 610	16 438	26 680
NX_1 组	每日染毒量/（mg/kg） Toxicant dose/day	571.5	857	1 286	1 929	2 893.5
	各期染毒总量/mg Total toxicant/period	2 286	3 429	5 143.5	7 716	11 574
	染毒各期蓄积总量/mg Total accumulation/period	2 286	5 715	10 858.5	18 574.5	30 148.5

4.7.1.2.5　耐受实验

在蓄积毒性实验结束后，将存活的小鼠进行耐受性实验，即再给一

个 LD_{50} 的剂量，观察 7d，统计死亡率，并与预先未经毒物处理的对照组的死亡率比较，若实验动物的死亡率高于对照组或无显著差别，则表示无耐受性。

4.7.2 结果

4.7.2.1 急性预备实验

组别 Group	死亡数（NX_0） Number of death	死亡数（NX_1） Number of death
1	0	0
2	0	0
3	0	0
4	0	1
5	2	1
6	3	2
7	3	3
8	3	4
9	4	4
10	4	4

4.7.2.2 急性正式实验

应用简化寇氏法计算 LD_{50}，公式为：

$$r = (b/a)^{[1/(n-1)]}$$

式中 r 为公比，b 为最高致死剂量，a 为最低致死剂量，n 为组数。

	NX_0（mg/kg）	NX_1（mg/kg）
a	2 400	3 720
b	6 600	9 120
r	1.3	1.25

组别 Group			死亡数（只） Number of death		死亡数（只） Number of death
1	a	2 400	0	3 720	2
2	ar	3 120	2	4 836	5
3	ar^2	4 056	3	6 287	8
4	ar^3	5 273	5	8 173	9
5	ar^4	6 855	7	10 625	10

计算 LD_{50} 的公式：

$$\log LD_{50} = Xm - d\ (\Sigma p - 0.5)$$

式中：Xm 为最大剂量的对数，d 为相邻剂量比值的对数，p 为各组死亡率（以小数表示），Σp 为各组死亡率的总和。

LD_{50} 的 95％可信限 $= \log^{-1}\ (\log LD_{50} \pm 1.96 \times S\ \log LD_{50})$

标准误 $SLD_{50} = d\ (\Sigma pq/n)^{1/2}$

其中，p 为各组死亡率，$q = 1 - p$ 为各组的存活率，n 为各组的动物数，d 为相邻剂量比值的对数。

根据公式求出：NX_0 的 $\log LD_{50} = 3.705$，$LD_{50} = 5\ 058.2$mg/kg

95％的可信限为 4 335.1～5 904.0mg/kg

NX_1 的 $\log LD_{50} = 3.757$，$LD_{50} = 5\ 714.8$mg/kg

95％的可信限为 5 059.2～6 455.3mg/kg

4.7.2.3 蓄积毒性实验

组别 Group	NX_0	NX_1
死亡数（只）Number of death	21	17
累积日数 Cumulative days	16	17
累积总数量（mg/kg）Total accumulation	16 438	22 914.5
蓄积系数 k Cumulative coefficient k	3.25>3	4>3
蓄积作用分级 Rank of accumulation	中等蓄积	中等蓄积
再给 LD_{50} 后死亡率 Mortality after LD_{50} once more	42％	35％
对照组死亡率 Mortality of contro	60％	50％
有无耐受性 Tolerance	有	有

其中 $k = LD_{50(n)} / LD_{50(1)}$，微分此染毒引起的动物半数致死量的累积剂量 $LD_{50(n)}$ 与一次染毒引起的动物半数致死量 $LD_{50(1)}$ 的比值。

4.7.2.4 动物临床症状

对照组被毛有光泽、整洁，食水均正常，活泼喜运动，双眼有神。

NX_0 给药组随药量和日数增加，药物在体内发生作用，饮食量逐渐下降，死亡前几乎不进食。低药量组的小鼠精神不振，不喜运动，聚群，轻度腹泻；高药量组精神沉郁，不运动，眼睛无神，被毛蓬乱，沾有稀粪，临死前远离鼠群。

NX_1 给药组的小鼠腹部明显鼓胀，触之柔软有流动感，腹泻明显；蓄积毒性实验后期存活的小鼠精神有所好转，运动量增加，饮水饮食量增加。

4.7.2.5 病理剖检结果

4.7.2.5.1 急性毒性实验病理剖检结果

两种药物组小鼠心、肝、脾、肺、肾、胃肠等剖检发现：低剂量组各器官病变程度较轻，与对照相比，变化不太明显。中高剂量组的小鼠心轻度淤血、水肿；肝肿大，呈土黄色，切面膨隆，边缘变钝，组织易碎、脆弱；肺体积稍增大，比正常的色泽浅，被膜紧张；脾被膜紧张，呈暗红色，稍肿大，伴有切面淤血；肾暗红色，被膜易剥落，肿大、质脆易碎，切开可见内部淤血；肠黏膜轻度潮红肿胀，组织景象模糊，附有半流动状、乳白色半透明的黏液，易被水冲掉。

4.7.2.5.2 蓄积毒性实验病理组织检查

NX_0 给药组与对照组比，肝体积缩小变硬，表面呈颗粒状凸凹不平；脾肿大充血、肾被膜易剥落，质脆易碎；心、肺变化不明显；胃内有白色药物残留，混有少量饲料；小肠内可见残留的药液，肠系膜充血、粘连，肠呈蛇状弯曲，蠕动能力下降。

NX_1 给药组肠道变化显著，初期小肠系膜灰白色，肠壁增厚表面覆有浓稠黏液，肠粘连；中期剖检死亡鼠可见由于细胞浸润和结缔组织增生，肠壁菲薄、透明，黏膜变的平滑；末期剖杀活鼠可见内脏病变炎症逐渐减轻，肠蠕动能力有所恢复。

4.7.3 讨论

4.7.3.1 急性毒性实验

该实验是在一次染毒的条件下研究化学物质的毒性作用，是化学物质毒理学研究的第一步，主要任务是在短期内描述该物质的急性毒性作用特点，如中毒的特殊表现、中毒症状、中毒剂量、致死量等。急性毒性实验结果可以为制定蓄积毒性实验方案提供依据，是必不可少的准备工作，利于进一步研究化学物质毒性与毒理。

4.7.3.1.1　急性毒性实验染毒途径及动物选择

实际研究中的急性实验主要是为了得出化学物质的急性毒性参数。对固体物质而言，最重要的是测定其半数致死量，简称 LD_{50}。LD_{50} 随动物种类和染毒途径不同而有很大差异，实际研究中应用最多的是小白鼠。由于 NX_0 和 NX_1 本身不溶于水，故采用口服的给药途径。

4.7.3.1.2　急性毒性实验的结果

本实验采用简化寇氏法（Karber 法），测得小鼠口服 NX_0 的 LD_{50} 为 5 058.2mg/kg，95％的可信限为 4 335.1～5 904mg/kg，NX_1 的 LD_{50} 为 5 714.8mg/kg，95％可信限为 5 059.2～6 455.3mg/kg。根据联合国世界卫生组织（WHO）推荐的外来化合物急性毒性分级标准，这两种药一次口服的量大于 500mg/kg，为低等毒性。而 NX_1 的 LD_{50} 大于 NX_0 的 LD_{50}，说明 NX_1 的毒性小于 NX_0 的毒性。NX_1 比 NX_0 易溶于水，毒性更低，应用于临床效果优于 NX_0，有广阔的发展前景。据报道 NX_0 的 LD_{50} 为 6 012mg/kg，高于本次实验结果，原因在于：一是预试实验中药量梯度间隔大，导致采用的最大和最小致死量的值与真实值存在一定差；二是实验室的环境、室内温度不同，小鼠自身素质、来源不同，药物来源不同等条件造成的。

4.7.3.2　蓄积毒性实验

蓄积毒性实验是毒理学研究中的一个重要阶段，目的在于阐明多次重复染毒条件下毒作用特点，进一步研究和观察中毒症状及病理变化，判断该物质是否有蓄积作用，能否使动物产生过敏反应或耐受性。

本实验以昆明种小白鼠为实验动物，分别以 0.1LD_{50}、1.25LD_{50}、0.15LD_{50}、1.875LD_{50}、2.812 5LD_{50} 共 5 个剂量连续染毒 20d。本实验进行到第 16d 时，NX_0 组死亡 21 只超过半数，蓄积系数 $k=3.25>3$，蓄积作用属中等蓄积。第 17d 时 NX_1 组死亡 17 只，$k=4>3$，属于中等蓄积。

在蓄积毒性实验给药过程中，初期小鼠的体重、进食、饮水量均下降，后期实验中未死的小鼠进食、饮水量有所恢复，说明小鼠对该药产生了一定的耐受性。

4.7.3.3 耐受性实验

结果表明两药物组小鼠的死亡率均低于预先未经毒物处理的对照组小鼠的死亡率，说明小鼠对两种药物产生了一定的耐受性。

4.7.3.4 对内脏的影响

4.7.3.4.1 急性毒性实验病理剖检结果

NX_1 给药组小鼠的心、肝、脾、肺、肾等病变程度均比 NX_0 给药组小鼠轻，但是 NX_1 给药组小鼠的肠道臌气的程度、肠系膜肿胀充血、肠道粘连均比 NX_0 给药组小鼠严重，腹腔内腹水比 NX_1 给药组小鼠多，内有白色纤维性渗出物。

4.7.3.4.2 蓄积毒性实验病理组织检查

NX_0 给药组小鼠发生病变程度比 NX_1 给药组小鼠重，NX_1 给药组小鼠的小鼠肠道臌气程度比急性实验的程度重。死亡的老鼠外观可见腹部肿胀，剖开后闻到腐败气味，大量腹水，肠壁变薄，肠臌气。

据国外资料报道，阿苯达唑进入体内后，转化为阿苯达唑亚砜，为治疗囊虫病的有效成分，进一步在肝中微粒体药酶作用下，转化成砜而失活，最终变成乙二氨基化合物排出体外，部分随尿排出。组织动力学研究发现，在肝及肾中不仅原形药的含量高，而且在体内维持时间也持久。

经过对死亡小鼠剖检可见，急性毒性和蓄积毒性前期小鼠内脏中肝、肾变化最大，肿大、淤血、发生实质性病变。在蓄积毒性实验后期，可见肝、肾等器官炎症减轻，表明长时间给药后小鼠能产生一定的耐受性，器官机能能够部分代偿，说明此类药物毒性低，与急性实验所得出的结论一致。

总之，NX_0 和 NX_1 不但具有高效的特点，而且毒性较低，安全性较高，是耐受性良好的兽用苯并咪唑氨基甲酸酯类驱虫药。应用前景广阔，经济效益显著，可大力推广使用。

4.7.4 结论

（1）急性毒性实验表明，阿苯达唑（NX_0）对昆明种小白鼠的口服 LD_{50} 为 5 058.2mg/kg，奥芬达唑（NX_1）的 LD_{50} 为 5 714.8mg/kg，根据 WHO 推荐的判定外来化合物毒性分级标准，这两种药物对小白鼠的毒性属低毒。

（2）蓄积毒性实验结果表明，连续给药后，阿苯达唑（NX_0）和奥芬达唑（NX_1）表现的毒副作用较小，小鼠产生一定程度的耐受性，进一步证明了阿苯达唑（NX_0）和奥芬达唑（NX_1）毒性较低。

小　结

作者在超微形态学、膜分子生物学、物质代谢、能量代谢水平进行了抗囊药物选择和药物效应及作用机理研究。实验结果表明，三种药物阿苯达唑（NX_0）、奥芬达唑（NX_1）和三苯双脒（NX_2）体外对未成熟期和成熟期猪囊尾蚴均有杀灭作用，药效顺序为奥芬达唑（NX_1）＞阿苯达唑（NX_0）＞NX_2 三苯双脒（NX_2）。三种药物阿苯达唑（NX_0）、奥芬达唑（NX_1）和三苯双脒（NX_2）体内对未成熟期和成熟期猪囊尾蚴杀灭作用有所不同，奥芬达唑（NX_1）对未成熟期和成熟期猪囊尾蚴均有杀灭作用，且对于未成熟期猪囊尾蚴杀灭作用优于成熟期猪囊尾蚴；阿苯达唑（NX_0）只能杀灭成熟期猪囊尾蚴，三苯双脒（NX_2）无论对未成熟期猪囊尾蚴还是对成熟期猪囊尾蚴均无杀灭作用。本实验成功地筛选出一种新型抗囊药物奥芬达唑（NX_1），其对未成熟期猪囊尾蚴和成熟期猪囊尾蚴感染均有很好疗效，尤其对未成熟期猪囊尾蚴效果显著。

奥芬达唑（NX_1）和阿苯达唑（NX_0）同属于苯并咪唑氨基甲酸酯类药物，经研究证明奥芬达唑（NX_1）和阿苯达唑（NX_0）的药效机理主要为：抑制虫体葡萄糖摄取和非竞争性抑制猪囊尾蚴延胡索酸还原酶复合体（fumaric reductase，RF）活性，严重干扰虫体的物质代谢和能量代谢，导致虫体能源物质吸收和能量生成障碍，最终能量耗竭而虫体死亡。此外，奥芬达唑（NX_1）对未成熟期猪囊尾蚴和成熟期猪囊尾蚴的膜磷脂代谢均有抑制作用；奥芬达唑（NX_1）作用后宿主血清中 NO 值升高，血液中淋巴细胞凋亡率降低，提示 NX_1 还可能是一种免疫激活剂；奥芬达唑（NX_1）引起虫体吸收、排泄障碍，可导致虫体整体机能障碍而发挥其优良的杀伤作用。

急性毒性实验表明，阿苯达唑（NX_0）对昆明种小白鼠的口服 LD_{50} 为 5 058. 2mg/kg，奥芬达唑（NX_1）的 LD_{50} 为 5 714. 8mg/kg，根据世界卫生组织（WHO）推荐的判定外来化合物毒性分级标准，这两种药物对小白鼠的毒性属低毒。蓄积毒性实验结果表明，连续给药后，阿苯达唑（NX_0）和奥芬达唑（NX_1）表现的毒副作用较小，小鼠产生一定程度的耐受性，进一步证明了阿苯达唑（NX_0）和奥芬达唑（NX_1）毒性较低。选择确定的奥芬达唑（NX_1）使用方法简便，适宜剂量一次口服即可收到较为理想的抗囊效果。

猪囊尾蚴病猪血清唾液酸（sliaic acid，SA）含量升高可作为猪囊尾蚴病早期诊断的辅助指标；SA 含量降低可作为抗囊药物早期治疗疗效判断的参考指标。

参 考 文 献

陈佩惠，郭建勋，王秀琴等. 1997. 阿苯达唑对人体内猪囊尾蚴作用组织化学观察. 寄生虫与医学昆虫学报，4（1）：12～16

陈佩惠，王蜂房，张志敏. 1994. 阿苯达唑对体外培养囊虫的游离氨基酸含量的影响. 寄生虫于医学昆虫学报告，1（4）：27～31

陈佩惠，杨进，王秀琴等. 1993. 阿苯达唑与甲苯达唑对体外培养的猪囊虫作用的组织化学研究. 首都医科大学学报，17（1）：24～27

陈佩惠，杨进，王秀琴等. 1996. 阿苯达唑与甲苯达唑对体外培养的猪囊尾蚴作用的组织化学研究. 首都医科大学学报，17（1）：24～27

陈佩惠，周述龙. 1995. 医学寄生虫体外培养. 北京：人民卫生出版社. 19～20

陈佩惠，郭建勋，王秀琴. 1997. 阿苯打唑对体外培养猪囊尾蚴作用组织化学观察. 寄生中与昆虫学报，4（1）：12～15

陈小宁，陈佩惠，季风清. 1999. 阿苯达唑对小鼠旋毛虫囊包幼虫作用后的组织化学观察. 中国寄生虫学与寄生虫病杂志，17（3）：152～154

陈学民. 1999. 囊尾蚴病一氧化氮免疫机制的临床研究. 中国人兽共患病志，15（1）：55～56

陈兆凌，牛安欧，周梓林等. 1988. 光学和扫描电镜观察丙硫咪唑对体外培养囊尾蚴的作用. 中国人畜共患病杂志，4（4）：27～28

陈兆凌，牛安欧，周梓林. 1989. 丙硫咪唑对囊虫尾蚴糖元作用的观察. 中国人兽共患病杂志，5（4）：28～29

高建宁，翟自立. 1999. 阿苯达唑及其它抗包虫药物的实验研究进展（英文）. 中国寄生虫学与寄生虫病杂志，3：177～182

高文学，郝艳红，李庆章. 2001. 猪带绦虫囊尾蚴体内发育过程中囊壁生化指标的变化. 中国预防兽医学报，23（6）：413～415

郭仁民. 1997. 家畜寄生蠕虫抗药性及对策. 青海畜牧兽医杂志，27（1）：31～33

郝艳红，李庆章，刘永杰等. 1999. 抗蠕虫药物对体外猪囊尾蚴作用的观察. 哈尔滨医科大学学报，33（5）：363～365

郝艳红，李庆章，刘永杰等. 2000a. 苯骈咪唑类药物对猪囊尾蚴体外作用的光镜和扫描电镜观察. 中国兽医杂志，26（6）：8～10

郝艳红，李庆章，刘永杰等. 2000b. 药物对猪囊尾蚴体外作用的比较研究. 黑龙江畜牧兽医，2：19

蒋波，楚正绪. 1998. 一氧化氮与炎症. 国外医学生理、病理科学与临床分册，18（1）：44～47

靳家声. 1995. 寄生蠕虫的抗药. 中国兽医科技，12：46～49

孔宪寿. 1996. 一氧化氮与寄生虫感染. 国外医学寄生虫病分册，23（6）：244～248

李岩，孙殿甲，苗爱东等. 1999. 口服甲苯咪唑微丸的药物动力学及生物利用度. 中国医院药学杂志，11：649～651

梁志慧，徐麟鹤. 1995. 弓形虫的酶细胞化学及蒿甲醚对其影响的研究. 中国寄生虫学与寄生虫病杂志，13（3）：182

刘颖格，李焕章，戚好文. 1998. NO与急性肺损伤. 国外医学生理、病理科学与临床分册，18（3）：263～273

刘影，沈一平. 1999. 嗜酸粒细胞与寄生虫感染. 国外医学寄生虫病分册，26（6）：249～252

刘永杰，郝艳红，李庆章. 2002a. 发育过程中的猪带绦虫囊尾蚴的组织学观察（英文）. 中国寄生虫病防治杂志，15（6）：360～362

刘永杰，李庆章，郝艳红. 2002b. 猪带绦虫囊尾蚴的发育过程及形态观察. 中国寄生虫学与寄生虫病杂志，20（5）：305～307

刘约翰. 1988. 寄生虫病化学治疗. 重庆：西南师范大学出版社. 341

罗恩杰，李秉正. 1989. 吡喹酮对卫氏并殖吸虫作用的组织化学观察. 中国人畜共患病杂志，5（5）：20～21

马云祥，许炽标，于庆林等. 1995. 实用囊虫病学. 北京：中国医药科技出版社. 39

潘孝彰. 1998. 吡喹酮和阿苯达唑在寄生虫病治疗中的应用. 中国实用内科杂志，18（3）：136～138

邱银生，王大菊，周祖坤等. 2000. 氧阿苯达唑和阿苯达唑在绵羊体内代谢物的比较药物动力学. 华中农业大学学报，19（5）：461～464

邵萍，卞英华，陈佩惠. 1996. 阿苯达唑对体外培养猪囊虫头节作用的透射电镜观察. 寄生虫与医学昆虫学报，3（3）：154～159

谭苹，何昌浩，张艳等. 2000. 钉螺经不同药物浸泡后酶组织化学变化的观察. 中国人兽共患病杂志，16（3）：34～37

王鸣. 1989. 华支睾吸虫酶类的组织化学观察. 中国寄生虫学与寄生虫病杂志，7（1）：40～43

许阿莲，周晓音，周学章. 1996. 巨噬细胞在蠕虫感染中的免疫功能. 国外医学寄生虫病分册，

6：245～248

许正敏，李萍，郭友成等. 1998. 芬苯达唑、氟苯达唑和阿苯达唑对隐藏管状线虫作用的观察. 中国寄生虫病防治杂志，11（1）：38～39

闫玉涛，金振兴. 2000. 包虫病及其病原的分子生物学研究进展. 中国兽医寄生虫病，3：41～45

杨元清. 1993a. 6种利什曼原虫前鞭毛体的组织化学观察. 中国寄生虫学与寄生虫病杂志，1（1）：69～70

杨元清. 1993b. 继发性细粒棘球蚴的组织及组织化学观察. 中国寄生虫病防治杂志，4（3）：158～161

尤纪青，肖树华，郭慧芳等. 1991. 体外培养的细粒棘球蚴囊对甲苯达唑、阿苯达唑和阿苯达唑亚砜的摄入与释放. 中国药理学报，12（4）：367～371

张夏英，熊军. 1986. 吡喹酮和黄连素对猪囊尾蚴匀浆中GOT和GPT活性影响. 北京医学，8（1）：62

赵荣材. 1996. 新兽药的研究与开发. 中兽医医药杂志，6：13～16

郑润宽，赵世华，高海英等. 1995. 现代驱虫药物的作用机理及其应用. 内蒙古畜牧科学，（1）：11～14

郑时春，张敏如. 1987. 国产吡喹酮对家犬体内斯氏狸殖吸虫作用的组织化学观察. 西安医科大学学报，8（3）：250～253

Aluja A，Vargas G. 1988. The histopathology of porcine cysticercosis. Vet Parasitol，28：65～77

Baron P. J. 1968. On the histology and ultrastructure of Cysticercus longicouis，the cysticercus of Taenia crassiceps Zeder，1800（Cestoda，Cyclophyllifae）. Parasitology，58：497～513

Barrett J. 1987. Biochemistry of Parasitic Helminths. London and Basingstoke：The Scientific and Medical Divition Macmillan Publishers LTD

Beech R N，Prichard R K，Scott M E. 1994 Genetic variability of the beta-tubulin genes in benzimidazole-susceptible and resistant strains of Haemonchus contortus. Genetics，138（1）：103～110

Blitz N M Smyth. 1973. Tegumental ultrastructure of Raillietina cesticillus during the larval-adult transformation，with emphasis on the rostellum. Int J Parasitol，3：13～24

Bogitsh B J. 1967. Histochemical localization of some enzymes in cysticercoids of two species of Hymenolepis. Exp Parasitol，21：373～379

Borgers M，De Nollin S，De Brabander M，et al. 1975 . Influence of the anthelmintic mebendazole on microtubules and intracellular organelle movement in nematode intestinal cells. Am J Vet Res，36（8）：1153～1166

Borgers M，Nollin S，Verheyen A，et al. 1975. Morphological changes in cysticerci of Taenia taeniaeformis after mebendazole treatment. J Parasitol，61（5）：830～843

Bricker C S，Pax R A，Bennett J L. 1982. Microelectrode studies of the tegument and sub-tegumental compartments of male Schistosoma mansoni：anatomical location of sources of electrical potentials. Parasitology, 85 (Pt 1): 149～161

Brown G. C. 1995. Nitric oxide regulates mitochondrial respiration and cell functions by inhibiting cytochrome oxidase. FEBS Lett, 369: 136～139

Coles G C. 1986. Anthelmintic activity of triclabendazole. J Helminthol, 60 (3): 210～212

Cox F. 1987. Modern Parasitology. Blackwell Scientific Publications

Cross S S, Wolin M S. 1995. Nitric oxide: pathophysiological mechanisms. Annu Rev Physiol, 57: 737～769

Davidse L C, Flach W. 1977. Differential binding of methyl benzimidazol-2-yl carbamate to fungal tubulin as a mechanism of resistance to this antimitotic agent in mutant strains of Aspergillus nidulans. J Cell Biol, 72 (1): 174～193

Davies K P, Zahner H, Kohler P. 1989. Litomosoides carinii: mode of action *in vitro* of benzothiazole and amoscanate derivatives with antifilarial activity. Exp Parasitol, 68 (4): 382～391

Ducommun B, Cance J, Wright M. 1990. Regulation of tubulin synthesis during the cell cycle in the synchronous plasmodia of Physarum polycephalum. J Cell Physiol, 145 (1): 120～128

Fernandes R S, Cotter T G. 1994. Apoptosis or necrosis: Intracellular levels of glutathione influence mode of cell death. Biochem Pharmacol, 48 (4): 675～681

Flisser A, Perez-Montfort R, Larralde C. 1979. The immunology of human and animal cysticercosis: a review. Bulletin of the World Heath Organization, 57 (5): 839～856

Geary T G, Nulf S C, Favreau M A, et al. 1992. Three beta-tubulin cDNAs from the parasitic nematode Haemonchus contortus. Mol Biochem Parasitol, 50 (2): 295～306

Gonzalez A E, Falcon N. 1997. Treatment of porcine cysticercosis with oxfendazole: a dose-response trial. Vet Rec, 141: 420～422

Gupta RS. 1991. Cross-resistance of nocodazole-resistant mutants of CHO cells toward other microtubule inhibitors: similar mode of action of benzimidazole carbamate derivatives and NSC 181928 and TN-16. Mol Pharmacol, 30 (2): 142～148

Hennessy DR, Lacey E, Prichard RK. 1983. Pharmacokinetic behaviour and anthelmintic efficacy of 1-n-butyl carbamoyl oxfendazole given by intramuscular injection. Vet Res Commun, 6 (3): 177～87

Herbert I V, Oberg G. 1974. NewYork: Parasitic Zoonoses Academic Press. 199

Hunter WN. 1997. A structure-based approach to drug discovery; crystallography and implications for the development of antiparasite drugs. Parasitology, 114 Suppl: S17～29

Ikuma K, Makimura M, Murakoshi Y. 1993. Inhibitory effect of bithionol on NADH-fumarate reductase in ascarides [Article in Japanese]. Yakugaku Zasshi, 113 (9): 663～669

Jasmer D P, Yao C, Rehman A, et al. 2000. Multiple lethal effects induced by a benzimidazole anthelmintic in the anterior intestine of the nematode Haemonchus contortus. Mol Biochem Parasitol, 105 (1): 81～90

Kaur M, Sood M L. 1992. *in vitro* effect of albendazole and fenbendazole on the histochemical localization of some enzymes of Trichuris globulosa (Nematoda: Trichuridae). Angew Parasitol, 33 (1): 33～45

Kohler P, Bachmann R. 1978. The effects of the antiparasitic drugs levamisole, thiabendazole, praziquantel, and chloroquine on the mitochondrial electron transport in muscle tissue from Ascaris suum. . Molecular Pharmacology, 14: 155～163

Kwa M S, Kooyman F N, Boersema J H, et al. 1993. Effect of selection for benzimidazole resistance in Haemonchus contortus on beta-tubulin isotype 1 and isotype 2 genes. Biochem. Biophys. Res Commun, 191 (2): 413～419

Kwa M S, Veenstra J G, Van Dijk M, et al. 1995. Beta-tubulin genes from the parasitic nematode Haemonchus contortus modulate drug resistance in Caenorhabditis elegans. J Mol Biol, 246 (4): 500～510

Lacey E. 1987. Comparison of inhibition of polymerization of mammalian tubulin and helminth ovicidal activity by benzimidazole carbamates. Vet Parasitol, 23 (1～2): 105～119

Lacey E, Gill J H, Power M L, et al. 1991. Bafilolides, potent inhibitors of the motility and development of the free-living stages of parasitic nematodes. Int. J. Parasitol. , 25 (3): 349～357

Latif LA, Surin J. 1993. Relationships between the anthelmintic activity of eight derivatives of benzimidazole carbamates against Trichinella spiralis and their chemical structures. Jpn J Med Sci Biol, 46 (5～6): 203～214

Liew F Y, Li Y, Moss D. 1991. Resistance to Leishmania major infection correlated with the induction of nitric oxide synthase in murine macrophages. Eur J Immunol, 21: 3009～3019

Liu R H, Kotchkiss J H. 1995. Potential genotoxicity of chronically elevated nitric oxide: a review. Mutat Res, 339: 73～89

Lubega G W, Prichard R K. 1990. Specific interaction of benzimidazole anthelmintics with tubulin: high-affinity binding and benzimidazole resistance in Haemonchus contortus. Mol Biochem Parasitol, 38 (2): 221～232

Lubega G W, Prichard R K. 1991. Interaction of benzimidazole anthelmintics with Haemonchus contortus tubulin: binding affinity and anthelmintic efficacy. Exp Parasitol, 73 (2): 203～213

Lumsden G, Gonzalez R, Mills R, et al. 1968. Cytological studies on the absorptive surfaces of cestodes. Ⅲ. Hydrolysis of phosphate esters. J Parasitol, 54: 524～535

Lumsden R D, Oaks J A, Mueller J F. 1974. Brush border development in the tegument of the tapeworm, Spirometra mansonoides. J Parasitology, 60: 209～226

Lumsden R D. 1966. Cytological studies on the absorptive surfaces of cestodes. 1. The fine structure of the strobilar integument. Z Parasitenkd, 27: 355～382

Marriner S E. 1980. Pharmacokinetics of albebdazole in sheep. Am J Vet Res, 41 (7): 1126～1129

Marriner S, Bogan J A. 1981a. Pharmacokinetics of oxfendazole in sheep. Am J Vet Res, 42

(7)：1143～1145

Marriner S, Bogan J A. 1981b. Pharmacokinetics of oxfendazole in sheep. Am J Vet Res, 42 (7)：1146～1148

McCracken RO, Lipkowitz K B. 1990. Structure-activity relationships of benzimidazole and benzothiazole anthelmintics：a molecular modeling approach to *in vivo* drug efficacy. J Parasitol, 76 (6)：853～864

Molinari J L, Meza R, Suarez B, et al. 1983. Taenia solium：immunity in hogs to the cysticercus. Exp Parasitol, 55 (3)：340～357

Morgen U M, Reynoldson J A, Thompson R C. 1993. Activities of several benzimidazoles and tubulin inhibitors against Giardia spp. *in vitro*. Antimicrob Agents Chemother, 37 (2)：328～331

Oaks J A, Lumsden R D. 1971. Cytological studies on the absorptive surfaces of cestodes. V. Incororation of carbohydrate-containing macromolecules into tegument membranes. J Parasitol, 57：1256～1268

Omura S, Miyadera H, Ui H, et al. 2001. An anthelmintic compound, nafuredin, shows selective inhibition of complex I in helminth mitochondria. Proc Natl Acad Sci U S A, 98 (1)：60～62

Oswald I P, Eltoum I, Wynn TA, et al. 1994. Endotelial cells are activated by cytokine treatment to kill an intravascular parasite, Schistosoma mansoni, through production of nitric oxide. Proc. Natl. Acad Sci USA, 91：999～1003

Rapson E B, Lee D L, Watts SD. 1981. Changes in the acetylcholinesterase activity of the nematode Nippostrongylus brasiliensis following treatment with benzimidazole *in vivo*. Mol Biochem Parasitol, 4 (1～2)：9～15

Russell G J, Gill J H, Lacey E. 1992. Binding of [^{3}H] benzimidazole carbamates to mammalian brain tubulin and the mechanism of selective toxicity of the benzimidazole anthelmintics. Biochem Pharmacol, 43 (5)：1095～1100

Sangster N C, Prichard R K. 1985. The contribution of a partial tricarboxylic acid cycle to volatile end-products in thiabendazole-resistant and susceptible Trichostrongylus colubriformis. Mol Biochem Parasitol, 14 (3)：261～274

Sharma R K, Singh K, Saxena R, et al. 1986. Effect of some anthelmintics on malate dehydrogenase activity and mortality in two avian nematodes Ascaridia galli and Heterakis gallinae. Angew Parasitol, 27 (3)：175～180

Siddiqui E H. 1963. The cuticle of cysticerci of Taenia saginata, T. hydatigena and T. pisiformis. Q. J Microsc Sci, 104：141～144

Stamer J S, Single D J, Losealzo J. 1992. Biochemistry of mitric oxide and its redox-activated forms. Science, 257：1898～1902

Stamer Js. 1994. Kedox singaling nitrosylation and related target interactions of nitric oxide. Cell, 78：931～936

Stankiewicz M. 1994. Oxfendazole treatment of non-parasitized lambs and its effect on the immune system. Vet Res Commun，18（1）：7～18

Vanden B H. 1990. Studies of the mode of action of anthelmintic drugs：tools to investigate the biochemical peculiarities of helminths. Ann Parasitol Hum Comp，65 Suppl 1：99～102

Verheyen A，Borgers M，Vanparijs O. 1976. The effects of mebendazole on the ultrastructure of cestode. In H. Van den Bossche（ed），Biochemistry of parasites and Host-Parasite Relationships. North Holland，Amsterdam，605～618

Wani J H，Srivastava V M. 1994. Effect of cations and anthelmintics on enzymes of respiratory chains of the cestode Hymenolepis diminuta. Biochem Mol Biol Int，34（2）：239～250

Watts S D. 1982. Inhibition of acetylcholinesterase secretion from Nippostrongylus brasiliensis by benzimidazole anthelmintics. Biochem Pharmacol，31（19）：3035～3040

Wink D A，Kasprzak K S，Maragos C M，et al. 1991. DNA deaminating ability and genotoxicity of nitric oxide and its progenitors. Science，254：1001～1003

Yao M Y，Xiao S H，Feng J J，et al. 1994. Effect of mebendazole on free amino acid composition of cyst wall and cyst fluid of Echinococcus granulosus harbored in mice. Zhongguo Yao Li Xue Bao，15（6）：521～524

附录1　图　　版

图版 1A
Plate 1A

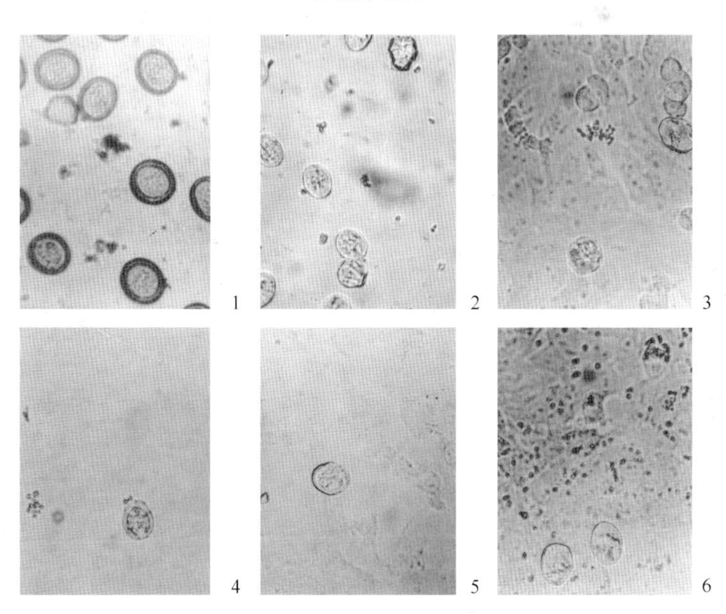

猪带绦虫六钩蚴发育过程中的形态学

1. 完整的虫卵，由厚而坚硬的胚膜紧包着六钩蚴组成，×400；2. 六钩蚴，×400；3. 体外培养2d的六钩蚴，小钩收缩，移向虫体的一端，×400；4. 体外培养5d的六钩蚴；×400；5. 体外培养8d的六钩蚴，×400；6. 体外培养16d的六钩蚴，×400

Morpholopgy on *C. cellulosae* in the development

1. Intact eggs, which are composed of oncosphere and think embryophone encircling oncosphere, ×400; 2. Oncosphere, ×400; 3. The oncosphere cultured *in vitro* for 2 days, hooks contract and gather toward one end, ×400; 4. The oncosphere cultured *in vitro* for 5 days, ×400; 5. The oncosphere cultured *in vitro* for 8 days, ×400; 6. The oncosphere cultured *in vitro* for 16 days, ×400

图版 2A
Plate 2A

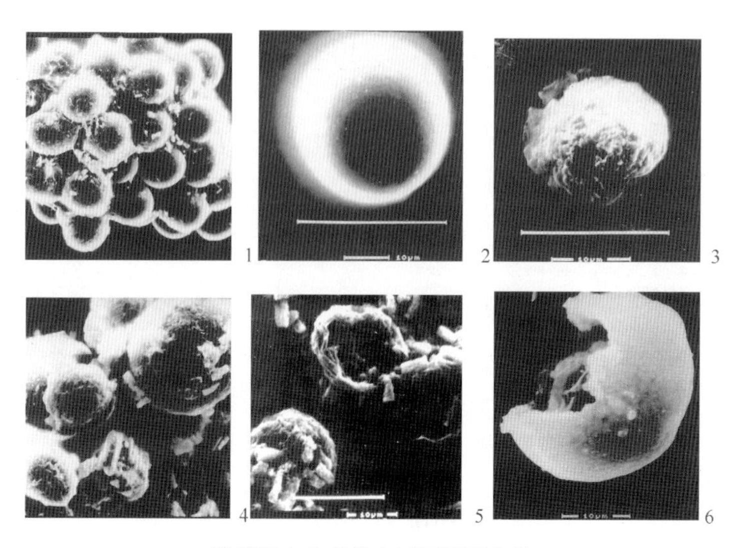

猪带绦虫虫卵的表面超微形态学

1. 卵黄层，×550；2. 卵黄层，×2 000；3. 胚膜层，×3 000；4. 胚膜层，×1 500；5. 胚块层，×2 000；6. 六钩蚴膜，×3 000

Surface ultamicro-morphology on *Taenia solium* egg

1. Vitelline layer, × 550; 2. Vitelline layer, × 2 000; 3. Embryophone layer, ×3 000; 4. Embryophone layer, ×1 500; 5. Embryophoric block layer, ×2 000; 6. Oncospheral membrane, ×3 000

图版 2B
Plate 2B

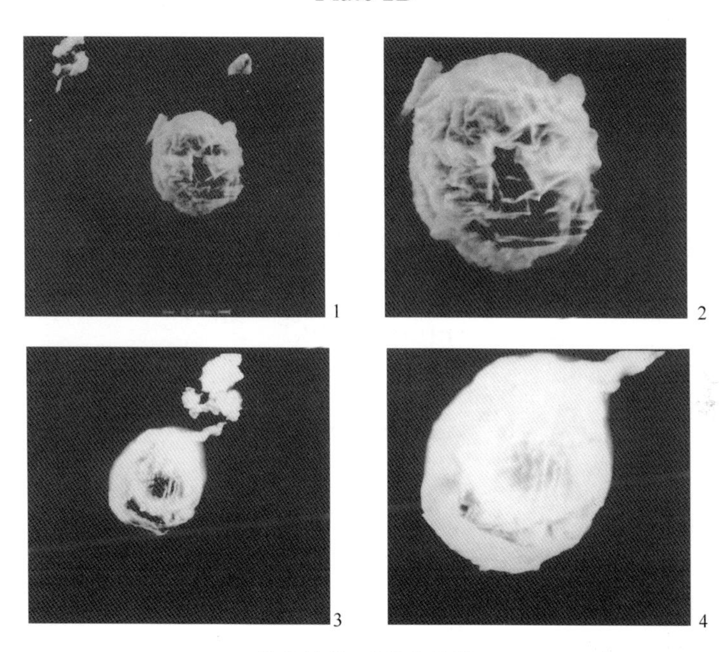

体外培养 5d 的六钩蚴

1，2. 六钩蚴膜表面无微毛，褶皱，×2 000，×4 000；3，4. 六钩蚴膜端凹陷，可见小钩，×2 000，×4 000

The oncosphere cultured for 5 days *in vitro*

1，2. The drape of the oncosphere，×2 000，×4 000；3，4. The excavation and hooks of the oncosphere，×2 000，×4 000

图版 3A
Plate 3A

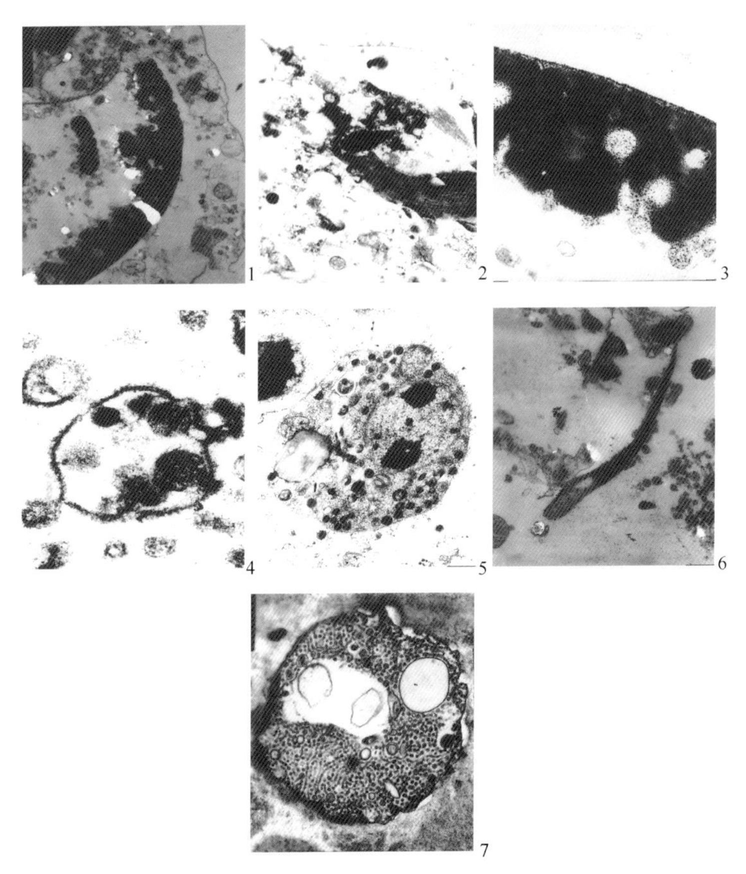

猪带绦虫虫卵和六钩蚴的内部超微形态学

1. 虫卵，其胚膜由外膜层、卵黄层、胚膜层和六钩蚴膜组成，×6 000；2. 胚块层，其中的缝和环行体，×25k；3. 六钩蚴内部的细胞，×12k；4. 被质膜包绕在一起的膜包裹小体，×50k；5. 六钩蚴内部的肌肉束，×12k；6. 六钩蚴的小钩，×20k；7. 体外培养 16d 的六钩蚴，×4 000

Interior ultramicro-morphology of *Taenia solium* egg and Oncosphere

1. Eggs, which are composed of outer membrane layer, vitelline layer, embryophone layer and oncospheral membrane, ×6 000; 2. Embryophoric block showing the cracks and circular bodies, ×25k; 3. A cell in the oncosphere, ×12k; 4. A few membrane-bound bodies encircled by a layer of plasma membrane, × 50k; 5. Muscular bunch in the oncosphere, × 12k; 6. A hook in the oncosphere, × 20k; 7. The oncosphere after cultured for 16 days *in vitro*, ×4 000

图版 4A
Plate 4A

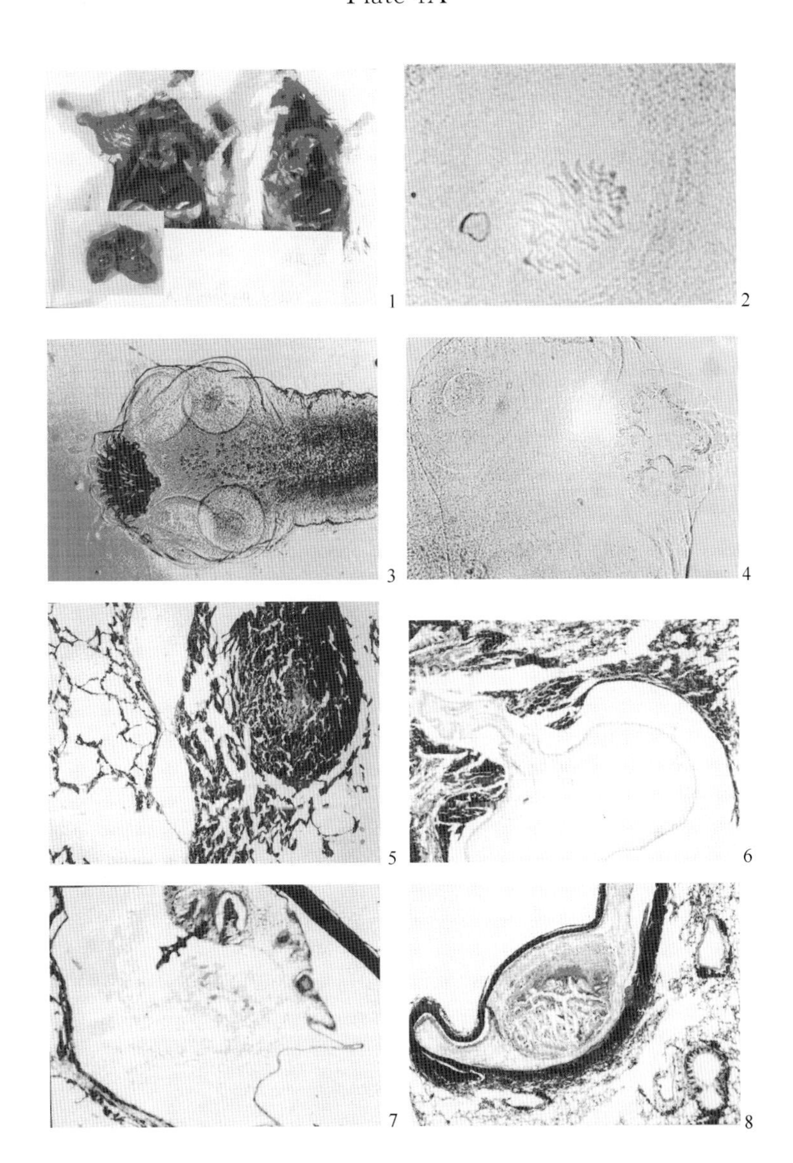

猪囊尾蚴在小鼠体内发育的形态学和组织学观察

1. 猪囊尾蚴在小鼠肺上寄生；2. 生长 60 d 的未成熟型囊尾蚴，×40；3. 生长 60 d 的成熟型囊尾蚴，×40；4. 生长 110 d 的畸形囊尾蚴，×40；5. 坏死型猪囊尾蚴组织切片，×50；

6. 未成熟型猪囊尾蚴组织切片，未见头节，×50；7. 未成熟型猪囊尾蚴组织切片，仅见头节早期发育，×50；8. 成熟型囊尾蚴的组织切片，×50

Morphological and histological observation on *C. cellulosae* developing in mice

1. Cysticercus parasitizing in the lung of mice; 2. 60 day-old immature cysticercus, ×40; 3. 60 day-old mature cysticercus, ×40; 4. 110 day-old deformed cysticercus, ×40; 5. Histological appearance of necrotic cysticercus, ×50; 6. Histological appearance of immature cysticercus without scolex, ×50; 7. Histological appearance of immature cysticercus with a scolex in earlier development, ×50; 8. Histological appearance of mature cysticercus, ×50

图版 4B
Plate 4B

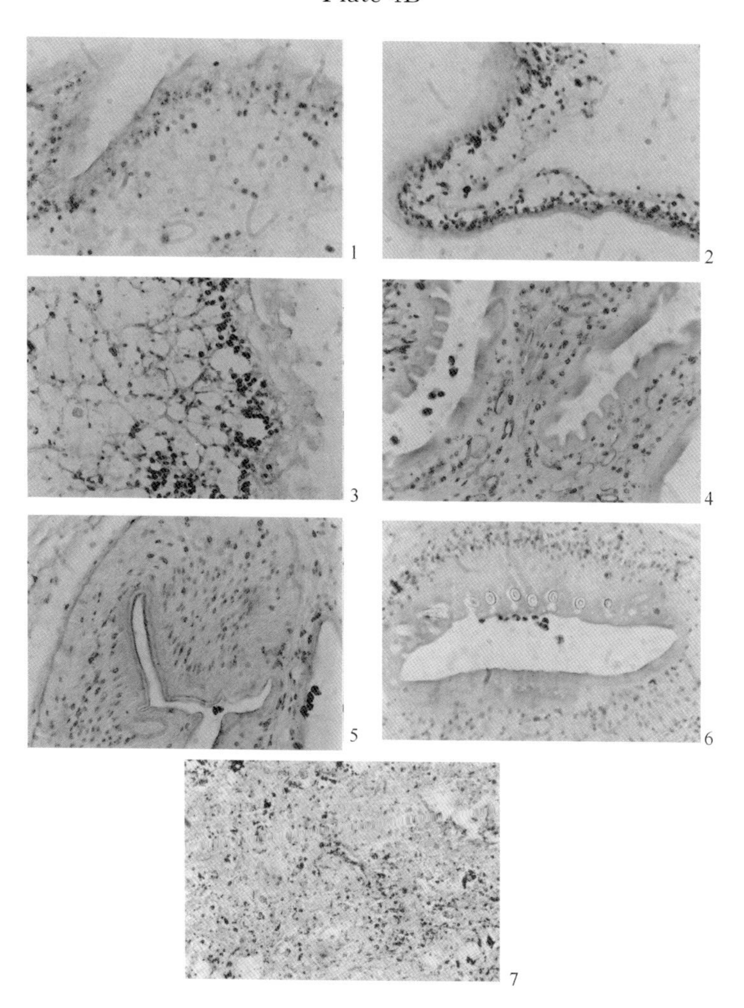

猪囊尾蚴细胞凋亡及坏死的观察

1. 小鼠体内未成熟期囊尾蚴发生明显的细胞凋亡，×400；2. 小鼠体内成熟期囊尾蚴细胞凋亡不明显，×400；3. 猪体内囊尾蚴囊壁细胞的凋亡，×400；4. 猪体内囊尾蚴颈部细胞的凋亡，×400；5. 猪体内囊尾蚴吸盘细胞的凋亡，×400；6. 猪体内囊尾蚴顶突细胞的凋亡，×400；7. NX_1作用后囊尾蚴细胞的坏死，×400

Observation on the cell apoptosis and necrosis *in C. cellulosae*

1. Apparent cell apoptosis of immature cysticercus in mice, ×400; 2. Disapparent cell apoptosis of mature cysticercus in mice, ×400; 3. Cell apoptosis of bladder wall of cysticercus in pigs, ×400; 4. Cell apoptosis of neck of cysticercus in pigs, ×400; 5. Cell apoptosis of sucker of cysticercus in pigs, ×400; 6. Cell apoptosis of rostellum of cysticercus in pigs, ×400; 7. Cell necrosis of cysticercus treated by NX_1, ×400

图版 5A
Plate 5A

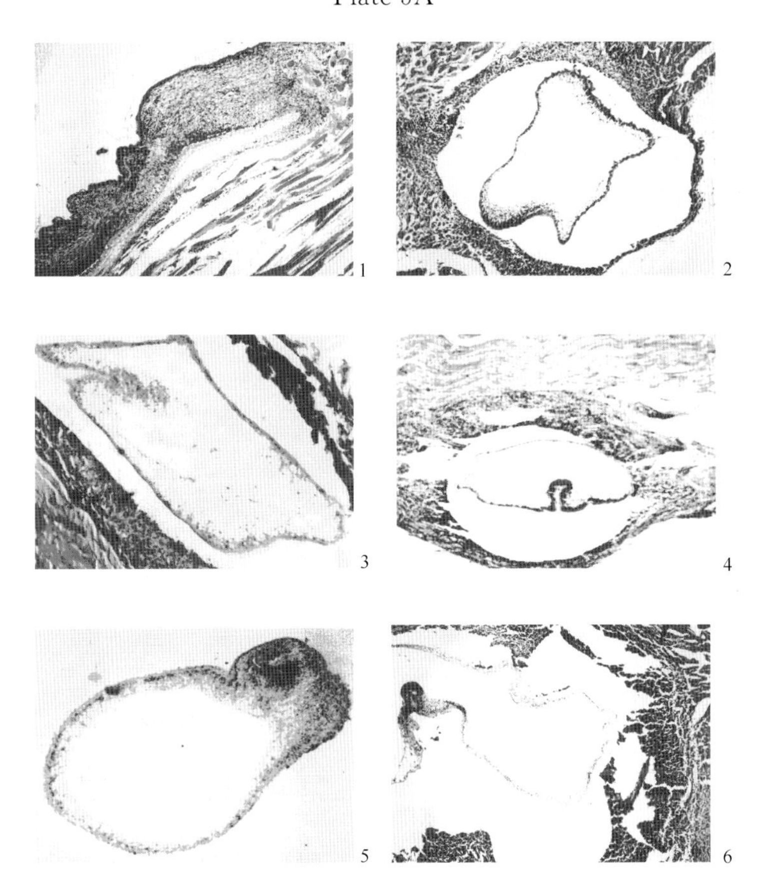

猪囊尾蚴在猪体内发育的组织学观察

1. 经肌肉注射感染的囊尾蚴，×50；2. 骨骼肌上寄生的19 d的囊尾蚴，囊壁皮下层一端细胞增多，×50；3. 骨骼肌上寄生的19 d的囊尾蚴，内翻开始，×50；4. 骨骼肌上寄生的19 d的囊尾蚴，内翻的表皮层底部形成皱褶，×50；5. 骨骼肌上寄生的30 d的囊尾蚴，头节出现明显的早期发育，×50；6. 肝上寄生的30 d的囊尾蚴，同骨骼肌上寄生的19 d的囊尾蚴发育程度相似，×50

Histological observation on *C. cellulosae* developing in pigs

1. Cysticerus infected by intramuscular injection, ×50; 2. 19 day-old cysticercus with polarized subtegument in the skeletal muscle, ×50; 3. 19 day-old cysticercus in the skeletal muscle, invagination has begun, ×50; 4. 19 day-old cysticercus in the skeletal muscle, folds appear at the

base of cuticle, ×50; 5. 30 day-old cysticercus in the skeletal muscle, early scolex development has become obvious, ×50; 6. 30 day-old cysticercus in the liver, the extent of whose development is the same as that of 19 day-old cysticercus in the skeletal muscle, ×50

图版 5B
Plate 5B

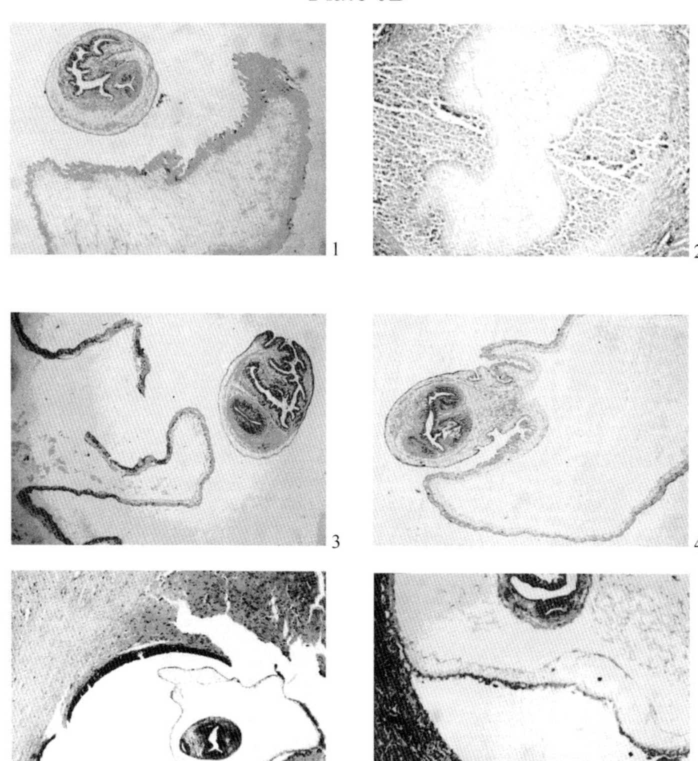

猪囊尾蚴在猪体内发育的组织学观察

1. 骨骼肌上寄生的 40 d 的囊尾蚴，头节区出现较小的吸盘和少量折叠，×50；2. 肝上寄生的 40 d 的囊尾蚴，虫体坏死，×50；3. 骨骼肌上寄生的 60 d 的囊尾蚴，头节区出现较大的吸盘和许多折叠，×50；4. 骨骼肌上寄生的 60 d 的囊尾蚴，头节区可见发育完好的吸盘和小钩，×50；5. 脑中寄生的 60 d 的囊尾蚴，发育完好，×50；6. 肝上寄生的 60 d 的囊尾蚴，发育完好，×50

Histological observation on *C. cellulosae* developing in pigs

1. 40 day-old cysticercus in the skeletal muscle, in scolex region there are a smaller sucker and less folds, ×50; 2. 40 day-old cysticercus in the liver, the larva is necrotic, ×50; 3. 60 day-old cysticercus in the skeletal muscle, in scolex region there are a larger sucker and more folds, ×50; 4. 60 day-old cysticercus with suckers and hooks in full development in the skeletal muscle, ×50; 5. 60 day-old cysticercus in full development in the brain, ×50; 6. 60 day-old cysticercus in full development in the liver, ×50

图版 5C
Plate 5C

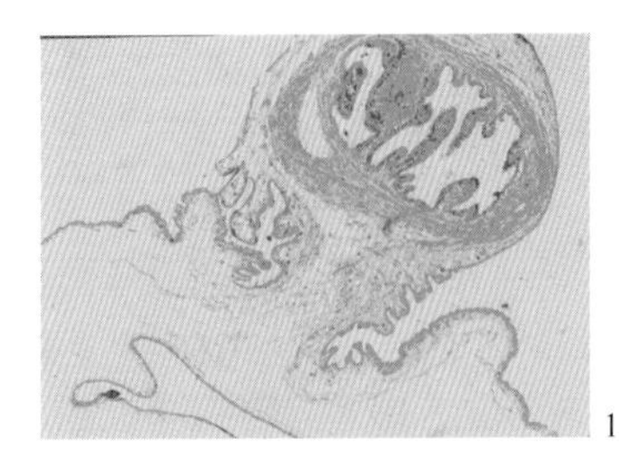

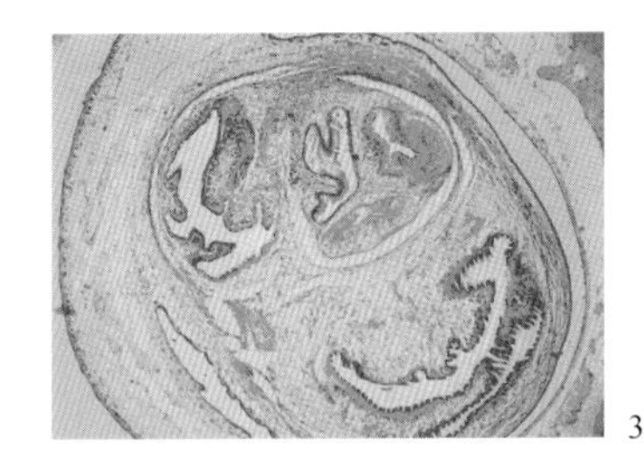

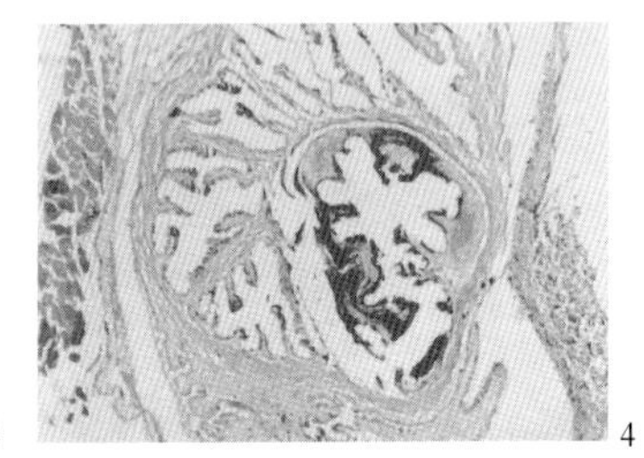

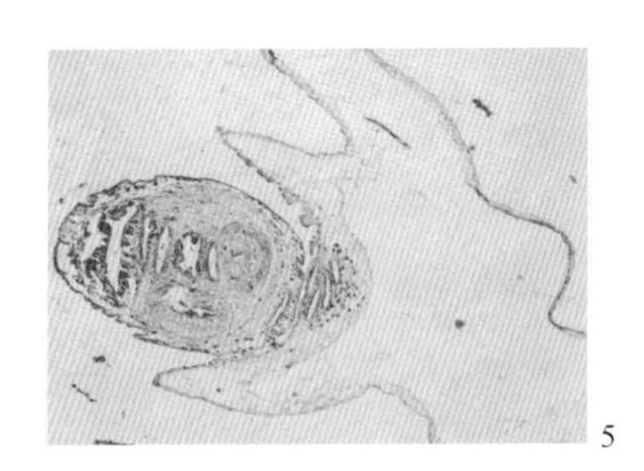

猪囊尾蚴在猪体内发育的组织学观察

1. 骨骼肌上寄生的发育完好的 95 d 的囊尾蚴，×50；2. 骨骼肌上寄生的 95 d 的囊尾蚴，仅见头节早期发育，×50；3. 骨骼肌上寄生的发育完好的 130 d 的囊尾蚴，×50；4. 骨骼肌上寄生的 130 d 的囊尾蚴，头节有退化迹象，×50；5. 脑中寄生的 130 d 的囊尾蚴，头节区有大量石灰小体，×50

Histological observation on *C. cellulosae* developing in pigs

1. 95 day-old cysticercus in full development in the skeletal muscle，×50；2. 95 day-old cysticercus with early scolex development in the skeletal muscle，×50；3. 130 day-old cysticercus in full development in the skeletal muscle，×50；4. 130 day-old cysticercus with a degenerating scolex in the skeletal muscle，×50；5. 130 day-old cysticercus in the brain，there are a lot of calcareous corpuscles in scolex region，×50

图版 6A
Plate 6A

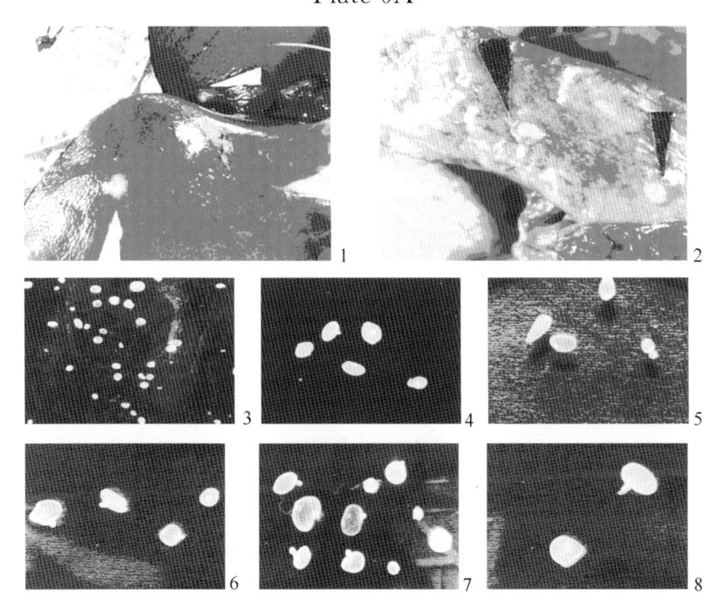

猪囊尾蚴在猪体内的发育

1. 肝上寄生的正常囊尾蚴；2. 肺上寄生的正常囊尾蚴；3. 19 d 的囊尾蚴；4. 30 d的囊尾蚴；5. 40 d 的囊尾蚴；6. 60 d 的囊尾蚴；7. 95 d 的囊尾蚴；8. 130 d的囊尾蚴

Development of *C. cellulosae* in pigs

1. Normal cysticercus parasitizing in the liver; 2. Normal cysticercus parasitizing in the lung; 3. 19 day-old cysticercus; 4. 30 day-old cysticercus; 5. 40 day-old cysticercus; 6. 60 day-old cysticercus; 7. 95 day-old cysticercus; 8. 130 day-old cysticercus

图版 6B
Plate 6B

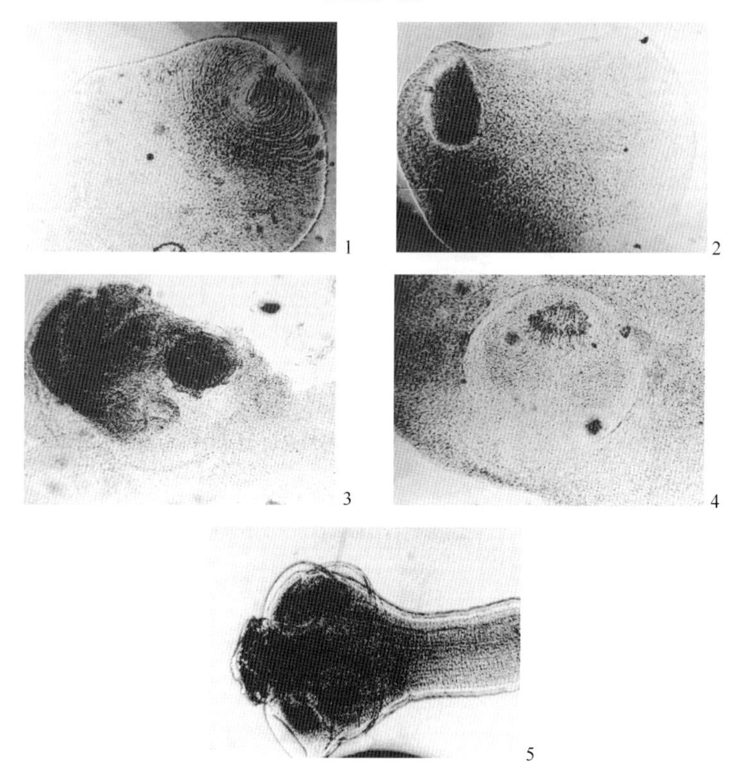

猪囊尾蚴发育过程中的形态观察

1. 19 d 的囊尾蚴头节呈螺旋状条纹，×40；2. 19 d 的囊尾蚴头节呈致密的黑色团块，×40；3. 30 d 的囊尾蚴吸盘形成较浅，直径较小，×40；4. 40 d 的囊尾蚴仅见吸盘的雏形，×40；5. 60 d 的囊尾蚴发育已成熟，×40

Morphological observation on *C. cellulosae* in the development

1. 19 day-old cysticercus whose scolex shows spiral steaks，×40；2. 19 day-old cysticercus whose scolex shows a dense black block，×40；3. 30 day-old cysticercus whose sucker is superficial and small，×40；4. 40 day-old cysticercus with suckers in earlier development，×40；5. 60 day-old mature cysticercus，×40

图版 6C
Plate 6C

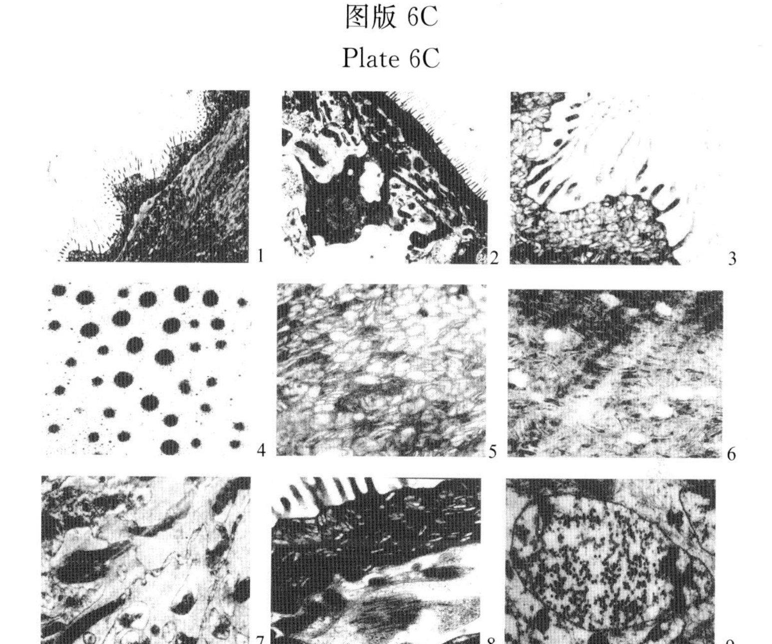

猪囊尾蚴的超微结构观察

1. 头节的皮层及实质区，×5 000；2. 囊壁的皮层及实质区，×5 000；3. 微毛的纵切，×12k；4. 微毛的横切，×60k；5. 囊壁基质区，×25k；6. 头节基质区，×40k；7. 肌束之间有胞质孔道相连，×8 000；8. 皮层细胞的胞质突起形成的孔道伸入基质区，×15k；9. 大量糖原颗粒被膜包裹，×15k

Ultrastructural observation on *C. cellulosae*

1. Tegument and parenchyma of scolex，×5 000；2. Tegument and parenchyma of bladder wall，×5 000；3. Microtrichia in longitudinal section，×12k；4. Microtrichia in cross section，×60k；5. Matrix zone of bladder wall，×25k；6. Matrix zone of scolex，×40k；7. Cytoplasmic pathway among the muscular bunches，×8 000；8. Cytoplasmic pathway of tegumentary cell，which streches into matrix zone，×15k；9. A lot of glycogen granules surrounded by cytoplasmic membrane，×15k

图版 6D
Plate 6D

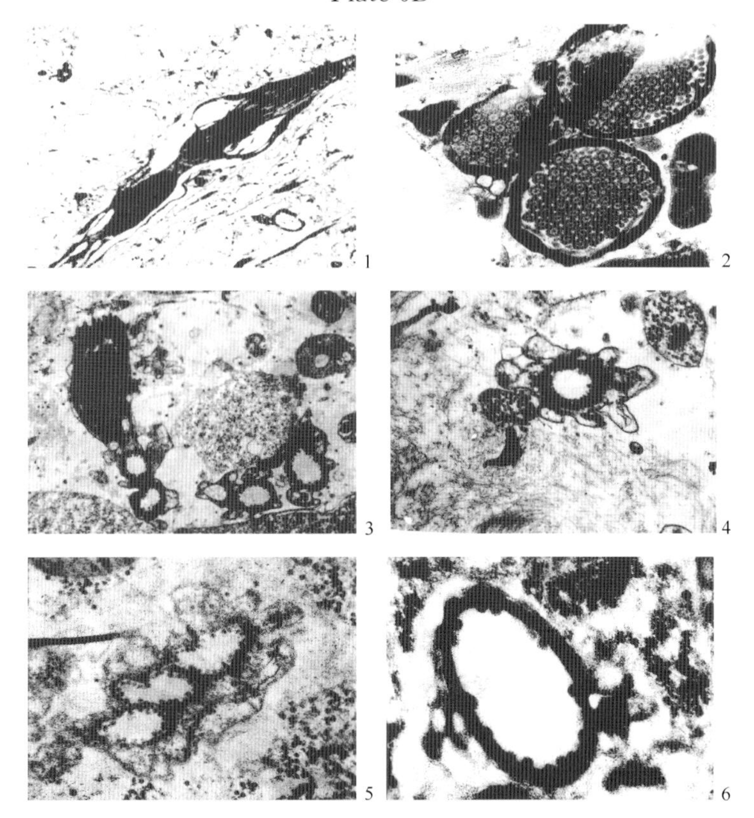

猪囊尾蚴焰细胞及排泄系统的超微结构观察

1. 完整的焰细胞纵切，×4 000；2. 焰细胞横切，×12k；3. 焰细胞及其末端连接的初级排泄管，×6 000；4. 收集管，×10k；5. 三个收集管被一个膜性结构包绕，×12k；6. 集合管，×25k

Ultrastructural observation on flame cell and excretory system of *C. cellulosae*

1. Intact flame cell in longitudinal section, ×4 000; 2. Flame cell in cross section, ×12k; 3. Flame cell and associated the primary excretory duct, ×6 000; 4. Collecting duct, ×10k; 5. Three lumens encircled by cytoplasma membrane, ×12k; 6. Gathering duct, ×25k

图版 7A-1
Plate 7A-1

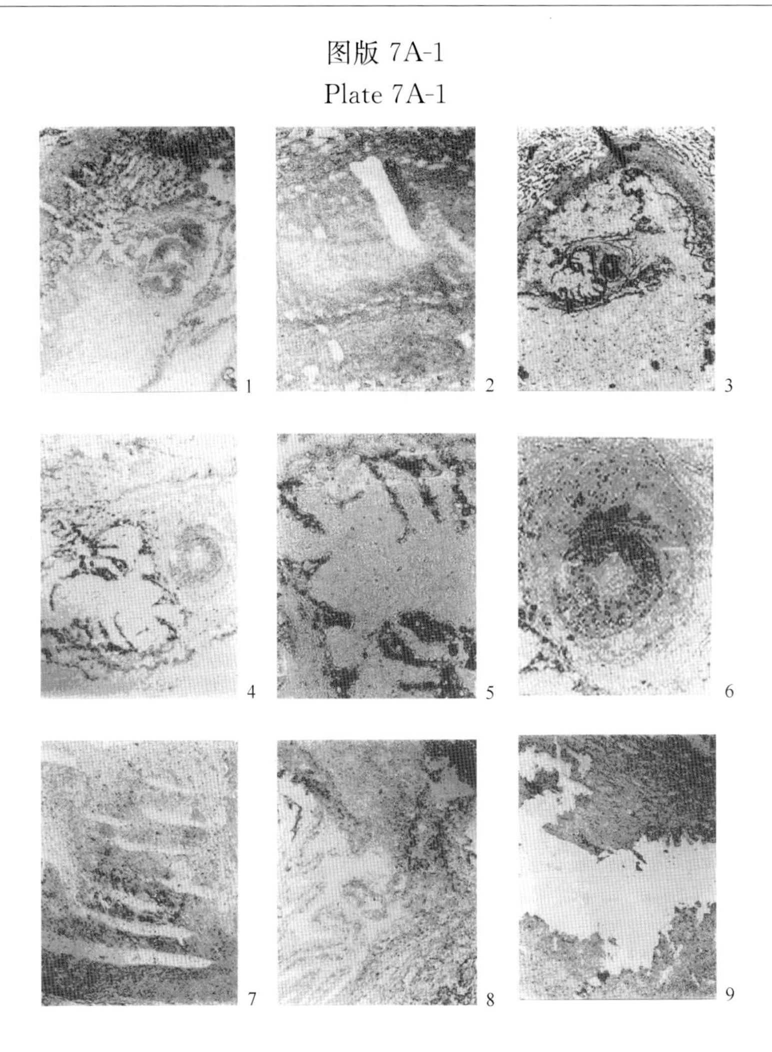

猪囊尾蚴发育过程中及药物作用下琥珀酸脱氢酶组织化学观察

1. 40 d 的囊尾蚴，×40；2. 80 d 的囊尾蚴，×160；3. 95 d 的囊尾蚴，×16；4. 95 d 的囊尾蚴的头节，×40；5. 95 d 的囊尾蚴头节的小钩，×160；6. 95 d 的囊尾蚴头节的吸盘，×160；7. NX_1作用 48 h 的未成熟期猪囊尾蚴，×40；8. NX_0作用 72 h 的未成熟期猪囊尾蚴，×40；9. NX_0作用 120 h 的未成熟期猪囊尾蚴，×16

Histochemical observation on the succinate dehydrogenase activity of *C. cellulosae* in the development and treated by drugs

1. 40 day-old cysticercus，×40；2. 80 day-old cysticercus，×160；3. 95 day-old cysticercus，×16；4. The scolex of 95 day-old cysticercus，×40；5. The hooks in the scolex of 95 day-old

cysticercus，×160；6. The suckers in the scolex of 95 day-old cysticercus，×160；7. immature cysticercus after 48 hours treated by NX_1，×40；8. immature cysticercus after 72 hours treated by NX_0，×40；9. immature cysti-cercus after 120 hours treated by NX_0，×16

图版 7A-2
Plate 7A-2

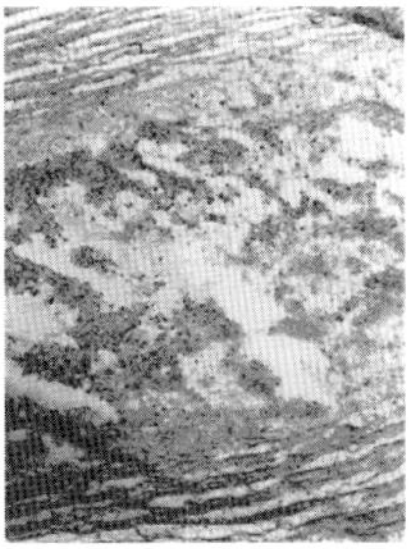

10 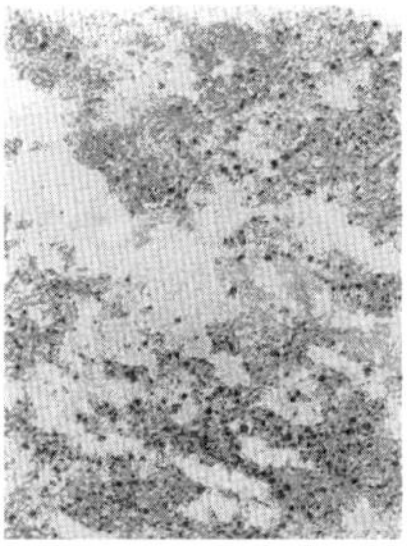 11 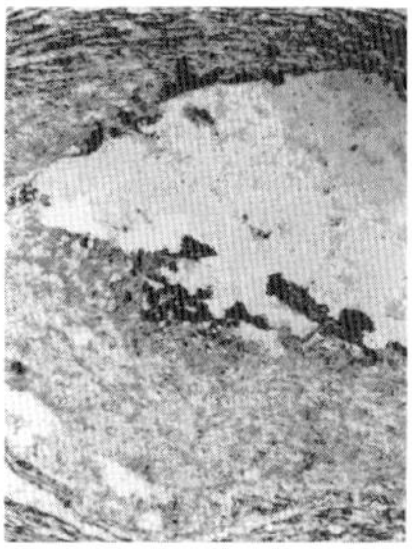 12

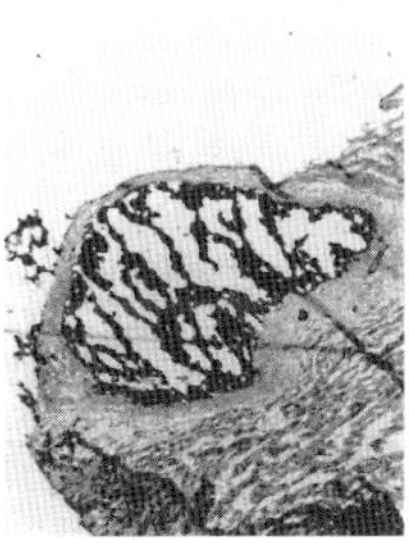

13 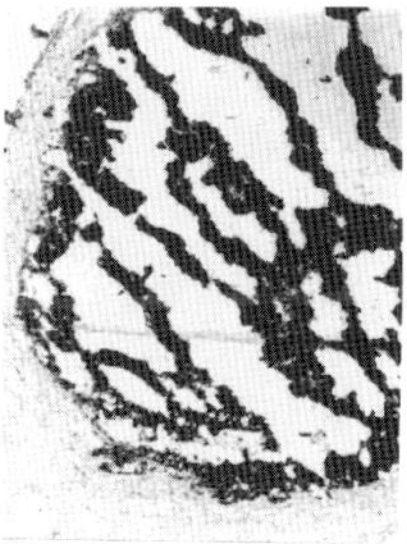 14  15

猪囊尾蚴发育过程中及药物作用下琥珀酸脱氢酶组织化学观察

10. NX_2作用 24 h 的未成熟期猪囊尾蚴，×40；11. NX_2作用 24 h 的未成熟期猪囊尾蚴，×160；12. NX_1作用 48 h 的成熟期猪囊尾蚴，×16；13. NX_0作用 24 h 的成熟期猪囊尾蚴，×16；14. NX_0 作用 24 h 的成熟期猪囊尾蚴，×40；15. NX_2作用 240 h 的成熟期猪囊尾蚴，×160

Histochemical observation on the succinate dehydrogenase activity of *C. cellulosae* in the development and treated by drugs

10. immature cysticercus after 24 hours treated by NX_2, ×40; 11. immature cysticercus after 24 hours treated by NX_2, ×160; 12. mature cysticercus after 48 hours treated by NX_1, ×16; 13. mature cysticercus after 24 hours treated by NX_0, ×16; 14. mature cysticercus after 24 hours treated by NX_0, ×40; 15. mature cysticercus after 240 hours treated by NX_2, ×160

图版 7B-1
Plate 7B-1

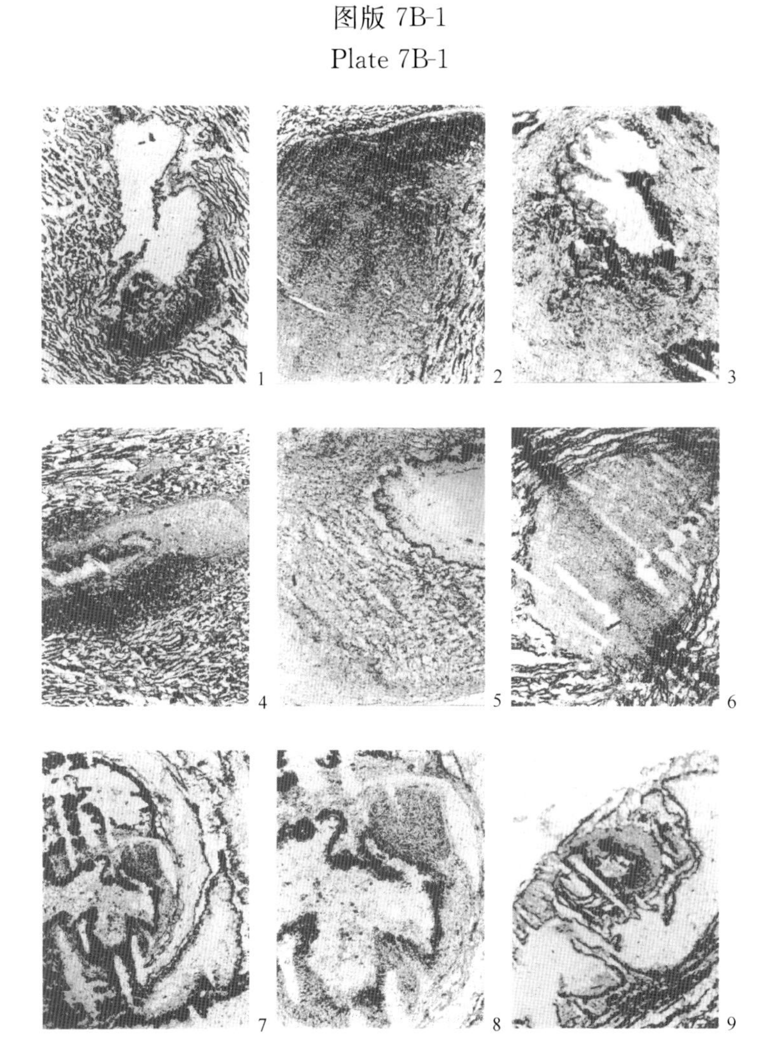

猪囊尾蚴发育过程中及药物作用下乳酸脱氢酶组织化学观察

1. 40 d 的囊尾蚴，×16；2. 80 d 的囊尾蚴，×16；3. 95 d 的囊尾蚴，×16；4. NX_1 作用 48 h 的未成熟期猪囊尾蚴，×16；5. NX_0 作用 72 h 的未成熟期猪囊尾蚴，×16；6. NX_0 作用 120 h 的未成熟期猪囊尾蚴，×16；7. NX_2 作用 24 h 的未成熟期猪囊尾蚴，×40；8. NX_2 作用 24 h 的未成熟期猪囊尾蚴头节区，×160；9. NX_2 作用 120 h 的未成熟期猪囊尾蚴，×40

Histochemical observation on the lactate dehydrogenase activity of *C. cellulosae* in the development and treated by drugs

1. 40 day-old cysticercus, ×16; 2. 80 day-old cysticercus, ×16; 3. 95 day-old cysticercus, ×16; 4. immature cysticercus after 48 hours treated by NX_1, ×16; 5. immature cysticercus after 72 hours treated by NX_0, ×16; 6. immature cysticercus after 120 hours treated by NX_0, ×16; 7. immature cysticercus after 24 hours treated by NX_2, ×40; 8. the scolex of immature cysticercus after 24 hours treated by NX_2, ×160; 9. immature cysticercus after 120 hours treated by NX_2, ×40

图版 7B-2
Plate 7B-2

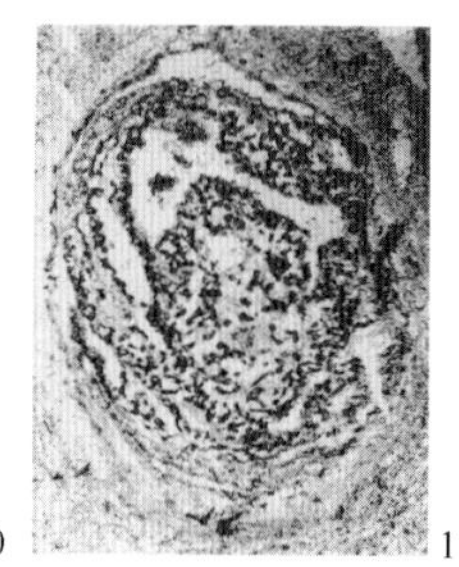
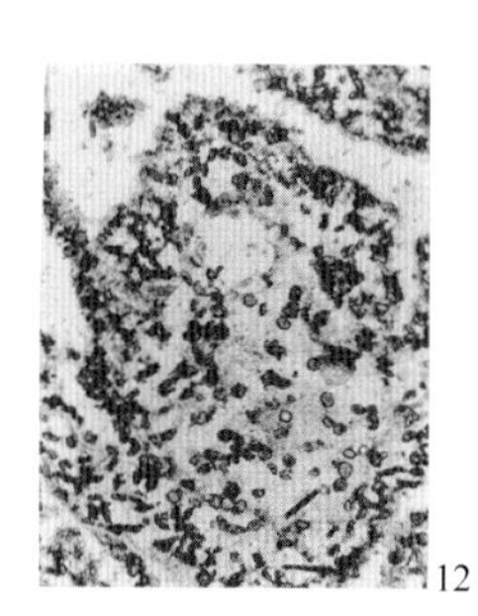

猪囊尾蚴发育过程中及药物作用下乳酸脱氢酶组织化学观察

10. NX_1作用 48 h 的成熟期猪囊尾蚴，×16；11. NX_1作用 48 h 的成熟期猪囊尾蚴头节，×40；12. NX_1作用 48 h 的成熟期猪囊尾蚴，×160；13. NX_0作用 24 h 的成熟期猪囊尾蚴，×16；14. NX_2作用 240 h 的成熟期猪囊尾蚴，×16

Histochemical observation on the lactate dehydrogenase activity of *C. cellulosae* in the development and treated by drugs

10. mature cysticercus after 48 hours treated by NX_1, ×16; 11. the scolex of mature cysticercus after 48 hours treated by NX_1, ×40; 12. mature cysticercus after 48 hours treated by NX_1, ×160; 13. mature cysticercus after 24 hours treated by NX_0, ×16; 14. mature cysticercus after 240 hours treated by NX_2, ×16

图版 7C
Plate 7C

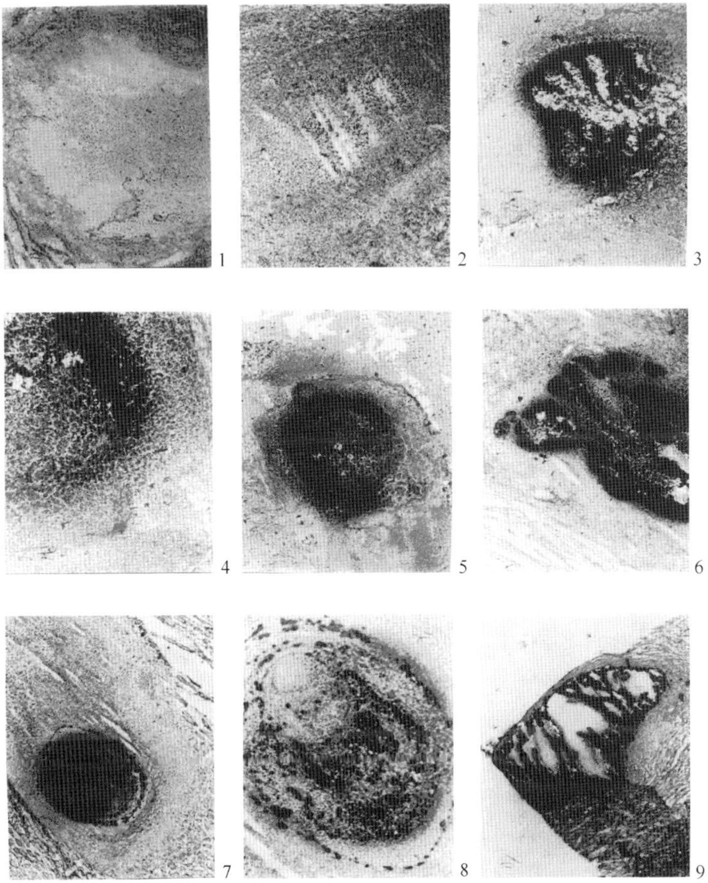

1 2 3 4 5 6 7 8 9

猪囊尾蚴发育过程中及药物作用下6-磷酸葡萄糖酶组织化学观察

1. 40 d的囊尾蚴，×16；2. 95 d的囊尾蚴，×16；3. NX_1作用48 h的未成熟期猪囊尾蚴，×16；4. NX_0作用72 h的未成熟期猪囊尾蚴，×16；5. NX_2作用24 h的未成熟期猪囊尾蚴，×16；6. NX_2作用120 h的未成熟期猪囊尾蚴，×16；7. NX_1作用48 h的成熟期猪囊尾蚴，×40；8. NX_1作用48 h的成熟期猪囊尾蚴，×160；9. NX_0作用24 h的成熟期猪囊尾蚴，×16

Histochemical observation on the 6-phosphate glucosase activity of *C. cellulosae* in the development and treated by drugs

1. 40 day-old cysticercus，×16；2. 95 day-old cysticercus，×16；3. immature cysticercus after

48 hours treated by NX_1，×16；4. immature cysticercus after 72 hours treated by NX_0，×16；5. immature cysticercus after 24 hours treated by NX_2，×16；6. immature cysticercus after 48 hours treated by NX_2，×40；7. mature cysticercus after 120 hours treated by NX_1，×40；8. mature cysticercus after 48 hours treated by NX_1，×160；9. mature cysticercus after 24 hours treated by NX_0，×16

图版 7D-1
Plate 7D-1

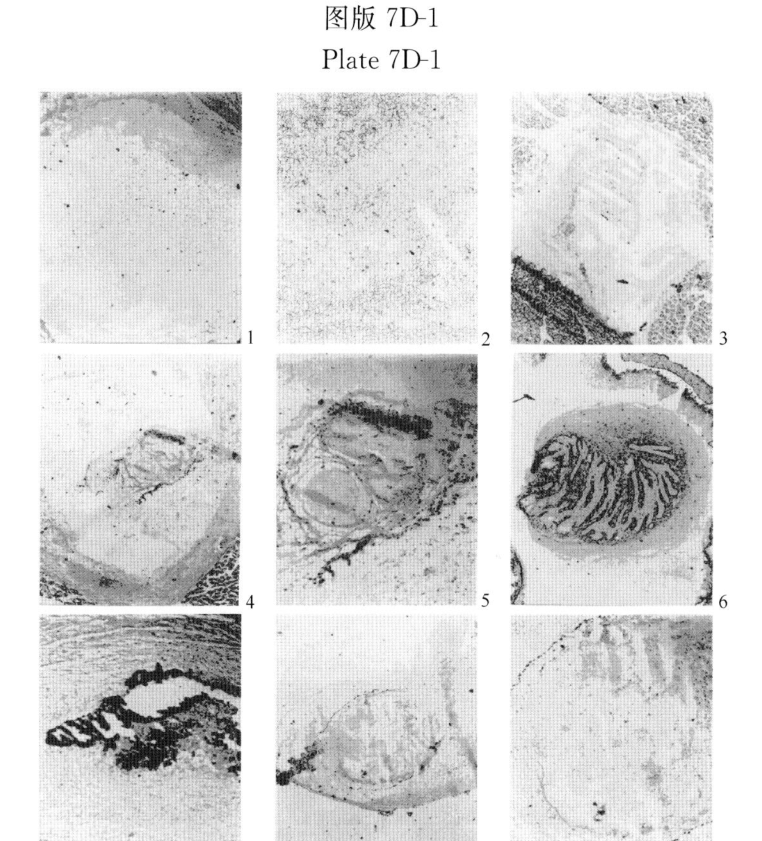

猪囊尾蚴发育过程中及药物作用下脂肪酶组织化学观察

1. 30 d 的囊尾蚴，×40；2. 40 d 的囊尾蚴，×40；3. 80 d 的囊尾蚴，×16；4. 95 d 的囊尾蚴，×40；5. 95 d 的囊尾蚴的头节，×160；6. NX_1 作用 48 h 的未成熟期猪囊尾蚴，×40；7. NX_0 作用 72 h 的未成熟期猪囊尾蚴，×16；8. NX_2 作用 24 h 的未成熟期猪囊尾蚴，×40；9. NX_2 作用 24 h 的未成熟期猪囊尾蚴头节，×160

Histochemical observation on the fatase activity of *C. cellulosae* in the development and treated by drugs

1. 30 day-old cysticercus，×40；2. 40 day-old cysticercus，×40；3. 80 day-old cysticercus，×16；4. 95 day-old cysticercus，×40；5. The scolex of 95 day-old cysticercus，×160；6. immature cysticercus after 48 hours treated by NX_1，×40；7. immature cysticercus after 72 hours treated by NX_0，×16；8. immature cysticercus after 24 hours treated by NX_2，×40；9. The scolex of immature cysticercus after 24 hours treated by NX_2，×160

图版 7D-2
Plate 7D-2

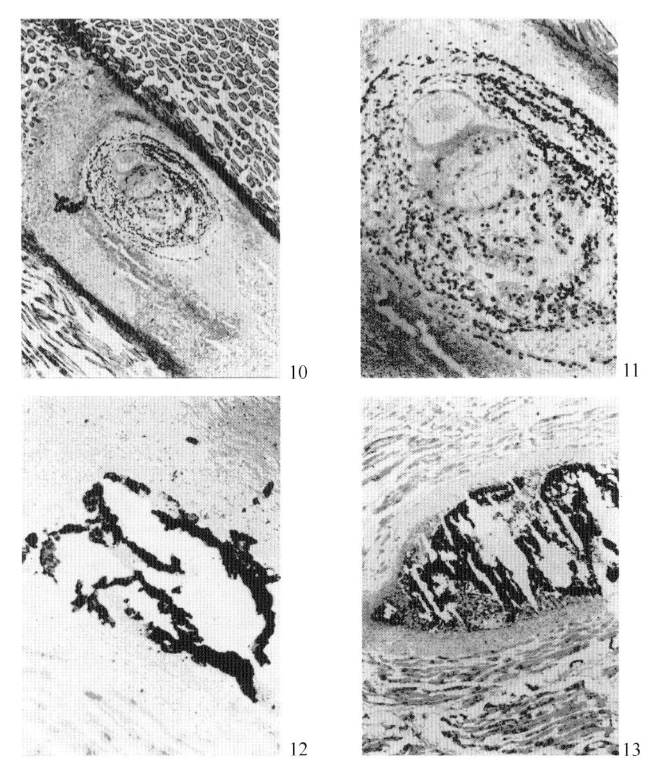

猪囊尾蚴发育过程中及药物作用下脂肪酶组织化学观察

10. NX_1作用 48 h 的成熟期猪囊尾蚴，×40；11. NX_1作用 48 h 的成熟期猪囊尾蚴头节，×160；12. NX_0作用 24 h 的成熟期猪囊尾蚴，×16；13. NX_2作用 240 h 的成熟期猪囊尾蚴，×16

Histochemical observation on the fat enzyme activity of *C. cellulosae* in the development and treated by drugs

10. mature cysticercus after 48 hours treated by NX_1，×40；11. The scolex of mature cysticercus after 48 hours treated by NX_1，× 160；12. mature cysticercus after 24 hours treated by NX_0，×16；13. mature cysticercus after 240 hours treated by NX_2，×16

图版 7E
Plate 7E

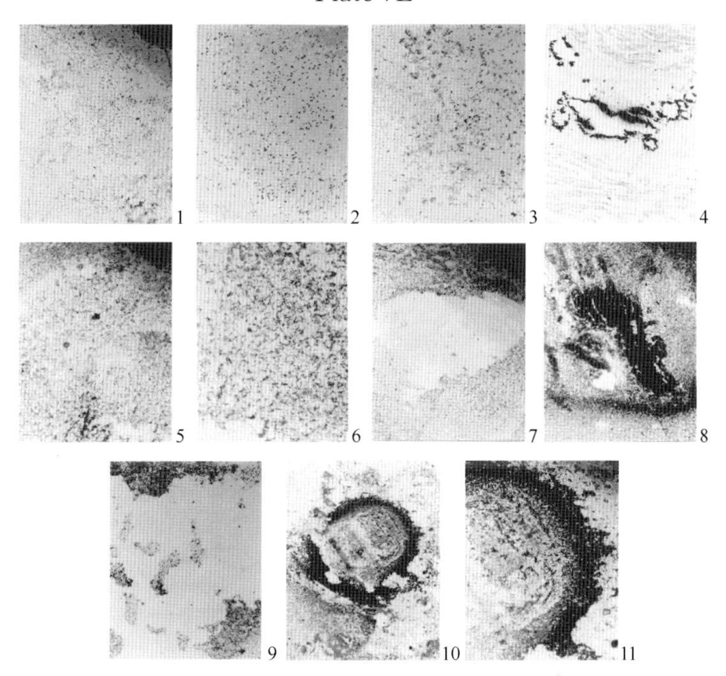

猪囊尾蚴发育过程中及药物作用下三磷酸腺苷酶组织化学观察

1. 40 d 的囊尾蚴，×160；2. 80 d 的囊尾蚴，×160；3. 95 d 的囊尾蚴，×160；4. NX_1作用 48 h 的未成熟期猪囊尾蚴，×16；5. NX_0作用 72 h 的未成熟期猪囊尾蚴，×40；6. NX_0作用 72 h 的未成熟期猪囊尾蚴，×160；7. NX_0作用 120 h 的未成熟期猪囊尾蚴，×16；8. NX_2作用 24 h 的未成熟期猪囊尾蚴，×16；9. NX_1作用 48 h 的成熟期猪囊尾蚴，×16；10. NX_0作用 24 h 的成熟期猪囊尾蚴，×16；11. NX_0作用 24 h 的成熟期猪囊尾蚴，×40

Histochemical observation on the adenosine triphosphatase activity of *C. cellulosae* in the development and treated by drugs

1. 40 day-old cysticercus，×160；2. 80 day-old cysticercus，×160；3. 95 day-old cysticercus，× 160；4. immature cysticercus after 48 hours treated by NX_1，×16；5. immature cysticercus after 72 hours treated by NX_0，×40；6. immature cysticercus after 72 hours treated by NX_0，×160；7. immature cysticercus after 120 hours treated by NX_0，×16；8. immature cysticercus after 24 hours treated by NX_2，× 16；9. mature cysticercus after 48 hours treated by NX_1，× 16；10. mature cysticercus after 24 hours treated by NX_0，×16；11. mature cysticercus after 24 hours treated by NX_0，×40

图版 7F
Plate 7F

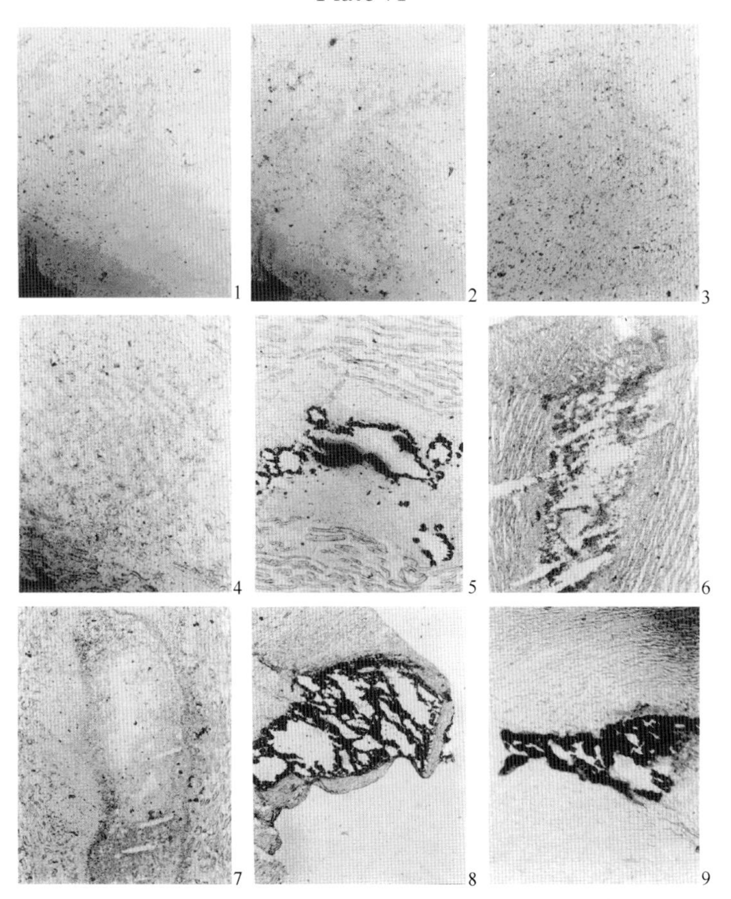

猪囊尾蚴发育过程中及药物作用下酸性磷酸酶组织化学观察

1. 30 d 的囊尾蚴，×40；2. 40 d 的囊尾蚴，×40；3. 80 d 的囊尾蚴，×40；4. 95 d 的囊尾蚴，×40；5. NX_1作用 48 h 的未成熟期猪囊尾蚴，×16；6. NX_0作用 72 h 的未成熟期猪囊尾蚴，×16；7. NX_1作用 48 h 的成熟期猪囊尾蚴，×16；8. NX_0作用 24 h 的成熟期猪囊尾蚴，×16；9. NX_2作用 240 h 的成熟期猪囊尾蚴，×16

Histochemical observation on the acid phosphatase activity of *C. cellulosae* in the development and treated by drugs

1. 30 day-old cysticercus, ×40; 2. 40 day-old cysticercus, ×40; 3. 80 day-old cysticercus, ×40; 4. 95 day-old cysticercus, ×40; 5. immature cysticercus after 48 hours treated by NX_1, ×16; 6. immature cysticercus after 72 hours treated by NX_0, ×16; 7. mature cysticercus after 48 hours treated by NX_1, ×16; 8. mature cysticercus after 24 hours treated by NX_0, ×16; 9. mature cysticercus after 240 hours treated by NX_2, ×16

图版 7G

Plate 7G

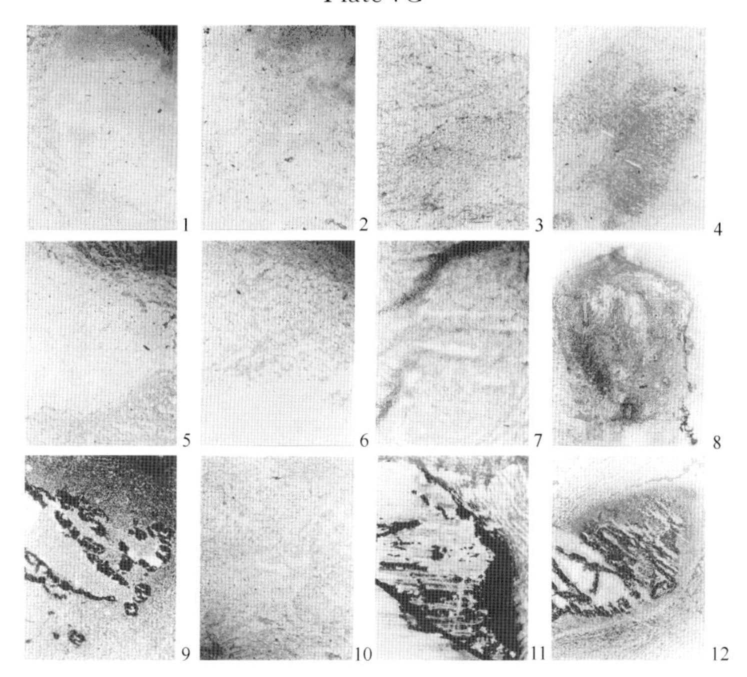

猪囊尾蚴发育过程中及药物作用下碱性磷酸酶组织化学观察

1. 30 d 的囊尾蚴，×40；2. 40 d 的囊尾蚴，×40；3. 80 d 的囊尾蚴，×40；4. 95 d 的囊尾蚴，×40；5. NX_1作用 48 h 的未成熟期猪囊尾蚴，×40；6. NX_0作用72 h 的未成熟期猪囊尾蚴，×40；7. NX_0作用 120 h 的未成熟期猪囊尾蚴，×40；8. NX_2作用 24 h 的未成熟期猪囊尾蚴，×16；9. NX_2作用 120 h 的未成熟期猪囊尾蚴，×16；10. NX_1作用 48 h 的成熟期猪囊尾蚴，×40；11. NX_0作用 24 h的成熟期猪囊尾蚴，×16；12. NX_2作用 240 h 的成熟期猪囊尾蚴，×16

Histochemical observation on the alkaline phosphatase activity of *C. cellulosae* in the development and treated by drugs

1. 30 day-old cysticercus，×40；2. 40 day-old cysticercus，×40；3. 80 day-old cysticercus，×40；4. 95 day-old cysticercus，×40；5. immature cysticercus after 48 hours treated by NX_1，×40；6. immature cysticercus after 72 hours treated by NX_0，×40；7. immature cysticercus after 120 hours treated by NX_0，×40；8. immature cysticercus after 24 hours treated by NX_2，×16；9. immature cysticercus after 120 hours treated by NX_2，×16；10. mature cysticercus after 48 hours treated by NX_1，×40；11. mature cysticercus after 24 hours treated by NX_0，×16；12. mature cysticercus after 240 hours treated by NX_2，×16

图版 7H
Plate 7H

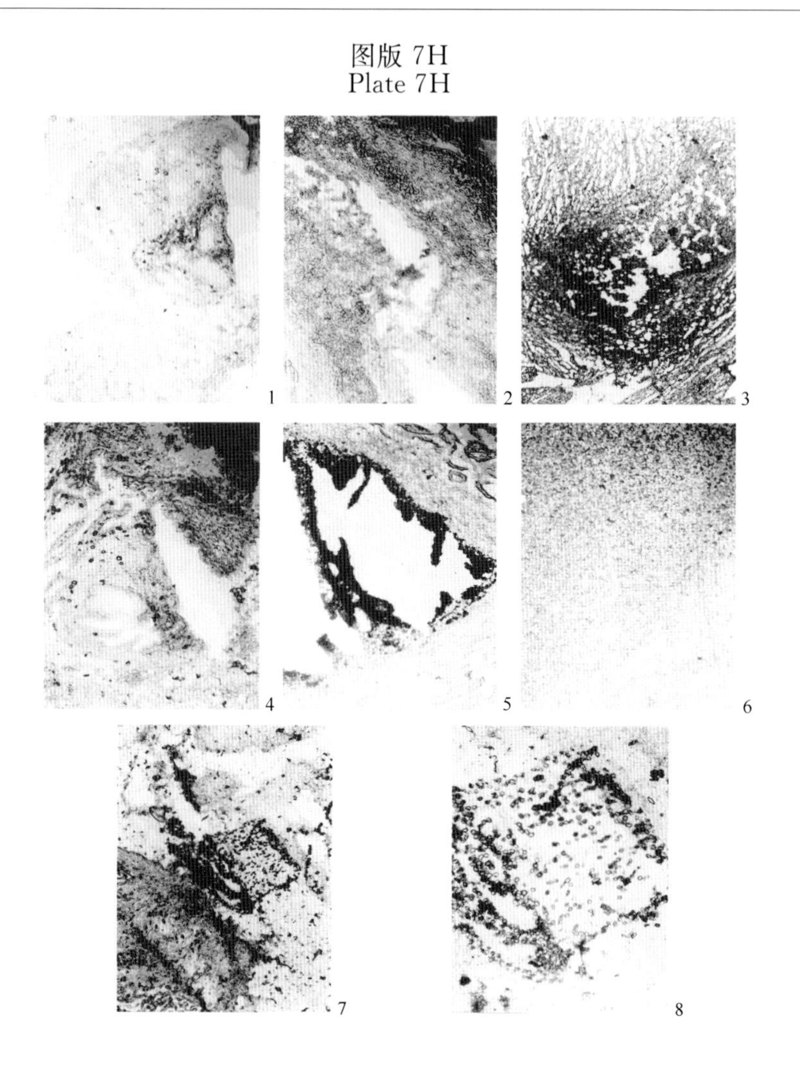

猪囊尾蚴发育过程中及药物作用下谷氨酸脱氢酶组织化学观察

1. 40 d的囊尾蚴，×40；2. 95 d的囊尾蚴，×40；3. NX_1作用 48 h 的未成熟期猪囊尾蚴，×16；4. NX_0作用 72 h 的未成熟期猪囊尾蚴，×40；5. NX_2作用 24 h 的未成熟期猪囊尾蚴，×16；6. NX_1作用 48 h 的成熟期猪囊尾蚴，×160；7. NX_0作用 24 h 的成熟期猪囊尾蚴，×40；8. NX_0作用 24 h 的成熟期猪囊尾蚴头节，×160

Histochemical observation on the glutamic acid dehydrogenase activity of *C. cellulosae* in the development and treated by drugs

1. 40 day-old cysticercus，×40；2. 95 day-old cysticercus，×40；3. immature cysticercus after 48

hours treated by NX_1, ×16; 4. immature cysticercus after 72 hours treated by NX_0, ×40; 5. immature cysticercus after 24 hours treated by NX_2, ×16; 6. mature cysticercus after 48 hours treated by NX_1, ×160; 7. mature cysticercus after 24 hours treated by NX_0, ×40; 8. the scolex of mature cysticercus after 24 hours treated by NX_0, ×160

图版 7I

Plate 7I

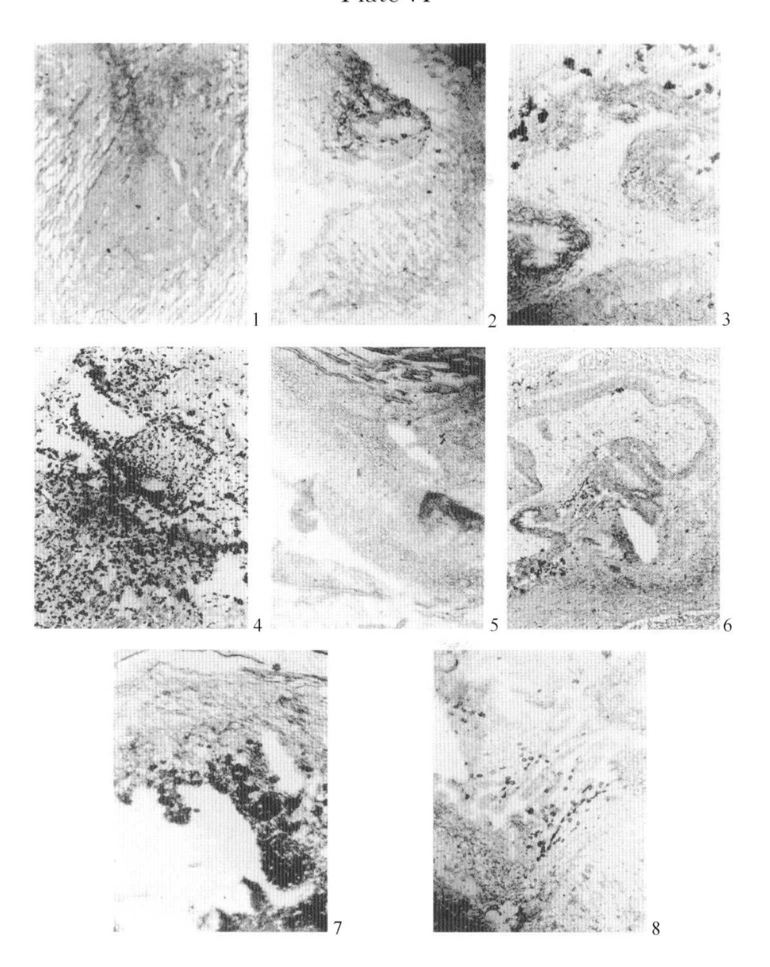

猪囊尾蚴发育过程中及药物作用下黄嘌呤氧化酶组织化学观察

1. 95 d 的囊尾蚴，×40；2. NX_1作用 48 h 的未成熟期猪囊尾蚴，×40；3. NX_0作用 72 h 的未成熟期猪囊尾蚴，×40；4. NX_0作用 72 h 的未成熟期猪囊尾蚴头节，×160；5. NX_0作用 120 h 的未成熟期猪囊尾蚴；6. NX_2作用 24 h 的未成熟期猪囊尾蚴，×40；7. NX_1作用 48 h 的成熟期猪囊尾蚴，×40；8. NX_0作用 24 h 的成熟期猪囊尾蚴，×40

Histochemical observation on the xanthine oxidase activity of *C. cellulosae* in the development and treated by drugs

1. 95 day-old cysticercus，×40；2. immature cysticercus after 48 hours treated by NX_1，

×40；3. immature cysticercus after 72 hours treated by NX_0；4. the scolex of immature cysticercus after 72 hours treated by NX_0，×160；5. immature cysticercus after 120 hours treated by NX_0；6. immature cysticercus after 24 hours treated by NX_2，×40；7. mature cysticercus after 48 hours treated by NX_1，×40；8. mature cysticercus after 24 hours treated by NX_0，×40

图版 7J
Plate 7J

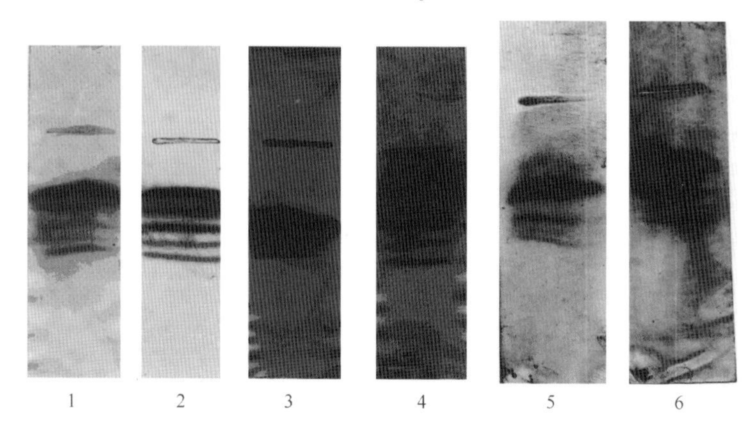

猪囊尾蚴组织匀浆 SDH、LDH、ICD 同工酶电泳观察

1. 猪囊尾蚴组织匀浆 SDH 同工酶电泳观察；2. 猪肌肉组织匀浆 SDH 同工酶电泳观察；3. 猪囊尾蚴组织匀浆 LDH 同工酶电泳观察；4. 猪肌肉组织匀浆 LDH 同工酶电泳观察；5. 猪囊尾蚴组织匀浆 ICD 同工酶电泳观察；6. 猪肌肉组织匀浆 ICD 同工酶电泳观察

The isoenzyme electrophoresis observation on the SDH、LDH、ICD activity of *C. cellulosae* tissue homogenate

1. SDH activity of *C. cellulosae* tissue homogenate; 2. SDH activity of swine muscle tissue homogenate; 3. LDH activity of *C. cellulosae* tissue homogenate; 4. LDH activity of swine muscle tissue homogenate; 5. ICD activity of *C. cellulosae* tissue homogenate; 6. ICD activity of swine muscle tissue homogenate

图版 8A

Plate 8A

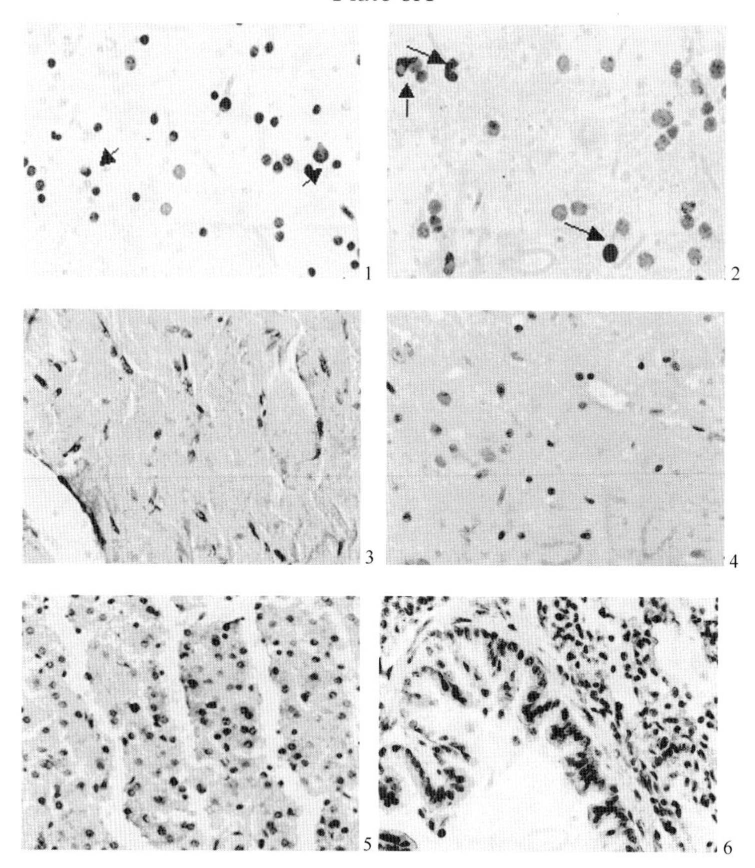

猪囊尾蚴寄生的宿主细胞凋亡的观察

1. HE法检测的淋巴细胞凋亡（箭头），凋亡细胞胞膜出泡、染色质固缩，×400；2. TUNEL法检测的淋巴细胞凋亡（箭头），凋亡细胞被染成棕褐色，×400；3. 囊尾蚴周围肌肉组织细胞的凋亡，×400；4. 囊尾蚴周围脑组织细胞的凋亡，×400；5. 囊尾蚴周围肝脏组织细胞的凋亡，×400；6. 囊尾蚴周围肺脏组织细胞的凋亡，×400

Observation on the cell apoptosis in the hosts parasitized by *C. cellulosae*

1. Lymphocyte apoptosis detected by HE. Blebbing of plasma membrane and chromatin condensation in the apoptotic cells (arrow), ×400; 2. Lmphocyte apoptosis detected by TUNEL. Apoptotic cells with yellow color (arrow) and normal cells with blue color, ×400; 3. Cell apoptosis in the muscular tissue around cysticercus, ×400; 4. Cell apoptosis in the brain around cysticercus, ×400; 5. Cell apoptosis in the liver around cysticercus, ×400; 6. Cell apoptosis in the lung around cysticercus, ×400

图版 9A

Plate 9A

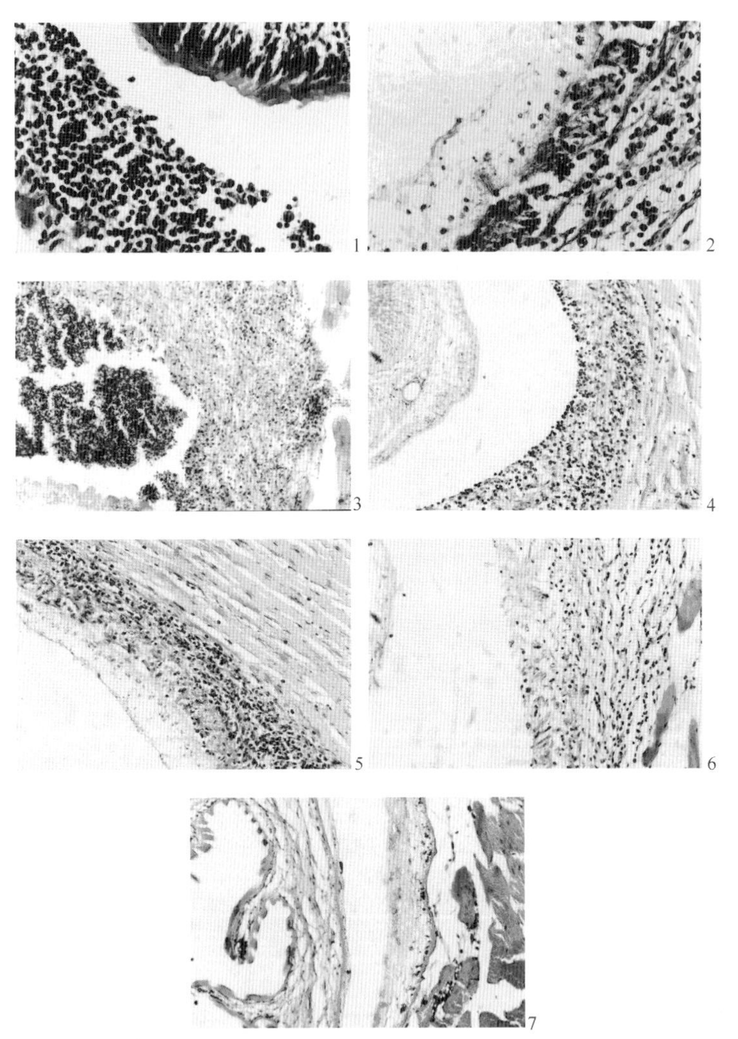

猪囊尾蚴发育过程中周围宿主反应的病理组织学观察

1. 19 d 的囊尾蚴周围嗜中性粒细胞、嗜酸粒细胞及淋巴细胞、浆细胞浸润，×400；2. 30 d 的囊尾蚴周围嗜酸粒细胞开始向炎区内层聚集，有的嗜酸粒细胞黏附到虫体表皮层上，成纤维细胞开始增生，并有少量巨噬细胞和上皮样细胞出现，×400；3. 40 d 的囊尾蚴周围大量嗜酸粒细胞坏死，坏死区周围结缔组织增生，外层有大量巨噬细胞及上皮样细胞浸润，×200；

4. 60 d 的囊尾蚴头节周围大量嗜酸粒细胞形成第一道防线，向外一层上皮样细胞呈栅栏样增生，×200；5. 60 d 的囊尾蚴囊壁周围，上皮样细胞呈栅栏样增生，嗜酸粒细胞散在分布于其外层，×200；6. 95 d 的囊尾蚴周围上皮样细胞呈栅栏样浸润，其外层成纤维细胞、纤维细胞增生明显，并有淋巴细胞和嗜酸粒细胞散在分布，×200；7. 130 d 的囊尾蚴周围宿主反应较轻，仅有少量淋巴细胞浸润，×200

Histopathological observation on the host response around *C. cellulosae* in the development

1. Infiltration mainly composed of neutrophils, eosinophils, lymphocytes and plasma cells around 19 day-old cysticercus, ×400; 2. Around 33 day-old cysticercus eosinophils begin to accumulate toward the internal border of inflammatory zone and some eosinophils adhere to the cuticle of *C. cellulosae* . Fibroblasts are numerous within the inflammatory zone . Macrophages and epithelioid cells begin to appear, ×400; 3. Around 42 day-old cysticercus large numbers of eosinophils are necrotic and are surrounded by fibrous tissue. Macrophages and epithelioid cells are numerous within the peripheral zone, ×00; 4. Around the scolex of 60 day-old cysticercus, numerous eosinophils constitute a first line of attack. Facing the lines of eosinophils, epithelioid cells begin to line up in a palisade fashion, ×200; 5. Around the bladder wall of 60 day-old cysticercus the palisades of epithelioid cells accumulate around the internal border of inflammatory zone and eosinophils are dispersed within the peripheral zone of the reaction, ×200; 6. Around 95 day-old cysticercus the palisades of epithelioid cells line up facing the cavity. Fibroblasts and fibrocytes are more numerous within the peripheral zone while lymphocytes, plasma cells and eosinophils are dispersed among them, × 200; 7. Around 130 day-old cysticercus, the host response is very slight and lymphocytes are infrequently found, ×200

图版 10A
Plate 10A

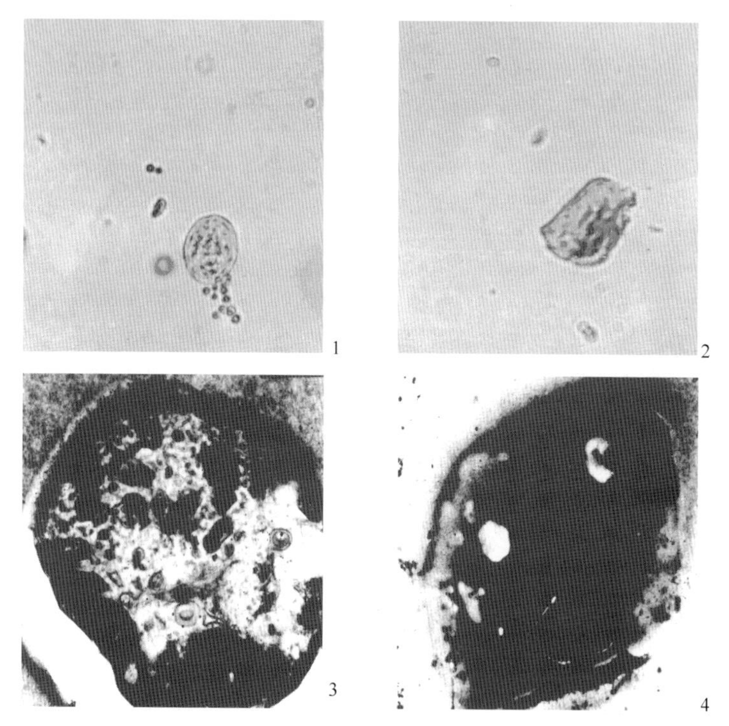

六钩蚴体外发育及 NX_1 作用后的后期六钩蚴的超微结构观察

1. 对照组的虫体，结构正常，×400；2. NX_1 作用后死亡的幼虫，虫体变形，结构不清，×400；3. 对照组虫体切片的宏观结构，×8 000；4. NX_1 作用后死亡虫体切片的宏观结构，×3 000

Observation on the ultrastructures of oncospheres in the development in *vitro* and postoncospheres treated by NX_1

1. Normal larva in control group, ×400; 2. Dead larva in NX_1 group. The larva is deformed and its structure is indistinct, ×400; 3. Macrostructure of the section of the larva in control group, ×8 000; 4. Macrostructure of the section of the dead larva treated by NX_1, ×3 000

图版 11A
Plate 11A

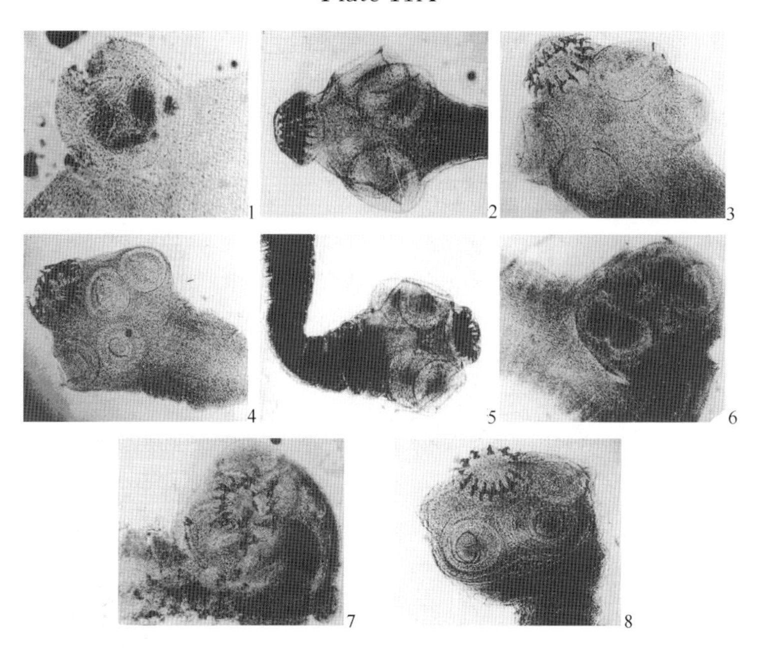

药物体外作用后猪囊尾蚴的形态学观察

1. 30 d的囊尾蚴，×40；2. 对照组成熟期囊尾蚴，×40；3. NX_0体外作用24h后的成熟期囊尾蚴，×40；4. NX_1体外作用24h后的成熟期囊尾蚴，×40；5. NX_2体外作用24h后的成熟期囊尾蚴，×40；6. NX_0体外作用72h后的成熟期囊尾蚴，×40；7. NX_1体外作用72h后的成熟期囊尾蚴，×40；8. NX_2体外作用72h后的成熟期囊尾蚴，×40

Morphological observation on *C. cellulosae* treated *in vitro* by drugs

1. 30 day-old cysticercus，×40；2. Mature cysticercus in control group，×40；3. Mature cysticercus treated *in vitro* for 24h by NX_0，×40；4. Mature cysticercus treated *in vitro* for 24h by NX_1，×40；5. Mature cysticercus treated *in vitro* for 24h by NX_2，×40；6. Mature cysticercus treated *in vitro* for 72h by NX_0，×40；7. Mature cysticercus treated *in vitro* for 72h by NX_1，×40；8. Mature cysticercus treated *in vitro* for 72h by NX_2，×40

图版 11B
Plate 11B

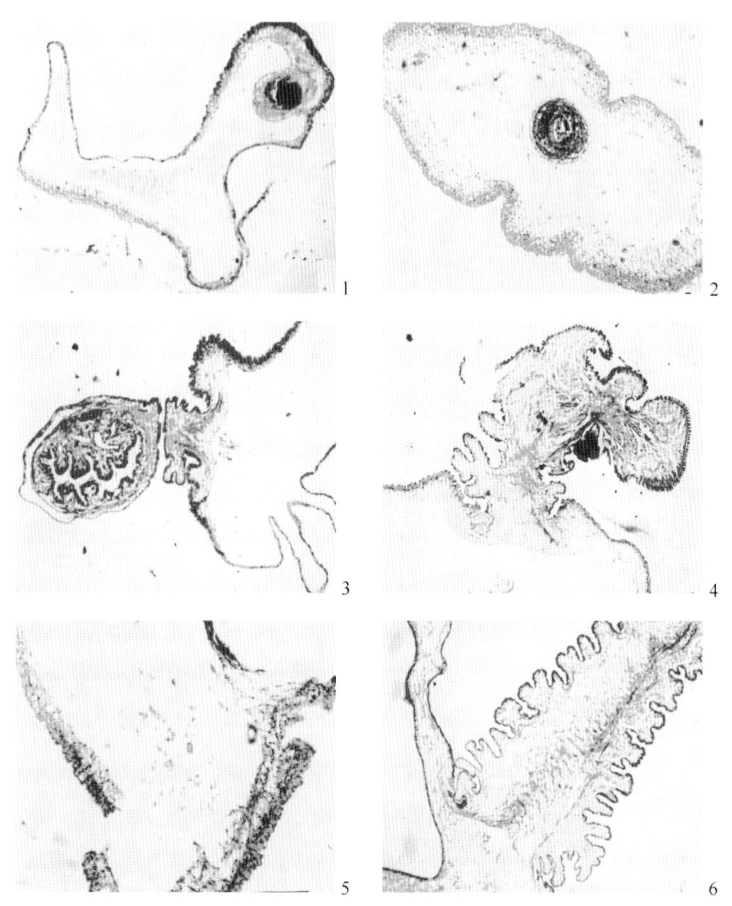

药物体外作用 72h 后不同发育时期囊尾蚴的组织学观察

1. 对照组未成熟期囊尾蚴的组织结构，×50；2. NX_1 作用后未成熟期囊尾蚴的组织结构，×50；3. 对照组成熟期囊尾蚴的组织结构，×50；4. NX_0 作用后成熟期囊尾蚴的组织结构，×50；5. NX_1 作用后成熟期囊尾蚴的组织结构，×50；6. NX_2 作用后成熟期囊尾蚴的组织结构，×50

Histological observation on *C. cellulosae* treated *in vitro* for 72 hours by drugs in the different stages

1. Histological appearance of immature cysticercus in control group, ×50; 2. Histological appearance of immature cysticercus treated by NX_1, ×50; 3. Histological appearance of mature cysti-

cercus in control group, ×50; 4. Histological appearance of mature cysticercus treated by NX_0, ×50; 5. Histological appearance of mature cysticercus treated by NX_1, ×50; 6. Histological appearance of mature cysticercus treated by NX_2, ×50

图版 11C
Plate 11C

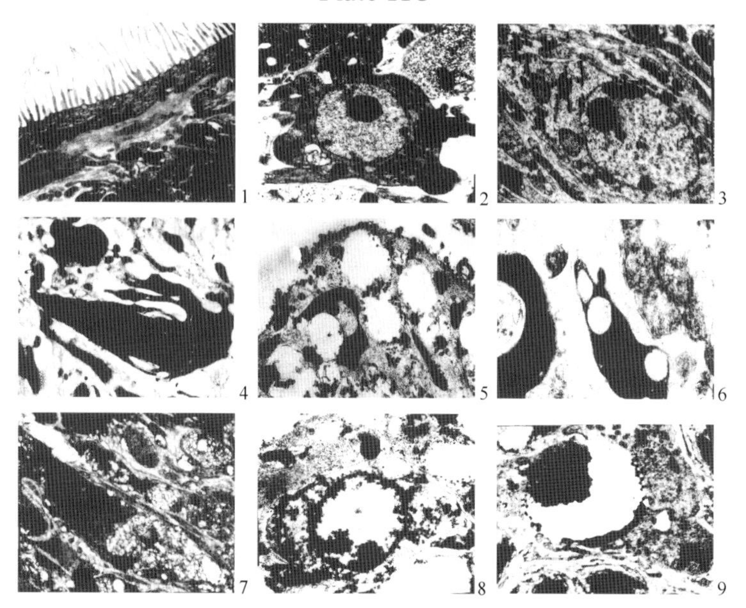

药物体外作用后未成熟猪囊尾蚴的超微结构观察

1. 对照组的皮层和实质区，×10k；2. 对照组的皮层细胞，×10k；3. 对照组的实质细胞，×10k；4. 对照组的焰细胞，×5 000；5. NX_1 体外作用后未成熟期囊尾蚴受损的皮层和实质区，×10k；6. NX_1体外作用后未成熟期囊尾蚴受损的肌束，×30k；7. NX_1体外作用后未成熟期囊尾蚴受损的内皮细胞，×8 000；8. NX_1体外作用后未成熟期囊尾蚴受损的实质细胞，×10k；9. NX_1体外作用后未成熟期囊尾蚴受损的焰细胞横切，×8 000

Ultrastructural observation on immature *C. cellulosae* treated *in vitro* by drugs

1. Tegument and parenchyma in control group, ×10k; 2. Tegumentary cell in control group, ×10k; 3. Parenchyma cell in control group, ×10k; 4. Flame cell in control group, ×5 000; 5. Lesion tegument and parenchyma of immature cysticercus treated *in vitro* by NX_1, ×10k; 6. Lesion muscular bunches of immature cysticercus treated *in vitro* by NX_1, ×30k; 7. Lesion tegumentary cell of immature cysticercus treated *in vitro* by NX_1, ×8 000; 8. Lesion parenchyma cell of immature cysticercus treated *in vitro* by NX_1, ×10k; 9. Lesion flame cell in cross-section of immature cysticercus treated *in vitro* by NX_1, ×8 000

图版 11D
Plate 11D

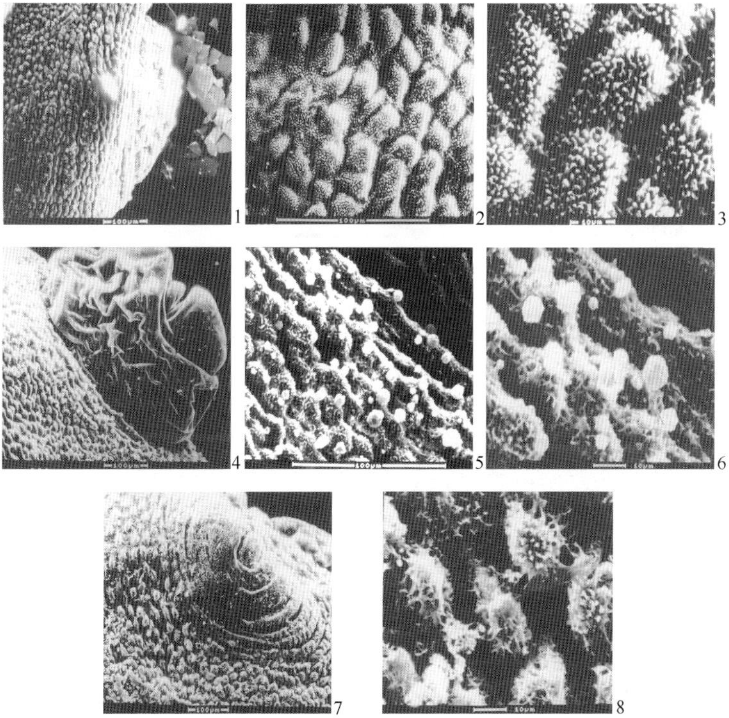

药物体外作用 24 h 对未成熟期猪囊尾蚴表面超微形态学的影响

1. 对照组的头颈部，×200；2，3. 对照组的囊部，×700，×2 000；4. NX_1组的头颈部，×200；5，6. NX_1组的囊部，×700，×1 500；7. NX_2组的头颈部，×200；8. NX_2的囊部，×1 500

Effect of drugs *in vitro* for 24 hours on surface ultramicro-morphology on immature *C. cellulosae*

1. The scolex of control group, ×200; 2, 3. The bladder wall of cysticercus of control group, ×700, ×2 000; 4. The scolex of cysticercus treated by NX_1, ×200; 5, 6. The bladder wall of cysticercus treated by NX_1, ×700, ×1 500; 7. The scolex of cysticercus treated by NX_2, ×200; 8. The bladder wall of cyeticercus treated by NX_2, ×1 500

图版 11E

Plate 11E

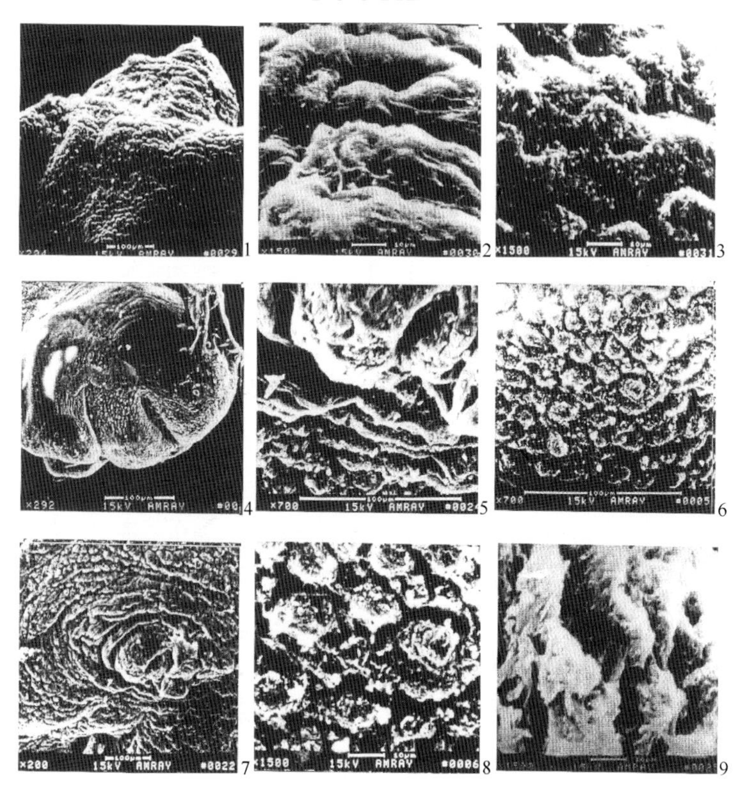

药物体外作用 72h 对未成熟期猪囊尾蚴表面超微形态学的影响

1. NX_0组的头颈部，× 200；2，3. NX_0组的囊部，×1 500；4. NX_1组的头颈部，×300；5，6. NX_1组的囊部，×700，×1 500；7. NX_2组的头颈部，×200；8，9. NX_2的囊部，×700，×1 500

Effect of drugs *in vitro* for 72 hours on surfoce ultramicro-morphology in immature *C. cellulosae*

1. The scolex of cysticeercus treated by NX_0，×200；2，3. The bladder wall of cysticercus treated by NX_0，×1 500，×1 500；4. The scolex of cysticercus treated by NX_1，× 300；5，6. The bladder wall of cysticercus treated by NX_1，× 700，×1 500；7. The scolex of cysticercus treated by NX_2，×200；8，9. The bladder wall of cyeticercus treated by NX_2，×700，×1 500

图版 11F

Plate 11F

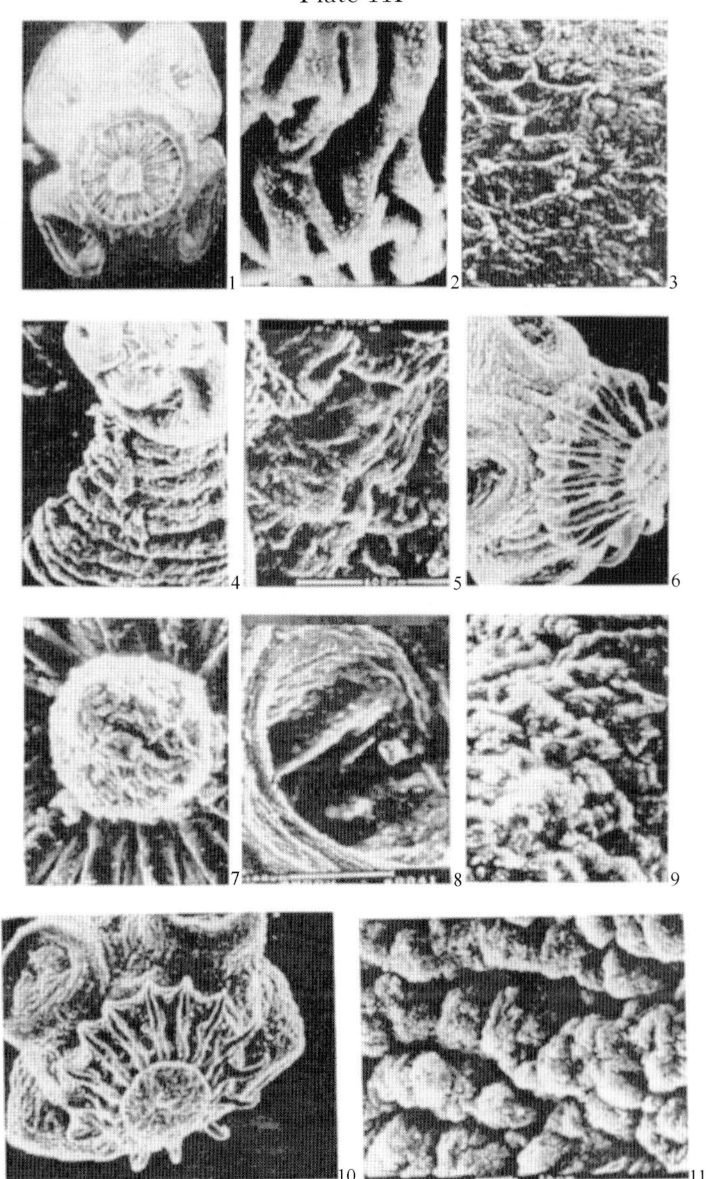

药物体外作用 72 h 对成熟期猪囊尾蚴表面超微形态学的影响

1. 对照组猪囊尾蚴头部，×150；2. 对照组猪囊尾蚴尾颈部，× 2 000；3. 对照组猪尾囊尾蚴囊部，×300；4. NX_0作用后受损的头颈部，×1 000；5. NX_0作用后受损的囊部，×500；6. NX_1作用后受损的头颈部，×300；7. NX_1作用后损的顶突，×700；8. NX_1作用后受损的吸盘，×700；9. NX_1作用后受损的囊部，×700；10. NX_2作用后受损的头颈部，×1 000；11. NX_2作用后受损的囊部，×1 000

Effect of drugs *in vitro* for 72 hours on surface ultramicro-morphology in mature *C. cellulosae*

1. Scolex of cysticercus in control group, ×300; 2. Cervix of cysticercus in control group, ×2 000, 3. Bladder wall of cysticercus in control group, ×300; 4. The scolex of cysticercus treatea by NX_1, ×1 000; 5. The bladder wall of cysticercus treated by NX_0, ×500; 6. The scolex of cysticercus treated by NX_1, ×300; 7. The top part of cysticercus treated by NX_1, ×700; 8. The sucker of cysticercus treated by NX_1, ×700; 9. The bladder wall of cysticercus treated by NX_1, ×700, 10. Scolex of cysticercus treated by NX_2, ×1 000; 11. Bladder wall of cysticercus treated by NX_0, ×1 000

图版 12A
Plate 12A

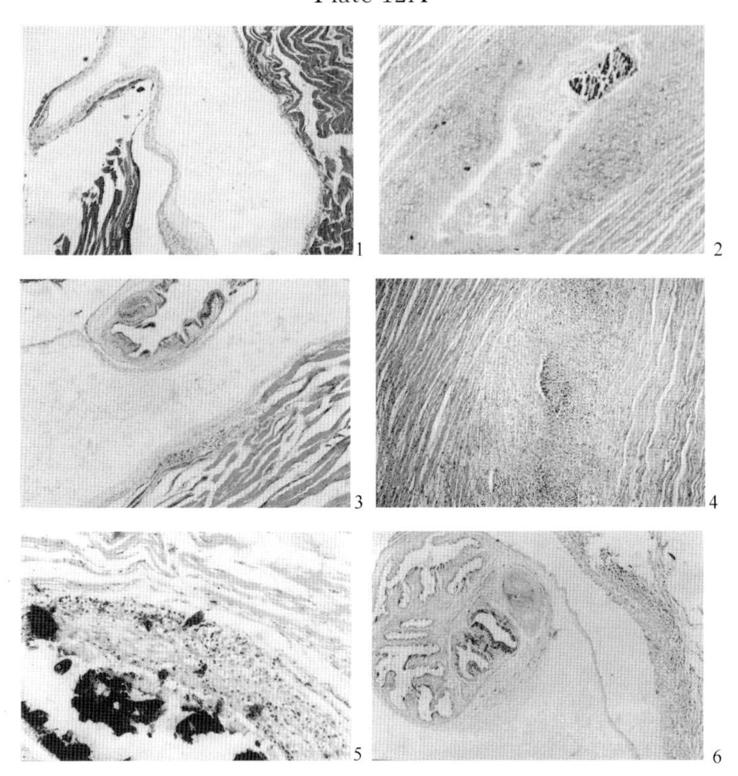

药物体内作用后未成熟期囊尾蚴的病埋组织学观察

1. NX_0用药后 2d，虫体结构正常，×50；2. NX_1用药后 2d，虫体坏死，囊腔内有一钙化灶，×50；3. NX_0用药后 10d，虫体结构正常，×50；4. NX_1用药后 10d 虫体崩解，碎片散落在炎性反应区中，×50；5. NX_1用药后 45d，虫体钙化，×200；6. NX_0用药后 80d，虫体结构正常，×50

Histopathological observation on immature *C. cellulosae* treated *in vivo* by drugs

1. Normal cysticercus treated for 2 days by NX_0, ×50; 2. Necrotic cysticercus treated for 2 days by NX_1 and calcification is found in the cavity, ×50; 3. Normal cysticercus treated for 10 days by NX_0, ×50; 4. Destroyed cysticercus treated for 10 days by NX_1 and some debris are dispersed in the inflammatory zone, ×50; 5. Calcified cysticercus treated for 45 days by NX_1, ×200; 6. Normal cysticercus treated for 80 days by NX_0, ×50

图版 12B

Plate 12B

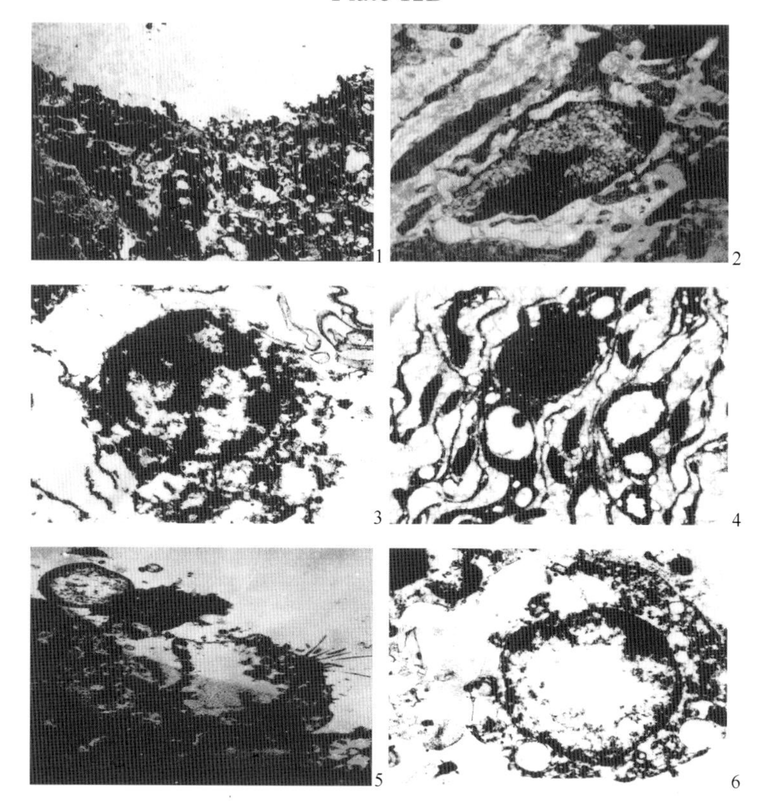

NX$_1$体内作用后未成熟期囊尾蚴的超微结构观察

1. NX$_1$作用后 1d 未成熟期囊尾蚴受损的皮层和实质区，×5 000；2. NX$_1$作用后 1d 未成熟期囊尾蚴受损的皮层细胞，×5 000；3. NX$_1$作用后 1d 未成熟期囊尾蚴受损的实质细胞，×10k；4. NX$_1$作用后 1d 未成熟期囊尾蚴初级排泄管微绒毛减少，×8 000；5. NX$_1$作用后 2d 未成熟期囊尾蚴受损的皮层和实质区，×5 000；6. NX$_1$作用后 2d 未成熟期囊尾蚴受损的实质细胞，×10k

Ultrastructural observation on immature *C. cellulosae* treated *in vivo* by NX$_1$

1. Lesion tegument and parenchyma of immature cysticercus treated for 1 day by NX$_1$, ×5 000; 2. Lesion tegumentary cell of immature cysticercus treated for 1 day by NX$_1$, ×5 000; 3. Lesion parenchyma cell of immature cysticercus treated for 1 day by NX$_1$, ×10k; 4. Primary excretory duct showing sparse microvillis in immature cysticercus

treated *in vivo* for 1 days by NX_1，×8 000；5. Lesion tegument and parenchyma of immature cysticercus treated for 2 days by NX_1，×5 000；6. Lesion parenchyma cell of immature cysticercus treated for 2 days by NX_1，×10k

图版 12C
Plate 12C

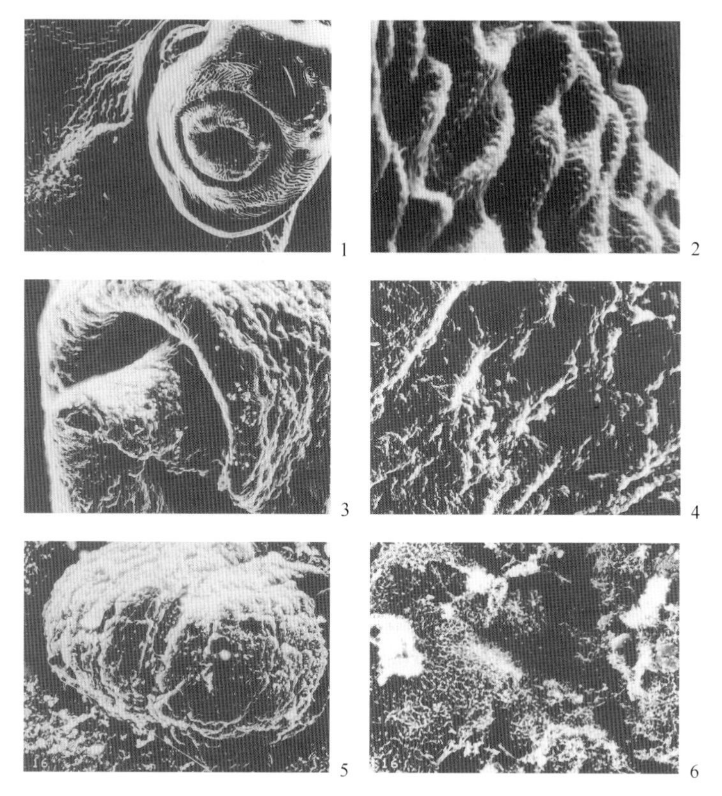

药物体内作用 1d 对未成熟期猪囊尾蚴表面超微形态学的影响

1. 对照五组的猪囊尾蚴头颈部，×1 000；2. 对照组猪囊尾蚴颈囊部，×1 500；3. NX_0作用后受损的猪囊尾蚴头颈部，×500；4. NX_0后受损的猪囊尾蚴囊部，×1 500；5. NX_1作用后受损的猪囊尾蚴的头颈部，×300；6. NX_1作用后受损的猪囊尾蚴的囊部，×1 500

Effect of drugs *in vivo* for 1 day on surface ultramicro-morphology in immature *C. cellulosae*

1. Scolex of cysticercus in control group, ×1 000; 2. Bladder wall of cysticercus in contol group, ×1 500; 3. The scolex of cysticercus treated by NX_0, ×500; 4. The bladder wall of cysticercus treated by NX_0, ×1 500; 5. The scolex of cysticercus treated by NX_1, ×300; 6. The bladder wall of cysticercus treated by NX_1, ×1 500

图版 12D
Plate 12D

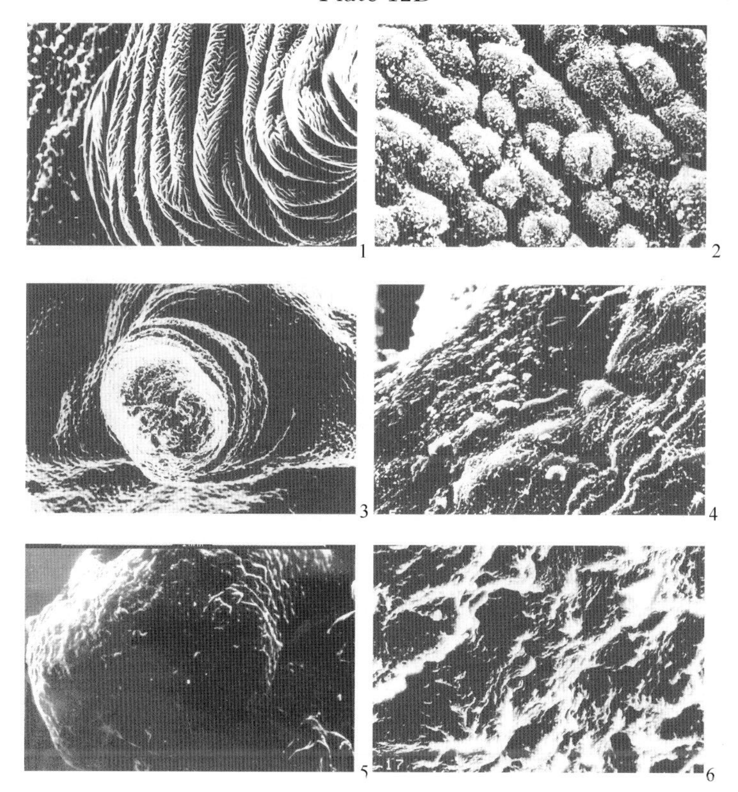

药物体内作用 2d、5d 对未成熟期猪囊尾蚴表面超微形态学的影响

1. NX_0 作用 2d 后受损的头颈部，×200；2. NX_0 作用 2d 后受损的猪囊尾蚴的囊部，×1 000；3. NX_1 作用 2d 后受损的猪囊尾蚴的头颈部，×800；4. NX_1 作用 2d 后受损的猪囊尾蚴的囊部，× 1 000；5. NX_0 作用 5d 后的受损的猪囊尾蚴的头颈部，×200；6. NX_0 作用 5d 后受损的猪囊尾蚴的囊部，×1 500

Effect of drugs *in vivo* for 2，5 days on surface ultramicro-morphology in immature *C. cellulose*

1. The scolex of cysticercus treated by NX_0 for 2 days，×200；2. The bladder wallof cysticercus treated by NX_0 for 2 days，×1 000；3. The scolex of cysticercus treated by NX_1 for 2 days，×800；4. The bladder wall of cysticercus treated by NX_1 for 2 days，×1 000；5. The scolex of cysticercus treated by NX_0 for 5 days，×200；6. The bladder wall of cysticercus treated by NX_0 for 5 days，×1 500

图版 12E

Plate 12E

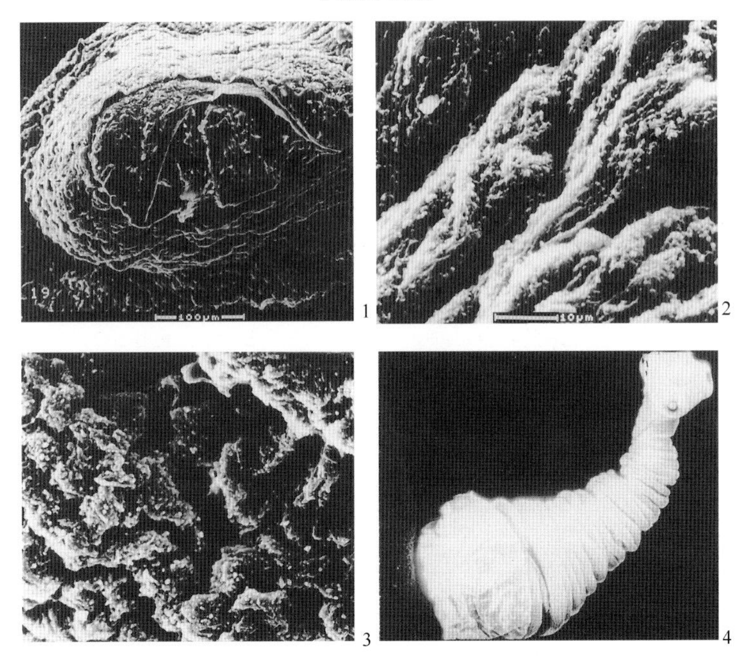

药物体内作用 10d、45d 对未成熟期猪囊尾蚴表面超微形态学的影响

1. NX_0作用 10d 后受损的猪囊尾蚴头颈部，×250；2. NX_0作用 10d 后受损的猪囊尾蚴的囊部，×1 500；3. NX_2作用 10d 后受损的猪囊尾蚴的囊部，×1 000；4. NX_2作用 45d 后受损的猪囊尾蚴的头颈部，×400

Effect of drugs *in vivo* for 10d，45 days on surface ultramicro-morphology in mature *C. cellulosae*

1. The scolex of cysticercus treated by NX_0 for 10 days，×250；2. The bladder wall of cysticercus treated by NX_0 for 10 days，×1 500；3. The bladder wall of cysticercus treated by NX_2 for 10 days，×1 000；4. The scolex of cysticercus treated for 45 days by NX_2 for 45 days，×400

图版 12F

Plate 12F

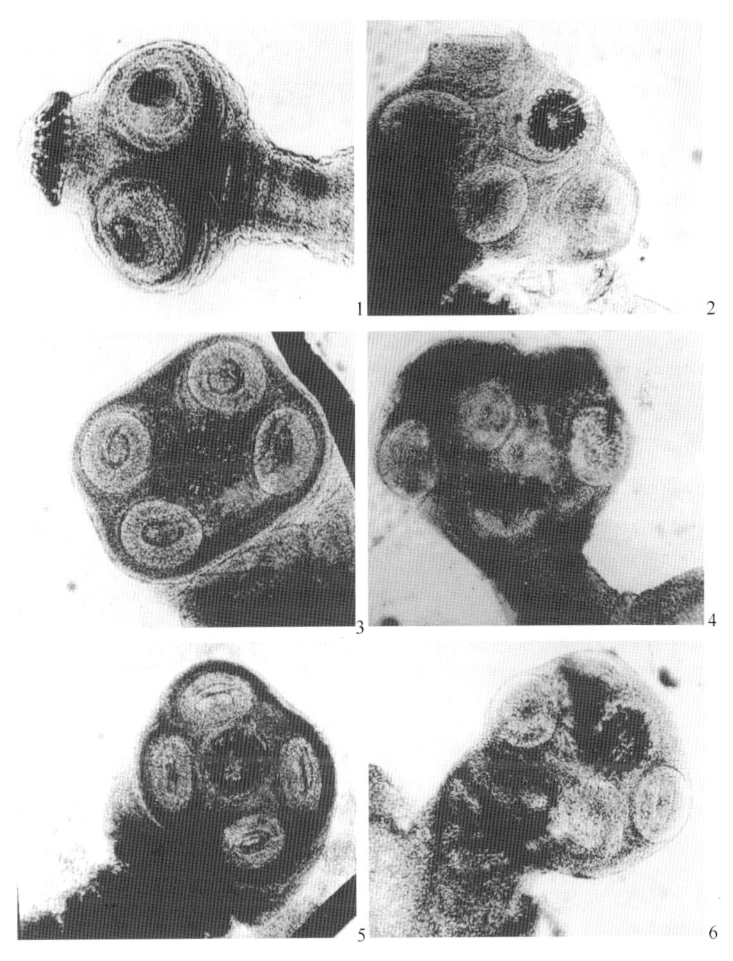

药物体内作用后成熟期囊尾蚴的形态学观察

1. NX_0作用后 2d 的囊尾蚴，×40；2. NX_1作用后 2d 的囊尾蚴，×40；3. NX_0作用后 5d 的囊尾蚴，×40；4. NX_1作用后 5d 的囊尾蚴，×40；5. NX_0作用后 10d 的囊尾蚴，×40；6. NX_1作用后 10d 的囊尾蚴，×40

Morphological observation on mature *C. cellulosae* treated *in vivo* by drugs

1. Cysticercus treated for 2 days by NX_0, ×40; 2. Cysticercus treated for 2 days by NX_1, ×40; 3. Cysticercus treated for 5 days by NX_0, ×40; 4. Cysticercus treated for 5 days by NX_1, ×40; 5. Cysticercus treated for 10 days by NX_0, ×40; 6. Cysticercus treated for 10 days by NX_1, ×40

图版 12G
Plate 12G

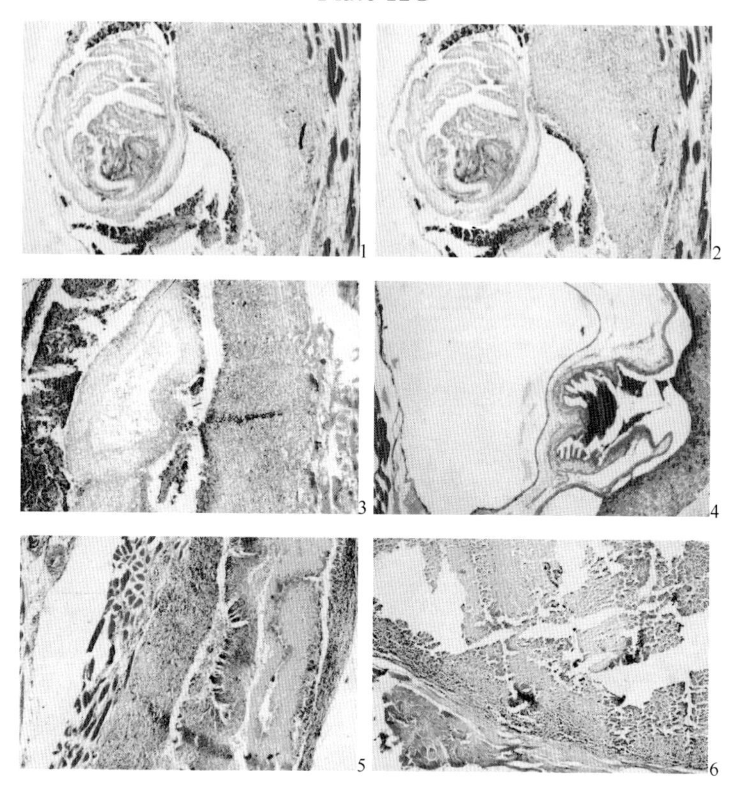

药物体内作用后成熟期囊尾蚴的病理组织学观察

1. NX_0用药后 2d，虫体结构正常，×50；2. NX_1用药后 2d，头节结构正常，×50；3. NX_1用药后 2d，囊壁坏死，×50；4. NX_0用药后 5d，囊壁厚薄不均，个别部位直接与炎区相连，×50；5. NX_1用药后 5d，虫体坏死，×50；6. NX_1用药后 45d，病变部位完全坏死，并有少量钙盐沉着，×200

Histopathological observation on mature *C. cellulosae* treated *in vivo* by drugs

1. Normal cysticercus treated for 2 days by NX_0, ×50; 2. Normal scolex treated for 2 days by NX_1, ×50; 3. Necrotic bladder wall treated for 2 days by NX_1, ×50; 4. Not unanimous thickness of bladder wall treated for 5 days by NX_0 and the inflammatory zone adhere to partial bladder wall, ×50; 5. Necrotic cysticercus treated for 5 days by NX_1, ×50; 6. After treated for 45 days by NX_1, the site of the former cysticercus is completely necrotic and calcification is observed, ×200

图版 12H
Plate 12H

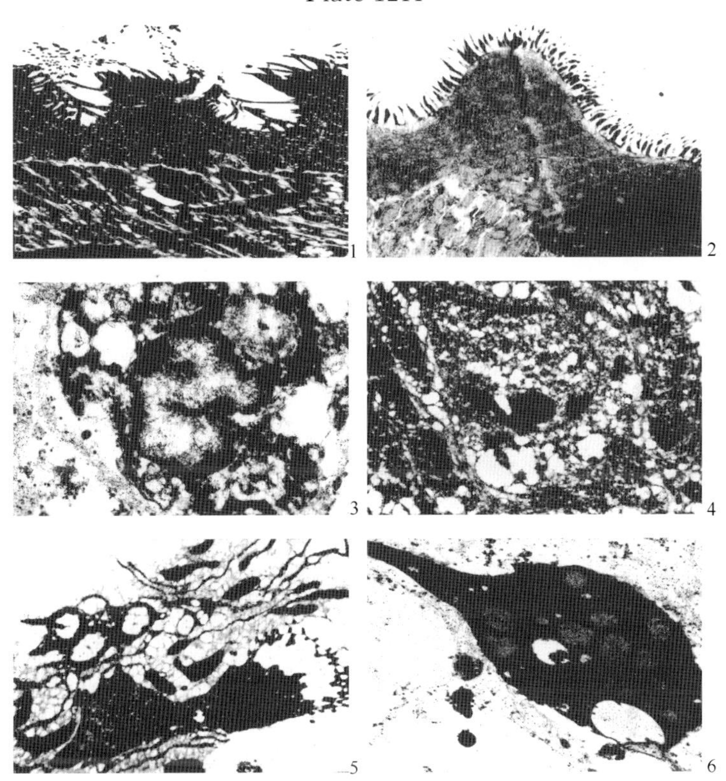

药物体内作用后 5d 成熟期囊尾蚴的超微结构观察

1. NX_0作用后囊尾蚴受损皮层和实质区，×5 000；2 . NX_1作用后囊尾蚴受损皮层和实质区，×5 000；3. NX_0作用后囊尾蚴受损的皮层细胞，×12k；4. NX_0作用后囊尾蚴受损的实质细胞，×10k；5. NX_0 作用后囊尾蚴受损焰细胞及初级排泄管，×8 000；6. NX_0作用后囊尾蚴受损的肌束，×10k

Ultrastructural observation on mature *C. cellulosae* treated *in vivo* for 5 day by drugs

1. Lesion tegument and parenchyma of cysticercus treated by NX_0，× 5 000；2. Lesion tegument and parenchyma of cysticercus treated by NX_1，× 5 000；3. Lesion tegumentary cell of cysticercus treated by NX_0，×12k；4. Lesion parenchyma cell of cysticercus treated by NX_0，×10k；5. Lesion flame cell and primary excretory ducts of cysticercus treated by NX_0，×8 000；6. Lesion muscle bunch of cysticercus treated by NX_0，×10k

图版 12I

Plate 12I

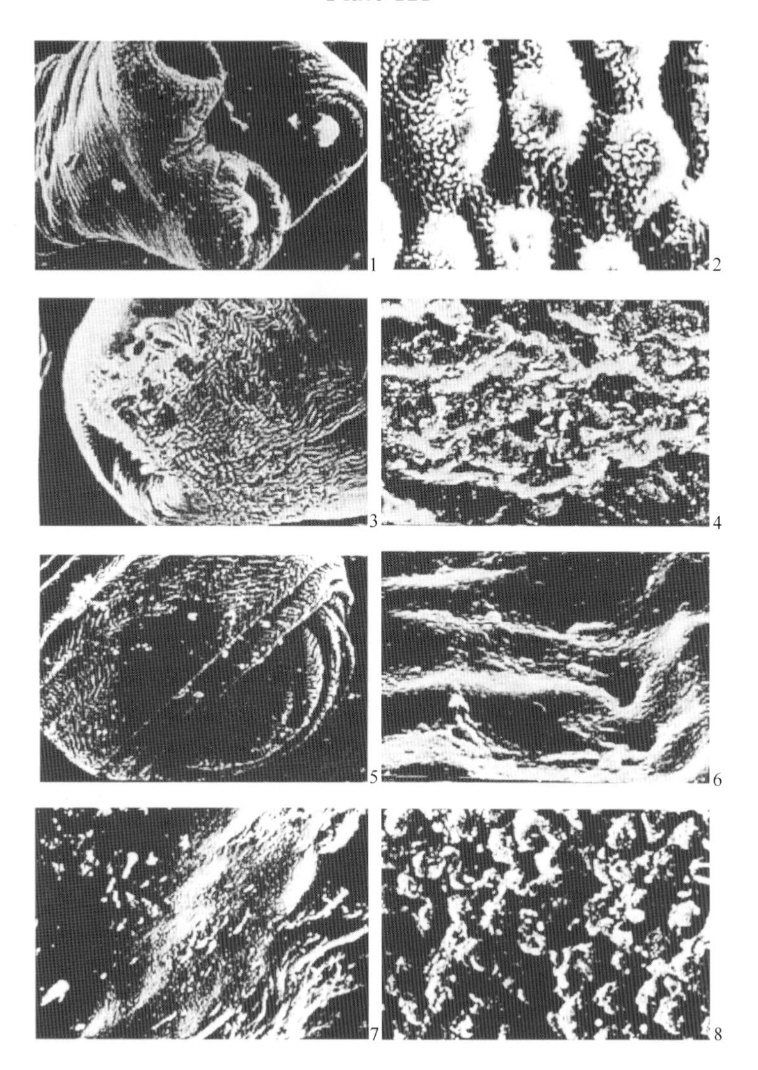

药物体内对未成熟期猪囊尾蚴表面超微形态学的影响

1. 感染组猪囊尾蚴头部，×200；2. 感染组猪囊尾蚴，×1 500；3. NX_0作用 1d 的猪囊尾蚴的头颈部，×250；4. NX_0作用 1d 的猪囊尾蚴的囊部，×1 500；5. NX_1作用 1d 的猪囊尾蚴的头颈部，×150；6. NX_1作用 1d 的猪囊尾蚴的囊部，×1 500；7. NX_0作用 5d 的猪囊尾蚴的囊部，×1 400；8. NX_1作用 5d 的猪囊尾蚴的囊部，×700

Effect of drugs *in vivo* on surface ultramicro-morphology in immature *C. cellulosae*

1. Scolex of cysticercus in control group, ×200; 2. Bladder wall of cysticercus in control group, ×1 500; 3. The scolex of cysticercus treated by NX_0 for 1 day, ×250; 4. The bladder of cysticercus treated by NX_0 for 1 day, ×1 500; 5. The scolex of cysticercus treated by NX_1 for 1 day, ×150; 6. The bladder of cysticercus treated by NX_1 for 1 day, ×1 500; 7. The bladder of cysticercus treated by NX_0 for 5 days, ×1 400; 8. The bladder of cysticercus by NX_1 for 5 days, ×700